热处理实用技术丛书

结构钢及其热处理

董世柱　徐维良　主编

辽宁科学技术出版社

沈 阳

图书在版编目（CIP）数据

结构钢及其热处理/董世柱，徐维良主编 . — 沈阳：
辽宁科学技术出版社，2009.3
（热处理实用技术丛书）
ISBN 978 - 7 - 5381 - 5430 - 6

Ⅰ. 结…　Ⅱ.①董…②徐…　Ⅲ. 结构钢 - 热处理
Ⅳ. TG161

中国版本图书馆 CIP 数据核字（2008）第 008708 号

出版发行：辽宁科学技术出版社
　　　　　（地址：沈阳市和平区十一纬路 29 号　邮编：110003）
印　刷　者：沈阳全成广告印务有限公司
经　销　者：各地新华书店
幅面尺寸：140mm×203mm
印　　张：16.125
字　　数：400 千字
印　　数：1~4000
出版时间：2009 年 3 月第 1 版
印刷时间：2009 年 3 月第 1 次印刷
责任编辑：韩延本
封面设计：杜　江
版式设计：于　浪
责任校对：周　文

书　　号：ISBN 978 - 7 - 5381 - 5430 - 6
定　　价：32.00 元
编辑部电话：024 - 23284372
邮购热线：024 - 23284502　23284357
E - mail：elecom@ mail. lnpgc. com. cn
http://www. lnkj. com. cn

《热处理实用技术丛书》
编写说明

随着我国装备制造业的快速发展，材料热处理领域的新技术不断涌现，企业对产品质量的要求越来越高，控制手段日趋智能化，广大工人和工程技术人员掌握技术、丰富科技知识的愿望越来越强烈。辽宁省机械工程学会热处理分会适时组织力量，策划编写了《热处理实用技术丛书》。

本丛书共七本，即《钢的化学热处理》、《结构钢及其热处理》、《工具钢及其热处理》、《不锈钢及其热处理》、《真空热处理》、《淬火冷却技术及淬火介质》、《燃料热处理炉》。

本丛书的指导思想是：先进技术与一般技术相结合，理论与实践相结合，使其具备教科书和手册的双重功能，既适用于广大工人、工程技术人员，又可作为高校师生的参考书。丛书汇集了近年来我国在材料热处理领域研究的新技术、新成果，突出了"新"字，同时又例举了大量成熟的生产工艺，工艺数据较多，强化了"用"字。

《钢的化学热处理》一书内容丰富，涵盖了常规化学热处理的工艺，突出了质量检验、废品分析和测试技术。

《结构钢及其热处理》一书含有较多的基础理论，介绍了生产中常用的各种结构钢的热处理工艺。

《工具钢及其热处理》一书详细介绍了刃具钢、模具钢、量具钢、耐冲击工具钢、轧辊用钢的常用钢种及其热处理工艺，其中，塑料模具钢和热作模具钢等新钢种介绍得较多。应用实例、质量检验及废品分析占有较大的比例。

《不锈钢及其热处理》一书以作者多年的试验研究和热处理

实践为基础，介绍了不锈钢的热处理理论、热处理工艺、热处理中应注意的问题及相关的知识，是以作者的经验和成果为体系编写的，具有较强的实用性。

《真空热处理》一书介绍了真空基础知识、真空加热特点、各种真空热处理工艺及典型零件的真空热处理实例，并简要介绍了各种真空热处理炉。

《淬火冷却技术及淬火介质》一书介绍了各种淬火介质，特别是聚合物淬火介质和淬火油；介绍了磁场淬火、超声波淬火、强烈淬火、控制淬火等新淬火技术；介绍了淬火槽的自动控制和智能化控制系统；介绍了淬火冷却过程中的数值模拟技术。本书内容较新，是作者几十年从事淬火冷却介质和淬火槽冷却系统研究、生产的结晶。

《燃料热处理炉》一书介绍了传热学、流体力学和燃料学的基础知识，介绍了各种类型的燃料热处理炉以及节能、环保等方面的知识，是作者几十年教学和社会实践的总结。

丛书编写的具体工作由唐殿福秘书长负责。

丛书在编写过程中得到了中国热处理学会、辽宁省机械工程学会以及国内一些知名专家、教授和企业的大力支持，在此表示衷心的感谢。

限于作者的知识水平和经历，书中的错误和不当之处在所难免，真诚地欢迎读者批评指正。

《热处理实用技术丛书》
编委会

前　言

　　现代机械制造业是现代工业的基础，它的发展在很大程度上取决于工艺的进步。热处理工艺作为机械制造工艺全过程中的重要环节之一，对于提高产品质量、延长其使用寿命、降低生产成本起着非常重要的作用。金属热处理是发挥材料潜力、改善材料性能、保证提高机械产品使用寿命的重要加工手段。另外，热处理工艺技术的提高，还有降低能耗和物耗、减轻工人的劳动强度、减少污染、改善环境质量的作用。

　　随着机械制造业的技术升级，新技术、新工艺、新材料的广泛应用并迅速转化为优质产品，需要大批高智能型技术工人的有效劳动。这就迫切要求企业的热处理技术人员全面了解和掌握材料热处理方面的基础知识，并能自觉地、完整地、独立地执行好热处理工艺的各个环节，确保优质、高效、文明的热处理生产，这样，才能最后将产品质量保证落到实处。

　　本书以具有高中文化水平，并具备金属材料热处理基本知识的人员为对象。适用于热处理车间现场工人及工艺技术人员，可以帮助广大热处理技术人员巩固专业基础知识，解决日常生产中所遇到的一些技术难点。

　　考虑到热处理工艺操作者在生产实际中所能遇到的问题，本书的出发点是从热处理的基本理论知识入手，突出先进性和实用性，较为全面系统地介绍了结构钢在热处理生产过程中的各种实用技术，以及在热处理工艺操作过程中容易忽视的一些问题，进而提出需注意的事项，以便指导生产，保证热处理的产品质量。

　　全书共分10章，以金属学、热处理的基本知识为先导，用通俗易懂的语言，较全面地介绍了结构钢在热处理生产中的正火、退火、淬火、回火及渗碳、渗氮等各种常用工艺，以及执行热处理工艺过程中的操作方法、常见缺陷及对策，并结合具体的工艺及技术，以典型零件的热处理工艺为实例，对热处理生产中各环节可能遇到的各种问题加以探讨。

全书由董世柱、徐维良主编，参编人员有郭晓光、任传富、张波、姚正辉、王凤因、王希多、黄永学、冯德勇等同志。

由于编者水平有限，书中的缺点和错误在所难免，诚请同行和广大读者批评指正。

目　　录

结　构　钢

　　随着科学技术的发展，钢的内涵也在变化。铁及其合金，可以形成各不相同的平衡相图。定义以铁元素为主要组分，碳含量在2.06%以下，并含有少量诸如锰、硅、硫、磷等杂质元素，砷、锑、铅、铋、锡等有害元素，以及氮、氧、氢等气体的铁–碳合金为钢。以铁元素为主要组分，碳含量在2.06%以上的合金称为铁。钢是一种合金，其性能主要取决于铁与碳相互作用后生成物的结构、数量和分布状态。铁碳系平衡相图就是研究和描述钢的组成、加工工艺、组织结构、性能之间关系的依据。现代对钢的称谓还包含着可加工性、焊接性及某些物理、化学和力学特性。因此，可以广泛地用作仪器仪表、机械、工程建筑、社会公共设施的原材料。

　　结构钢是用来制造各种工程结构和各种机器零件的钢种。其中，用于制造工程结构（如桥梁、船体、油井或矿井架、钢轨、高压容器、管道和建筑钢结构等）的钢又称为工程用钢或构件用钢。这类钢主要是承受各种载荷，要求有较高的屈服强度、良好的塑性和韧性，以保证工程结构的可靠性。由于工作环境是暴露在大气中，温度可低到零下50℃，故要求低温韧性，并要求耐大气腐蚀。此外，还需要有良好的工艺性能，包括经受剧烈的冷变形，如冷弯、冲压、剪切，以及良好的焊接性等。在我国的钢产量中，高强度低合金钢占20%左右，碳素工程结构钢占70%，故工程结构钢占钢总产量的90%左右。机器零件用钢是指用于制造各种机器零件（轴、齿轮、各种联接件等）所用的钢种，也称为机器制造用钢。机器零件制造用结构钢通常包括碳素结构钢、合金结构钢、低合金高强度钢、弹簧钢和滚动轴承钢等。机器零件在工作时承受拉伸、压缩、剪切、扭转、冲击、振动、摩擦等力的作用，或几种力的同时作用，可能工作在高温、低温，有的还受腐蚀介质作用的环境中，其破坏方式也是各式各样的。因此，要求机器零件用钢具有较高的疲劳强度、高的屈服强度、抗拉强度以及较高的断裂抗力，具有良好的耐磨性、接触疲劳强度、较高的韧性及低的缺口敏感性等，以防机器零件在使用过程中产生大量塑性变形或断裂，造成事故。

第一节　结构钢的分类

生产上使用的钢材品种很多，在性能上也千差万别，为了便于生产、使用和研究，需要对钢进行分类与编号。

一、钢的分类

1. 按冶炼方法分类

（1）平炉钢：用平炉冶炼的碳素钢和普通低合金钢。按炉衬材料，又分为酸性平炉钢和碱性平炉钢。

（2）转炉钢：冶炼碳素钢和普通低合金钢，分为侧吹转炉钢和氧气顶吹转炉钢。

（3）电炉钢：主要冶炼合金钢。电炉钢分为电弧炉钢、感应电炉钢、真空感应电炉钢和电渣炉钢。工业上大量生产的主要是电弧炉钢。

（4）真空冶炼钢：指在真空条件下利用某种熔炼设备所炼成的钢。

（5）等离子熔炼钢：利用等离子熔炼方法炼成的钢（等离子熔炼是利用等离子弧为热源，来熔化、精炼和重熔的一种冶炼方法）。

2. 按浇注前脱氧程度分类

（1）沸腾钢：脱氧不完全的钢，浇注时在钢锭模里产生沸腾而得名。

（2）镇静钢：脱氧完全的钢，在浇注时钢液镇静，没有沸腾现象。

（3）半镇静钢：半脱氧的钢，它是脱氧程度介于沸腾钢与镇静钢之间的钢。

3. 按化学成分分类

（1）碳素钢：钢是铁和碳的合金。钢中除铁、碳外，还含有少量的硅、锰、硫、磷等元素，按含碳量的不同，碳素钢可分为：

①低碳钢：含碳量 $w_C \leqslant 0.25\%$ ；

②中碳钢：含碳量 $w_C 0.25\% \sim 0.60\%$ ；

③高碳钢：含碳量 $w_C \geqslant 0.60\%$ 。

（2）合金钢：除含有碳素钢所含有的各种元素外，尚加入一些其他元素（如铬、镍、铝、钨、钒等）。根据钢中合金元素总含量的不同，合金钢可分为：

① 低合金钢：合金元素总含量（质量分数）$\leqslant 5\%$ ；

② 中合金钢：合金元素总含量（质量分数）$5\% \sim 10\%$ ；

③ 高合金钢：合金元素总含量（质量分数）$>10\%$ 。

4. 按质量分类

（1）普通钢：钢中含硫量 w_S 一般不超过 0.050% ，含磷量 w_P 不超过 0.045% ；

（2）优质钢：钢中含硫量 w_S 一般不超过 0.040% ，含磷量 w_P 不超过 0.040% ；

（3）高级优质钢：钢中含硫量 w_S 一般不超过 0.030% ，含磷量 w_P 不超过 0.035% ；

（4）特级质量钢：钢中含硫量 w_S 一般不超过 0.015% ，含磷量 w_P 不超过 0.025% 。

5．按用途分类

（1）建筑和工程结构用钢：用作建造工程结构等的钢。包括非合金结构钢、非合金工具钢、微合金化钢、低合金高强度钢、专业用低合金钢。

（2）机械制造用钢：用于制造各种机器零件的钢种。

（3）工具钢：用以制造各种工具、模具、量具等的钢。包括低合金刃具钢、高速钢、冷作模具钢、热作模具钢、量具刃具钢。

（4）特殊性能钢：指作特殊用途和具有特殊性能的钢，如不锈钢、耐酸钢、耐热钢、磁钢、低温用钢、电工用钢等。

6．按显微组织分类

（1）按平衡状态或退火状态的组织分类，可分为亚共析钢、共析钢、过共析钢和莱氏体钢。

（2）按正火组织分类，可分为珠光体钢、贝氏体钢、马氏体钢、奥氏体钢。

（3）按加热时有无相变和室温时的显微组织分类，可分为铁素体钢、奥氏体钢和复相钢。

7．按钢的材型分类

铁道用钢、型钢、钢带、薄板、中厚板、特厚板、无缝钢管、焊接钢管、线材、钢丝、锻件等。

二、结构钢的分类

结构钢是用来制造各种工程结构和各种机器零件的钢种。用于制造工程结构的钢又称为工程用钢或构件用钢，包括碳素工程结构钢（原国家标准的甲类钢、乙类钢、特类钢）和高强度低合金钢，这类钢按用途可分为通用钢和专用钢；按使用状态下的显微组织，可分为铁素体－珠光体钢、低碳贝氏体钢、低碳马氏体钢和双相钢。

机器零件用钢是指用于制造各种机器零件所用的钢种，也称机器制造用钢。机器零件制造用结构钢通常包括碳素结构钢、合金结构钢、低合金高强度钢、弹簧钢和滚动轴承钢等。

1. 构件用钢

（1）碳素工程结构钢。国家标准规定，碳素工程结构钢按屈服强度分为五级，即 Q195、Q215、Q235、Q255 和 Q275，其中 Q 表示屈服强度，其后的数字表示屈服强度值，单位为 MPa。Q235 根据质量要求分为 A、B、C、D 四个等级，主要按钢中硫和磷的含量来区分，其中 D 级还要求加入细化晶粒元素。Q215 和 Q255 只有 A、B 两个级别，Q195 和 Q275 没有分级别。钢的屈服强度主要取决于钢中的含碳量，即珠光体含量。含碳量在 0.06% ~0.38% 范围内，随含碳量的增加，屈服强度从 195MPa 上升到 275MPa，伸长率从 33% 下降到 20%。

碳素工程结构钢中有五种常存元素，即碳、硅、锰、硫、磷，其中，$w_{Mn} \leqslant 1.0\%$，$w_{Si} \leqslant 0.5\%$，它们是冶炼工艺中为了脱氧和稳定硫的需要而加进来的。碳素工程结构钢因冶炼中脱氧程度的不同而分为沸腾钢、半镇静钢和镇静钢。碳素工程结构钢大部分以热轧成品供货，少部分以冷轧成品供货，如冷轧薄板、冷拔钢管、冷拉钢丝等。

（2）高强度低合金钢。为提高碳素工程结构钢的强度，加入少量合金元素，利用合金元素产生固溶强化、细晶强化和沉淀强化。利用细晶强化来降低钢的韧—脆转化温度，来抵消由于碳氮化物沉淀强化使钢的韧—脆转化温度的升高。

铁素体–珠光体钢，这类钢工作时的显微组织是铁素体加珠光体，包括碳素工程结构钢、高强度低合金钢和微合金钢。

低碳贝氏体钢在轧制或正火后控制冷却，直接得到低碳贝氏体组织，与相同含碳量的铁素体–珠光体组织相比，有更高的强度和良好的韧性。利用贝氏体相变强化，钢的屈服强度可达 490 ~780MPa。

针状铁素体钢的显微组织是低碳或超低碳的针状铁素体，属于贝氏体，其 α 片呈板条状，具有高位错密度，在含铌钢中，Nb（C，N）可细化晶粒和起沉淀强化作用。这类钢通过传统的控制轧制和控制冷却的方法，可以达到高强韧性，以保证得到极细的晶粒和针状铁素体片，高位错密度的细小亚结构和弥散的 Nb（C，N）沉淀。超低碳的针状铁素体钢不仅有良好的低温韧性，而且有良好的焊接性，成功地应用于制造寒冷地区输送石油和天然气的管线。

低碳马氏体钢的生产工艺为锻轧后空冷或直接淬火并自回火，锻轧后空冷得到贝氏体 + 马氏体 + 铁素体的混合组织，其性能为：$\sigma_{0.2} = 828MPa$，$\sigma_b = 1049MPa$，室温冲击功 96J，疲劳断裂周期 261.85 ± 46.9 千周，可用来制造汽车的轮臂托架。若直接淬火成低碳马氏体，性能为：$\sigma_{0.2} = 935MPa$，$\sigma_b = 1197MPa$，室温冲击功 50J，零下 40℃ 冲击功 32J，缺口疲劳断裂大于 500kHz，可制造汽车操纵杆。由此看来，这种钢具有极高的强度，好的低温韧性和超群的疲劳性能，可保证部件的高质量和安全可靠。低碳马氏体钢具有高强度、高韧性和高疲劳强度，达到了合金调质钢经调质热处理后的性能水平，若采用锻轧后直接淬火并自回火的工艺，能充分发挥其潜力。

双相钢的显微组织是通过在 $\gamma + \alpha$ 两相区加热淬火，或热轧后空冷得到 20% ~ 30% 马氏体和 70% ~ 80% 铁素体。马氏体呈小岛状或纤维状分布在铁素体基体上。双相钢的性能特点是：

①低屈服强度，一般不超过 350MPa；

②钢的应力—应变曲线是光滑连续的，没有屈服平台，更无锯齿形屈服现象；

③高的均匀伸长率和总伸长率，其总伸长率在 24% 以上；

④高的加工硬化指数；

⑤高的塑性应变比。

双相钢首先是为了适应汽车用薄板冲压成形时保持表面光洁，无吕德斯带，并在少量变形后就提高了强度的需要；也应用于冷拉钢丝、冷轧钢带或钢管上。根据生产工艺，双相钢可分为退火双相钢和热轧双相钢两大类。退火双相钢又称为热处理双相钢。将板带材在两相区（$\gamma + \alpha$）加热退火，然后空冷或快冷，得到铁素体＋马氏体组织。热轧双相钢，是指在热轧状态下，通过控制冷却得到铁素体＋马氏体的双相组织。

为了适应某些特殊要求，国家标准中规定了一些专门用钢，如造船钢、桥梁钢、压力容器钢、锅炉用钢等。对它们除严格要求规定的化学成分和机械性能以外，还规定某些特殊的性能检验和质量检验项目，例如低温冲击韧性、时效敏感性、气体、夹杂或断口等。专门用钢一律为镇静钢。

2. 机器零件用钢

机器零件用钢又称优质结构钢，供货时，既保证化学成分，又保证力学性能。而且比普通结构钢规定更严格，其硫、磷含量均控制在 0.035% 以下，非金属夹杂物也较少，质量等级较高，一般在热处理后使用。

机器零件用钢对机械性能的要求是多方面的，这些要求比构件用钢要高得多，因此，必须对机器零件用钢进行热处理强化，充分发挥钢材的性能潜力，以满足机器零件结构紧凑、运转速度快、安全可靠以及零件间要求公差配合等方面的要求。机器零件用钢通常为优质钢和高级优质钢，使用状态为淬火加回火态。回火有低温回火、中温回火和高温回火之分，可按不同情况加以选择。影响机器零件用钢机械性能的主要因素有三个方面：含碳量、回火温度及合金元素的种类与数量。机器零件用钢中加入的合金元素主要有 Cr、Mn、Si、Ni、Mo、W、V、Ti、B 和 Al 等，或者是单独加入，或者是几种同时加入，它们在钢中的主要作用是，提高淬透性，降低热敏感性，提高回火稳定性，抑制第二类回火脆性，改善钢中非金属夹杂物的形态和提高钢的工艺性能等。

这类钢可分为：冷成形钢、易切削钢（含有较高杂质元素，如硫、铅、磷等的钢，由于钢中弥散分布的脆性相、低强度化合物、破坏基体的连续性，使钢具有较好的切削性能）、正火及调质结构钢、渗碳钢、渗氮钢、弹簧钢、滚动轴承钢、超高强度钢、马氏体时效硬化钢。一般按含碳量把合金结构钢分为调质合金结构钢、非调质合金结构钢和表面硬化合金结构钢三大类，而后者又可分为渗碳合金结构钢和渗氮合金结构钢等。

第二节　结构钢牌号的表示方法

一、钢铁产品牌号表示方法（GB/T 221—2000）

我国的钢材编号是采用国际化学元素符号与汉语拼音字母并用的原则。即钢号中的化学元素用国际化学元素符号表示，如 Si、Mn、Cr、W 等。其中只有稀土元素，由于其含量不多但种类却不少，不易全部一一分析出来，因此用"RE"表示其总含量；产品名称、用途、冶炼和浇注方法等，采用汉语拼音字母来表示。具体原则如下。

（1）凡列入国家标准和行业标准的钢铁产品均应按标准规定的牌号表示方法编写牌号。

（2）产品牌号的表示，一般用汉语拼音字母、化学元素符号和阿拉伯数字相结合的方法表示。

（3）采用汉语拼音字母表示产品名称、用途、特性和工艺方法时，一般从代表产品名称的汉字的汉语拼音中选取拼音的第一个字母。当和另一产品所取字母重复时，改取第二个字母或第三个字母，或同时选取两个汉字的第一个拼音字母。采用汉语拼音字母，原则上只取一个，一般不超过两个。产品名称、用途、特性和工艺方法表示符号见表 1−1。

表1-1 产品名称、用途、特性和工艺方法表示符号

名 称	采用的汉字及汉语拼音		采用符号	字体	位置
	汉字	汉语拼音			
碳素结构钢	屈	QU	Q	大写	牌号头
低合金高强度钢	屈	QU	Q	大写	牌号头
耐候钢	耐候	NAIHOU	NH	大写	牌号尾
保证淬透性钢			H	大写	牌号尾
易切削非调质钢	易非	YIFEI	YF	大写	牌号头
热锻用非调质钢	非	FEI	F	大写	牌号头
易切削钢	易	YI	Y	大写	牌号头
电工用热轧硅钢	电热	DIAN RE	DR	大写	牌号头
电工用冷轧无取向硅钢	无	WU	W	大写	牌号中
电工用冷轧取向硅钢	取	QU	Q	大写	牌号中
电工用冷轧取向高磁感硅钢	取高	QU GAO	QG	大写	牌号中
（电讯用）取向高磁感硅钢	电高	DIAN GAO	DG	大写	牌号头
电磁纯铁	电铁	DIAN TIE	DT	大写	牌号头
碳素工具钢	碳	TAN	T	大写	牌号头
塑料模具钢	塑模	SU MO	SM	大写	牌号头
（滚珠）轴承钢	滚	GUN	G	大写	牌号头
焊接用钢	焊	HAN	H	大写	牌号头
钢轨钢	轨	GUI	U	大写	牌号头
铆螺钢	铆螺	MAO LUO	ML	大写	牌号头
锚链钢	锚	MAO	M	大写	牌号头
地质钻探钢管用钢	地质	DI ZHI	DZ	大写	牌号头
船用钢			采用国际符号		
汽车大梁用钢	梁	LIANG	L	大写	牌号尾
矿用钢	矿	KUANG	K	大写	牌号尾
压力容器用钢	容	RONG	R	大写	牌号尾
桥梁用钢	桥	QIAO	q	小写	牌号尾
锅炉用钢	锅	GUO	g	小写	牌号尾
焊接气瓶用钢	焊瓶	HAN PING	HP	大写	牌号尾
车辆车轴用钢	辆轴	LIANG ZHOU	LZ	大写	牌号头

名　称	采用的汉字及汉语拼音		采用符号	字体	位置
	汉字	汉语拼音			
机车车轴用钢	机轴	JI ZHOU	JZ	大写	牌号头
管线用钢			S	大写	牌号头
沸腾钢	沸	FEI	F	大写	牌号尾
半镇静钢	半	BAN	b	小写	牌号尾
镇静钢	镇	ZHEN	Z	大写	牌号尾
特殊镇静钢	特镇	TE ZHEN	TZ	大写	牌号尾
质量等级			A	大写	牌号尾
			B	大写	牌号尾
			C	大写	牌号尾
			D	大写	牌号尾
			E	大写	牌号尾

二、碳素结构钢和低合金结构钢的牌号表示

这类钢按用途可分为通用钢和专用钢。

（1）通用结构钢。采用代表屈服点的拼音字母 Q、屈服点数值（单位为 MPa）、质量等级、脱氧方法等符号表示，按顺序组成牌号。例如：碳素结构钢牌号表示为 Q235AF、Q235BZ，低合金高强度结构钢牌号表示为 Q345C、Q345D。碳素结构钢的牌号组成中，表示镇静钢的符号 Z 和表示特殊镇静钢的符号 TZ 可以省略，例如：质量等级分别为 C 级和 D 级的 Q235 钢，其牌号不为 Q235CZ 和 Q235TDZ，可以省略为 Q235C 和 Q235D。

（2）专用结构钢。一般用代表钢屈服点的符号 Q、屈服点数值和表 1-1 规定的代表产品用途的符号等表示，例如：压力容器用钢牌号表示为 Q345R；焊接气瓶用钢牌号表示为 Q295HP；锅炉用钢牌号表示为 Q390g；桥梁用钢表示为 Q420q。耐候钢是抗大气腐蚀用的低合金高强度结构钢，其牌号表示为 Q340NH。

（3）根据需要，通用低合金高强度结构钢的牌号也可以用两位阿拉伯数字（表示平均含碳量，以万分之几计）和化学元素符号，按顺序表示；专用低合金高强度结构钢的牌号也可以用两位阿拉伯数字（表示平均含碳量，以万分之几计）、化学元素符号和表 1 - 1 规定代表产品用途的符号，按顺序表示。

三、优质碳素结构钢的牌号表示

优质碳素结构钢用两位阿拉伯数字（这两位数字表示平均含碳量的万分之几），或阿拉伯数字和国际化学元素符号及表 1 - 1 规定的符号表示。如 45 钢表示钢中平均含碳量为 0.45%，08 钢表示平均含碳量为 0.08%。

（1）沸腾钢和半镇静钢，在牌号尾部分别加符号 F 和 b。例如：平均含碳量为 0.08% 的沸腾钢，其牌号表示为 08F；平均含碳量为 0.10% 的半镇静钢，其牌号表示为 10b。镇静钢一般不标符号，例如：平均含碳量为 0.45% 的镇静钢，其牌号表示为 45。

（2）较高含锰量的优质碳素结构钢，在表示平均含碳量的阿拉伯数字后加锰元素符号。例如：平均含碳量 0.50%，含锰为 0.70% ~ 1.0% 的钢，其牌号表示为 50Mn。

（3）高级优质碳素结构钢，其牌号后加符号 A。例如：平均含碳量为 0.20% 的高级优质碳素结构钢，其牌号表示为 20A。

特级优质碳素结构钢，其牌号后加符号 E。例如：平均含碳量为 0.45% 的特级优质碳素结构钢，其牌号表示为 45E。

（4）专用优质碳素结构钢，用阿拉伯数字（平均含碳量）和表 1 - 1 规定的代表产品用途的符号表示。例如：平均含碳量为 0.20% 的锅炉用钢，其牌号表示为 20g。

四、易切削钢的牌号表示

易切削钢用国际化学元素符号、表 1 - 1 规定的符号和阿拉伯数字表示，阿拉伯数字表示平均含碳量（以万分之几计）。

（1）加硫易切削钢和加硫磷易切削钢，在符号 Y 和阿拉伯数字后不加易切削元素符号。例如：平均含碳量为 0.15% 的易切削钢，其牌号表示为 Y15。较高含锰量、加硫或加硫磷易切削钢，在符号 Y 和阿拉伯数字后加锰元素符号。例如：平均含碳量为 0.40%，含锰量为 1.20%～1.55% 的易切削钢，其牌号表示为 Y40Mn。

（2）含钙、铅等易切削元素的易切削钢，在符号 Y 和阿拉伯数字后加易切削元素符号。例如：平均含碳量为 0.15%，含铅量为 0.15%～0.35% 的易切削钢，其牌号表示为 Y15Pb；平均含碳量为 0.45%，含钙量为 0.002%～0.006% 的易切削钢，其牌号表示为 Y45Ca。

五、合金结构钢的牌号表示

合金结构钢的牌号由三部分组成，即数字＋元素＋数字。前面的两位数字表示平均含碳量的万分之几，合金元素以国际化学元素符号表示，合金元素后面的数字表示合金元素的含量，一般以百分之几表示。合金元素含量表示方法为：平均含量小于 1.50% 时，牌号中仅标明元素，不标明含量；平均合金元素含量为 1.5%～2.49%、2.50%～3.49%、3.50%～4.49%、4.50%～5.49%，……时，在合金元素后相应写成 2、3、4、5……例如：碳、铬、锰、硅的平均含量分别为 0.30%、0.95%、0.85%、1.05% 的合金结构钢，其牌号表示为 30CrMnSi；碳、铬、镍的平均含量分别为 0.20%、0.75%、0.95% 的合金结构钢，其牌号表示为 20CrNi。

（1）高级优质合金结构钢，在牌号尾部加符号 A 表示，如 30CrMnSiA。特级优质合金结构钢，在牌号尾部加符号 E 表示，如 30CrMnSiE。

（2）专用合金结构钢，在牌号头部（或尾部）加表 1-1 规定的代表产品用途的符号表示。例如：碳、铬、锰、硅的平均含量分别为 0.30%、0.95%、0.85%、1.05% 的铆螺钢，其牌号表示为 ML30CrMnSi。

（3）钢中的 V、Ti、Al、B、RE 等合金元素，虽然它们的含量很低，但在钢中能起相当重要的作用，故仍应在钢号中标出。如平均含碳量为 0.20%、含锰 1.0% ~ 1.3%、含钒 0.07% ~ 0.12%、含硼 0.001% ~ 0.005% 的合金结构钢，其钢号为 20MnVB。

六、非调质机械结构钢的牌号表示

非调质机械结构钢牌号的头部分别加符号 YF、F 表示易切削非调质机械结构钢和热锻用非调质机械结构钢，牌号表示方法均与合金结构钢相同。例如：平均含碳量为 0.35%，含钒量为 0.06% ~ 0.13% 的易切削非调质机械结构钢，其牌号表示为 F45V。

七、轴承钢的牌号表示

轴承钢分为高碳铬轴承钢、渗碳轴承钢、高碳铬不锈轴承钢和高温轴承钢等。

（1）高碳铬轴承钢，在牌号头部加符号 G，但不标明含碳量，铬含量以千分之几计，其他合金元素按合金结构钢的合金含量表示。例如：平均含铬量为 1.50% 的轴承钢，其牌号表示为 GCr15。

（2）渗碳轴承钢，采用合金结构钢的牌号表示方法，仅在牌号头部加符号 G，例如：平均含碳量为 0.20%，含铬量为 0.35% ~ 0.65%，含镍量为 0.40% ~ 0.70%，含钼量为 0.10% ~0.35% 的渗碳轴承钢，其牌号表示为 G20CrNiMo。高级优质渗碳轴承钢，在牌号后部加 A，例如：G20CrNiMoA。

（3）高碳铬不锈轴承钢和高温轴承钢，采用不锈钢和耐热钢的牌号表示方法，牌号头部不加符号 G。例如：平均含碳量为

0.90%，含铬量为 18% 的高碳铬不锈轴承钢，其牌号表示为
9Cr18；平均含碳量为 1.02%，含铬量为 14%，含钼量为 4% 的
高温轴承钢，其牌号表示为 10Cr14Mo。

八、焊接用钢的牌号表示

焊接用钢包括焊接用碳素钢、焊接用合金钢和焊接用不锈钢
等，其牌号表示方法是在各类焊接用钢牌号头部加符号 H。例
如：H08、H08Mn2Si、H1Cr19Ni9。

高级优质焊接用钢，在牌号后部加符号 A。例如：H08A、
H08Mn2SiA。

第三节　工程用结构钢的牌号、化学
成分、力学性能及应用

一、普通碳素结构钢（GB/T 700—1988）

1. 普通碳素结构钢的牌号、化学成分和力学性能

普通碳素结构钢的牌号及化学成分见表 1 - 2，普通碳素结
构钢的力学性能见表 1 - 3。

表 1 - 2　普通碳素结构钢的牌号及化学成分

牌号	等级	化学成分（质量分数）（%）					脱氧方法
		C	Mn	Si[②]	S	P	
					≤		
Q195	—	0.06 ~ 0.12	0.25 ~ 0.50	0.30	0.050	0.045	F、b、Z
Q215	A	0.09 ~ 0.15	0.25 ~ 0.55	0.30	0.050	0.045	F、b、Z
	B				0.045		
Q235	A	0.14 ~ 0.22	0.30 ~ 0.65[①]	0.30	0.050	0.045	F、b、Z
	B	0.12 ~ 0.20	0.30 ~ 0.70[①]		0.045		

牌号	等级	化学成分（质量分数）（%）						脱氧方法
		C	Mn	Si②	S	P		
					≤			
Q235	C	≤0.18	0.35~0.80	0.30	0.040	0.040	Z
	D	≤0.17			0.035	0.035	TZ
Q255	A	0.18~0.28	0.40~0.70	0.30	0.050	0.45	Z
	B				0.045		
Q275	—	0.28~0.38	0.50~0.80	0.35	0.050	0.045	Z

注：（1）钢中残余元素 Cr、Ni、Cu 含量均应小于 0.30%，如供方能保证，可不作分析。

（2）氧气转炉钢的氮含量应不大于 0.008%。

①Q235A、B 级沸腾钢 Mn 含量上限为 $w_{Mn} = 0.60\%$。

②沸腾钢 Si 含量不大于 0.07%，半镇静钢 Si 含量不大于 0.17%，镇静钢 Si 含量下限值为 0.12%。

表1-3 普通碳素结构钢的力学性能

牌号	拉 伸 试 验												
	屈服点（MPa）≥						抗拉强度（MPa）	伸长率 δ_5（%）≥					
	钢材厚度（直径）（mm）							钢材厚度（直径）（mm）					
	≤16	>16~40	>40~60	>60~100	>100~150	>150		≤16	>16~40	>40~60	>60~100	>100~150	>150
Q195	(195)	(185)	—	—	—	—	315~430	33	32	—	—	—	—
Q215	215	205	195	185	175	165	335~450	31	30	29	28	27	26
Q235	235	225	215	205	195	185	375~500	26	25	24	23	22	21
Q255	255	245	235	225	215	205	410~550	24	23	22	21	20	19
Q275	275	265	255	245	235	225	490~630	20	19	18	17	16	15

续表

牌号	等级	冲击试验 温度（℃）	V形冲击功（纵向）/J≥	冷弯试验（试样宽度 $B=2a$）180° 试样方向	钢材厚度（直径）a（mm） 60	>60~100	>100~200
					弯心直径 d		
Q195	—	—	—	纵横	0 0.5a		
Q215	A	—	—	纵横	0.5a	1.5a	2a
	B	20	27		a	2a	2.5a
Q235	A	—	—	纵横	a	2a	2.5a
	B	20	27				
	C	0	27		1.5a	2.5a	3a
	D	−20	27				
Q255	A	—	—		2a	3a	3.5a
	B	20	27				
Q275	—	—	—		3a	4a	4.5a

注：（1）Q195 钢的屈服点仅供参考，不作为交货条件。

（2）各牌号 A 级钢的冷弯试验，在需方有要求时才进行。当冷弯试验合格时，抗拉强度上限可不作为交货条件。

（3）各牌号 B 级沸腾钢轧制钢材的厚度（直径）一般≤25mm。

2. 普通碳素结构钢特性和应用

（1）Q195。含碳、锰量低，强度不高，塑性好，韧性高，具有良好的工艺性能和焊接性能。广泛用于轻工、机械、运输车辆、建筑等一般结构件，自行车、农机配件，五金制品，输送水、煤气等用管、烟筒、屋面板、拉杆、支架及机械用一般结构零件。

（2）Q215。含碳、锰量较低，强度比 Q195 稍高，塑性好，具有良好的韧性、焊接性能和工艺性能。用于厂房、桥梁等大型结构件，建筑桁架、铁塔、井架及车船制造结构件，轻工、农业等机械零件，五金工具，金属制品等。

（3）Q235。含碳量适中，具有良好的塑性、韧性、焊接性能、冷加工性能以及一定的强度。大量生产钢板、型钢、钢筋，用以建造厂房房架、高压输电铁塔、桥梁、车辆等。其 C、D 级钢含硫、磷量低，相当于优质碳素结构钢，质量好，适于制造对可焊性及韧性要求较高的工程结构机械零部件，如机座、支架、受力不大的拉杆、连杆、销、轴、螺钉（母）、轴、套圈等。

（4）Q255。具有较好的强度、塑性和韧性，较好的焊接性能和冷热压力加工性能。用途不如 Q235 钢广泛，主要用作铆接与栓接结构件和要求强度不太高的零件，如螺栓、键、拉杆、轴、摇杆等。

（5）Q275。碳及硅锰含量高一些，具有较高的强度，较好的塑性，较高的硬度和耐磨性，一定的焊接性能和较好的切削加工性能，完全淬火后，硬度可达 HBS270～400。用于制造心轴、齿轮、销轴、链轮、螺栓（母）、垫圈、刹车杆、鱼尾板、垫板、农机用型材、机架、耙齿、播种机开沟器架、输送链条等。

二、低合金高强度结构钢（GB/T 1591—1994）

低合金高强度结构钢的牌号及化学成分见表 1 - 4，低合金高强度结构钢的力学和工艺性能见表 1 - 5，新旧低合金钢的标准牌号对照及性能见表 1 - 6。

表 1 - 4 低合金高强度结构钢的牌号及化学成分

牌号	质量等级	化学成分（质量分数）（%）										
		C ≤	Mn	Si ≤	P ≤	S ≤	V	Nb	Ti	Al ≥	Cr ≤	Ni ≤
Q295	A	0.16	0.80 ~ 1.50	0.55	0.045	0.045	0.02 ~ 0.15	0.015 ~ 0.060	0.02 ~ 0.20			

牌号	质量等级	化学成分（质量分数）（%）											
		C ≤	Mn	Si ≤	P ≤	S ≤	V	Nb	Ti	Al ≥	Cr ≤	Ni ≤
Q295	B	0.16	0.80 ~ 1.50	0.55	0.040	0.040	0.02 ~ 0.15	0.015 ~ 0.060	0.02 ~ 0.20	—	—	—
Q345	A	0.20	1.00 ~ 1.60	0.55	0.045	0.045	0.02 ~ 0.15	0.015 ~ 0.060	0.02 ~ 0.20	—	—	—
	B	0.20	1.00 ~ 1.60	0.55	0.040	0.040	0.02 ~ 0.15	0.015 ~ 0.060	0.02 ~ 0.20	—	—	—
	C	0.20	1.00 ~ 1.60	0.55	0.035	0.035	0.02 ~ 0.15	0.015 ~ 0.060	0.02 ~ 0.20	0.015	—	—
	D	0.18	1.00 ~ 1.60	0.55	0.030	0.030	0.02 ~ 0.15	0.015 ~ 0.060	0.02 ~ 0.20	0.015	—	—
	E	0.18	1.00 ~ 1.60	0.55	0.025	0.025	0.02 ~ 0.15	0.015 ~ 0.060	0.02 ~ 0.20	0.015	—	—
Q390	A	0.20	1.00 ~ 1.60	0.55	0.045	0.045	0.02 ~ 0.20	0.015 ~ 0.060	0.02 ~ 0.20	—	0.30	0.70
	B	0.20	1.00 ~ 1.60	0.55	0.040	0.040	0.02 ~ 0.20	0.015 ~ 0.060	0.02 ~ 0.20	—	0.30	0.70

续表

牌号	质量等级	化学成分（质量分数）（%）										
		C ≤	Mn	Si ≤	P ≤	S ≤	V	Nb	Ti	Al ≥	Cr ≤	Ni ≤
Q390	C	0.20	1.00 ~ 1.60	0.55	0.035	0.035	0.02 ~ 0.20	0.015 ~ 0.060	0.02 ~ 0.20	0.015	0.30	0.70
	D	0.20	1.00 ~ 1.60	0.55	0.030	0.030	0.02 ~ 0.20	0.015 ~ 0.060	0.02 ~ 0.20	0.015	0.30	0.70
	E	0.20	1.00 ~ 1.60	0.55	0.025	0.025	0.02 ~ 0.20	0.015 ~ 0.060	0.02 ~ 0.20	0.015	0.30	0.70
Q420	A	0.20	1.00 ~ 1.70	0.55	0.045	0.045	0.02 ~ 0.20	0.015 ~ 0.060	0.02 ~ 0.20	—	0.40	0.70
	B	0.20	1.00 ~ 1.70	0.55	0.040	0.040	0.02 ~ 0.20	0.015 ~ 0.060	0.02 ~ 0.20	—	0.40	0.70
	C	0.20	1.00 ~ 1.70	0.55	0.035	0.035	0.02 ~ 0.20	0.015 ~ 0.060	0.02 ~ 0.20	0.015	0.40	0.70
	D	0.20	1.00 ~ 1.70	0.55	0.030	0.030	0.02 ~ 0.20	0.015 ~ 0.060	0.02 ~ 0.20	0.015	0.40	0.70
	E	0.20	1.00 ~ 1.70	0.55	0.025	0.025	0.02 ~ 0.20	0.015 ~ 0.060	0.02 ~ 0.20	0.015	0.40	0.70

续表

牌号	质量等级	化学成分（质量分数）（%）										
		C ≤	Mn	Si ≤	P ≤	S ≤	V	Nb	Ti	Al ≥	Cr ≤	Ni ≤
Q460	C	0.20	1.00 ~ 1.70	0.55	0.035	0.035	0.02 ~ 0.20	0.015 ~ 0.060	0.02 ~ 0.20	0.015	0.70	0.70
	D	0.20	1.00 ~ 1.70	0.55	0.030	0.030	0.02 ~ 0.20	0.015 ~ 0.060	0.02 ~ 0.20	0.015	0.70	0.70
	E	0.20	1.00 ~ 1.70	0.55	0.025	0.025	0.02 ~ 0.20	0.015 ~ 0.060	0.02 ~ 0.20	0.015	0.70	0.70

注：表中的 Al 为全铝含量。如化验酸溶铝时，其含量（质量分数）应不小于 0.010%。

表1-5 低合金高强度结构钢的力学和工艺性能

牌号	质量等级	屈服点 σ_s（MPa） 厚度（直径，边长）（mm）				抗拉强度 σ_b（MPa）	伸长率 δ_5（%）	冲击吸收功 A_{KV}（纵向）（J）				180°弯曲试验 d = 弯心直径 a = 试样厚度（直径） 钢材厚度（直径）（mm）	
		≤16	>16 ~ 35	>35 ~ 50	>50 ~ 100			+20 ℃	0℃	-20 ℃	-40 ℃	≤16	>16 ~ 100
		≥						≥					
Q295	A	295	275	255	235	390 ~ 570	23	—	—	—	—	$d=2a$	$d=3a$
	B	295	275	255	235	390 ~ 570	23	34	—	—	—	$d=2a$	$d=3a$

续表

牌号	质量等级	屈服点 σ_s（MPa）厚度（直径，边长）（mm）				抗拉强度 σ_b（MPa）	伸长率 δ_5（%）	冲击吸收功 A_{KV}（纵向）（J）				180°弯曲试验 d=弯心直径 a=试样厚度（直径）钢材厚度（直径）（mm）	
		≤16	>16~35	>35~50	>50~100			+20℃	0℃	-20℃	-40℃	≤16	>16~100
		≥						≥					
Q345	A	345	325	295	275	470~630	21	—	—	—	—	$d=2a$	$d=3a$
	B	345	325	295	275	470~630	21	34	—	—	—	$d=2a$	$d=3a$
	C	345	325	295	275	470~630	22	—	34	—	—	$d=2a$	$d=3a$
	D	345	325	295	275	470~630	22	—	—	34	—	$d=2a$	$d=3a$
	E	345	325	295	275	470~630	21	—	—	—	27	$d=2a$	$d=3a$
Q390	A	390	370	350	330	490~650	19	—	—	—	—	$d=2a$	$d=3a$
	B	390	370	350	330	490~650	19	34	—	—	—	$d=2a$	$d=3a$

续表

牌号	质量等级	屈服点 σ_s (MPa) 厚度（直径，边长）(mm)				抗拉强度 σ_b (MPa)	伸长率 δ_5 (%)	冲击吸收功 A_{KV}（纵向）(J)				180°弯曲试验 d = 弯心直径 a = 试样厚度（直径）钢材厚度（直径）(mm)	
		≤16	>16 ~ 35	>35 ~ 50	>50 ~ 100			+20℃	0℃	-20℃	-40℃	≤16	>16~100
		≥						≥					
	C	390	370	350	330	490 ~ 650	20	—	34	—	—	$d = 2a$	$d = 3a$
Q390	D	390	370	350	330	490 ~ 650	20	—	—	34	—	$d = 2a$	$d = 3a$
	E	390	370	350	330	490 ~ 650	20	—	—	—	27	$d = 2a$	$d = 3a$
	A	420	400	380	360	520 ~ 680	18	—	—	—	—	$d = 2a$	$d = 3a$
	B	420	400	380	360	520 ~ 680	18	34	—	—	—	$d = 2a$	$d = 3a$
Q420	C	420	400	380	360	520 ~ 680	19	—	34	—	—	$d = 2a$	$d = 3a$
	D	420	400	380	360	520 ~ 680	19	—	—	34	—	$d = 2a$	$d = 3a$
	E	420	400	380	360	520 ~ 680	19	—	—	—	27	$d = 2a$	$d = 3a$

续表

牌号	质量等级	屈服点 σ_s（MPa）厚度（直径，边长）（mm）				抗拉强度 σ_b（MPa）	伸长率 δ_5（%）	冲击吸收功 A_{KV}（纵向）（J）				180°弯曲试验 d=弯心直径 a=试样厚度（直径）钢材厚度（直径）（mm）	
		≤16	>16~35	>35~50	>50~100			+20℃	0℃	-20℃	-40℃	≤16	>16~100
		≥				≥		≥					
Q460	C	460	440	420	400	550~720	17	—	34	—	—	$d=2a$	$d=3a$
	D	460	440	420	400	550~720	17	—	—	34	—	$d=2a$	$d=3a$
	E	460	440	420	400	550~720	17	—	—	—	27	$d=2a$	$d=3a$

表1-6 新旧低合金钢的标准牌号对照、性能及用途

牌号		主要特性	用途举例
新标准（GB/T 1591—1994）	旧标准（GB 1591—1988）		
Q295	09MnV 09MnNb	具有良好的塑性和较好的韧性、冷弯性、焊接性及一定的耐蚀性	冲压用钢，用于制造冲压件或结构件，也可制造拖拉机轮圈、螺旋焊管、各类容器
	09Mn2	塑性、韧性、可焊性均好，薄板材料冲压性能和低温性能均好	低压锅炉锅筒、钢管、铁道车辆、输油管道、中低压化工容器、各种薄板冲压件
	12Mn	与09Mn2性能相近。低温和中温力学性能也好	低压锅炉板，船、车辆的结构件，低温机械零件

续表

牌 号		主要特性	用途举例
新标准 (GB/T 1591 —1994)	旧标准 (GB 1591 —1988)		
Q345	18Nb	含 Nb 镇静钢，性能与 14MnNb 钢相近	起重机、鼓风机、化工机械等
	09MnCuPTi	耐大气腐蚀用钢，低温冲击韧性好，可焊性、冷热加工性能都好	潮湿多雨地区和腐蚀气氛环境的各种机械
	12MnV	工作温度为 -70℃ 的低温用钢	冷冻机械，低温下工作的结构件
	14MnNb	性能与 18Nb 钢相近	工作温度为 -20 ~ 450℃ 的容器及其他结构件
	16Mn	综合力学性能好，低温性能、冷冲压性能、焊接性能和切削性能都好	矿山、运输、化工等各种机械
	16MnRE	性能与 16Mn 钢相似，冲击韧性和冷弯性能比 16Mn 好	同 16Mn 钢
Q390	10MnPNbRE	耐海水及大气腐蚀性好	抗大气和海水腐蚀的各种机械
	15MnV	性能优于 16Mn	高压锅炉锅筒，石油、化工容器，高应力起重机械、运输机械构件
	15MnTi	性能与 15MnV 基本相同	与 15MnV 钢相同
	16MnNb	综合力学性能比 16Mn 钢高，焊接性、热加工性和低温冲击韧性都好	大型焊接结构，如容器、管道及重型机械设备

牌 号		主要特性	用途举例
新标准 （GB/T 1591 —1994）	旧标准 （GB 1591 —1988）		
Q420	14MnVTiRE	综合力学性能、焊接性能良好，低温冲击韧性特别好	与 16MnNb 钢相同
	15MnVN	力学性能优于 15MnV 钢。综合力学性能不佳，强度虽高，但韧性、塑性较低。焊接时，脆化倾向大。冷热加工性尚好，但缺口敏感性较大	大型船舶、桥梁、电站设备、起重机械、机车车辆、中压或高压锅炉及容器及其大型焊接构件等

三、高耐候结构钢（GB/T 4171—2000）

高耐候结构钢牌号和化学成分见表 1 – 7。

表 1 – 7　高耐候结构钢牌号和化学成分

牌 号	统一数字代号	化学成分（质量分数）（%）								
		C	Si	Mn	P	S	Cu	Cr	Ni	Ti	RE（加入量）
Q295GNH	L52951	≤ 0.12	0.20 ~ 0.40	0.20 ~ 0.60	0.07 ~ 0.15	≤ 0.035	0.25 ~ 0.55			≤ 0.10	≤ 0.15
Q295GNHL	L52952	≤ 0.12	0.10 ~ 0.40	0.20 ~ 0.50	0.07 ~ 0.12	≤ 0.035	0.25 ~ 0.45	0.30 ~ 0.65	0.25 ~ 0.50	—	—

续表

牌　号	统一数字代号	化学成分（质量分数）（%）									
		C	Si	Mn	P	S	Cu	Cr	Ni	Ti	RE（加入量）
Q345GNH	L53451	≤0.12	0.20~0.60	0.50~0.90	0.07~0.12	≤0.035	0.25~0.50	—	—	≤0.03	≤0.15
Q345GNHL	L53452	≤0.12	0.25~0.75	0.20~0.50	0.07~0.15	≤0.035	0.25~0.55	0.30~1.25	≤0.65	—	—
Q390GNH	L53901	≤0.12	0.15~0.65	≤1.40	0.07~0.12	≤0.035	0.25~0.55	—	—	≤0.10	≤0.12

注：（1）钢的牌号由代表屈服点和高耐候的汉语拼音字母及屈服点的数字组成，含 Cr、Ni 的高耐候钢在牌号后加代号 L。例如：Q345GNHL。

（2）Q295GNH 的锰含量（质量分数）上限可以到 1.00%，硅含量（质量分数）下限可以到 0.10%。

（3）如加稀土元素（RE）时，其加入量（质量分数）下限为 0.02%。

（4）为了改善钢的性能，各牌号均可添加一种或一种以上的微量合金元素（钼、铌、钒等）。

　　高耐候结构钢适用于耐大气腐蚀的热轧、冷轧的钢板、钢带和型钢，如车辆、集装箱、建筑、塔架及其结构件，产品通常在交货状态下使用，可制作螺栓连接、铆接和焊接的结构件。作为焊接的结构件用钢的厚度，一般应不大于 16mm。

　　高耐候结构钢的力学和工艺性能见表 1 - 8，冲击试验见表 1 - 9。

表1-8 高耐候结构钢的力学和工艺性能

牌号	交货状态	厚度（mm）	屈服点 σ_s（MPa）≥	抗拉强度 σ_b（MPa）≥	伸长率 δ_5（%）	180°弯曲试验
Q295GNH	热轧	≤6	295	390	24	$d=a$
		>6				$d=2a$
Q295GNHL	热轧	≤6	295	430	24	$d=a$
		>6				$d=2a$
Q345GNH	热轧	≤6	345	440	22	$d=a$
		>6				$d=2a$
Q345GNHL	热轧	≤6	345	480	22	$d=a$
		>6				$d=2a$
Q390GNH	热轧	≤6	390	490	22	$d=a$
		>6				$d=2a$
Q295GNH	冷轧	≤2.5	260	390	27	$d=a$
Q295GNHL			260	390	27	
Q345GNHL			320	450	26	

注：（1）d 为弯心直径，a 为钢材厚度。

（2）热轧钢材以热轧或控轧或正火状态交货。冷轧钢材一般以退火状态交货。

表1-9 冲击试验

牌号	V形缺口冲击试验		
	试验方向	温度（℃）	平均冲击功（J）
Q295GNH	纵向	0~20	≥27
Q295GNHL			
Q345GNH			
Q345GNHL			
Q390GNH			

注：（1）根据需方要求可作冲击试验，并应符合表中的规定。

（2）试验温度应在合同中注明。

焊接结构用耐候钢（GB/T 4172—2000），适用于桥梁、建筑和其他结构件需具有耐候性能的热轧钢材，包括钢板、钢带和型钢，厚度至100mm。牌号和化学成分见表1-10，性能见表1-11。

表1-10　焊接结构用耐候钢牌号和化学成分

牌　号	统一数字代号	化学成分（质量分数）（%）							
		C	Si	Mn	P	S	Cu	Cr	V
Q235NH	L52350	≤ 0.15	0.15 ~ 0.40	0.20 ~ 0.60	≤ 0.035	≤ 0.035	0.20 ~ 0.50	0.40 ~ 0.80	—
Q295NH	L52950	≤ 0.15	0.15 ~ 0.50	0.60 ~ 1.00	≤ 0.035	≤ 0.035	0.20 ~ 0.50	0.40 ~ 0.80	—
Q355NH	L53550	≤ 0.16	≤ 0.50	0.90 ~ 1.50	≤ 0.035	≤ 0.035	0.20 ~ 0.50	0.40 ~ 0.80	0.02 ~ 0.10
Q460NH	L54600	0.10 ~ 0.18	≤ 0.50	0.90 ~ 1.50	≤ 0.035	≤ 0.035	0.20 ~ 0.50	0.40 ~ 0.80	0.02 ~ 0.10

注：(1) 钢的牌号由代表屈服点和耐候的汉语拼音字母及屈服点的数字组成，在牌号后加上质量等级代号（C、D、E）。

(2) Q235NH、Q295NH 的 Si 含量下限可以到 0.10%，Q355NH 的 Mn 含量下限可以到 0.60%。

(3) 为了改善钢的性能，各牌号均可添加一种或一种以上的微量合金元素：w_{Ni} ≤ 0.65%，w_{Nb} = 0.015% ~ 0.050%，w_V = 0.02% ~ 0.15%，w_{Ti} = 0.02% ~ 0.10%，w_{Mo} ≤ 0.30%，w_{Zr} ≤ 0.15%，w_{Al} ≥ 0.020%。

表1-11 焊接结构用耐候钢力学和工艺性能

牌 号	钢材厚度(mm)	屈服点 σ_s (MPa) ≥	抗拉强度 σ_b (MPa)	断后伸长率 δ_5 (%) ≥	180°弯曲试验	V 形冲击试验			
						试样方向	质量等级	温度(℃)	冲击功(J) ≥
Q235NH	≤16	235	360 ~ 490	25	$d=a$	纵向	C	0	34
	>16 ~ 40	225		25			D	-20	
	>40 ~ 60	215		24	$d=2a$		E	-40	27
	>60	215		23					
Q295NH	≤16	295	420 ~ 560	24	$d=2a$		C	0	34
	>16 ~ 40	285		24			D	-20	
	>40 ~ 60	275		23	$d=3a$		E	40	27
	>60 ~ 100	255		22					
Q355NH	≤16	355	490 ~ 630	22	$d=2a$		C	0	34
	>16 ~ 40	345		22			D	-20	
	>40 ~ 60	335		21	$d=3a$		E	-40	27
	>60 ~ 100	325		20					
Q460NH	≤16	460	550 ~ 710	22	$d=2a$		D	-20	34
	>16 ~ 40	450		22					
	>40 ~ 60	440		21	$d=3a$		E	-40	31
	≥60 ~ 100	430		20					

注：(1) d 为弯心直径，a 为钢材厚度。

(2) 各牌号的钢材以热轧、控轧或正火状态交货。Q460NH 可以淬火加回火状态交货。

四、易切削结构钢（GB/T 8731—1988）

易切削结构钢牌号、化学成分见表 1-12，易切削结构热轧条钢和盘钢的力学性能见表 1-13，易切削结构钢冷拉条钢的纵向力学性能见表 1-14。

表 1-12　易切削结构钢牌号、化学成分

牌　号	化学成分（质量分数）（%）					
	C	Si	Mn	S	P	Pb
Y12	0.08 ~ 0.16	0.15 ~ 0.35	0.70 ~ 1.00	0.10 ~ 0.20	0.08 ~ 0.15	—
Y12Pb	0.08 ~ 0.16	≤0.15	0.70 ~ 1.10	0.15 ~ 0.25	0.05 ~ 0.10	0.15 ~ 0.35
Y15	0.10 ~ 0.18	≤0.15	0.80 ~ 1.20	0.23 ~ 0.33	0.05 ~ 0.10	—
Y15Pb	0.10 ~ 0.18	≤0.15	0.80 ~ 1.20	0.23 ~ 0.33	0.05 ~ 0.10	0.15 ~ 0.35
Y20	0.17 ~ 0.25	0.15 ~ 0.35	0.70 ~ 1.00	0.08 ~ 0.15	≤0.06	—
Y30	0.27 ~ 0.35	0.15 ~ 0.35	0.70 ~ 1.00	0.08 ~ 0.15	≤0.06	—
Y35	0.32 ~ 0.40	0.15 ~ 0.35	0.70 ~ 1.00	0.08 ~ 0.15	≤0.06	—
Y40Mn	0.37 ~ 0.45	0.15 ~ 0.35	1.20 ~ 1.55	0.20 ~ 0.30	≤0.05	—
Y45Ca	0.42 ~ 0.50	0.20 ~ 0.40	0.60 ~ 0.90	0.04 ~ 0.08	≤0.04	—

注：（1）Y45Ca 钢中残余元素 Ni、Cr、Cu 的含量（质量分数）不大于 0.25%；供热压力加工用时，铜的含量（质量分数）不大于 0.20%。供方能保证不大于此值时可不作分析。

（2）Y40Mn 以热轧或冷拉后高温回火状态交货，其他钢号以热轧或冷拉状态交货，交货状态应在合同中注明。根据需方要求也可按其他状态交货，其力学性能指标由供需双方协商。

表 1-13 易切削结构热轧条钢和盘钢的力学性能

牌 号	力 学 性 能			布氏硬度 HBS ≤
	抗拉强度 σ_b (MPa)	断后伸长率 δ_5 (%) ≥	断面收缩率 ψ (%) ≥	
Y12	390~540	22	36	170
Y12Pb	390~540	22	36	170
Y15	390~540	22	36	170
Y15Pb	390~540	22	36	170
Y20	450~600	20	30	175
Y30	510~655	15	25	187
Y35	510~655	14	22	187
Y40Mn	590~735	14	20	207
Y45Ca	600~745	12	26	241

表 1-14 易切削结构钢冷拉条钢的纵向力学性能

牌 号	力 学 性 能			断后伸长率 δ_5 (%) ≥	布氏硬度 HBS
	抗拉强度 σ_b (MPa)				
	钢材尺寸 (mm)				
	8~20	>20~30	>30		
Y12	530~755	510~735	490~685	7.0	152~217
Y12Pb	530~755	510~735	490~685	7.0	152~217
Y15	530~755	510~735	490~685	7.0	152~217
Y15Pb	530~755	510~735	490~685	7.0	152~217
Y20	570~785	530~745	510~705	7.0	167~217
Y30	600~825	560~765	540~735	6.0	174~223
Y35	625~845	590~785	570~765	6.0	176~229
Y45Ca	695~920	655~855	635~835	6.0	196~255

注：直径小于 8mm 的钢丝，其力学性能及布氏硬度由供需双方协商。

（1）Y12。S－P 复合低碳易切削钢，被切削性较 15 钢有明显改善，力学性能有明显的各向异性。可制造对力学性能要求不高的机器和仪器仪表零件，如螺栓、螺母、销钉、轴、管接头、火花塞外壳等。

（2）Y12Pb。S－P－Pb 复合低碳易切削钢，特性与 Y12 相似，切削性能良好。用来制造对力学性能要求不高的机器和仪器仪表零件，如螺栓、螺母、销钉、轴、管接头、火花塞外壳等。

（3）Y15、Y15Pb。切削性能高于 Y12 钢，生产效率较之提高 30% ~ 50%，Y15Pb 比 Y15 切削性能更好。用来制造不重要的标准件，如螺栓、螺母、管接头、弹簧座等。

（4）Y20。低硫磷复合易切削钢，切削性能优于 10 钢，而低于 Y12 钢，但力学性能较 Y12 好。用来制造仪器仪表零件。切削加工成形后，可以进行渗碳处理，用来制造表面硬、中心韧性高的仪器仪表、轴类等耐磨零件。

（5）Y30、Y35。低硫磷复合易切削钢，力学性能较高，被切削性能较 Y20 有适当改善。Y35 比 Y30 的强度高，可制造要求强度较高的非热处理标准件或热处理件，小零件可进行调质处理。

（6）Y40Mn。高硫中碳易切削钢，有较好的被切削性能，有较高的强度和硬度。被切削性较 45 钢提高刀具寿命 4 倍，提高生产效率 30% 左右。适合做要求刚性较高的机床零部件，如机床的丝杠、光杠、花键轴、齿条、销子等。

（7）Y45Ca。钙硫复合易切削钢，加钙后改变了钢中夹杂物的组成，使其具有优良的被切削性能，适于高速切削加工。用来制造较重要的机器构件，如机床的轴轮轴、花键轴、拖拉机传动轴等，也常用于在自动机床切削加工高强度标准件，如螺钉、螺母等。

五、冷镦和冷挤压用钢（GB/T 6478—2001）

1. 牌号和化学成分

非热处理型冷镦和冷挤压用钢的化学成分见表 1-15，表面硬化型冷镦和冷挤压用钢的化学成分见表 1-16，调质型冷镦和冷挤压用钢的化学成分见表 1-17，含硼冷镦和冷挤压用钢的化学成分见表 1-18。表中的 Al_t 表示钢中全铝含量，如测定酸溶铝（Al_s）含量（质量分数）不小于 0.015%，应认为是符合本标准的。钢中残余元素含量（质量分数）：铬、镍、铜各不大于 0.20%。若需要供应本表所列以外的其他牌号，由供需双方商定。

表 1-15 非热处理型冷镦和冷挤压用钢的化学成分

牌 号	化学成分（质量分数）（%）					
	C	Si	Mn	P≤	S≤	Al_t
ML04Al	≤0.06	≤0.01	0.20~0.40	0.035	0.035	0.020
ML08Al	0.05~0.10	≤0.01	0.30~0.60	0.035	0.035	0.020
ML10Al	0.08~0.13	≤0.01	0.30~0.60	0.035	0.035	0.020
ML15Al	0.13~0.18	≤0.01	0.30~0.60	0.035	0.035	0.020
ML15	0.13~0.18	0.15~0.35	0.30~0.60	0.035	0.035	—
ML20Al	0.18~0.23	≤0.01	0.30~0.60	0.035	0.035	0.020
ML20	0.18~0.23	0.15~0.35	0.30~0.60	0.035	0.035	—

注：非热处理型钢为铝镇静钢，采用碱性电炉冶炼时，钢中硅含量 w_{Si}≤0.17%。

表 1-16 表面硬化型冷镦和冷挤压用钢的化学成分

牌 号	化学成分（质量分数）（%）						
	C	Si	Mn	P≤	S≤	Cr	Al_t
ML18Mn	0.15~0.20	≤0.01	0.60~0.90	0.035	0.035	—	0.020
ML22Mn	0.18~0.23	≤0.01	0.70~1.00	0.035	0.035	—	0.020
ML20Cr	0.17~0.23	≤0.30	0.60~0.90	0.035	0.035	0.90~1.20	0.020

注：表面硬化型钢还包括：ML10Al、ML15Al、ML15、ML20Al、ML20 钢。

表1-17 调质型冷镦和冷挤压用钢的化学成分

牌号	化学成分（质量分数）（%）					
	C	Si	Mn	P、S≤	Cr	Mo
ML25	0.22~0.29	≤0.20	0.30~0.60	0.035	—	—
ML30	0.27~0.34	≤0.20	0.30~0.60	0.035	—	—
ML35	0.32~0.39	≤0.20	0.30~0.60	0.035	—	—
ML40	0.37~0.44	≤0.20	0.30~0.60	0.035	—	—
ML45	0.42~0.50	≤0.20	0.30~0.60	0.035	—	—
ML15Mn	0.14~0.20	0.20~0.40	1.20~1.60	0.035	—	—
ML25Mn	0.22~0.29	≤0.25	0.60~0.90	0.035	—	—
ML30Mn	0.27~0.34	≤0.25	0.60~0.90	0.035	—	—
ML35Mn	0.32~0.39	≤0.25	0.60~0.90	0.035	—	—
ML37Cr	0.34~0.41	≤0.30	0.60~0.90	0.035	0.90~1.20	—
ML40Cr	0.38~0.45	≤0.30	0.60~0.90	0.035	0.90~1.20	—
ML30CrMo	0.26~0.34	≤0.30	0.60~0.90	0.035	0.80~1.10	0.15~0.25
ML35CrMo	0.32~0.40	≤0.30	0.60~0.90	0.035	0.80~1.10	0.15~0.25
ML42CrMo	0.38~0.45	≤0.30	0.60~0.90	0.035	0.90~1.20	0.15~0.25

表1-18 含硼冷镦和冷挤压用钢的化学成分

牌号	化学成分（质量分数）（%）						
	C	Si	Mn	P、S≤	Cr	Al$_t$	其他
ML20B	0.17~0.24	≤0.40	0.50~0.80	0.035	—	0.020	B 0.0005~0.0035
ML28B	0.25~0.32	≤0.40	0.60~0.90	0.035	—	0.020	B 0.0005~0.0035
ML35B	0.32~0.39	≤0.40	0.50~0.80	0.035	—	0.020	B 0.0005~0.0035
ML15MnB	0.14~0.20	≤0.40	1.20~1.60	0.035	—	0.020	B 0.0005~0.0035

牌 号	化学成分（质量分数）（%）						
	C	Si	Mn	P、S≤	Cr	Al_t	其他
ML20MnB	0.17 ~ 0.24	≤0.40	0.80 ~ 1.20	0.035	—	0.020	B 0.0005 ~ 0.0035
ML35MnB	0.32 ~ 0.39	≤0.40	1.10 ~ 1.40	0.035	—	0.020	B 0.0005 ~ 0.0035
ML37CrB	0.34 ~ 0.41	≤0.40	0.50 ~ 0.80	0.035	0.20 ~ 0.40	0.020	B 0.0005 ~ 0.0035
ML20MnTiB	0.19 ~ 0.24	≤0.30	1.30 ~ 1.60	0.035	—	0.020	B 0.0005 ~ 0.0035 Ti0.04 ~ 0.10
ML15MnVB	0.13 ~ 0.18	≤0.30	1.20 ~ 1.60	0.035	—	0.020	B 0.0005 ~ 0.0035 V0.07 ~ 0.12
ML20MnVB	0.19 ~ 0.24	≤0.30	1.20 ~ 1.60	0.035	—	0.020	B 0.0005 ~ 0.0035 V0.07 ~ 0.12

注：根据需方要求，ML15MnB 钢的碳含量（质量分数）可降到 0.12% ~ 0.18%，但应在合同中注明。

2. 力学性能

非热处理型冷镦和冷挤压用钢热轧状态的力学性能见表 1 - 19，表面硬化型冷镦和冷挤压用钢热轧状态的力学性能见表 1 - 20，调质型钢的力学性能见表 1 - 21，退火状态交货钢材的力学性能见表 1 - 22。

表 1 - 19　非热处理型冷镦和冷挤压用钢热轧状态的力学性能

牌 号	抗拉强度 σ_b（MPa）	断面收缩率 ψ（%）
	≤	≥
ML04Al	440	60
ML08Al	470	60
ML10Al	490	55

续表

牌　号	抗拉强度 σ_b（MPa） $\leqslant$	断面收缩率 ψ（%） $\geqslant$
ML15Al	530	50
ML15	530	50
ML20Al	580	45
ML20	580	45

注：钢材一般以热轧状态交货。经供需双方协议，并在合同中注明，也可以退火状态交货。

表 1 – 20　表面硬化型冷镦和冷挤压用钢热轧状态的力学性能

牌　号	规定非比例 伸长应力 $\sigma_{p0.2}$（MPa） $\geqslant$	抗拉强度 σ_b（MPa）	伸长率 δ_5 （%） $\geqslant$	热轧布氏 硬度 HBS $\leqslant$
ML10Al	250	400 ~ 700	15	137
ML15Al	260	450 ~ 750	14	143
ML15	260	450 ~ 750	14	—
ML20Al	320	520 ~ 820	11	156
ML20	320	520 ~ 820	11	—
ML20Cr	490	750 ~ 1100	9	—

注：（1）直径大于和等于 25mm 的钢材，试样毛坯直径 25mm；直径小于 25mm 的钢材，按钢材实际尺寸。

（2）本表中的力学性能不是交货条件。本表仅作为标准所列牌号有关力学性能的参考，不能作为采购、设计、开发、生产或其他用途的依据。使用者必须了解实际所能达到的力学性能。

表 1 – 21 调质型钢的力学性能

牌 号	规定非比例伸长应力 $\sigma_{p0.2}$ (MPa) $\geqslant$	抗拉强度 σ_b (MPa) $\geqslant$	伸长率 δ_5 (%) $\geqslant$	断面收缩率 ψ (%) $\geqslant$	热轧布氏硬度 HBS $\leqslant$
ML25	275	450	23	50	170
ML30	295	490	21	50	179
ML33	290	490	21	50	—
ML35	315	530	20	45	187
ML40	335	570	19	45	217
ML45	355	600	16	40	229
ML15Mn	705	880	9	40	—
ML25Mn	275	450	23	50	170
ML30Mn	295	490	21	50	179
ML35Mn	430	630	17	—	187
ML37Cr	630	850	14	—	—
ML40Cr	660	900	11	—	—
ML30CrMo	785	930	12	50	—
ML35CrMo	835	980	12	45	—
ML42CrMo	930	1080	12	45	—
ML20B	400	550	16	—	—
ML28B	480	630	14	—	—
ML35B	500	650	14	—	—
ML15MnB	930	1130	9	45	—
ML20MnB	500	650	14	—	—
ML35MnB	650	800	12	—	—

续表

牌　号	规定非比例伸长应力 $\sigma_{p0.2}$（MPa）$\geqslant$	抗拉强度 σ_b（MPa）$\geqslant$	伸长率 δ_5（%）$\geqslant$	断面收缩率 ψ（%）$\geqslant$	热轧布氏硬度 HBS $\leqslant$
ML15MnVB	720	900	10	45	207
ML20MnVB	940	1040	9	45	—
ML20MnTiB	930	1130	10	45	—
ML37CrB	600	750	12	—	—

注：（1）标准件行业按 GB/T 3098.1—2000 的规定，回火温度范围是 340 ~ 425℃。在这种条件下的力学性能值与本表的数值有较大的差异。

（2）直径大于和等于 25mm 的钢材，试样的热处理毛坯直径为 25mm。直径小于 25mm 的钢材，热处理毛坯直径为钢材直径。

（3）本表中的力学性能不是交货条件。本表仅作为标准所列牌号有关力学性能的参考，不能作为采购、设计、开发、生产或其他用途的依据。使用者必须了解实际所能达到的力学性能。

表1－22　退火状态交货钢材的力学性能

牌　号	抗拉强度 σ_b（MPa）$\leqslant$	断面收缩率 ψ（%）$\geqslant$
ML10Al	450	65
ML15Al	470	64
ML15	470	64
ML20Al	490	63
ML20	490	63
ML20Cr	560	60
ML25Mn	540	60
ML30Mn	550	59
ML35Mn	560	58
ML37Cr	600	60
ML40Cr	620	58

续表

牌　号	抗拉强度 σ_b（MPa） ≤	断面收缩率 ψ（%） ≥
ML20B	500	64
ML28B	530	62
ML35B	570	62
ML20MnB	520	62
ML35MnB	600	60
ML37CrB	600	60

注：钢材直径大于 12mm 时，断面收缩率可降低 2%

3．特性和用途

非热处理型冷镦和冷挤压用钢的特性和用途见表 1 - 23，表面硬化型冷镦和冷挤压用钢的特性和用途见表 1 - 24，调质型冷镦和冷挤压用钢的特性和用途见表 1 - 25，含硼冷镦和冷挤压用钢的特性和用途见表 1 - 26。

表 1 - 23　非热处理型冷镦和冷挤压用钢的特性和用途

牌号	主要特性	用途举例
ML04Al	含碳量很低，具有很高的塑性，冷镦和冷挤压成形性极好	制作铆钉、强度要求不高的螺钉、螺母及自行车用零件等
ML08Al	具有很高的塑性，冷镦和冷挤压性能好	制作铆钉、螺母、螺栓及汽车、自行车用零件
ML10Al	塑性和韧性高，冷镦和冷挤压成形性好。需通过热处理改善切削加工性能	制作铆钉、螺母、半圆头螺钉、开口销等
ML15Al	具有很好的塑性和韧性，冷镦和冷挤压性能良好	制作铆钉、开口销、弹簧插销、螺钉、法兰盘、摩擦片、农机用链条等
ML15	与 ML15Al 基本相同	与 ML15Al 基本相同
ML20Al	塑性、韧性好，强度较 ML15 钢稍高，切削加工性低，无回火脆性	制作六角螺钉、铆钉、螺栓、弹簧座、固定销等
ML20	与 ML20Al 钢基本相同	与 ML20Al 钢基本相同

表 1 – 24   表面硬化型冷镦和冷挤压用钢的特性和用途

牌 号	主要特性	用途举例
ML18Mn	特性与 ML15 钢相似，但淬透性、强度、塑性均较之有所提高	制作螺钉、螺母、铰链、销、套圈等
ML22Mn	与 ML18Mn 基本相近	与 ML18Mn 基本相近
ML20Cr	冷变形塑性好，无回火脆性，切削加工性尚好	制作螺栓、活塞销等

表 1 – 25   调质型冷镦和冷挤压用钢的特性和用途

牌 号	主要特性	用途举例
ML25	冷变形塑性高，无回火脆性倾向	制作螺栓、螺母、螺钉、垫圈等
ML30	具有一定的强度和硬度，塑性较好。调质处理后可得到较好的综合力学性能	制作螺钉、丝杠、拉杆、键等
ML35	具有一定的强度，良好的塑性，冷变形塑性高，冷镦和冷挤压性较好，淬透性差，在调质状态下使用	制作螺钉、螺母、轴销、垫圈、钩环等
ML40	强度较高，冷变形塑性中等，加工性好，淬透性低。多在正火或调质或高频表面淬火热处理状态下使用	制作螺栓、轴销、链轮等
ML45	具有较高的强度，一定的塑性和韧性，进行球化退火热处理后具有较好的冷变形塑性。调质处理可获得很好的综合力学性能	制作螺栓、活塞销等
ML15Mn	高锰低碳调质型冷镦和冷挤压用钢，强度较高，冷变形塑性尚好	制作螺栓、螺母、螺钉等

牌　号	主要特性	用途举例
ML25Mn	与 ML25 钢相近	与 ML25 钢相近
ML30Mn	冷变形塑性尚好，有回火脆性倾向。一般在调质状态下使用	制作螺栓、螺钉、螺母、钩环等
ML35Mn	强度和淬透性比 ML30Mn 高，冷变形塑性中等。在调质状态下使用	制作螺栓、螺钉、螺母等
ML37Cr	具有较高的强度和韧性，淬透性良好，冷变形塑性中等	制作螺栓、螺母、螺钉等
ML40Cr	调质处理后具有良好的综合力学性能，缺口敏感性低，淬透性良好，冷变形塑性中等，经球化热处理具有好的冷镦性能	制作螺栓、螺母、连杆螺钉等
ML30CrMo	具有高的强度和韧性，在低于 500℃ 温度时具有良好的高温强度，淬透性较高，冷变形塑性中等，在调质状态下使用	用于制造锅炉和汽轮机中工作温度低于 450℃ 的紧固件，工作温度低于 500℃、高压用的螺母及法兰，通用机械中受载荷大的螺栓、螺柱等
ML35CrMo	具有高的强度和韧性，在高温下有高的蠕变强度和持久强度，冷变形塑性中等	用于制造锅炉中 480℃ 以下的螺栓，510℃ 以下的螺母，轧钢机的连杆、紧固件等
ML42CrMo	具有高的强度和韧性，淬透性较高，有较高的疲劳极限和较强的抗多次冲击能力	用于制造比 ML35CrMo 的强度要求更高、断面尺寸较大的螺栓、螺母等零件

表 1-26　含硼冷镦和冷挤压用钢的特性和用途

牌　号	主要特性	用途举例
ML20B	调质型低碳硼钢，塑性韧性好，冷变形塑性高	制作螺钉、铆钉、销子等
ML28B	淬透性好，具有良好的塑性、韧性和冷变形成形性能。调质状态下使用	制作螺钉、螺母、垫片等
ML35B	比 ML35 钢具有更好的淬透性和力学性能，冷变形塑性好。在调质状态下使用	制作螺钉、螺母、轴销等
ML15MnB	调质处理后强度高，塑性好	制作较为重要的螺栓、螺母等零件
ML20MnB	具有一定的强度和良好的塑性，冷变形塑性好	制作螺钉、螺母等
ML35MnB	调质处理后强度较 ML35Mn 高，塑性稍低。淬透性好，冷变形塑性尚好	制作螺钉、螺母、螺栓等
ML37CrB	具有良好的淬透性，调质处理后综合性能好，冷塑性变形中等	制作螺钉、螺母、螺栓等
ML20MnTiB	调质后具有高的强度、良好的韧性和低温冲击韧性，晶粒长大倾向小	用于制造汽车、拖拉机的重要螺栓零件
ML15MnVB	经淬火低温回火后，具有较高的强度、良好的塑性及低温冲击韧性，较低的缺口敏感性，淬透性较好	用于制造高强度的重要螺栓零件，如汽车用汽缸盖螺栓、半轴螺栓、连杆螺栓等
ML20MnVB	具有高强度、高耐磨性及较高的淬透性	用于制造汽车、拖拉机上的螺栓、螺母等

基础知识

　　钢的热处理是钢在固态下采用适当的方式进行加热、保温和冷却，以获得所需要的组织结构与性能的工艺。热处理工艺与其他工艺（切削加工、焊接、铸造、压力加工等）不同之处在于，其主要目的是通过改变钢的组织来改变材料的加工工艺性能和使用性能，而不是改变零件的形状和尺寸。通过热处理能提高产品质量，节约钢材，提高劳动生产率和产品的使用寿命。所以，热处理在机械制造业中占有十分重要的地位。

　　金属和合金的性能主要取决于它们的化学成分及内部组织结构。成分不同，组织与结构不同，其性能也不相同。因此，了解金属和合金的内部组织结构、性能，对于正确选用和加工金属材料是非常重要的。

第一节　金属的晶体结构

　　金属及合金在固态下通常是由大量原子按某种规律排列的晶体组成的。金属所表现的各种性能除与化学成分有关外，还与金属内部原子的排列方式和组织状态有关。要了解金属及合金的内部结构，首先要了解晶体结构、原子的排列方式、分布规律、各种晶体的特点及差异。

一、金属与合金

　　工程材料按属性可分为金属材料、陶瓷材料和高分子材料，也可相互组合而成复合材料。金属材料是目前用量最大、使用最广的材料。金属材料一般分为黑色金属和有色金属两大类。铁、锰、铬和以铁、锰、铬为主的合金称为黑色金属与合金，如工业纯铁、碳钢、合金钢、铸铁等。其余的金属材料则称为有色金属材料，包括铜、铝、钛、镍、镁等金属及其合金。

金属是具有正的电阻温度系数的物质，而所有的非金属的电阻都随温度的升高而下降，其电阻温度系数为负值。固态金属的特性表现为：不透明、有良好的导电性、导热性、延展性和金属光泽。当大量的金属原子聚合在一起构成金属晶体时，各原子将价电子全部或大部分贡献出来，为其整个原子集体所公有，这些公有的价电子称为电子云或电子气。贡献出价电子的原子则变成正离子，沉浸在电子云中，它们依靠运动于其间的公有化的自由电子的静电作用而结合起来，这种结合方式叫金属键。金属键无饱和性和方向性。

目前生产和使用的金属材料，大多数是由两种或两种以上元素组成的合金。所谓合金是指两种或两种以上的金属，或金属与非金属，经熔炼或烧结，或用其他方法组合而成的具有金属特性的物质。例如碳钢和铸铁都是铁碳合金，一般都含有铁、碳、锰、硅等元素，两者的区别是碳和杂质元素的含量不同。

二、晶体结构的基础知识

1. 晶体的特点

根据固态物质内部原子堆积的情况，可将固态物质分为晶体与非晶体两大类。晶体中的原子或分子，在三维空间是按照一定的几何规律作周期性的重复排列；非晶体中的这些质点则是杂乱无章地堆积在一起，分布散乱，没有规律，至多有些局部的短程排列规则。晶体具有一定的熔点且性能呈各向异性，而非晶体却与此相反。此外，即使是同一物质，若晶体结构不同，它们性能的差异往往很大。例如金刚石与石墨，都是由碳组成的，但碳原子排列的方式不同，即晶体结构不同，性能差别很大。

晶体与非晶体虽有上述本质上的差别，但在一定条件下可以互相转化。例如玻璃经长时间高温加热后能变为晶态玻璃；金属通常是晶体，但从液态以极快的速度（大于 $10^7℃/s$）冷却，可以得到非晶态金属，与晶态金属相比，非晶态金属有很高的强度和韧性。

2. 晶体结构

金属中的原子是由金属键结合在一起的，其原子（离子）是按照一定的几何规律作周期性排列的。为了研究原子的排列规律性，假定理想晶体中的原子是固定不动的刚性球，这样，晶体中原子的排列可以用这些刚性球堆垛来表示，如图 2-1（a）所示。为了容易看清晶体中原子的空间排列方式，将理想晶体中周围环境相同（物质环境、几何环境相同）的原子、原子群或分子抽象为几何点，这些几何点在空间排列构成的阵列称为空间点阵，简称点阵，这些几何点称阵点。为了进一步表达空间点阵的几何规律，可用许多相互平行的直线将阵点连接起来，构成一个三维空间格架，称为晶格，见图 2-1（b）。由于晶格中的原子具有周期的特点，因此，为了简单起见，可以从晶格中选取一个能够完全反映晶格特征的最小的几何单元，来分析晶体中原子排列的规律性，这个最小的几何单元称为晶胞，见图 2-1（c）。实际上，晶格是由无数大小、形状和方向相同的晶胞在三维空间

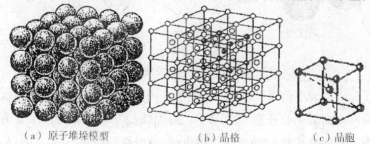

（a）原子堆垛模型　　　（b）晶格　　　（c）晶胞

图 2-1　晶体中原子排列示意图

重复堆砌构成的，因而晶胞反映了点阵中阵点的排列方式。不同晶格类型的晶胞或同一晶格类型的不同晶体的晶胞，其大小或形状是不同的。为了表示晶胞的大小和形状，常以晶胞的三条棱边长度 a、b、c 及三条棱边的夹角 α、β、γ 来表示，棱边的长度 a、b、c 称为晶格常数，其单位为 Å（埃）（$1Å = 1 \times 10^{-8}$cm）。

3. 三种典型的金属晶体结构

根据晶胞的三个晶格常数和三个轴间夹角的相互关系，对所有的晶体进行分析，发现可以把它们的空间点阵分为 14 种类型。若进一步根据空间点阵的基本特点进行归纳整理，又可将 14 种空间点阵归属于 7 个晶系。

晶体中原子或分子实际排列的方式（其中每个原子围绕一定的平衡位置进行热振动，同时局部存在排列缺陷）称为晶体结构。常见金属的晶体结构有三种：**面心立方结构**（A1 或 fcc）、**体心立方结构**（A2 或 bcc）及**密排六方结构**（A3 或 hcp）。

（1）面心立方晶格。面心立方晶格的晶胞如图 2 - 2 所示，

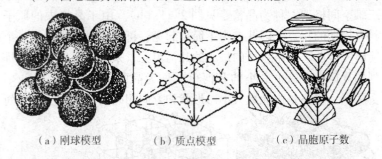

　　（a）刚球模型　　　　　（b）质点模型　　　　　（c）晶胞原子数

图 2 - 2　面心立方晶胞

在晶胞的 8 个顶角上各有一个原子，构成一个立方体，在立方体的六个面的中心各有一个原子。由于面心立方晶胞是一个立方体，其晶格常数 $a = b = c$，晶轴间的夹角 $\alpha = \beta = \gamma = 90°$，所以，只用一个晶格常数 a 表示晶胞的大小和形状。具有面心立方结构的金属有 γ - Fe、Cu、Al、Au、Ag、Ni 等 20 种左右。一个面心

立方晶胞中的原子数（n）为：

$$n = \frac{1}{8} \times 8 + \frac{1}{2} \times 6 = 4 \ （个）$$

晶胞中原子排列的紧密程度常用两个参数来表示——配位数和致密度。配位数指晶体结构中与任一个原子最近邻、等距离的原子数目。致密度（K）指单位体积中原子实际占的体积数。

$$K = \frac{nv}{V}$$

式中：n 为晶胞中的原子数；

v 为一个原子的体积，其值为 $\frac{4}{3}\pi r^3$（r 为原子半径）；

V 为晶胞的体积。

（2）体心立方晶格。体心立方晶格的晶胞如图 2-3 所示，在晶胞的 8 个顶角上各有一个原子，在立方体的中心有一个原子。由于体心立方晶胞也是一个立方体，其晶格常数也只用一个参数 a 来表示。具有体心立方结构的金属有 α-Fe、Cr、V、W、Mo、Nb 等约 30 种。一个体心立方晶胞中的原子数（n）为：

$$n = \frac{1}{8} \times 8 + 1 = 2 \ （个）$$

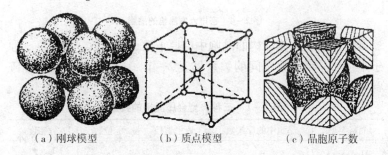

（a）刚球模型　　　　（b）质点模型　　　　（c）晶胞原子数

图 2-3　体心立方晶胞

（3）密排六方晶格。密排六方晶格的晶胞如图 2-4 所示，在晶胞的 12 个顶角上各有一个原子，构成六方柱体，上底面和下底面中心各有一个原子，晶胞内还有三个原子。具有密排六方结构的金属有 Mg、Zn、Cd、α - Ti 等。密排六方晶格的晶格常数有两个：正六边形的边长 a 和上下两底之间的距离 c，c 与 a 之比（c/a）称为轴比。只有当轴比 $\dfrac{c}{a} = \sqrt{\dfrac{8}{3}} \approx 1.633$ 时，才是最紧密的排列。实际的密排六方结构，其轴比或大或小地偏离这一数值，大约在 1.57 ~ 1.64 之间波动。一个紧密六方晶格晶胞中的原子数（n）为：

$$n = \frac{1}{6} \times 12 + \frac{1}{2} \times 2 + 3 = (6)$$

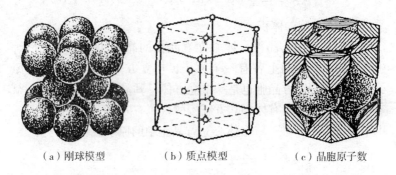

（a）刚球模型　　　　（b）质点模型　　　　（c）晶胞原子数

图 2 - 4　密排六方晶格的晶胞

　　三种典型晶体结构的晶胞中的原子数、配位数、致密度、原子半径与晶格常数之间的关系见表 2 - 1。一些重要金属的点阵常数见表 2 - 2。

表 2 - 1　三种典型金属晶格的数据

晶格类型	晶胞中的原子数	原子半径	配位数	致密度
体心立方	2	$\dfrac{\sqrt{3}}{4}a$	8	68%
面心立方	4	$\dfrac{\sqrt{2}}{4}a$	12	74%
密排六方	6	$\dfrac{1}{2}a$	12	74%

表 2 - 2　一些重要金属的点阵常数

金属	点阵类型	点阵常数（nm）	金属	点阵类型	点阵常数（nm）
Al	面心立方	0.40499	W	体心立方	0.31650
γ - Fe	面心立方	0.36468	Be	六方	a 0.22856
Ni	面心立方	0.35236			c 0.35832
Cu	面心立方	0.36417	Mg	六方	a 0.32094
Rh	面心立方	0.38044			c 0.52105
Pt	面心立方	0.39239	Zn	六方	a 0.26649
Ag	面心立方	0.40857			c 0.49468
Au	面心立方	0.40788	Cd	六方	a 0.29778
V	体心立方	0.30782			c 0.56167
Cr	体心立方	0.28846	α - Ti	六方	a 0.29444
α - Fe	体心立方	0.28664			c 0.46737
Nb	体心立方	0.33007	α - Co	六方	a 0.2502
Mo	体心立方	0.31468			c 0.4061

注：γ - Fe 的数据为 916℃，其余均为室温。

4. 晶体结构中的间隙

从晶体中原子排列的刚球模型中可以看到，在球与球之间存在着许多间隙。研究晶体中间隙的大小、位置和数量，对了解金属的性能、合金相结构、扩散及相变等问题都是很重要的。晶体结构中的间隙分为两种，一种是由六个原子组成的八面体间隙，另一种是由四个原子组成的四面体间隙。三种晶体结构中间隙的对比见表 2 - 3。

表 2 - 3　三种晶体结构中间隙的对比

晶格类型	fcc（A1）		bcc（A2）		hcp（A3）	
间隙类型	正四面体	正八面体	四面体	扁八面体	四面体	正八面体
间隙个数	8	4	12	6	12	6
原子半径 r_A	$\dfrac{\sqrt{2}}{4}a$		$\dfrac{\sqrt{3}}{4}a$		$\dfrac{a}{2}$	
间隙半径 r_B	$(\sqrt{3}-\sqrt{2})\dfrac{a}{4}$	$(2-\sqrt{2})\dfrac{a}{4}$	$(\sqrt{5}-\sqrt{3})\dfrac{a}{4}$	$(2-\sqrt{3})\dfrac{a}{4}$	$(\sqrt{6}-2)\dfrac{a}{4}$	$(\sqrt{2}-1)\dfrac{a}{2}$

5. 同素异晶转变

在外部条件（如温度、压强）变化时，金属内部从一种晶体结构转变为另一种晶体结构，称为同素异晶转变或同素异构转变，也称多晶型性转变。在元素周期表中，大约有40多种元素具有两种或两种类型以上的晶体结构。例如铁在912℃以下为体心立方结构，称 α – Fe 铁；在 912 ~ 1394℃ 之间为面心立方结构，称为 γ – Fe；当温度超过 1394℃ 时，又变为体心立方结构，称为 δ – Fe；在高压下铁还可以具有密排六方结构，称为 ε – Fe。由于铁是具有同素异晶转变的元素，它决定了钢和铸铁的组织转变。也可以说，没有纯铁的同素异晶转变，钢和铸铁就不可能通过各种热处理来改变组织，从而改变性能，其用途就不会有现在这样广泛。

三、实际金属中的晶体缺陷

前面所讨论的金属的晶体结构是理想的结构，而实际金属的晶体结构受结晶条件及各种冷热加工过程等诸多因素的影响，与理想的晶体结构相差很大。实际金属的结构远不是理想完美的单晶体，结构中存在有许多不同类型的缺陷。按照几何特征，晶体缺陷主要分为点缺陷、线缺陷和面缺陷，每类缺陷不但对金属及合金的性能，其中特别是那些对结构敏感的性能，如强度、塑性、电阻等产生重大的影响，而且还在扩散、相变、塑性变形和再结晶等过程中扮演着重要角色。由此可见，研究晶体的缺陷具有重要的实际意义。

1. 点缺陷

点缺陷是指在三维尺度上都很小的，不超过几个原子直径的缺陷。主要是空位、间隙原子和置换原子。空位就是没有原子的结点，在实际晶体结构中，并不是所有的结点都被原子所占据。而是在某些结点上出现了空位。间隙原子就是位于晶格间隙之中的原子，即在少数的晶格间隙处出现的多余原子。空位和间隙原子不是固定不动的，而是处于不断运动和变化之中，随着原子的热运动，它会不断地移动、消失、产生。占据在原来基体原子平衡位置上的异类原子称为置换原子。任何一种点缺陷的存在，都破坏了原有原子间作用力的平衡，因此，点缺陷周围的原子必然会离开原有的平衡位置，作相应的位移，这就是晶格畸变或应变。处于晶格间隙的原子、空位和置换原子的出现会使周围晶格产生畸变。

2. 线缺陷

线缺陷是指二维尺度很小而第三维尺度很大的缺陷，这种缺陷就是位错，它是在晶体中某一处有一列或若干列原子发生了有规律的错排现象，使长度达几百至几万个原子间距、宽约几个原子间距范围内的原子离开其平衡位置，发生有规律的错动。位错的基本类型为刃型和螺型，实际的位错往往为两种类型的复合，称为混合位错。位错的数量用位错密度来表示，位错密度是指单位体积中位错线的总长度。位错的特点之一是很容易在晶体中移动，金属材料的塑性变形便是通过位错运动来实现的。晶体中可动的位错越多，滑动过程越容易进行。位错数量增加到某个值以后，众多的位错纠缠在一起，互相阻碍运动，导致材料的强度升高。

3. 面缺陷

面缺陷是指二维尺度很大而第三维尺度很小的缺陷，包括晶体的表面和内界面两类，其中内界面主要有晶界、亚晶界及相界。晶体分为单晶体和多晶体。结晶后的晶粒呈相同的位向，这种晶粒就是单晶体。单晶体的性能是"各向异性"的。工业上使用的金属材料，大都是由晶体结构相同但位向不同的大量的晶粒所组成的多晶体，晶粒与晶粒之间的界面称为晶界。在多晶体中，由于各晶粒间的位向不同，晶界处的原子排列是不规则的，所以，晶界是金属材料中存在的一种很普遍的缺陷。晶界强化是金属材料的一种极为重要的强化方法，在常温下，晶粒越细小，晶界越多，材料的强度越高，同时还可以改善和提高材料的塑性与韧性。在多晶体金属中，每个晶粒内的原子排列并不是十分整齐的，其中会出现位向差极小（通常小于1°）的亚结构，亚结构之间的界面就是亚晶界，亚晶界处的原子也是不规则排列的，同样也会使晶格产生畸变，因此，亚晶尺寸的大小对金属的性能也有一定的影响。在晶粒大小一定时，亚晶越细或位向差越大，则金属的屈服强度也越高。具有不同晶体结构的两相之间的分界面称为相界。

四、合金中的相

相是合金中具有同一聚集状态、同一晶体结构、同一化学成分和性质，并以界面相互分开的均匀组成部分。材料的性能与各组成相的性质、形态、数量直接相关。不同的相具有不同的晶体结构，虽然相的种类繁多，但根据相的结构特点可归纳为两大类：固溶体和中间相。

1. 固溶体

以合金中某一组元作为溶剂，其他组元为溶质，所形成的与溶剂有相同晶体结构、晶格常数稍有变化的固相称为固溶体。根据固溶体的不同特点，可以分为不同的类型。按溶质原子的溶解度划分，可将固溶体分为有限固溶体和无限固溶体；按溶质原子在固溶体结构中的位置划分，可将固溶体分为置换固溶体和间隙固溶体；按溶质原子在固溶体结构中的分布划分，固溶体分为有序固溶体和无序固溶体。以上分类是根据不同条件分别加以说明的，实际上，固溶体可同时兼有各分类中的某些性质，所以，通常以置换、间隙和有序三种固溶体作为主要的研究对象。

（1）置换固溶体。溶质原子置换了一部分溶剂原子而占据溶剂晶格的某些结点位置，形成的固溶体称置换固溶体（图2-5）。溶质原子溶于固溶体中的量，称为固溶体的浓度。固溶体的浓度一般用重量百分比或原子百分比表示。在一定的条件下，溶质元素在固溶体中的极限浓度称为溶解度。影响置换固溶体溶解度的主要因素有：组元的原子半径，两组元的原子半径差越小，溶解度越大；晶体结构因素，组元间晶体结构相同时，一般溶解度都较大，而且有可能形成无限固溶体；负电性差因素，负电性是指组成合金的组元原子，吸引电子形成负离子的倾向。溶质原子与溶剂原子的负电性相差越大，二者化学亲和力越大，固溶度越小，越易形成化合物；电子浓度因素，在合金中，价电子数目与原子数目之比称为电子浓度。溶质原子的价数越高，形成固溶体的固溶度越小。对于溶剂为一价金属的固溶体，若固溶体具有面心立方晶格，则极限电子浓度值为 1.36；若固溶体具有体心立方晶格，则极限电子浓度值为 1.48。

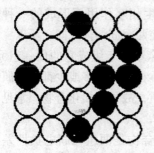 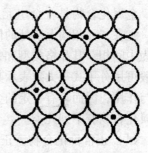

图 2-5 置换固溶体示意图　　　图 2-6 间隙固溶体示意图

（2）间隙固溶体。当溶质原子在溶剂晶格中并不占据晶格结点的位置，而是填入各结点的空隙时（图 2-6），所形成的固溶体称为间隙固溶体。一般规律是当溶质元素的原子直径与溶剂元素的原子直径之比小于 0.59 时，易于形成间隙固溶体，而在直径大小差不多的元素之间易于形成置换固溶体。

（3）有序固溶体。某些具有一定原子组成比和在较高温度下保持无序（或短程有序）结构的固溶体，当温度降至某一临界温度以下时，可能转变为长程有序结构，称为有序固溶体或超点阵。有序固溶体多具有体心立方、面心立方、密排立方点阵。

（4）固溶体的性能。固溶体随着溶质原子的溶入，晶格发生畸变。对于置换固溶体，溶质原子较大时造成正畸变，较小时引起负畸变。形成间隙固溶体时，晶格总是正畸变。晶格畸变随溶质原子的浓度增高而增大。随溶质原子的浓度增加，固溶体的强度、硬度升高，塑性、韧性下降的现象称为固溶强化。溶质原子与溶剂原子的尺寸差别越大，所引起的晶格畸变也越大，强化效果越显著。由于间隙原子造成的晶格畸变比置换原子大，所以，强化效果也较好。在物理性能方面，随溶质原子浓度的增加，固溶体的电阻率升高，电阻温度系数下降。因此，工业上应用的精密电阻和电热材料等，都广泛应用固溶体合金。

2. 金属化合物

金属化合物是合金组元之间发生相互作用而形成的一种新相，它在二元相图上所处的位置总在两个固溶体之间，所以，又称为中间相。其晶格类型和性能完全不同于组成它的任一组元，一般可用分子式来大致表示其组成。在其中或多或少都有金属键参与作用，因而具有一定的金属性质，故称金属化合物。常见的金属化合物有下列几类。

（1）正常价化合物。正常价化合物是两组元间电负性差起主要作用而形成的化合物，通常由金属元素与周期表中第Ⅳ、第Ⅴ、第Ⅵ族元素组成。这类化合物具有严格的化合比，成分固定不变，可用化学式表示，例如 Mg_2Si、Mg_2Sn、Mg_2Pb、MnS 等。正常价化合物具有很高的硬度和脆性，弥散分布在固溶体基体中，将使合金强化。

（2）电子化合物。影响电子化合物形成和结构的主要因素是电子浓度，它不遵守化合价规律，但电子浓度与晶体结构之间有一定的对应关系，它虽然可以用化学分子式表示，但由于它的成分可在一定的范围内变化，相当于以化合物为基的第二类固溶体。它的熔点和硬度都很高，但塑性较低，具有强化合金的作用。

（3）间隙相和间隙化合物。影响间隙相形成和结构的主要因素是原子尺寸，当 $r_B/r_A < 0.59$ 时形成间隙相，其结构为简单晶体结构，一般可用简单化学式表示，且一定的化学式对应一定的晶体结构，但成分可在一定的范围内变化。间隙相具有极高的熔点和硬度，具有明显的金属特性。间隙化合物一般具有复杂的晶体结构，$r_B/r_A \geqslant 0.59$ 时形成此相，可用化学式表示，可形成间隙化合物为基的固溶体。间隙化合物也具有很高的熔点和硬度，但与间隙相相比，它们的熔点和硬度要低一些。

第二节 金属材料的性能

金属材料是黑色金属、有色金属以及它们的合金的总称。金属材料的性能指标是设计计算、材料选择、工艺评定及材料检验的主要依据。材料的性能主要取决于材料的化学成分、显微组织及各种缺陷。对于结构材料来说，其中最重要的是力学性能。化学成分是指组成材料的化学元素的种类和数量，如 40CrNi 钢，其主要成分为铁、碳、铬和镍，化学成分还应包括各种杂质的种类（如锰、硅、硫、磷、氮及氧等）和数量。金属材料的性能包括金属的力学性能、工艺性能、物理和化学性能等。

一、金属材料的力学性能

金属材料的力学性能是指金属在外加载荷（外力）作用下或载荷与环境因素（温度、介质和加载速率）联合作用下所表现的行为。它取决于金属材料的化学成分、组织结构、冶金质量、残余应力及表面和内部缺陷等内在因素。外在因素如载荷性质（静载荷、冲击载荷、交变载荷）、应力状态（拉、压、弯曲、扭转、剪切、接触应力及各种复合应力）、温度、环境介质等对金属的力学性能也有很大的影响。力学性能与热处理工艺有密切的关系，通过热处理改变材料内部组织，最终改变材料的性能，满足使用要求。

1. 刚度和弹性

金属材料在外力作用下发生变形，当去掉引起变形的外力后能恢复原来的形状、尺寸的能力，叫做弹性，金属材料抵抗弹性变形的能力，叫做刚度。通常用弹性模数、弹性极限等指标衡量金属材料的刚度和弹性性能。当材料受外力作用发生弹性变形，而外力和变形成比例增长时的比例系数，叫做弹性模数（单位为 MPa），它相当于引起单位变形所需的应力，是衡量材料刚度的指标。机械零件或构件的刚度为截面积 A 与所用材料的弹性模数 E 的乘积，即 AE。材料的弹性模数只与材料的成分、原子结构、温度及加工硬化有关，材料的热处理对其影响不大。而材料能承受的、不产生永久变形的最大应力叫做弹性极限，它表示金属材料的最大弹性。用于制造弹簧等弹性元件的材料，都应具有足够高的弹性极限。

2. 强度

金属材料在外力作用下，对塑性变形和断裂的抵抗能力，叫做强度。它常用屈服点和抗拉强度来表示。金属承受载荷时，当载荷不再增加，但金属本身的变形却继续增加的现象称为屈服。呈现屈服现象的金属材料，试样在试验过程中力不增加（保持恒定）仍能继续伸长时的应力称为屈服点。

（1）抗拉强度（σ_b）。外力是拉力时，断裂前单位面积上所能承受的最大载荷称为抗拉强度。它是衡量金属材料强度的主要性能指标。原来用 σ_b 表示，新的符号为 R_m，单位为 MPa。

（2）屈服强度（σ_s）。材料受外力作用，载荷增大到某一数值时外力不再增加，而材料继续产生塑性变形的现象，叫屈服。材料开始产生屈服时的应力，称为屈服强度。具有上屈服点（σ_{sU}）、下屈服点（σ_{sL}）的材料，规定以下屈服点作为材料的屈服点。新符号上屈服强度用 R_{eH} 表示，下屈服强度用 R_{eL} 表示。

（3）规定残余伸长应力。试样卸除拉伸力后，其标距部分的残余伸长达到规定的原始标距百分比时的应力。$\sigma_{t0.2}$ 表示规定残余伸长率为 0.2% 时的应力。

（4）规定非比例伸长应力（R_p）。试样标距部分的非比例伸长达到规定的原始标距百分比时的应力。$R_{p0.01}$、$R_{p0.02}$、$R_{p0.2}$ 分别表示规定非比例伸长率为 0.01%、0.02% 和 0.2% 时的应力。原符号为 σ_p。

（5）规定总伸长应力（σ_t）。试样标距部分的总伸长（弹性伸长加塑性伸长）达到规定的原始标距百分比时的应力。$\sigma_{t0.5}$ 表示规定总伸长率为 0.5% 时的应力。

（6）抗压强度。指外力是压力时，断裂前单位面积上所能承受的最大载荷。压缩试验主要适用于低塑性材料，如铸铁、木材、塑料等。

（7）抗扭强度。指外力是扭力时，断裂前单位面积上所能承受的最大载荷，单位为 MPa。

（8）持久强度极限。指金属试样在一定的高温条件下，达到规定时间而不发生断裂的最大应力。

（9）对称疲劳强度。工件在变动载荷和应变长期作用下，因累积损伤引起的断裂现象，称为疲劳。对称循环载荷下材料抵抗无限次应力循环也不疲劳断裂的强度指标，称为对称疲劳强度。

3. 塑性

金属材料在外力作用下产生永久变形而不断裂的能力叫做塑性、塑性变形或范性变形。常用的塑性指标是延伸率（δ）和断面收缩率（ψ），单位为 %。

金属受外力作用被拉断以后，在标距内总伸长长度（ΔL_K）同原来标距长度（L_0）相比的百分数，称为伸长率或延伸率（原符号为 δ），即：

$$A = \frac{\Delta L_K}{L_0} \times \%$$

式中，$\Delta L_\mathrm{K} = L_1 - L_0$

L_1 为断裂后标距内试样的长度（mm）；

L_0 为标距内试样原始长度。

根据试样长度的不同，通常用符号 δ_5 或 δ_{10} 来表示。δ_5 是试样标距长度为其直径 5 倍时的伸长率，δ_{10} 是试样标距长度为其直径 10 倍时的伸长率，通常所说的延伸率 δ 指的是 δ_{10}。

断面收缩率（原符号为 ψ）是金属材料受拉伸断裂后，试样的横截面积 A_0 和断裂后的横截面积 A_K 之差与试样原横截面积 A_0 的百分比。即

$$Z = \frac{A_0 - A_K}{A_0} \times \%$$

4. 韧性

韧性是指材料对断裂的抗力，它是材料可靠性的度量，通常用冲击韧性（α_k）、断裂韧性（$K_{\mathrm{I}c}$）和脆性转折温度（t_c）等来表示。冲击韧性是评定金属材料在动载荷下承受冲击抗力的力学性能指标，其值的大小不仅取决于材料本身，同时还随试样尺寸、形状的改变而改变，因而是一个相对指标。目前多采用冲击功 A_K 作为冲击韧性的指标。断裂韧性是衡量金属材料在裂纹存在情况下抵抗脆性开裂能力的指标。根据材料的断裂韧性和用无损探伤方法确定的内部缺陷存在的情况，可以预知零件在工作过程中有无脆性断裂的危险，从而采取合金化与热处理等措施，以满足使用性能的要求。当温度降低到某一数值时试样急剧脆化，这个温度就是脆性转折温度。高于这一温度，材料呈微孔型宏观塑性断裂；低于这一温度，则为脆性的解理断裂。脆性转折温度一般是一个范围，它的宽度和高低与材料的成分、纯度、晶粒大小、组织状态和晶体结构等因素有关。一般来说，体心立方结构的金属冷脆断裂倾向大，脆性转折温度高，密排六方金属次之，面心立方金属则基本上没有这种温度效应。

5．硬度

是金属表面抵抗局部压入变形或刻划破裂的能力。它不是一个单纯的物理量，它是表征着材料的弹性、塑性、形变强化、强度和韧度等一系列不同物理量组合的一种综合性能指标。测定硬度方法很多，主要有压入法、回跳法和刻划法。在机械制造业中，主要采用压入法，压入法又分为布氏硬度、洛氏硬度和维氏硬度。

（1）布氏硬度。用淬硬小钢球或硬质合金球，以相应的试验压力压入金属表面，经规定的保持时间后，以其压痕面积除加在钢球上的载荷所得之商，即为金属的布氏硬度数值。硬度小于450HBS 时使用钢球测定。硬度小于等于 650HBW 时使用硬质合金球测定。

（2）洛氏硬度。洛氏硬度是直接测定压痕深度，并以压痕深度表示材料的硬度。试验的压头采用120°的金刚石圆锥或不同直径的钢球。为了能用一种硬度计测定从软到硬的金属材料硬度，采用不同压头和总载荷，组合成几种不同的洛氏硬度标度，见表 2 - 4。

表 2 - 4 洛氏硬度符号及试验规范

硬度符号	压头类型	总试验力 F	洛氏硬度范围
HRA	金刚石圆锥	588.4N	20 ~ 88 HRA
HRB	1.5875mm 钢球	980.7N	20 ~ 100 HRB
HRC	金刚石圆锥	1.471kN	20 ~ 70 HRC
HRD	金刚石圆锥	980.7N	40 ~ 77 HRD
HRE	3.175mm 钢球	980.7N	70 ~ 100 HRE
HRF	1.5875mm 钢球	588.4N	60 ~ 100 HRF
HRG	1.5875mm 钢球	1.471kN	30 ~ 94 HRG
HRH	3.175mm 钢球	588.4N	80 ~ 100 HRH
HRK	3.175mm 钢球	1.471kN	40 ~ 100 HRK

（3）维氏硬度。用 49.03 ~ 980.7N 以内的载荷，将顶角为 136°的金刚石四棱角锥体压头压入金属的表面，以其压痕面积除载荷所得之商，即为维氏硬度值，用 HV 表示，单位为 MPa。HV 能用于测定很薄（0.3 ~ 0.5mm）的金属材料，或厚度为 0.003 ~ 0.05mm 零件的表面硬化层（如镀铬、渗碳、氮化、碳氮共渗层等）的硬度。维氏硬度计测得的压痕，轮廓清晰，数值比较准确。

二、金属材料的物理性能

1. 密度（ρ）

密度是材料每单位体积的质量，即物质的质量与体积之比，常用 ρ 表示，单位为 kg/m³。根据密度的大小，可将金属分为轻金属和重金属。凡密度在 4.5 以下的金属称为轻金属，超过 4.5 的金属称为重金属。常见金属材料的密度（20℃时）值见表 2 - 5。

表 2 - 5　常见金属材料的密度

金属材料名称	镁	铝	铁	锰	镍	钼	铬	钨
比重（kg/m³）	1.74	2.6984	7.87	7.43	8.9	10.22	7.19	19.3
金属材料名称	铌	金	银	铜	钛	锌	钒	灰口铁
比重（kg/m³）	8.57	19.32	10.49	8.96	4.508	7.134	6.1	6.8 ~ 7.4
金属材料名称	白口铁		碳素钢		黄铜		青铜	钢
比重（kg/m³）	7.2 ~ 7.51		7.81 ~ 7.85		8.5 ~ 8.85		7.5 ~ 8.9	7.8 ~ 7.9

2. 熔点（T_m）

金属和合金从固体状态向液体状态转变时的熔化温度称为熔点。反之，则叫做凝固点或结晶点。金属和合金的熔点和凝固（结晶）点的温度值在理论上是一致的。但是，实际上由于受到各种外界因素的影响，两者的温度值往往是不同的。在工业生产中，金属的熔点是铸造、焊接、热镀、配制合金等必须考虑的重

要性能，它与金属的运用范围有很大的关系。常见金属熔点见表
2-6。

表2-6 常见金属熔点

金属材料名称	镁	铝	铁	锰	镍	钼	铬	钨
熔点（℃）	650	660.1	1537	1244	1453	2625	1903	3380
金属材料名称	铌	金	银	铜	钛	锌	钒	
熔点（℃）	2468	1063	960.8	1083	1677	419.5	1910	

3. 导电性

金属传导电流的性能叫做导电性。衡量金属导电性能的指标
是导电率 γ（又叫导电系数）和电阻率 ρ（又叫电阻系数或比电
阻），导电率与电阻率互成反比。金属的导电率越高或电阻率越
低，则其导电性越好。在金属材料中，银的导电性能最好，其次
是铜、铝。金属的导电性能越好，则电流通过时的电能损失越
少。反之，材料导电性能越差，则电流通过时的电能损耗越大，
产生的热量也越大。因此，电加热炉的电阻元件，如电阻丝、电
阻带等，都采用镍铬合金、铁铬铝合金等高阻材料。

4. 导热性

金属传导热量的性能叫导热性。它反映了金属在加热和冷却
时的导热能力，多数金属是热的良导体，它们的导热能力一般比
非金属大得多。在金属中，银和铜的导热性最好，铁的导热性较
差。金属导热性能的好坏，用热导率即导热系数表示。在单位时
间内，当沿着热流方向的单位长度上温度降低 1K（或 1℃）时，
单位面积容许导过的热量称为热导率或导热系数，符号为 λ，单
位为 W/（m·K）。金属加热时需考虑它的导热性，因为，金属
的导热性越差，在加热和冷却时的内外温度差越大，产生的内应
力越大，由此而产生的内应力也就越大，就越易产生裂纹。

5. 热膨胀性

金属温度升高时，产生体积胀大的现象，称为热膨胀性。反

之，温度下降时，金属的体积发生收缩，这就是一般说的热胀冷缩。大多数金属具有热胀冷缩的规律，但也有反常的。金属的热膨胀性通常用线膨胀系数来表示（符号为 α），即金属温度每升高 $1℃$ 所增加的长度与原来长度的比值。线膨胀系数大的材料，受热后膨胀性大。金属的热膨胀系数随温度的升高而增加。钢的热膨胀系数一般在（$10\sim20$）$\times10^{-6}$ 的范围内，常用金属元素在 $0\sim100℃$ 间的线膨胀系数见表 $2-7$。

表 $2-7$ 常用金属元素在 $0\sim100℃$ 间的线膨胀系数（$\times10^{-6}/℃$）

元素	镁	铝	铁	锰	镍	钼	铬
线膨胀系数	24.3	23.6	11.76	37	13.4	4.9	6.2
元素		钨	铌	金	钛	锌	钒
线膨胀系数		4.6（$20℃$）	7.1	14.2	8.2	39.5	8.3
元素	铜	银	钴	铅	铋	锗	锡
线膨胀系数	17	19.7	12.4	29.3	13.4	5.92	23

6. 磁性

金属被磁场磁化或吸引的性能叫磁性。不同金属被磁场吸引或磁化的性质不同，这种区别用磁导率（μ）表示。磁导率是衡量磁性材料磁化难易程度（导磁能力）的性能指标，又称导磁系数。根据金属材料在磁场中受磁化的程度，可把它们分成三种类型。

（1）铁磁性材料。导磁率特别大的金属材料称为铁磁材料，它在外加磁场中能强烈地被磁化。铁磁材料加热到某一温度就会失去磁性，这个温度叫做居里点。铁的居里点为 $768℃$，镍的居里点为 $360℃$。

（2）顺磁性材料。导磁率大于 1 的金属材料称为顺磁性材料（在顺磁性材料中，导磁率特别大的称为铁磁性材料），它在外加磁场中只是微弱地被磁化。

（3）抗磁性材料。导磁率小于 1 的材料称为抗磁材料，它能抗拒或削弱外加磁场对材料本身的磁化作用。

磁感应强度（B）是表示磁场强度与方向特性的物理量；磁场强度（H）是表示磁场中各点磁力大小和方向的物理量，有时也称为磁化力；矫顽力是磁性材料经过一次磁化并除去磁场强度后，磁感应强度并不消失，仍保留一定的剩磁感应强度，这种剩留的磁性称为剩磁，这种性质称为顽磁性。要想消去这个剩磁感应强度，必须另加一个反向的磁场，不断地增大反向磁场强度，直到该剩磁感应强度恰巧消失时的磁场强度的绝对值，就称为矫顽力。软磁材料要求矫顽力越小越好，硬磁材料要求矫顽力越大越好。

7. 比热容

单位质量的某种物质，在温度升高（或降低）1K（或1℃）时吸收（或放出）的热量，称为金属的比热容，用符号 c 表示，单位为 J/（kg·K）。常用几种金属元素的比热容见表2-8。

表2-8 常用几种金属元素的比热容（J·kg^{-1}·K^{-1}×4.1868×10^3）

元素	镁	铝	铁	锰	镍	钼	铬
比热容	0.245	0.215	0.11	0.115	0.105	0.66	0.11
元素	钨	铌	金	钛	锌	钒	铜
比热容	0.034	0.065	0.0312	0.124	0.0925	0.127	0.092
元素	银	钴	铅	铋	锗	锡	
比热容	0.0559	0.099	0.0306	0.0294	0.037	0.054	

8. 磨损量

磨损量又称磨耗量，它是衡量金属材料耐磨性能好坏的指标，是用试样在规定的试验条件下经过一定时间或一定距离摩擦之后，以试样被磨去的质量（g）或体积（cm^3）来表示的。磨耗量越小，材料的耐磨性越好。

9. 相对耐磨系数

用来相对地表示金属材料耐磨性好坏的一个指标，是在模拟耐磨试验机上进行测定的。通常采用硬度为 52 ~ 53 HRC 的 65Mn 钢作为标准试样，取相同试验条件下，标准试样的绝对磨损值（质量磨耗或体积磨耗）与被测定材料的绝对磨损值之比，是被试材料的相对耐磨系数。相对耐磨系数的数值越大，说明这种材料的耐磨性越好。

三、金属材料的化学性能

1. 腐蚀

金属材料和周围环境发生化学反应和受到物理作用而引起的破坏，叫做腐蚀。锈蚀是金属材料的主要腐蚀形态。腐蚀会显著降低金属材料的强度、塑性、韧性等力学性能，破坏金属构件的几何形状，增加传动件间的磨损，缩短设备使用寿命等。金属材料在腐蚀环境（如大气、水蒸气、有害气体、酸、碱、盐等）中抗腐蚀的能力，叫做耐腐蚀性。金属的耐腐蚀性与其化学成分、加工性质、热处理条件、组织状态、腐蚀环境及温度条件等许多因素有关。通常用腐蚀速度来评价金属在某一特定环境和条件下的耐腐蚀性。评定腐蚀速率的方法通常有重量法、腐蚀深度法、线性极化法等。其中，重量法较为精确，灵敏度高，测量方便，是最常用的方法。重量法测得的腐蚀速率是单位时间、单位面积上的重量损失，即单位面积的金属材料在单位时间内损失的重量。计算公式为：

$$v = \frac{w_0 - w}{S \cdot t}$$

式中，v 为腐蚀速率 $[g/(m^2 \cdot h)]$；t 为腐蚀时间（h）；S 为试样受腐蚀的表面积（m^2）；w_0 为试样腐蚀前重量（g）；w 为试样腐蚀后重量（g）。

2. 抗氧化性

金属材料在高温或室温条件下抵抗空气、水蒸气、炉气等氧化作用的能力，叫抗氧化性。石油化工设备、燃气锅炉、汽轮机、燃气轮机、喷气发动机、热加工机械、火箭、导弹等许多零件都在高温条件下工作，而且直接接触各种气体介质，因此，这些零件所用材料必须有良好的抗氧化性，否则其表面就会很快地被氧化而剥落损坏。抗氧化性一般可以用一定时间内，金属表面经腐蚀之后重量损失的大小，即用金属减重的腐蚀速度来表示（减重法），其计算方法为：

$$K = \frac{m_0 - m_t}{S_0 t}$$

式中，K 为气体腐蚀速度 $[g/(cm^2 \cdot h)]$；m_0 为腐蚀前的重量（g）；m_t 为材料受 t 小时腐蚀后的重量（g）；S_0 为金属受腐蚀前的表面积（m^2）；t 为受腐蚀的时间（h）。

四、金属材料的工艺性能

1. 铸造性能

金属材料的铸造性能是指金属溶液在浇注成形时所反映出来的难易程度，也叫可铸性。它对能否获得合格铸件具有极大的影响。金属的铸造性能主要有流动性、收缩性、偏析倾向等。衡量金属材料铸造性能的主要指标和表示方法见表 2-9。

表 2-9　金属材料铸造性能的主要指标和表示方法

指标名称	定义	表示方法	有关说明
流动性	熔融金属的流动能力	合金液流动性的测定通常以螺旋形试样的长度来测量。将合金液浇入螺旋形试样铸型中，在相同的铸型及浇注条件下，浇出的螺旋形试样越长，表示该合金的流动性越好	流动性是影响充型能力的主要因素之一。仅与金属本身的化学成分、温度、杂质含量以及物理性质有关，其中以化学成分的影响最为显著。它是熔融金属本身固有的属性

指标名称	定义	表示方法	有关说明
收缩率，线收缩率，体积收缩率	铸件从浇铸温度冷却至常温的过程中，体积的缩小叫体积收缩率，线尺寸的缩小叫线收缩率	线收缩率以浇铸和冷却前后长度尺寸之差与所得尺寸的百分比（％）来表示；体积收缩率以浇铸的体积和冷却后所得的体积之差与所得体积的百分比（％）来表示	收缩率是金属铸造时的有害性能，一般希望收缩率愈小愈好；体积收缩率影响铸件的缩孔、疏松倾向；线收缩率影响铸件内应力的大小、产生裂纹的倾向和铸件的最后尺寸
偏析	铸件内部呈现化学成分和组织上不均匀的现象称为偏析		偏析使铸件性能不均匀，严重时会造成废品。偏析分为晶内偏析和区域偏析

2. 焊接性

焊接性（或可焊性）是金属材料对焊接加工的适应性。它主要指在一定的焊接工艺条件下，获得优质焊接接头的难易程度。它包括两方面的内容。其一是接合性能，即在一定的焊接工艺条件下，一定的金属形成焊接缺陷的敏感性；其二是使用性能，即在一定的焊接工艺条件下，一定金属的焊接接头对使用要求的适应性。

金属焊接性是金属的一种加工性能，它决定于金属材料本身的性质和加工条件。一般来说，低碳钢具有良好的焊接性，中碳钢、高碳钢、高合金钢、铸铁、铝合金的焊接性较差。

各种钢材的化学成分不同，其可焊性也不同。一般把钢材的可焊性分为四个等级，即良好、一般、较差和不好。

在钢材的各种化学元素中，对可焊性影响最大的是碳。故常可把钢中含碳量的多少作为判别钢材可焊性的主要标志，钢中含碳量越高时，其可焊性越差。可焊性较差的钢，在焊接时常需采取一些相应的工艺措施，如预热、缓冷等，否则就易产生裂缝等缺陷。钢中的碳和合金元素对焊接性都会有影响，但其影响程度不同。在钢的主要元素中，碳的影响最明显。在粗略估计碳钢和低合金钢的焊接性时，可以把钢中的合金元素（包括碳）的含量按其对焊接性影响程度换算成碳的相当含量，其总和叫碳当量，用［C］表示，可作为评定钢材焊接性的一种参考指标。

通过大量的实践经验，国际焊接学会推荐碳钢和低合金钢焊接的碳当量计算公式：

$$[C] = w_c + \frac{w_{Mn}}{6} + \frac{w_{Cr}}{5} + \frac{w_{Mo}}{4} + \frac{w_{Ni}}{15} + \frac{w_{Si}}{24} + \left(\frac{w_{Cu}}{13} + \frac{w_V}{2}\right)$$

式中的化学元素符号表示该元素在钢中的含量。碳当量越高，焊接性越差。经验表明，一般［C］< 0.25% 时，可焊性良好；［C］= 0.25% ~ 0.35% 时，可焊性一般；［C］= 0.35% ~ 0.45% 时，可焊性较差；［C］> 0.45% 时，可焊性不好。焊接性较差时，钢材焊接冷裂倾向明显，焊接时一般需要预热和采取其他工艺措施来防止裂纹，若钢材焊接时冷裂倾向严重，需要采取较高的预热温度和其他严格的工艺措施。

3. 可锻性

可锻性是指金属材料在压力加工（锻、轧、拉、挤）时，只改变形状，而不产生裂纹等破坏的性能。有些金属材料在室温或低温下具有良好的可锻性，如低碳钢、紫铜、铝等。有些在高温下则具有良好的可锻性，如中碳钢、黄铜等。而有的（如铸铁）几乎没有可锻性。

金属的锻造性能是一个工艺性能指标，用来衡量金属材料在经受压力加工时获得优质零件的难易程度。锻造性能常用金属的塑性和变形抗力来综合衡量，塑性的主要判据有断后伸长率、断面收缩率等，变形抗力的主要判据是强度指标。塑性越好，变形抗力越小，则可认为金属的锻造性能好，反之，则锻造性能差。合金材料的锻造性决定于合金材料的本质和加工条件。合金材料的本质是内部因素，加工条件是外部条件。选择锻压件材料时，首先考虑的还是合金材料的本质，再创造必要的外部条件，以便得到较好的锻造性。

不同化学成分的合金材料具有不同的锻造性。一般情况下，纯金属具有良好的锻造性。加入合金元素组成合金材料后，锻造性变差，冶金元素的种类愈多，含量愈高，特别是所加入的钨、钼、钒、钛等强碳化物形成元素的含量愈高，则其合金材料的锻造性显著下降。因此，纯铁及低碳钢的锻造性比高碳钢的好；相同含碳量的碳素钢比合金钢的锻造性好；低合金钢的锻造性比高合金钢的好。合金为单一固溶体组织（如奥氏体）时，具有良好的锻造性；当合金中有化合物存在或处于多相组织状态时锻造性较差。另外，晶粒细小比晶粒粗大的组织结构的锻造性好。因此，碳钢锻造时，希望加热到单相的奥氏体状态，并通过控制加热温度得到细小的奥氏体组织。

4. 切削加工性

材料的切削加工性是指材料被切削加工成合格零件的难易程度。某种材料加工的难易不是一个绝对的概念，而要看具体的加工要求及切削条件而定。如果说材料 A 比材料 B 有较好的切削加工性，则意味着用材料 A 可得到较低的刀具磨损，或用材料 A 获得较小的表面粗糙度，或加工材料 A 消耗较少的功率等。金属材料的切削加工性，通常用切削率或切削加工系数来表示，则称之为相对切削加工性。所谓切削率或切削加工系数，是指用某一钢种作为标准材料（一般选用易切削结构钢 Y12，也有选用其他钢种的），在切削加工精度、工件表面粗糙度和刀具寿命等因素相同的情况下，用被选材料与标准材料（如 Y12）最大切削速度的比值来表示。

各种金属材料的切削加工性，按其相对切削加工性的大小，可分为 8 级（表 2 - 10）。

表 2-10 金属材料的切削加工性级别及其代表性材料

切削加工性级别	各种材料的加工性质		以 Y12 为标准材料的切削率	代表性材料
1	很容易加工	一般有色金属	500~2000	镁合金、铝铜合金
			>100~250	铸造铝合金、锻铝及防锈铝、铅黄铜、铅青铜及含铅的锡青铜等
2	易加工	铸铁	80~120	灰铸铁、可锻铸铁、球墨铸铁
		易切削钢	100	易切削结构钢 Y12（179~229HBS）
			70~90	易切削结构钢 Y15、Y20、Y30、Y40Mn
				易切削不锈钢 1Cr14Se、1Cr17Se
3		较易切削钢	65~70	正火或热轧的 30 及 35 中碳钢（170~217HBS）
				冷作硬化的 20、25、15Mn、20Mn、25Mn、30Mn 钢
				正火或调质的 20Cr（170~212HBS）
4	普通材料	一般钢铁材料	>50~65	正火或热轧的 40、45、50 及 55 中碳钢（179~229HBS）
				冷作硬化的低碳钢 08、10 及 15 钢
				退火的 40Cr、45Cr（174~229HBS）
				退火的 35CrMo（187~229HBS）
				退火的碳素工具钢
				铁素体不锈钢及铁素体耐热钢

切削加工性级别	各种材料的加工性质		以 Y12 为标准材料的切削率	代表性材料
5		较难切削材料	>45～50	热轧的高碳钢（65、70、75、80） 热轧的低碳钢（20、25 钢） 马氏体不锈钢（1Cr13、2Cr13、3Cr13、3Cr13Mo、1Cr17Ni2）
6		较难切削材料	>40～45	调质的 60Mn 马氏体不锈钢（4Cr13、9Cr18） 铝青铜、铬青铜、锆青铜及锰青铜 热轧的低碳钢（08、10 及 15 钢）
7	难加工材料	难切削材料	30～40	奥氏体不锈钢和耐热钢 正火的硅锰弹簧钢 99.5% 纯铜、铜镍合金 钨系及钼系高速钢 超高强钢
8		很难切削材料	<30	高温合金、钛合金 耐低温的高合金钢

5. 热处理性能（表2-11）

表2-11 钢材热处理工艺性能主要指标

名称	含　义	评定方法	说　明
淬硬性	淬硬性，也叫可硬性，是指钢在正常淬火条件下，以超过临界冷却速度所形成的马氏体组织能够达到的最高硬度	以淬火加热时固溶于高温奥氏体中的含碳量及淬火后所得到的马氏体组织的数量来具体确定 　　一般用洛氏硬度值来表示	淬硬性主要与钢的含碳量有关，固溶在奥氏体中的含碳量愈多，淬火后的硬度值也愈高。但实际操作中，由于工件尺寸、冷却介质的冷却速度以及加热时所形成的奥氏体晶粒度的不同，将影响淬硬性
淬透性	淬透性，也叫可淬性，是指钢在淬火时能够得到的淬硬层深度。它是衡量不同钢种接受淬火能力的重要指标之一。淬硬层深度，也叫淬透层深度，是指由钢的表面到钢的半马氏体区（组织中马氏体占50%、其余50%为珠光体类型组织）组织处的深度（也有个别钢种，如工具钢、轴承钢，需要到90%或95%的马氏体区组织处）。钢的淬硬层深度越大，表明这种钢的淬透性越好	(1) 测定钢的淬透性通常采用以下三种方法 　①结构钢末端淬透性试验法 　②碳素工具钢淬透性试验法 　③计算法 　　(2) 淬透性的表示方法有 　①用淬透性值 $J=\dfrac{HRC}{d}$ 来表示，HRC指钢中半马氏体区域的硬度值，d 指淬透性曲线中半马氏体区组织的距离（mm） 　②用淬硬层深度 h 表示 　h 指钢件表面至半马氏体区组织的距离 　③用临界（淬透）直径 D_0 来表示，D_0 越大表示淬透性越好	淬透性主要与钢的临界冷却速度有关。临界冷却速度愈低，淬透性愈高。值得注意的是：淬透性好的钢，淬硬性不一定高；而淬透性低的钢也可能具有高的淬硬性

续表

名　称	含　义	评定方法	说　明
淬火变形或开裂趋势	钢件的内应力（包括机械加工应力和热处理应力）达到或超过钢的屈服点时，钢件将发生变形（包括尺寸和形状的改变）；而钢件的拉应力达到或超过钢的抗拉强度时，钢件将发生裂纹或导致钢件破断	热处理变形程度，常常采用特制的环形试样或圆柱形试样来测量或比较钢件的裂纹分布及深度，一般采用特制的仪器（如磁粉探伤仪或超声波探伤仪）来测量或判断	淬火变形是热处理的必然趋势，而开裂则往往是可能趋势。如果钢材原始成分及组织质量良好，工件形状设计合理，热处理工艺得当，则可减少变形及避免开裂
氧化及脱碳趋势	钢件在炉中加热时，炉内的氧、二氧化碳或水蒸气与钢件表面发生化学反应而生成氧化铁皮的现象称为氧化。同样，在这些炉气的作用下，钢件表面的碳量比内层降低的现象，叫做脱碳。在热处理过程中，氧化与脱碳往往都是同时发生的	钢件表面氧化层的评定尚无具体规定，而脱碳层的深度一般都采用金相法	钢件氧化时钢材表面粗糙不平，既增加热处理后的清理工作量，又影响淬火时冷却速度的均匀性。钢件脱碳不仅降低淬火硬度，而且容易产生淬火裂纹。所以，进行热处理时应对钢件采取保护措施，以防止氧化及脱碳
过热及过烧敏感趋势	钢件在高温加热时，引起奥氏体晶粒粗大，超过技术标准所规定的晶粒尺寸的现象，叫过热；同样，在更高的温度下加热不仅使奥氏体晶粒粗大，而且晶粒间因氧化而出现氧化物或局部熔化的现象，叫过烧	钢件的过烧尚无评定方法过热趋势用奥氏体晶粒度的大小来评定	过热与过烧都是钢在超过正常加热温度情况下形成的缺陷。钢件热处理时的过热不仅增加淬火裂纹的可能性，也会显著降低钢的力学性能。过热的钢必须通过适当的热处理加以挽救；过烧的钢件则无法再挽救，只能报废

续表

名 称	含 义	评定方法	说 明
回火稳定性	淬火钢在回火过程中，随着回火温度的升高，它的硬度值下降的趋势称为回火稳定性	回火稳定性可用不同回火温度的硬度值，即回火温度—硬度曲线来加以比较、评定	合金钢与碳钢相比，其含碳量相近时，淬火后如果要到相同的硬度值，则其回火温度要比碳钢高，也就是它的回火稳定性比碳钢好
回火脆性	淬火钢在某一温度区域回火时，其冲击韧性会比其在较低温度回火时反而下降的现象，叫回火脆性 在 250～450℃ 回火时出现的回火脆性叫第一类回火脆性。在 450～570℃ 回火时出现的回火脆性叫第二类回火脆性。它出现在某些合金钢中，而且在回火后缓冷时出现，如果快冷则不会出现	回火脆性一般采用淬火钢回火后，快冷与缓冷以后进行常温冲击试验的冲击值之比来表示。即： $$\Delta = \frac{a_{k(回火快冷)}}{a_{k(回火缓冷)}}$$ 当 $\Delta > 1$，则该钢具有回火脆性。其值愈大，回火脆性倾向愈大	钢的第一类回火脆性出现在所有钢种中，而且不能用重新回火方法消除，无法抑制，在热处理过程中，应尽量避免在这一温度范围内回火。钢的第二类回火脆性可以通过合金化或采用适当的热处理规范加以防止
时效趋势	纯铁或低碳钢件经淬火后，在室温或低温下放置一段时间，钢件的硬度及强度增高，而塑性、韧性降低的现象，称为时效	时效趋势一般用力学性能或硬度在室温或低温下随着时间的延长而变化的曲线来表示	钢件的时效趋势往往给工程上带来很大危害。如精密零件不再保持精度，软磁材料失去磁性，某些薄板在长期库存中发生裂纹等，需采取有效的预防措施

第三节 Fe – Fe₃C 相图

在机械制造业中，钢铁材料占 90% 左右。工业上把铁 – 碳二元系中碳的质量分数小于 2.11% 的合金称为钢，而把大于 2.11% 的铁 – 碳合金称为铸铁。工业用钢和铸铁除铁、碳元素外，还含有其他组元。为了研究上的方便，可以有条件地把它们看成二元合金，在此基础上再考虑所含元素的影响。

一、Fe – Fe₃C 相图

碳钢和铸铁都是铁碳合金，是应用最广泛的金属材料。铁碳合金相图是研究铁碳合金的重要工具，是研究钢铁材料的基础，因此，必须透彻地了解它和熟练地应用它。Fe – Fe₃C 相图（亦称铁碳状态图）是 Fe – C 相图中含碳量 ≤6.69% 的部分，并把 Fe₃C 作为一个组元。含碳量 >6% 的铁碳合金，在工业上没有使用价值，所以，在相图中只标出纯铁（$w_C = 0\%$）到 100% 渗碳体（$w_C = 6.69\%$）的成分区间。Fe – Fe₃C 状态图（图 2 – 7）表示处于平衡状态下，不同成分的铁碳合金在不同温度下的状态与组织的关系，是研究平衡状态下铁碳合金的成分、金相组织与性能的基础，是热处理工艺的科学依据。了解与掌握铁碳合金相图，对于钢铁材料的研究和使用、各种热加工工艺的制订以及工艺废品原因的分析都有很重要的指导意义。状态图中共有五个基本相，相应地有五个单相区。还有七个两相区，它们分别存在于两个单相区之间，此外三条水平线 HJB、ECF 和 PSK 均可看做特殊的三相区。

Fe – Fe₃C 状态图各特性点的温度、含碳量及其意义见表 2 – 12，特性线见表 2 – 13，相区见表 2 – 14。

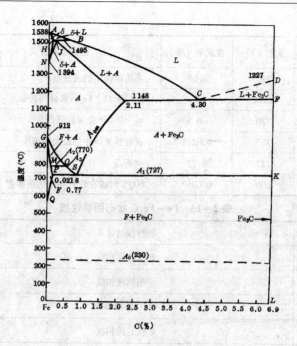

图 2 - 7 Fe - Fe₃C 状态图

表 2 - 12 Fe - Fe₃C 状态图特征点

特性点	温度（℃）	含碳量（%）	特性点的含义
A	1538	0	纯铁熔点
B	1495	0.53	包晶转变时液相的成分
C	1148	4.30	共晶点
D	1227	6.69	渗碳体的熔点
E	1148	2.11	碳在奥氏体中的最大溶解度
F	1148	6.69	共晶渗碳体的成分点
G	912	0	$\alpha-Fe \rightleftharpoons \gamma-Fe$ 同素异构转变点（A_3）
H	1495	0.09	碳在 δ 固溶体中的最大溶解度
J	1495	0.17	包晶点

续表

特性点	温度（℃）	含碳量（%）	特性点的含义
K	727	6.69	共析渗碳体的成分点
N	1394	0	$\gamma\text{-Fe} \rightleftharpoons \delta\text{-Fe}$ 同素异构转变点（A_4）
O	770	≈0.50	$w_C \approx 0.5\%$ 合金的磁性转变点
P	727	0.0218	碳在铁素体中的最大溶解度
S	727	0.77	共析点
Q	600	0.0057	600℃时碳在铁素体中的溶解度

表 2-13　$Fe\text{-}Fe_3C$ 状态图特性线

特性线	特性线的含义
AB	δ 相的液相线
BC	γ 相的液相线
CD	Fe_3C 的液相线
AH	δ 相的固相线
JE	γ 相的固相线
HN	碳在 δ 相中的溶解度线，也是 δ 相向 γ 相转变的开始温度线
JN	δ 相向 γ 相转变的终了温度线（A_4）
GP	碳在 α 相中的溶解度线，也是 γ 相向 α 相转变的终了温度线
GOS	γ 相向 α 相转变的开始温度线（A_3）
ES	碳在 γ 相中的溶解度线（A_{cm}）
PQ	碳在 α 相中的溶解度线
HJB	$L_B + \delta_H \rightleftharpoons \gamma_J$ 包晶转变线
ECF	$L_B \rightleftharpoons \gamma_E + Fe_3C$ 共晶转变线
MO	α 相磁性转变（A_2）
PSK	$\gamma_E \rightleftharpoons \alpha_P + Fe_3C$ 共析转变线（A_1）

表 2 - 14 Fe - Fe₃C 状态图中的相区

相组成		两相区		三相区	
相区范围	相组成	相区范围	相组成	相区范围	相组成
ABCD 线以上	液相	*ABHA*	$L + \delta$	*HJB* 线	$L + \delta + \gamma$
AHAN	δ 铁素体	*NHJN*	$\delta + \gamma$	*ECF* 线	$L + \gamma + Fe_3C$
NJESGN	奥氏体	*BCEJB*	$L + \gamma$	*PSK* 线	$\gamma + \alpha + Fe_3C$
GPQ 线以左	铁素体	*CDFC*	$L + Fe_3C$		
DFKL 垂线	渗碳体	*GSPG*	$\gamma + \alpha$		
		ESKFE	$\gamma + Fe_3C$		
		PSK 线以下	$\alpha + Fe_3C$		

二、Fe - Fe₃C 相图中基本组织的特性、力学性能

状态图中基本组织的特性见表 2 - 15，基本组织的力学性能见表 2 - 16，铁碳合金按平衡组织分类见表 2 - 17。

表 2 - 15 Fe - Fe₃C 状态图中基本组织的特性

符号	名称	分类	说明
α（F）	铁素体	单相组织	碳在 α - Fe 中的间隙式固溶体，体心立方结构
γ（A）	奥氏体	单相组织	碳在 γ - Fe 中的间隙式固溶体，面心立方结构
δ	δ 铁素体	单相组织	碳在 δ - Fe 中的间隙式固溶体，体心立方结构，又称高温 α 相
Fe₃C	渗碳体	单相组织	间隙化合物，晶体结构复杂，每个晶胞中含有 12 个铁原子，4 个碳原子
P	珠光体	复相组织	铁素体与渗碳体组成的机械混合物，片层状
L_d	莱氏体	复相组织	共晶转变形成的奥氏体与渗碳体的机械混合物

表 2 – 16　Fe – Fe₃C 状态图中基本组织的力学性能

性能 \ 组织	铁素体	奥氏体	渗碳体	珠光体	莱氏体
HBS	80 ~ 100	170 ~ 220	≈800	200 ~ 280	>700
σ_b（MPa）	230 ~ 250	400 ~ 800	35	800 ~ 850	—
δ（%）	30 ~ 50	40 ~ 50	≈0	10 ~ 20	—
α_k（J/cm²）	300	—	≈0		—
性能特点	强度和硬度低，塑性和韧性好	塑性很好，强度和硬度比铁素体高	硬而脆	介于铁素体和渗碳体之间	硬而脆

表 2 – 17　铁碳合金按平衡组织分类

名称	含碳量（%）	显微组织	典型组织图片
工业纯铁	0.0218	F + Fe₃C_Ⅲ（少量）	
亚共析钢	0.0218 ~ 0.77	F + P	
共析钢	0.77	P	

续表

名称	含碳量（%）	显微组织	典型组织图片
过共析钢	0.77 ~ 2.11	$P + Fe_3C_{II}$	
亚共晶白口铁	2.11 ~ 4.3	$P + Fe_3C_{II} + L_d$	
共晶白口	4.3	L_d	
过共晶白口	4.3 ~ 6.69	$L_d + Fe_3C_I$	

　　铁碳合金的成分与组织的关系见图 2-8，含碳量对平衡状态下碳钢机械性能的影响见图 2-9。

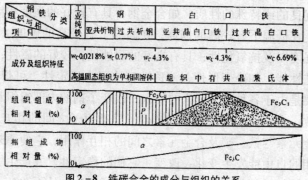

图 2-8　铁碳合金的成分与组织的关系

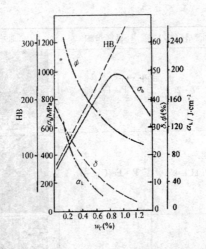

图 2-9 含碳量对平衡状态下碳钢机械性能的影响

第四节 合金元素在钢中的主要作用

碳是钢中最基本的元素。碳素钢的性能主要取决于碳在钢中的分布形式和碳化物形态等。钢的强度随碳量的增加而增加，塑性和韧性随着含碳量的增加而下降。碳素钢中加入合金元素能改善钢的使用性能和工艺性能，使合金钢得到许多碳钢所不具备的、优良的或特殊的性质。如合金钢，具有较好的强度和韧性的配合；在低温下有较高的韧性；在高温下有较高的硬度、强度、持久强度以及抗氧化性；具有良好的耐蚀性；较好的磁性；良好的工艺性能，如冷变形性、淬透性、抗回火稳定性、可焊性等。这主要是由于各种合金元素的加入，改变了钢的内部组织和结构的缘故。合金元素加入钢中，产生了异类原子之间的相互作用，如合金元素与铁、碳及合金元素之间的相互作用，它使原来碳钢中各相的自由能发生变化，改变了它们的稳定性，并产生了许多稳定的新相，使整个系统的自由能发生了变化，从而改变了原有的组织或形成新的组织。

合金元素与铁、碳及其他合金元素之间的相互作用是合金内部的相、组织和结构变化的基础。而这些元素之间在原子结构、原子尺寸大小及各元素晶体点阵之间的差异，则是产生这种作用的根源。如合金元素与铁相互作用，改变了 α 固溶体和 γ 固溶体的相对稳定性，使在高温时才稳定存在的奥氏体组织，通过合金化可在室温甚至在零下200℃成为稳定的组织。工业纯铁即使激冷也难得到马氏体组织，而通过合金化，即使在缓冷的条件下，也可得到无碳的代位式合金马氏体组织。合金元素和碳相互作用后形成了不同类型的合金碳化物，它们在钢中的稳定性也不相同，因而对钢的性能影响也有差异。合金元素之间以及合金元素与铁之间相互作用，能形成一系列金属间化合物，它们对合金钢的强化和脆化也起很大的作用。

目前钢中常用的合金元素有十几个，分属于元素周期表中不同的周期。

第Ⅱ周期：B、C、N；第Ⅲ周期：Al、Si、P、S；第Ⅳ周期：Ti、V、Cr、Mn、Co、Ni、Cu；第Ⅴ周期：Zr、Nb、Mo；第Ⅵ周期：La系、Ta、W。

一、合金元素在钢中的分布

合金钢有较高的强度和韧性、良好的耐蚀性，在高温下具有较高的硬度和强度，良好的工艺性能，如冷变形性、淬透性、回火稳定性和可焊性等。合金钢之所以具备这些优异的性能，主要是合金元素与铁、碳及合金元素之间的相互作用，从而改变了钢的内部组织结构的缘故。

在钢中经常加入的合金元素有 Si、Mn、Cr、Ni、Mo、W、V、Ti、Nb、Zr、Al、Co、B、RE 等，在某种情况下，P、S、N 等也可以起合金元素的作用。这些元素加入到钢中之后究竟以什么状态存在呢？一般来说，它们或是溶于碳钢原有的相（如铁素体、奥氏体、渗碳体等）中，或者是形成碳钢中原来没有的新相。概括来讲，它们有以下四种存在形式。

（1）溶入铁素体、奥氏体和马氏体中，以固溶体的溶质形式存在。不形成碳化物而以固溶体的溶质形式存在的元素有 Si、Al、Ni、Co 等。形成碳化物，在含碳量较少时才溶于铁素体或奥氏体的元素有 V、Zr、Nb、Ti、Mo、W、Cr 等。

（2）形成强化相，如溶入渗碳体形成合金渗碳体，形成特殊碳化物或金属间化合物等。

（3）形成非金属夹杂物，如合金元素与 O、N、S 作用形成氧化物、氮化物和硫化物等。磷、硫等一般称做有害元素，但仍可利用它以达到改善钢的某些性能的目的，如适当加入硫可以提高钢的切削加工性能。

（4）有些元素，如 Pb、Cu 等，既不溶于铁，也不形成化合物，而是在钢中以游离状态存在。在高碳钢中，碳有时也以自由状态（石墨）存在。

在这四种可能的存在形式中，合金元素究竟以哪一种形式存在，主要取决于合金元素的本质，即取决于它们与铁和碳的相互作用情况。合金元素在钢中的存在形式见表 2−18。

表 2−18　合金元素在钢中的存在形式

存在形式	合金元素
在奥氏体、铁素体中形成固溶体，不形成碳化物	Si、Al、Cu、Ni、Co
极易形成碳化物，仅在缺少碳时，才进入固溶体	V、Zr、Nb、Ti、Ta、Cr、Mo、W
部分进入固溶体，部分进入渗碳体置换一部分铁原子。也形成特殊碳化物	Mn $[(Fe, Mn)_3 C]$、Cr $[(Fe, Cr)_3 C]$、$(Fe, Cr)_7 C_3$、$(Fe, W)_6 C$

续表

存在形式	合金元素
易和氧氮化合形成氧化物和氮化物。成为钢中夹杂物	Al（Al$_2$O$_3$、AlN）、Mn、Si（MnO·SiO$_2$）、Ti（TiO$_2$、TiN）、Zr（ZrN）
和硫化合形成硫化物夹杂，和铁镍化合形成金属间化合物	Mn、Zr、Se、Si（FeSi）、Cr（FeCr）、W（Fe$_2$W）、Ti（Fe$_2$Ti）、Ni（Ni$_3$Ti）

二、合金元素对 Fe – Fe$_3$C 相图的影响

要了解合金元素在合金钢中的情况，应建立三元或多元状态图。但目前对三元、尤其是多元相图的研究还不完整，所以，实际上人们仍然是以 Fe – C 相图为基础，再考虑合金元素对它的影响，以粗略地了解合金元素的作用。

1. 合金元素对共析转变温度（A_1）的影响

合金元素对共析转变温度的影响如图 2 – 10 所示。凡是扩大奥氏体区的元素均会降低 A_1 线，如 Ni、Mn 等；凡是缩小奥氏体区的元素均能提高 A_1 线，如 W、Cr、Mo 等。合金元素对 A_3 线的影响与对 A_1 线的影响是一致的。因此，合金钢的热处理加热温度与相同含碳量的碳钢不同。

2. 合金元素对共析点含碳量的影响

如图 2 – 10 所示，合金元素只要溶入奥氏体中，都能降低钢的共析含碳量（即使 S 点左移），这些元素有 Si、Ni、Mn、Cr、Mo、W、Ti 等。由于它们的影响，会使原来为亚共析的钢变为共析或者过共析钢。如含碳量为 0.3% ~ 0.4% 的 3Cr2W8V 钢就是过共析钢。

3. 合金元素对奥氏体最大溶碳量的影响

Si、Cr、W、Mo、V 等元素会使奥氏体的溶碳量显著地降低（即使 E 点左移），而且这些元素的含量越多，使 E 点左移的量也越大。E 点左移后，使含碳量低于 2.11% 的钢中可能出现莱

氏体组织。例如高速钢的含碳量只有 0.8% 左右，却属于莱氏体
类钢。

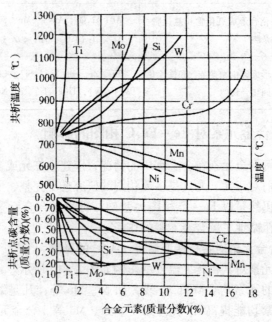

图 2 - 10 部分合金元素对共析转变温度（A_1）及共析点含碳量的影响

三、合金元素与碳的相互作用

按照合金元素与碳的相互作用情况，可将合金元素分为两大
类。

1. 非碳化物形成元素

这类元素包括 Ni、Si、Co、Al、Cu 等，以溶入 α - Fe 或 γ -
Fe 中的形式存在，有的可形成非金属夹杂物和金属间化合物，
如 Al_2O_3、AlN、SiO_2、FeSi、Ni_3Al 等。另外，Si 的含量高时，
可能使渗碳体分解，使碳游离，呈石墨状态存在，即所谓石墨化
作用。

2. 碳化物形成元素

碳化物是钢中的重要组成相之一，碳化物的类型、数量、大小、形状及分布对钢的性能有极重要的影响。碳化物有高的硬度和脆性，并具有高熔点。从具有高硬度来看，这正是共价键化合物的特点，所以，合金元素与碳之间可能存在共价键；但碳化物还具有正的电阻温度系数以及低温下的超导性，这表明它具有金属的导电特性，故金属原子间仍然保持着金属键。因此，可以认为碳化物具有混合键，它同时具有金属键和共价键的特点，但是总的来说是以金属键占优势。这一类元素包括 Ti、Nb、Zr、V、Mo、W、Cr、Mn 等，它们中的一部分可以溶于奥氏体和铁素体中，另一部分与碳形成碳化物，各元素在这两者之间的分配，取决于它们形成碳化物的倾向的强弱程度及含量。元素的原子次 d 电子层愈不满，与碳的亲和力愈大，形成碳化物的倾向就愈强，这种碳化物也就愈稳定，愈不易分解。合金元素形成碳化物的稳定程度由强到弱的排列次序为：Ti、Zr、V、Nb、W、Mo、Cr、Mn、Fe，其中的 Ti、Zr、V、Nb 为强碳化物形成元素，它们和碳有极强的亲和力，只要有足够的碳，在适当的条件下，就能形成它们自己特殊的碳化物，仅在缺少碳的情况下，才以原子状态溶入固溶体中，Mn 为弱碳化物形成元素，除少量可溶于渗碳体中形成合金渗碳体外，几乎都溶解于铁素体和奥氏体中；中强碳化物形成元素为 W、Mo、Cr，当其含量较少时，多半溶于渗碳体中，形成合金渗碳体，当其含量较高时，则可能形成新的特殊碳化物。

根据碳原子半径 r_C 与金属原子半径 r_M 的比值，可以将碳化物分为两类。

（1）当 $r_C/r_M < 0.59$ 时，形成简单点阵的间隙相，或称之为特殊碳化物，如 WC、VC、TiC、W_2C、Mo_2C 等，与间隙化合物相比，它们的熔点、硬度高，很稳定，热处理时不易分解，不易溶于奥氏体中。

（2）当 $r_C/r_M > 0.59$ 时，形成复杂点阵的碳化物，此时，晶体简单密排点阵如不发生变化，其间隙已不能容纳碳原子，因此，碳化物的晶体结构就很复杂。如 $Cr_{23}C_7$、Cr_7C_3、Mn_3C、Fe_3C、M_6C（Fe_3Mn_3C、Fe_3W_3C）等。

合金元素还可以溶于碳化物中形成多元碳化物，如 Fe_4Mo_2C、$Fe_{21}Mo_2C_6$、$Fe_{21}W_2C_6$ 等，其中，Fe、W 或 Fe、Mo 的比例常有变化，而且还能溶解其他金属，故常以 M_6C、$M_{23}C_6$ 表示。合金元素溶于渗碳体中即为合金渗碳体，如（$FeCr$）$_3C$、（$FeMn$）$_3C$ 等。

常用金属元素的 r_C/r_M 值见表 2-19，钢中常见的间隙相见表 2-20，钢中常见碳化物的硬度及熔点见表 2-21。

表 2-19 常用金属元素的 r_C/r_M 值

金属	Fe	Mn	Cr	V	Mo	W	Ti	Nb	Zr
r_C/r_M	0.61	0.60	0.61	0.57	0.56	0.55	0.53	0.53	0.48

表 2-20 钢中常见的间隙相

间隙相的化学	钢中的间隙相	结构类型
M_4X	Fe_4N、Mn_4N	面心立方
M_2X	Fe_4N、Cr_2N、V_2N、Mn_2C、W_2C、Mo_2C	密排六方
MX	TiC、ZrC、VC、ZrN、VN、CrN	面心立方
	TaH、NbH	体心立方
	WC、MoN	简单立方
MX_2	TiH_2、ThH_2、ZnH_2	面心立方

表 2-21 钢中常见碳化物的硬度及熔点

类型	间隙相							间隙化合物	
	NbC	W_2C	WC	Mo_2C	TiC	ZrC	VC	$Cr_{23}C_6$	Fe_3C
熔点（℃）	3770 ± 125	3130	2867	2960 ± 50	3410	3850	3023	1577	1227
硬度 HV	2050	—	1730	1480	2850	2840	2010	1650	800

四、合金元素对钢加热转变的影响

合金钢热处理时的加热目的是为了获得成分均匀的奥氏体，希望有尽可能多的合金元素溶解于奥氏体中，只有溶入奥氏体，合金元素才能发挥其提高淬透性的作用。将钢加热到临界点以上时发生奥氏体转变，首先由珠光体转变成奥氏体；加热至 Ac_3 或 Ac_{cm} 时，亚共析钢中的铁素体或过共析钢中的二次渗碳体将溶入奥氏体，通常把钢加热获得奥氏体的转变过程称为奥氏体化，其转变过程遵循形核和长大的基本规律。

奥氏体化过程包括奥氏体晶核的形成和长大、残余碳化物或铁素体的溶解，奥氏体中合金元素的均匀化，合金元素的平衡偏析，奥氏体晶粒长大等过程。在高温时，奥氏体中的成分和状态、有无未溶解的剩余相，对过冷奥氏体的稳定性及冷却到室温所得到的组织和性质有着极为重要的影响。

1. 合金元素对奥氏体形成的影响

在正常加热速度下，高于 A_{c1} 温度，γ 相是通过碳化物的溶解及 α→γ 多型性转变形成的。随着碳化物的不断溶解，α 相不断消失，γ 相不断增长。γ 相是依靠碳化物的溶解和碳的扩散长大的。合金元素对碳化物稳定性的影响以及对碳在奥氏体中扩散的影响，直接控制着奥氏体的形成速度。

那些与碳亲和力大的强碳化物形成元素（如 Ti、V、Nb、Zr 等），形成稳定的碳化物 TiC、VC、NbC、ZrC 等，它们只有在较高的温度下才开始溶解。若这些元素溶入 $M_{23}C_6$、M_7C_3 或 M_3C 型碳化物中，也能提高这些碳化物的稳定性，阻碍其溶解和奥氏体的形成。W、Mo 等中强碳化物形成元素的作用比强碳化物形成元素要小些。

弱碳化物形成元素可以降低强碳化物的稳定性，加速其溶解，如 Mn 加入含 V、Ti 的钢中，Cr 加入高速钢 W18Cr4V 钢中，都促使碳化物溶解。

另外，强碳化物形成元素增加碳在奥氏体中的扩散激活能，减慢碳的扩散，对奥氏体的形成有一定的减缓作用。非碳化物形成元素 Ni、Co 降低碳在奥氏体中扩散激活能，加速碳的扩散，对奥氏体的形成有一定加速作用。

2. 合金元素对奥氏体成分不均匀性的影响

当碳化物溶解形成奥氏体后，在原来碳化物的位置，碳化物形成元素和碳的浓度都高于钢的平均浓度。随着保温时间的延长，碳化物形成元素和碳都趋于扩散均匀化。由于合金元素的扩散较慢，这种均匀化过程的进行也缓慢，而且由于碳化物形成元素对奥氏体中碳的亲和力较强，在碳化物元素富集区，碳的浓度也偏高，故当碳化物形成元素均匀化之前，碳在奥氏体中也是不均匀分布的。含较强的碳化物形成元素的合金钢是用升高淬火温度或延长保温时间的办法来使奥氏体成分均匀化的，它是热处理操作时提高淬透性的有效方法。

与此同时，钢中奥氏体还发生内吸附现象，这是使晶界和晶内的成分更不均匀的过程。C、B、Nb、Mo、P 和 RE 等元素都有内吸附现象。随着加热温度的升高，内吸附现象逐渐减弱。所以，利用 B 来提高钢的淬透性时，淬火温度不宜过高，否则 B 的作用将会消失。

3. 合金元素对奥氏体晶粒长大的影响

钢中奥氏体晶粒长大是自发的倾向，它是通过晶界的移动进行的。晶界移动的动力是晶界两侧晶粒的表面自由能差，晶界移动的过程是依靠晶界原子的扩散。因此，影响晶粒表面自由能差和晶界铁原子自扩散的因素都可以改变奥氏体晶粒长大的进程。加入钢中的合金元素，有些是促进奥氏体晶粒长大的，如 C、P、Mn（在高碳时）；有些是阻止奥氏体晶粒长大的，其中，起强烈阻止作用的有 Al、Zr、Nb、Ti、V 等，起中等阻止作用的有 W、Mo、Cr，它们起作用的原因是不相同的。

C 和 P 在奥氏体晶界的内吸附改变了晶界原子的自扩散激活

能，使晶界铁的自扩散激活能更小。铁的自扩散激活能降低，自扩散系数比晶内更大，碳在晶界内吸附而富集，它所起的作用就更为强烈。

由此看来，碳由于降低铁原子间的结合力，因而使铁的自扩散激活能降低，特别由于碳在奥氏体晶界的内吸附，使晶界的铁自扩散系数增大，从而加速奥氏体晶粒的长大。

Mn 在低碳钢中并不促进奥氏体晶粒的长大，只有在含碳较高的钢中才有这种促进作用，这主要是 Mn 对碳钢中碳促进奥氏体晶粒长大作用有某种加强。

为了细化奥氏体晶粒，通常在钢中加入铝，一般每吨钢加入 300~500g 铝。铝的作用只在空气或氮气中冶炼的钢中才存在，真空冶炼的钢缺乏 AlN 夹杂物，故不能起细化晶粒的作用。当钢中的残留铝量超过 0.02% 或 AlN 量超过 0.008% 时，奥氏体晶粒突然减小，保持 9 级左右的细晶粒。AlN 是以超显微质点很弥散地分布在钢中的，只有用电子显微镜才能观察到。AlN 在奥氏体中有一定的溶解度，高于 1100℃后显著溶于奥氏体，此时奥氏体晶粒开始剧烈地长大。

此外，Ti、Zr、Nb、V 等元素在钢中也形成极为细微的碳化物质点，它们都是极稳定的间隙相，有强烈阻止奥氏体晶粒长大的作用。V 的作用可保持到 1050℃，Ti、Zr、Nb 的作用可保持到 1200℃。

这种氮化物和碳化物阻止晶界移动的作用与钢中表面能变化有关。奥氏体晶粒长大时，晶界向前移动，遇到氮化物和碳化物颗粒时，就停顿下来，原来奥氏体晶界的一部分被固有的氮化物（或碳化物）与奥氏体的相界所代替，奥氏体晶界面积减小了，此时，系统的自由能就降低了。如果奥氏体要继续长大，晶界继续向前推移，就一定要摆脱氮化物（或碳化物）颗粒，这就必须靠能量起伏供给所增加的表面能，所以，奥氏体晶界要摆脱超显微质点是很困难的。实际上，用铝脱氧的钢的奥氏体晶粒长大倾向远低于用硅、锰脱氧的钢，有时为了进一步细化奥氏体晶粒，除用铝脱氧外，还加入 0.1% 左右的钛或钒。

五、合金元素对奥氏体冷却转变的影响

合金元素对奥氏体冷却转变的影响集中反映在对过冷奥氏体分解曲线的影响上。总的来说，除 Co 和 Al（$w_{Al} > 2.5$）之外的所有的合金元素，当其溶解到奥氏体中后，都增大奥氏体的稳定性，使 C 曲线右移。其中，碳化物形成元素还使 C 曲线的形状发生变化，提高了奥氏体的稳定性，这就提高了钢的淬透性，而提高钢的淬透性往往是合金化的主要目的之一。此外，钢中加入微量元素也能有效地增加过冷奥氏体的稳定性，提高淬透性。如钢中加入 0.0005% ~ 0.003% 的 B，B 是内吸附元素，主要存在于奥氏体晶界，它使过冷奥氏体的 C 曲线的位置向右移，但对 C 曲线的形状影响不大。各种合金元素对过冷奥氏体转变的影响有这么大的差别，是由于各自对钢中过冷奥氏体转变的过程中的各阶段有着不同的影响。

1. 合金元素对珠光体转变的影响

合金元素（Co、Al 除外）均显著推迟奥氏体向珠光体的转变，其原因如下。

（1）珠光体转变时，碳及合金元素需要在铁素体和渗碳体间进行重新分配，由于合金元素的自扩散慢，并且使碳的扩散减慢，因此，使珠光体形核困难，降低了转变速度。

（2）扩大 γ 相区的元素，如 Ni、Mn 等，均降低奥氏体的转变温度，从而影响到碳与合金元素的扩散速度，阻止奥氏体向珠光体的转变。

（3）微量元素 B 在晶界上内吸附，并形成共格硼相（$M_{23}C_3B_3$），可显著阻止铁素体的形核，从而增加了奥氏体的稳定性。

大量事实表明，只要合金元素能够溶入奥氏体，就会或多或

少地推迟奥氏体向珠光体的转变，从而降低钢的临界冷却速度，增加钢的淬透性。此外，同时加入两种或多种合金元素，其推迟珠光体转变的作用比单一元素的作用要大得多，如 Cr – Ni – Mo、Cr – Ni – W、Si – Mn – Mo – V 等合金系就是较为突出的多元少量综合合金化的例子。

2. 合金元素对贝氏体转变的影响

与珠光体转变相比，发生贝氏体转变时，奥氏体的过冷度进一步增大，此时铁与合金元素几乎不能进行扩散，唯有碳可以进行短距离的扩散，因此，合金元素对贝氏体转变的影响主要体现在对 $\gamma \to \alpha$ 的转变速度和对碳扩散速度的影响上。

Cr、Mn、Ni 等元素对贝氏体转变有较大的推迟作用，这是因为这三种元素都能降低 $\gamma \to \alpha$ 的转变温度，减小奥氏体和铁素体的自由能差，也就是减少了相变的驱动力。Cr 与 Mn 还阻碍碳的扩散，故推迟贝氏体转变的作用尤为强烈。

Si 对贝氏体转变有着颇为强烈的阻滞作用，这可能与它强烈地阻止过饱和铁素体的脱溶有关，因为贝氏体的形成过程是与过饱和铁素体的脱溶分不开的。

强碳化物形成元素 W、Mo、V、Ti 不同于 Mn 和 Ni，它不是降低 $\gamma \to \alpha$ 的转变温度，而是使之升高，这就增加了奥氏体与铁素体的自由能差，增大转变的驱动力，但由于降低了碳原子的扩散速度，因此，对贝氏体转变还是有一定的延缓作用的，但比 Cr、Mn 要小得多。含有 W、Mo、V、Ti 的钢，贝氏体转变的孕育期短，铁素体 – 珠光体转变的孕育期长，空冷时容易得到贝氏体组织，如铁素体 – 珠光体耐热钢 12Cr1MoV 空冷，即可得到大部分贝氏体组织。

3. 合金元素对马氏体转变的影响

除 Co、Al 外，大多数固溶于奥氏体的合金元素均使 Ms 温度下降，其中碳的作用最强烈，其次是 Mn、Cr、Ni，再次为 Mo、W、Si。每 1% 质量分数的合金元素对 Ms 点的影响如表 2 –

22 所示。

表 2 – 22　合金元素对 Ms 温度的影响

元素	C	Mn	Si	Cr	Ni	W	Mo	Co	Al
每 1% 含量的合金元素使 Ms 下降量（℃）	–474	–33	–11	–17	–17	–11	–21	+12	+18

钢中有多种元素共存时，对 Ms 点的影响可以相互促进，下式为计算一般合金结构钢 Ms 温度的一种经验公式：

$$Ms（单位为℃）= 535 - 317w_C - 33w_{Mn} - 28w_{Cr} - 17w_{Ni} - 11w_{Si} - 11w_{Mo} - 11w_W$$

六、合金元素对淬火钢回火转变的影响

回火过程是使钢获得预期性能的关键工序，合金元素的主要作用是提高了钢的回火稳定性（钢对回火时发生软化过程的抵抗能力），使回火过程各个阶段的转变速度大大减慢，将其推向更高的温度。

1. 对马氏体分解的影响

合金元素对马氏体分解的第一阶段（两相式分解）没有影响，马氏体在发生第二阶段分解时，碳化物继续生核，并从周围的马氏体中获得碳原子的供应而长大，这时碳原子要作长距离的扩散，合金元素主要是通过影响碳的扩散而对此阶段的变化发生作用。碳化物形成元素 V、Nb、Cr、Mo、W 等对碳有较强的亲和力，溶于马氏体中的碳化物形成元素阻碍碳从马氏体中析出，因而使马氏体分解的第二阶段减慢。在碳钢中，实际上，所有的碳从马氏体中的析出温度都在 250~300℃，而在含碳化物形成元素的钢中，可将这一过程推移到更高的温度（400~500℃），其中，V、Nb 的作用比 Cr、W、Mo 更强烈。非碳化物形成元素对这一过程影响不大，但 Si 的作用比较独特。回火温度低时，Si 不发生扩散，在 ε 碳化物和马氏体中的 Si 含量是相等的。由于 Fe_3C 中完全不能溶解 Si，所以，ε 碳化物要转变成 Fe_3C 必须

把 Si 全部扩散出去，但是 Si 的扩散比碳要困难，因此，Si 可以显著减慢马氏体的分解速率。如 $w_{Si} = 2\%$ 的钢，可把马氏体的分解温度提高到 350℃以上。

2. 对残余奥氏体转变的影响

研究表明，残余奥氏体的转变基本上遵循着与过冷奥氏体相同的规律，两者的 C 曲线形状也相类似，只是残余奥氏体的 C 曲线的孕育期显著缩短。对合金元素含量较多的钢来说，不论是过冷奥氏体还是残余奥氏体，在其 C 曲线上，于珠光体和贝氏体转变之间，均存在一个奥氏体中温稳定区。

合金元素大都使残余奥氏体的分解温度向高温方向推移，其中尤以 Cr、Mn 的作用最显著。在含有较多的 W、Mo、V 等元素的高合金钢中（如高速钢），残余奥氏体在回火过程中析出碳化物。残余奥氏体中的碳及合金元素贫化之后，使其 Ms 点高于室温，因而在冷却过程中转变为马氏体。通过这种回火之后，淬火钢的硬度不但没有降低，反而有所升高，这种现象称之为二次淬火（二次硬化）。

3. 对碳化物的形成、聚集和长大的影响

合金元素对 ε 碳化物的形成没有影响。随着回火温度的升高，碳钢中的 ε 碳化物于 260℃转变为渗碳体，合金元素中唯有 Si 和 Al 强烈推迟这一转变，使转变温度升高到 350℃。此外，Cr 也有使转变温度升高的作用，不过比 Si 和 Al 的作用要弱得多。

随着回火温度的升高，合金元素能够进行明显的扩散时，开始在 α 相和渗碳体间重新分配，碳化物形成元素向渗碳体中富集，置换 Fe 原子，形成合金渗碳体。非碳化物形成元素将离开渗碳体。与此同时，将发生合金渗碳体的聚集长大，Ni 对其聚集长大没有影响，而 Si 和 V、W、Mo、Cr 则对其聚集长大过程起阻碍作用。

在含有强碳化物形成元素较多的钢中，回火时可能析出特殊碳化物。特殊碳化物的形成方式有两种，其一是原位析出，这种特殊碳化物的形成方式要求渗碳体中溶解较多的合金元素，这样才能保证其形成。在所有碳化物形成元素中，只有 Cr 在渗碳体中有较高的溶解度（w_{Cr} 可达 20%），所以在铬钢中，合金碳化物原位形核较为常见。这种碳化物多为 $(FeCr)_7C_3$ 或 $(FeCr)_{23}C_6$ 型，颗粒比较粗大，长大速度也较大。特殊碳化物的另一种形成方式为离位析出，其晶核在铁素体基体上直接形成，所有的 MC 型碳化物均以这种方式形成，如 VC、TiC、NbC、ZrC、WC、MoC 等，这些碳化物细小弥散，使钢的强度、硬度显著提高，产生二次硬化。

4. 对铁素体回复再结晶的影响

在回火时，铁素体的回复与再结晶和变形金属加热时的回复与再结晶相类似，只是前者的晶格畸变是由相变硬化引起的，后者是由冷变形时的加工硬化引起的，因此，合金元素的影响也有着相似的规律，即大部分合金元素均延缓铁素体的回复与再结晶过程，其中，Co、Mo、W、Cr、V 显著提高 α 相的再结晶温度，Si、Mn 的影响次之，Ni 的影响不大。在碳钢中，α 相高于 400℃ 开始回复过程，500℃ 开始再结晶。当往钢中加入 Co（w_{Co} = 2%）时，可将 α 相的再结晶温度升高至 630℃，几种元素的综合作用可以更显著地提高再结晶温度，如 $w_{Cr} + w_{Mo} + w_W =$ 1% ~ 2% 时，可把再结晶温度提高至 650℃。

5. 对回火脆性的影响

应当着重指出的是，不可能用热处理和合金化的方法消除第一类回火脆性，但 Si、Mn 等元素可将脆化温度提高至 350 ~ 370℃。Ni、Cr、Mn 增加第二类回火脆性的倾向，而 Mo 和 W 则有抑制和减轻回火脆性的倾向。

七、合金元素对钢的强韧性的影响

钢中加入合金元素的主要目的是为了使钢具有更优异的性

能，对于结构材料来说，首先是提高其机械性能，既要有高的强度，又要保证材料具有足够的韧性。金属的强度是指金属对塑性变形的抗力，在发生塑性变形时所需的应力越高，强度也就越高。韧性是材料可靠性的度量，提高材料的可靠性依赖于韧化。然而材料的强度和韧性常常是一对矛盾，增加强度往往要牺牲材料的塑性和韧性，反之亦然。因此，各种钢铁材料在其发展过程中均受这一对矛盾因素的制约。对于某些钢材（例如超高强度钢）来说，当前面临的问题不是片面地追求强化，而是追求韧化，以提高材料的可靠性。

合金元素对材料性能的影响是通过对组织的影响而起作用的，因此，必须根据合金元素对相平衡和相变影响的规律来掌握对机械性能的影响。钢材除了具有优良的机械性能之外，还应具有良好的工艺性能（如铸造性能、冷成形性能、压力加工性能、切削性能、焊接性能及热处理工艺性能等），在机械制造业中，为了保证制造出优良的产品，如果钢材的工艺性能不能满足要求，即使其机械性能优异，也很难被生产厂家所接受。

1. 强化途径

使金属强度增大的过程称为强化，既然塑性变形是由于位错的滑移运动造成的，那么，强化的途径就在于设法增大位错运动的阻力，从组织上造成位错运动的障碍。在钢铁材料中，能有效阻止位错运动、提高材料强度的途径主要有以下几个方面。

（1）固溶强化。随溶质原子的浓度增加，固溶体的强度、硬度升高，塑性、韧性下降的现象称为固溶强化。根据固溶强化的规律，间隙原子的强化作用比置换原子大 10 ~ 100 倍，因此，间隙原子碳是提高钢的强度的最重要的元素，然而在室温下，它在铁素体中的溶解度十分有限，因此，其固溶强化作用受到限制，在置换原子中，Si 和 Mn 是强化作用较大的元素，在合金钢中得到广泛的应用。应当指出，固溶强化的一个显著特点是随着溶质原子的增多，强度、硬度上升，而塑性、韧性下降，强化效果越大，则塑性、韧性下降得越多，使材料的可靠性受到较大的损害，因此，为了使钢既具有较高的强度，又有适当的塑性，对溶质浓度应当加以控制。

（2）晶界强化。细化晶粒不但可以提高钢的强度，而且可以提高钢的塑性和韧性，这一点是其他强化方式所不具备的。根据霍尔—配奇关系，钢的强度与晶粒直径的平方根成反比，为此，可向钢中加入 Al、Ti、V、Zr、Nb 等元素，形成难溶的第二相粒子，这些粒子越弥散细小，数量越多，则对奥氏体化时晶界迁移的阻力越大，从而细化奥氏体晶粒。奥氏体晶粒越细小，则冷却转变后得到的铁素体、马氏体等的尺寸越小。

（3）第二相强化。第二相粒子可以有效地阻碍位错运动。运动着的位错遇到滑移面上的第二相粒子时，或切过，或绕过，这样，滑移变形才能继续进行。这一过程要消耗额外的能量，需要提高外加应力，所以造成强化。但是，第二相粒子必须十分细小，粒子越弥散，其间距越小，则强化效果越好。合金元素的作用主要是为造成均匀弥散分布的第二相粒子提供必要的成分条件。例如，在高温回火条件下，要使碳化物呈细小均匀弥散分布，并防止其聚集长大，需要往钢中加入碳化物形成元素，如 Ti、V、Zr、Nb、Mo、W 等。

对于珠光体来说，它的强度也适用于霍尔—配奇关系，珠光体的片间距越细小，则其强度越高。为此需要往钢中加入一些增加过冷奥氏体稳定性的元素，如 Cr、Mn、Mo 等，使 C 曲线右移，在同样的冷却条件下，可以得到片间距细小的珠光体，同时还可细化铁素体晶粒。

第二相粒子对钢的塑性有危害作用。首先，在断裂过程中，孔坑的萌生与第二相质点有关，在外力的作用下，第二相粒子折断或沿其界面开裂，就形成了孔坑。第二相数量越多，则孔坑生成的可能性就越大。其次，钢的塑性与第二相质点的分布状态有关，当第二相均匀分布时，对塑性的危害较小，若沿晶界分布，则对塑性的危害很大。第三，钢的塑性还与第二相的形状有关，若为针状或片状，则对塑性危害很大；若为球状，则危害较小。总之，为了改善钢的塑性，希望第二相质点为均匀弥散分布的细小球状颗粒。

此外，第二相的种类对塑性也有影响，当第二相为硫化物或氧化物时，在塑性变形时易于沿其界面开裂，使孔坑易于在变形的早期阶段形成，当第二相为碳化物时，一方面它本身的强度高，另一方面与基体结合得比较好，在变形时不易开裂，也不易沿界面分离，因此，使钢在形成孔坑之前可以经受相当大的塑性变形，所以，碳化物对塑性的危害较小。

综上所述，当用第二相强化时，可采用下述方法改善钢的塑性。

①控制碳化物的尺寸、数量、形状及分布，如用强碳化物形成元素，采用淬火高温回火等。

②尽可能减少钢中的夹杂物，如减少硫、氧的含量，并往钢中加入 Ca、Zr、RE 等，与硫形成难熔的球状硫化物。

③将片状珠光体改变为粒状珠光体。

（4）位错强化。如前所述，金属中的位错密度越高，则位错运动时越容易发生相互交割，形成割阶，造成位错缠结等位错运动的障碍，给继续塑性变形造成困难，从而提高金属的强度。这种用增加位错密度提高金属强度的方法称为位错强化，其强化量 $\Delta\sigma$ 与金属中的位错密度 ρ 的平方根成比例。

$$\Delta\sigma = \alpha G b\rho^{1/2}$$

式中，G 为金属的切弹性模量，b 为位错的柏氏矢量，α 为强化系数。金属中的位错密度与变形度有关，变形度越大，位错密度越高，钢的强度便显著提高，但塑性明显下降。

合金元素的作用是在塑性变形时使位错易于增殖，加入合金元素细化晶粒，造成弥散分布的第二相和形成固溶体等，都是增加位错密度十分有效的方法。

应当指出，不仅塑性变形可以增加位错密度，钢中的相变，尤其是马氏体转变，不论是在母相还是在新相中，均能形成大量的位错。此时，合金元素的作用在于提高钢的淬透性，这也是马氏体能够提高钢的强度的一个重要原因。

2. 韧化途径

韧性是指材料对断裂的抗力，它是材料可靠性的度量，是一个十分重要的机械性能指标，通常用冲击韧性 α_k、断裂韧性 K_{Ic} 和脆性转折温度 t_c 等表示。断裂形式为微孔聚集型断裂、解理断裂和沿晶断裂，由于它们断裂的机理不同，所以，改善和提高韧性的途径也不同，下面分别进行分析。

（1）提高微孔聚集型断裂抗力的途径。微孔聚集型断裂在宏观上有两种表现形式，一种是宏观塑性断裂，在断裂之前有较大的塑性变形，于中、低强度钢中较为多见；另一种是宏观脆性断裂，或称低应力断裂。从宏观上看，在断裂之前不产生塑性变形，但从微观上看，在局部区域仍存在一定的塑性变形，这种断裂在高强度钢中比较突出。两种表现形式的断口均为孔坑型。根据这种断裂的微观机制，提高断裂抗力的主要途径如下。

①尽量减少钢中第二相的数量。由于孔坑主要起源于第二相，如氧化物、硫化物夹杂和碳化物、氮化物等。所以，为了减少孔坑的形成，第二相的数量，尤其是夹杂物的数量越少越好。夹杂物的形状对韧性也有影响，为此可往钢中加入稀土元素，使硫化物呈球状，这样可显著提高钢的韧性。

②提高基体组织的塑性。固溶强化的规律是，随着钢的强度的提高，其塑性和韧性不断下降。对于高强度钢来说，随着钢的强度的提高，其基体组织的强度也必然随之提高，于是裂纹在扩展时引起的塑性变形较小，消耗的功也少，使裂纹易于扩展。为了提高基体组织的塑性，应当控制钢中的固溶强化元素的含量，其中首先是间隙原子碳的含量，其次是强化效果较大的置换原子 Si、Mn、P 的含量。

③提高组织的均匀性。提高组织均匀性的目的在于防止塑性变形的不均匀性，减少应力集中。为此希望强化相，主要是碳化物，呈细小弥散均匀分布，而不要沿晶界连续分布。例如淬火钢经调质处理后，其组织十分均匀，可以大大提高钢的韧性。

（2）提高解理断裂抗力的途径。解理断裂的一个重要特征就是冷脆性，因此，钢的韧性常用冷脆转折温度 t_k 来表示。根据解理断裂的微观机理可知，晶粒越细，则裂纹的形成和扩展的阻力越大。因此，加入合金元素以细化晶粒是一个十分重要的强韧化方法。另外一种方法是向钢中加入 Ni，在常用的合金元素中，Ni 具有明显降低冷脆转折温度的作用，这是 Ni 的一个重要特性。此外，由于面心立方金属没有冷脆倾向，所以，当以体心立方为基体组织的钢不能满足要求时，可以采用奥氏体钢。

（3）提高沿晶断裂抗力的途径。沿晶断裂的类型很多，回火脆性、过热、过烧等都是沿晶断裂。造成沿晶断裂的原因主要有两点：一是溶质原子，如 P、As、Sb、Sn 等在晶界偏聚，降低了原子间的结合力，导致晶界弱化，使裂纹易于在晶界形成并扩展；二是第二相，如 MnS、Fe_3C 等沿晶界分布，使裂纹易于在晶界形成。为此，要提高沿晶断裂抗力，就要防止溶质原子沿晶界分布与第二相沿晶界析出，如对第二类回火脆性来说，加入 Mo、W 等元素对晶界偏聚有抑制作用。钢的过热和过烧常与 MnS 在奥氏体晶界的析出有关。为此，应减少钢中硫的含量，也可加入稀土元素，使之形成难熔的稀土硫化物，并严格控制热处理工艺，即可提高钢的韧性。

八、合金元素对钢的组织与性能的影响

钢的性能主要与其成分和组织有关，合金元素的加入，改变了碳素钢的成分和组织，因此，合金钢的机械性能、工艺性能、物理性能和化学性能等各个方面都与碳钢有所不同。

1. 合金元素对钢组织的影响（表 2 - 23）

表 2 - 23　合金元素对钢组织的影响

影响方面	影响特点	合金元素
对奥氏体化过程的影响	加速	Co
	延缓	Ti、V、Mo、W
对奥氏体等温转变的影响	保持 C 曲线形状、向右移	Si、P、Ni、Cu 等非碳化物形成元素和弱碳化物形成元素
	C 曲线明显右移，珠光体和贝氏体转变曲线分开	强形成碳化物元素 Ti、V、Cr、Mo、W
	使 C 曲线左移	Co
对连续冷却曲线的影响	降低奥氏体分解或转变温度	使 C 曲线向右移的元素
	提高奥氏体分解或转变温度	使 C 曲线向左移的元素，如 Co、Al
对马氏体转变的影响	降低 Ms 点	C、Mn、V、Cr、Ni、Cu、Mo、W
	影响 Ms 点不明显	Si、B
	提高 Ms 点	Co、Al
对奥氏体晶粒度的影响	阻碍晶粒长大	Ti、V、Ta、Zr、Nb 和少量 W、Mo 等形成稳定难溶碳化物元素；N、O、S 等形成高熔点非金属夹杂物和金属间化合物元素；Si、Ni、Co 等促进石墨化元素
	影响不明显	Cr 等形成比较易溶解碳化物的元素
	加速晶粒长大	Mn、P
	多种元素综合作用	比较复杂，不是简单的叠加
对 Fe - C 状态图奥氏体区的影响	缩小和封闭 γ 区	Cr、W、Mo、Si、V、Ti 等
	扩大 γ 区或影响很小	Ni、Mn、Co 等

2. 合金元素对热处理工艺的影响（表2-24）

表2-24 合金元素对热处理工艺的影响

影响方面	影响特点	合金元素
对热处理加热温度的影响	提高退火、淬火、回火温度	Cr、Co、Ti、V、Al
	增加过热敏感性	C、Cr、Mn
	降低过热敏感性	W、Mo、Ti、V、Ni、Si、Ta、Co
	不宜在高温加热	Mo
对热处理加热时间的影响	不宜长时间退火，以免降低淬火硬度	含W钢
	必须适当延长淬火加热时间	含Cr、W、V钢
	对反复热处理不敏感	W钢
对化学热处理的影响	促进对氮的吸收	Al、Cr、Ta
	促进对碳的吸收	Cr、W、Mo、V
	对高温渗碳温度敏感	Cr、Mo、Mn
对钢淬透性的影响	提高淬透性	易使晶粒长大的元素。如Mn。降低奥氏体转变临界冷速的元素，如C、P、Si、Ni、Cr、Mo、B、Cu、As、Sb、Be、N
	降低淬透性	使晶粒细化的元素，如Al。提高奥氏体转变临界冷速的元素，如S、V、Ti、Co、Nb、Ta、W、Te、Zr、Se
	例外	V、Ti、Nb、Ta、Zr、W等强碳化物形成元素形成碳化物时降低淬透性，溶入固溶体则相反

续表

影响方面	影响特点	合金元素
对回火稳定性的影响	提高回火稳定性	V、W、Ti、Cr、Mo、Co、Si
	作用不明显	Al、Mn、Ni
对回火脆性的影响	促使回火脆性的发生	Mn、Cr、N、P、V、Cu、Ni
	防止或延迟回火脆性	Be、Mo、W
对回火二次硬化的影响	残余奥氏体转变	Mn、Mo、W、Cr、Ni、Co、V
	沉淀硬化	Mo、W、Cr、Ni、Co、V

3. 合金元素对钢力学性能的影响（图 2 - 11 ~ 图 2 - 14）

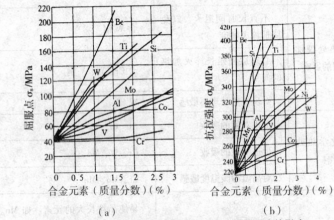

（a）　　　　　　　　　　（b）

图 2 - 11　合金元素对铁素体抗拉强度和屈服强度的影响

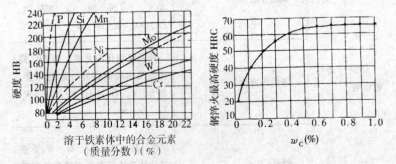

图 2 - 12　各种合金元素对铁素体固溶强化作用

图 2 - 13　马氏体含碳量与最高硬度的关系

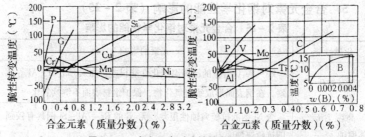

图 2-14 合金元素对脆性转变温度的影响

4. 合金元素对钢物理性能的影响（图 2-15 和图 2-16）

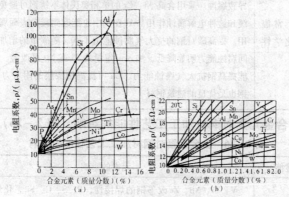

图 2-15 各种元素对铁的电阻系数的影响

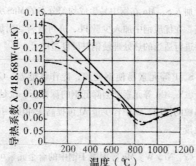

图 2-16 不同含碳量的碳素钢在不同温度时对导热系数的影响

1. W_C 0.08% 2. W_C 0.42% 3. W_C 1.22%

5. 合金元素对钢化学性能的影响（表 2 – 25）

表 2 – 25　合金元素对钢化学性能的影响

化学性能	元素的影响
高温氧化	$Fe - Fe_3C$ 合金的抗高温氧化性能很差，加入 Cr、Si、Al 等元素，在钢表面形成致密氧化物，保护钢材表面不继续氧化
高温含硫气体腐蚀	含 Ni 钢的抗硫腐蚀性很差，无 Ni 的 Cr – Al – Si 钢具有较强的抗硫腐蚀能力
低温、常温的表面化学性能变化	由于液体和气体腐蚀介质在钢表面产生局部伏特电池效应而导致腐蚀。采用含高 Ni、Cr 的单相奥氏体不锈钢可避免和明显缓和这种电解腐蚀作用。Al 在钢中也能起到减少表面腐蚀的作用。提高碳对钢的抗大气腐蚀能力不利，随碳量的增加，抗晶间腐蚀能力明显降低，加入一定量的 Ti 或 Nb 可改善。Cu 和 P 能提高钢抗大气腐蚀能力。Cu 可提高油漆层的附着力。含 Cu 钢也是优良的建筑钢材

6. 合金元素对钢材加工工艺性能的影响（表 2 – 26）

表 2 – 26　合金元素对钢材加工工艺性能的影响

工艺性能	元素的影响
焊接性	V、Ti、Nb、Zr 改善钢的焊接性，P、S、C、Si 恶化焊接性。一般提高钢淬透性的元素都降低焊接性
切削加工性能	加入 S、Mn 在钢中易生成均匀分布的 MnS 夹杂，切削时易断屑。在优质钢中加入少量 Pb，亦可改善切削加工性。此外，还要进行适当的热处理使钢材硬度适中
冷作加工性能	S、P 等元素易使钢变脆，冷作性能差，C、Si、P、S、Ni、Cr、V、Cu 等元素都会降低钢的深冲压、拉延性能。Al 有细化晶粒的作用，钢中含少量 Al 可提高深冲压、拉延后的钢板表面质量
回火稳定性	Cr、Ni、W、Mo 等固溶于钢中的合金元素可提高钢的回火稳定性，即延缓回火时的硬度降低速度，提高硬度开始降低时的温度

九、常用合金元素在钢中的作用

1. Si

Si 作为钢中的合金元素，其含量一般不低于 0.4%。以固溶体形态存在于铁素体或奥氏体中，不形成碳化物，缩小奥氏体相区。Si 有强烈的促进碳石墨化的作用，在含量较高的中碳和高碳钢中，如不含有强碳化物形成元素，易在一定温度条件下发生石墨化。在渗碳钢中，Si 减小渗碳层厚度和碳的浓度。Si 能提高铁素体和奥氏体的硬度和强度，其作用较 Mn、Ni、Cr、W、Mo、V 等更明显。显著提高钢的弹性极限、屈服强度和屈强比，并提高疲劳强度。含量超过 3% 时显著降低钢的塑性和韧性，使塑脆转变温度提高。Si 易使钢中形成带状组织，使横向性能低于纵向性能，但能改善钢的耐磨性能。Si 降低钢的密度、热导率、电导率和电阻温度系数。硅钢片的涡流损耗量显著低于纯铁，矫顽力、磁阻和磁滞损耗较低，磁导率和磁感强度较高。但在强磁场中，Si 降低磁感强度。能提高高温时钢的抗氧化性能，但含量高时，表面脱碳加剧。当 Si 含量超过 2.5% 时，其变形加工较为困难。在普通低合金钢中可提高强度，改善局部腐蚀抗力；在调质钢中可提高淬透性和抗回火性，是多元合金结构钢中的主要合金组元之一。含量为 0.5% ~2.8% 的 SiMn 或 SiMnB 钢（碳含量 0.5% ~0.7%）广泛用于高载荷弹簧材料，同时加入 W、V、Mo、Nb、Cr 等强碳化物形成元素。硅钢片为含硅 1.0% ~4.5% 的低碳和超低碳钢，用于电机和变压器。在不锈钢和耐蚀钢中，与 Mo、W、Cr、Al、Ti、N 等配合，提高抗蚀和抗高温氧化能力。Si 含量较高的石墨钢用作冷作模具材料。Si 提高退火、正火和淬火温度，在亚共析钢中提高淬透性。

2. Mn

Mn 是弱碳化物形成元素，固溶于铁素体和奥氏体中，扩大奥氏体区，使临界温度 A_4 点升高，A_3 点降低，（$\gamma + \alpha$）区下移，当 Mn 含量超过 12% 时，上临界点降至室温以下，使钢在室温时形成单一奥氏体组织。在降低共析温度的同时，使共析体中的碳含量减少。Mn 强烈降低钢的 Ar_1、马氏体转变温度（其作用仅次于碳）和钢中相变的速度，提高钢的淬透性，增加残余奥氏体含量。Mn 使钢的调质组织均匀、细化，避免了渗碳层中碳化物的聚集成块，但增大了钢的过热敏感性和回火脆性倾向。Mn 强化铁素体或奥氏体的作用不及 C、P、Si，在提高强度的同时，对延展性无影响。由于细化了珠光体，显著提高了低碳和中碳珠光体钢的强度，使延展性有所降低。通过提高淬透性而提高了调质处理索氏体钢的力学性能。在严格控制热处理工艺、避免过热时的晶粒长大以及回火脆性的前提下，Mn 不会降低钢的韧性。随 Mn 含量的增加，钢的热导率急剧下降，线胀系数上升，使快速加热或冷却时形成较大内应力，增大工件开裂倾向。Mn 使钢的电导率急剧降低，电阻率相应增大，电阻温度系数下降，使矫顽力增大，饱和磁感、剩余磁感和磁导率均下降，因而 Mn 对永磁合金有利，对软磁合金有害。Mn 含量很高时，钢的抗氧化性能下降。使钢中的硫形成较高熔点的 MnS，避免了晶界上的 FeS 薄膜，消除钢的热脆性，改善热加工性能。高锰奥氏体钢的变形阻力较大，且钢锭中的柱状结晶明显，锻轧时较易开裂。由于提高了淬透性和降低了马氏体转变温度，对焊接性能不利。易切削钢中常有适量的 Mn 和 P，MnS 夹杂使切屑易于碎断，提高切削性能。普通低合金钢中的 Mn 含量一般为 1%~2%，用来强化铁素体和珠光体，提高钢的强度，渗碳和调质合金结构钢的许多系列含 Mn 量不超过 2%。弹簧钢、轴承钢和工具钢利用 Mn 强烈提高淬透性的作用，可采用油淬和空冷的淬火工艺，以减少开裂、扭曲和变形。

3. Ni

Ni 和 Fe 能无限固溶，扩大奥氏体区，使 A_4 点升高，A_3 点降低，是形成和稳定奥氏体的主要合金元素。Ni 和 C 不形成碳化物，降低临界转变温度，降低钢中各元素的扩散速率，提高淬透性。Ni降低共析珠光体碳含量的作用仅次于N而强于Mn，在降低马氏体转变温度方面的作用为Mn的一半。Ni强化铁素体并细化珠光体，使珠光体量增加，提高钢的强度，不显著影响钢的塑性。含镍钢的碳含量可适当降低，因而可使韧性和塑性有所改善。提高钢的疲劳抗力，减小钢对缺口的敏感性。降低钢的低温脆化转变温度，含Ni 3.5%的钢可在 -100℃时使用，含Ni 9%的钢可在 -196℃时使用。Ni强烈降低钢的热导率和电导率，Ni <30%的奥氏体钢呈现顺磁性，即无磁钢。Ni >30%的Fe-Ni合金是重要的精密软磁材料。含Ni超过15%~20%的钢对硫酸和盐酸有很高的抗蚀性能，但不能抗硝酸的腐蚀。总的来说，含镍钢对酸、碱、盐以及大气都有一定的抗蚀能力。含Ni的低合金钢还有较高的腐蚀疲劳抗力。含Ni钢在含S和CO的气氛中加热时易发生热脆和侵蚀性气孔。含Ni较高的钢在焊接时应采用奥氏体焊条，以防止裂缝。含Ni钢中易出现带状组织和白点缺陷，应在生产工艺中加以防止。单纯的Ni钢只在要求有特别高的冲击韧性或很低的工作温度时才使用。机械制造中使用的Ni、Cr或Ni、Cr、Mo钢，在热处理后能获得强度和韧性配合良好的综合力学性能。含Ni钢特别适用于需要表面渗碳的部件。在高合金奥氏体不锈耐热钢中，Ni是奥氏体化元素，能提供良好的综合性能，主要为Ni-Cr系钢。

4. Co

Co是非碳化物形成元素，能和铁形成连续固溶体。Co是降低钢的淬透性的元素，使马氏体转变点 Ms 升高。Co在回火或使用过程中，有阻抑、延缓其他元素特殊碳化物的析出和聚集长大的作用。Co在退火或正火状态的碳素钢中能提高硬度和强度，但会引起塑性和冲击韧性的下降，显著提高特殊用途钢和合金的热强性和高温硬度，提高马氏体时效钢的综合力学性能，使其具有超强韧性，提高耐热钢和耐热合金的抗氧化性能。Co主要用于高速钢、马氏体时效钢、耐热钢以及精密合金等。

5. Cr

Cr 与铁形成连续固溶体，缩小奥氏体相区域，能与碳形成多种碳化物，与碳的亲和力大于铁和锰而低于 W、Mo 等，与 Fe 可形成金属间化合物 σ 相（FeCr）。Cr 使珠光体中碳的浓度及奥氏体中碳的极限溶解度减少，减缓奥氏体的分解速率，显著提高钢的淬透性，但亦增加钢的回火脆性倾向，显著提高钢的脆性转变温度。Cr 提高钢的强度和硬度，同时加入其他合金元素时，效果较显著，提高钢的耐磨性，经研磨，易获得较高的表面光洁度。在含 Cr 量高的 Fe-Cr 合金中，若有一相析出，冲击韧性急剧下降。Cr 降低钢的电导率，降低电阻温度系数，提高钢的矫顽力和剩余磁感，广泛用于制造永磁钢。Cr 促使钢的表面形成钝化膜，提高钢的抗氧化性能，当有一定含量的 Cr 时，显著提高钢的耐腐蚀性能（特别是硝酸）。若有铬的碳化物析出时，使钢的耐腐蚀性能下降。Cr 钢中易形成树枝状偏析，降低钢的塑性。由于 Cr 使钢的热导率下降，热加工时要缓慢升温，锻、轧后要缓冷。合金结构钢中主要利用 Cr 提高淬透性，并可在渗碳表面形成含 Cr 碳化物以提高耐磨性。弹簧钢中的 Cr 和其他合金元素保证了钢的综合性能。轴承钢中，主要利用 Cr 的特殊碳化物对耐磨性的贡献及研磨后表面光洁度高的优点。工具钢和高速钢中，主要利用 Cr 提高耐磨性的作用，并具有一定的回火稳定性和韧性。不锈钢、耐热钢中，Cr 常与 Mn、N、Ni 等联合使用，当需形成奥氏体钢时，稳定铁素体的 Cr 与稳定奥氏体的 Mn、Ni 之间需有一定的比例，如 Cr18Ni9 等。

6. Mo

Mo 在钢中可固溶于铁素体、奥氏体和碳化物中，是缩小奥氏体相区的元素。当 Mo 含量较低时，与 Fe、C 形成复合的渗碳体；含量较高时，可形成 Mo 的特殊碳化物。Mo 提高钢的淬透性，其作用较 Cr 强，而稍逊于 Mn。Mo 提高钢的回火稳定性，作为单一合金元素存在时，增加钢的回火脆性；与 Cr、Mn 等并存时，Mo 又降低或抑制因其他元素所导致的回火脆性。Mo 对铁素体有固溶强化作用，同时也提高碳化物的稳定性，从而提高钢的强度。Mo 对改善钢的延展性、韧性以及耐磨性起有利作用。由于 Mo 使形变强化后的软化和恢复温度以及再结晶温度提高，并强烈提高铁素体的蠕变抗力，有效抑制渗碳体在 450 ~ 600℃下的聚集作用，能促进特殊碳化物的析出，因而成为提高钢的热强性的最有效的合金元素。在含碳 1.5% 的磁钢中，2% ~ 3% 的 Mo 提高剩余磁感和矫顽力，在还原性酸及强氧化性盐溶液中都能使钢表面钝化，因此，Mo 可以普遍提高钢的抗蚀性能，防止钢在氯化物溶液中的点蚀。Mo 含量较高（ >3% ）时，使钢的抗氧化性恶化。含 Mo 不超过 8% 的钢仍可以锻、轧，但含量较高时，钢对热加工的变形抗力增高。在调质和渗碳结构钢、弹簧钢、轴承钢、工具钢、不锈耐酸钢、耐热钢、磁钢中都得到了广泛的应用。Cr、Mo 钢在许多情况下可代替 Cr、Ni 钢，来制造重要的部件。

7. Al

Al 与氧和氮有很强的亲和力，是炼钢时的脱氧定氮剂。Al 强烈缩小钢中的奥氏体相区，Al 和 C 的亲和力小，在钢中一般不出现 Al 的碳化物。Al 强烈促进碳的石墨化，加入 Cr、Ti、V、Nb 等强碳化物形成元素，可抑制 Al 的石墨化作用。Al 细化钢的本质晶粒，提高钢晶粒粗化的温度，但当钢中固溶态的 Al 含量超过一定值时，奥氏体晶粒反而容易长大粗化。Al 提高钢的马氏体点 Ms，减少淬火后的残余奥氏体含量，在这方面的作用与 Co 以外的其他合金元素相反。Al 减轻钢对缺口的敏感性，减少或消除钢的时效现象，特别是降低钢的脆性转变温度，改善了钢在低温下的韧性。Al 有较大的固溶强化作用，高铝钢具有比强度较高的优点，铁素体型的铁铝系合金，其高温强度和持久强度超过了 1Cr13 钢，但其室温塑性和韧性低，冷变形加工困难。以

C、Mn 奥氏体化的奥氏体型 Fe、Al、Mn 系钢，其综合性能较佳。Al 加入含 20% ~ 30% Cr 的 Fe - Cr 合金中，其电阻温度系数很小，因而可用作电热合金材料。Al 与 Si 在减少变压器钢的铁心损耗方面有相近的作用。不同的 Al 量对矫顽力及磁滞损耗有特殊而复杂的影响。Al 含量达到一定值时，钢的表面产生钝化现象，使钢在氧化性酸中具有抗蚀性，并提高了对硫化氢的抗蚀性能。Al 对钢在氯气及氯化物气氛中的抗蚀性不利。含 Al 的钢渗氮后表面形成氮化铝层，可提高硬度和疲劳强度，改善耐磨性能。Al 作为合金元素加入钢中，可显著提高钢的抗氧化性。在钢的表面镀 Al 或渗 Al，可提高其抗氧化性和抗蚀性。Al 对热加工性能、焊接性能和切削性能有不利的影响。Al 在一般的钢中主要起脱氧和控制晶粒度的作用。Al 作为主要合金元素之一，可广泛应用于一系列特殊合金钢中，包括渗氮钢、不锈耐酸钢、耐热不起皮钢、电热合金、硬磁与软磁合金无磁钢、高锰低温钢等。

8. V

V 和 Fe 形成连续的固溶体，强烈地缩小奥氏体相区，V 和 C、N、O 都有极强的亲和力，在钢中主要以碳化物或氮化物、氧化物的形态存在。通过控制奥氏体化温度来改变 V 在奥氏体中的含量和未溶碳化物的数量以及钢的实际晶粒度，可以调节钢的淬透性。由于 V 形成稳定难熔的碳化物，使钢在较高温度时仍保持细晶组织，大大降低钢的过热敏感性。少量的 V 使钢晶粒细化，韧性增大，对低温钢尤为有利，V 量较高，导致聚集的碳化物出现时，会降低强度；碳化物在晶内析出会降低室温韧性。经适当的热处理使碳化物弥散析出时，V 可提高钢的高温持久强度和蠕变抗力。V 的碳化物是金属碳化物中最硬和最耐磨的，弥散分布的 V 的碳化物将提高工具钢的硬度和耐磨性。在高铁镍合金中加入 V，经适当热处理后可提高磁导率。在永磁钢中加 V，能提高磁矫顽力。加入足量的 V（碳的 5.7 倍以上），将碳固定于钒碳化物中时，可大大增加钢在高温高压下对氢的稳定性，其强烈作用与 Nb、Ti、Zr 相似。不锈耐酸钢中，V 可改善抗晶间腐蚀的性能，但作用不及 Ti、Nb 显著。出现 V 的氧化物时，对钢的高温抗氧化性不利。V 改善钢的焊接性能，含 V 钢在加工温度较低时显著增加变形抗力，在普通低合金钢、合金结构钢、弹簧钢、轴承钢、合金工具钢、高速工具钢、耐热钢、抗氢钢、低温用钢等系列中得到广泛应用。

9. Ti

Ti 和 N、O、C 都有极强的亲和力，是一种良好的脱氧去气剂和固定氮和碳的有效元素。Ti 和 C 的化合物（TiC）结合力极强，稳定性高，只有加热到 1000℃ 以上才会缓慢溶入铁的固溶体中。TiC 微粒有阻止钢晶粒长大粗化的作用，使粗化温度提高至 1000℃ 以上。Ti 是强铁素体形成元素之一，使奥氏体相区缩小，强烈提高 A_1、A_3 温度。固溶态的 Ti 提高钢的淬透性，而以 TiC 微粒存在时则降低钢的渗透性。当 Ti 含量达一定值时，由于 $TiFe_2$ 的弥散析出，可产生沉淀硬化作用。当 Ti 以固溶态存在于铁素体之中时，其强化作用高于 Al、Mn、Ni、Mo 等，次于 Be、P、Cu、S。钛对钢力学性能的影响取决于它的存在形态、Ti 和 C 的含量比以及热处理制度。微量的 Ti（0.03% ~ 0.1%）使屈服点有所提高，但当 Ti/C 超过 4 时，其强度和韧性急剧下降。过高的加热温度（>1100℃）进行正火或淬火，虽可使强度提高 50%，但剧烈降低塑性及韧性。Ti 对改善钢的韧性，特别是低温冲击韧性的作用不大，能提高钢在高温、高压氢气中的稳定性。Ti 能改善碳素钢和合金钢的热强性，提高它们的持久强度和蠕变抗力。Ti 提高不锈耐酸钢的抗蚀性，特别是对晶间腐蚀的抗力，原因是防止了铬碳化物在晶界析出而导致的贫 Cr。低碳钢中，当 Ti/C 达到 4.5 以上时，O、N、C 全部被固定，具有很好的应力腐蚀和碱脆抗力。在含 Cr4% ~ 6% 的钢中加入 Ti，能提高在高温时的抗氧化性。钢中加入 Ti，可促进氮化层的形成和较迅速获得所需的表面硬度，成为"快速氮化钢"，改善低碳锰钢和高合金不锈钢的焊接工艺性能。Ti 含量超过 0.025% 时，可作为合金元素考虑。Ti 作为合金元素，在普通低合金钢、合金结构钢、合金工具钢、高速工具钢、不锈耐酸钢、耐热不起皮钢、永磁钢、永磁合金以及铸钢中均已得到应用。

10. Zr

Zr 是高熔点（1852℃）的稀有金属，是碳化物形成元素，在炼钢过程中是强力的脱氧和脱氮元素，并有脱氢及脱硫作用。Zr 能细化钢的奥氏体晶粒，固溶于奥氏体中的 Zr 提高钢的淬透性；但若较多地以 ZrC 形态存在，则降低淬透性。Zr 降低钢的应变时效倾向和回火脆性。在改善低合金钢的低温韧性方面的作用，锆强于钒。锆还能减轻钢的蓝脆倾向，低碳镍铬不锈钢中加入少量 Zr，可防止晶间腐蚀。Zr 与 S 形成硫化物，可有效防止钢的热脆；含 Cu 钢中加入 Zr，可显著减轻龟裂倾向。Zr 显著提高高碳工具钢和高速钢的切削寿命，能改善钢的焊接性能。

11. Nb

Nb 是难熔的稀有金属元素，熔点为 2467℃，在元素周期表中与 V 同族，它们在钢中的作用与 V、Ti、Zr 类似，和 C、N、O 都有很强的亲和力，形成极为稳定的化合物。Nb 在钢中的主要作用是细化晶粒，提高晶粒粗化温度。Nb 以固溶态存在时，提高钢的淬透性和淬火后的回火稳定性；以碳化物存在时则降低淬透性。钢中加入 0.005%～0.05% 的 Nb 能提高其屈服强度和冲击韧性，降低其脆性转变温度。在含 Cr 低于 16% 的低碳马氏体耐热不锈钢中加入 Nb，可以降低其空冷硬化性，避免回火脆性，提高蠕变强度，降低蠕变速率。Nb 能改善奥氏体型不锈钢抗晶间腐蚀的性能，在高铬铁素体钢中，改善高温不起皮性和抗浓硝酸侵蚀的性能。在奥氏体型无磁钢中，加入 Nb 和采用沉淀强化热处理，可有效提高其屈服强度而不损害其磁学性能。在低碳普通低合金钢和高 Cr 马氏体钢中加入 Nb，可改善焊接性能；

在 Cr18Ni8 型钢中加入 Nb 后，其冷作硬化率较大，冷变形比较困难，焊接性也较差。主要应用于低碳普通合金钢、渗碳及调质合金钢、高铬耐热不锈钢、奥氏体型不锈耐热钢、无磁钢等。

12. W

W 是熔点最高（3387℃）的难熔金属，在元素周期表中与 Cr、Mo 同族。在钢中的行为亦与 Mo 类似，即缩小奥氏体相区，并是强碳化物形成元素，部分地固溶于铁中。W 对钢的淬透性的作用不如 Mo 和 Cr。当以 W 的特殊碳化物存在时，则降低钢的淬透性和淬硬性。W 的特殊碳化物阻止钢晶粒的长大，降低钢的过热敏感性。W 显著提高钢的回火稳定性，其碳化物十分坚硬，因而提高了钢的耐磨性，还使钢具有一定的红硬性。在提高钢在高温时的蠕变抗力方面，其作用不如 Mo 强。W 显著提高钢的密度，强烈降低钢的热导率，显著提高钢的矫顽力和剩余磁感。W 对钢的抗蚀性和高温抗氧化性无有利作用，含 W 钢在高温时的不起皮性显著下降。含 W 的高速钢塑性低，变形抗力高，热加工性能较差。高合金 W 钢在铸态中存在易熔相的偏析，锻造温度不能高，并应防止高碳 W 钢中由于 C 的石墨化造成墨色断口缺陷。W 主要用于工具钢，如高速钢和热锻模具钢等，在有特殊需要时，应用于渗碳和调质结构钢、耐热钢、不锈钢、磁钢等，常与 Si、Mn、Al、Mo、V、Cr、Ni 等同时加入。

13. B

B 和 C、Si、P 同属于半金属元素，与 N、O 之间有很强的亲和力，和 C 形成碳化物 B_4C。B 和 Fe 形成两种即使在高温时亦很稳定的中间化合物，Fe_2B 和 FeB。B 在钢中与残留的 N、O 化合，形成稳定的夹杂物后会失去其本身的有益作用，只有以固溶形式存在于钢中的 B 才能起到特殊的有益作用，这部分"有益硼"大都析集或吸附在晶界上。钢中的 B 含量一般在 0.001% ~0.005% 的范围内，对钢的显微组织没有明显的影响。钢中"有效硼"的作用主要是增加钢的淬透性。B 有增加回火脆性的倾向，微量 B 有使奥氏体晶粒长大的倾向，可提高钢在淬火和低温回火后的强度，并使塑性略有提高。经 300～400℃回火的含 B 钢，其冲击韧性较不含 B 的钢有所改善，且能降低钢的脆性转变温度。奥氏体铬镍钢中加入 B，经固溶和时效处理后，由于沉淀硬化的作用，其强度有适当的提高，但韧性有所下降。B 对改善奥氏体钢的蠕变抗力有利。在珠光体耐热钢中，B 可提高其高温强度。B 含量超过 0.007%，将导致钢的热脆现象，影响热加工性能，故钢中 B 的总含量应控制在 0.005% 以下。在含 B 结构钢中，用微量 B 代替较多量的其他合金元素后，其总合金元素含量降低，在高温时对变形的抗力减小，有利于模锻加工和延长锻模寿命。此外，含 B 钢的氧化皮较松，易于脱落清理。含 B 钢经正火或退火后，其硬度比淬透性相同的其他合金钢要低，对切削加工有利。B 在钢中的主要用途是增加钢的淬透性，从而节约其他合金元素，如 Ni、Cr、Mo 等。0.001%～0.005% 的 B 约可代替 1.6% 的镍，或 0.3% 的铬，或 0.2% 的钼。含 B 钢在合金结构钢、普通低合金钢、弹簧钢、耐热钢、高速工具钢以及铸钢中均可得到应用。

14. 稀土元素（RE）

一般所说的稀土元素包括元素周期表中原子序数为 57～71 的镧系 15 个元素（镧、铈、镨、钕……）以及同处ⅢB 族的钇和钪，共 17 个元素。这些元素大都在矿石中共生，且化学性质相似，故归为一类，称稀土元素（RE）。稀土元素化学性质活泼，在钢中与硫、氧、氢等化合，是很好的脱硫和去味剂，并能消除砷、锑、铋等的有害作用，改变钢中夹杂物的形态和分布，起到净化作用，改善钢的质量。稀土元素在铁中的溶解度很低，不超过 0.5%。除镧和铁不形成中间化合物外，所有其他已研究过的稀土元素都和铁形成中间化合物。提高钢的塑性和冲击韧性，特别是低温韧性，提高耐热钢、电热合金和高温合金的抗蠕变性能。稀土元素在某些钢中有细化晶粒、均匀组织的作用，从而有利于综合力学性能的改善。提高钢的抗氧化性。提高 18 - 8型不锈钢的抗蚀性能（包括在浓硝酸中的抗蚀性能）。稀土元素能提高钢液的流动性，改善浇铸的成品率，减少铸钢的热裂倾向。显著改善高铬不锈钢的热加工性能。改善钢的焊接性能。在普通低合金钢、合金结构钢、轴承钢、工具钢、不锈和耐蚀钢、电热合金以及铸钢中得到应用。为了稳定地获得稀土元素改善钢的组织和性能的效果，应注意准确控制稀土在钢中的含量。

第三章 钢的热处理原理与工艺

第一节 概 述

钢的热处理是将钢在固态下加热到预定的温度，并在该温度下保持一段时间，然后以一定的速度冷却下来，让其获得所需要的组织结构和性能的一种热加工工艺。

热处理是一种改善钢材使用性能和工艺性能的重要工艺，通过恰当的热处理，可以消除铸、锻、焊等热加工工艺造成的各种缺陷，细化晶粒，消除偏析，降低内应力，使钢的组织和性能更加均匀，充分挖掘材料的潜力，从而减轻零件的重量，提高产品质量，延长产品使用寿命。例如，用 T7 钢制造一把钳工用的錾子，若不经热处理，即使錾子刃口磨得很好，在使用时刃口也会很快发生卷刃；若将已磨好錾子的刃口部分局部加热至一定温度以上，保温以后进行水冷及其他热处理工艺，则錾子将变得锋利而有韧性，在使用过程中，即使用锤子经常敲打，錾子也不易发生卷刃和崩裂现象。热处理工艺不但可以强化金属材料，充分挖掘材料性能潜力，降低结构重量，节省材料和能源，而且能够提高机械产品质量，大幅度延长机器零件的使用寿命，做到一个顶几个、顶十几个。只有通过热处理，锉刀才能更好地锉削工件；车刀才能更好地切削工件；火车的轮子才能更耐磨而不变形。所以，在日常生活、工业制造、医药、通信、国防乃至航天航空领域，热处理都有着极其重要的作用。

热处理也是机器零件加工工艺过程中的重要工序。例如，用高速钢制造钻头，必须先经过预备热处理，改善锻件毛坯组织，降低硬度（达到 207～255HB），才能进行切削加工。加工后的成品钻头又必须进行最终热处理，提高钻头的硬度（达到 HRC60～65）和耐磨性，并进行精磨，以切削其他金属。此外，通过热处理还可使工件表面具有抗磨损、耐腐蚀等特殊物理化学性能。

钢经热处理后性能之所以发生如此巨大的变化，是由于经过不同的加热和冷却过程，钢的内部组织结构发生了变化。因此，要制定正确的热处理工艺规范，保证热处理质量，必须了解钢在不同加热和冷却条件下的组织变化规律。钢中组织转变的规律，就是热处理的原理。

根据加热、保温和冷却工艺方法的不同，热处理工艺大致分类如下（GB/T 12603—1990）。

（1）整体热处理。其特点是对工件整体进行穿透加热。常用的方法有退火、正火、淬火＋回火、调质等。

（2）表面热处理。其特点是仅对工件的表面进行热处理工艺。常用的方法有表面淬火和回火（如感应加热淬火）、气相沉积等。

（3）化学热处理。其特点是改变工件表层的化学成分、组织和性能。常用的方法有渗碳、渗氮、碳氮共渗、氮碳共渗、渗金属、多元共渗等。

第二节 钢的加热和冷却转变

一、钢在加热时的转变

加热是热处理的第一大环节，大多数热处理工艺都必须先将钢加热至临界温度（A_1、A_3）以上，获得奥氏体组织，然后再以适当方式（或速度）冷却，以获得所需要的组织和性能。通常把钢加热获得奥氏体的转变过程称为奥氏体化过程。

加热时形成的奥氏体的化学成分、均匀性、晶粒大小以及加热后未溶入奥氏体中的碳化物、氮化物等过剩相的数量、分布状况等，都对钢的冷却转变过程及转变产物的组织和性能产生重要的影响。因此，研究钢在加热时奥氏体的形成过程具有重要的意义。

1. 钢的临界温度

钢之所以能进行热处理，是由于钢在固态下具有同素异构转变，在固态下不发生相变的纯金属或某些合金则不能用热处理的方法强化。Fe – Fe$_3$C 相图上的临界点是在平衡条件下得到的，实际加热或冷却时，相变温度会偏离平衡临界点，大多数都有不同程度的滞后现象。实际转变温度与平衡临界温度之差称为过热度（加热时）或过冷度（冷却时）。实际加热和冷却时临界转变温度的符号及涵义见表 3 – 1。

表 3 – 1　实际加热和冷却时临界转变温度的符号及涵义

符号	涵　　义
Ac_1	加热时珠光体向奥氏体转变的开始温度
Ac_3	加热时先共析铁素体全部转变为奥氏体的终了温度
Ac_{cm}	加热时二次渗碳体全部溶入奥氏体的终了温度
Ar_1	冷却时奥氏体向珠光体转变的开始温度
Ar_3	冷却时奥氏体开始析出先共析铁素体的温度
Ar_{cm}	冷却时奥氏体开始析出二次渗碳体的温度

2. 奥氏体的形成

把钢加热到临界点 Ac_1 以上，珠光体转变为奥氏体。奥氏体的形成是通过晶核的形成和晶核的长大来实现的，形成过程分为四个阶段，见表 3 – 2。

表 3 - 2 奥氏体形成过程的四个阶段

顺序	名称	转 变 方 式
第一阶段	奥氏体晶核的形成	晶核首先在铁素体与渗碳体的相界面处形成,借助于原子的扩散,晶核逐渐长大
第二阶段	奥氏体晶核的长大	晶核生成后,便形成两个新的相界面,一个是奥氏体与铁素体的相界面,另一个是奥氏体与渗碳体的相界面。奥氏体晶核的长大过程就是这两个相界面同时分别向铁素体和渗碳体方向推移的过程
第三阶段	残余渗碳体的溶解	延长保温时间或继续升高温度时,残余渗碳体将通过铁、碳原子的扩散和渗碳体向奥氏体的晶格改组,逐渐溶入奥氏体中,直到全部消失为止
第四阶段	奥氏体成分的均匀化	原始组织为铁素体区域,含碳量低。原始组织为渗碳体区域,含碳量高。通过保温,原子充分扩散,使奥氏体成分均匀化

3. 奥氏体晶粒度及影响因素

奥氏体晶粒大小是衡量热处理加热工艺是否适当的重要指标之一。奥氏体虽然是一种高温相,但它直接影响钢在室温时的组织和性能。晶粒度是表示晶粒大小的尺度,分为 8 个级别,1 级最粗,8 级最细。晶粒度为 1 ~ 4 级者称为本质粗晶粒钢,5 ~ 8 级者称为本质细晶粒钢。如果不作特别说明,晶粒度一般是指钢经奥氏体化后的奥氏体实际晶粒大小。奥氏体晶粒度可分为起始晶粒度、实际晶粒度和本质晶粒度三种,详见表 3 - 3。影响奥氏体晶粒度的因素见表 3 - 4。

表 3 - 3 奥氏体晶粒度

名称	定　义
起始晶粒度	钢加热到临界温度以上，奥氏体转变刚结束时的晶粒大小
实际晶粒度	钢在某一具体加热条件下，所得到的奥氏体晶粒大小。实际晶粒度基本上决定了钢在室温下的晶粒大小
本质晶粒度	指在特定试验条件下（930±10℃），保温3~8h，然后以适当的方法冷却，用100倍金相显微镜在室温下测量原奥氏体晶粒尺寸并评级

表 3 - 4 奥氏体晶粒度的影响因素

影响因素	影响特点	影响原因
加热温度和加热时间	加热温度越高，保温时间越长，奥氏体晶粒越粗大。加热温度对奥氏体晶粒长大起主要作用	加热温度越高，原子扩散速度越快，相变驱动力也增大；加热时间长，原子扩散充分
加热速度	加热速度越快，奥氏体起始晶粒度越细小	过热度越大，奥氏体实际形成温度越高，形核率与长大速度越大
化学成分	强碳化物形成元素细化奥氏体晶粒。随含碳量的增加，晶粒长大倾向增加，当碳以未溶碳化物的形式存在时，使奥氏体长大倾向减小	含碳量增加，碳在奥氏体中的扩散速度及铁的自扩散速度增大；未溶碳化物阻止奥氏体晶界迁移
原始组织	原始组织越细，碳化物弥散度越大，奥氏体起始晶粒度越细小	晶界和相界越多，形核率越高

二、过冷奥氏体转变

1. 过冷奥氏体等温转变曲线

在热处理生产中，奥氏体的冷却方式可分为两大类：一种是等温冷却，如图 3-1 中曲线 1 所示，将奥氏体状态的钢迅速冷至临界点以下某一温度保温一定时间，使奥氏体在该温度下发生组织转变，然后再冷至室温；另一种是连续冷却，如图 3-1 中曲线 2 所示。将奥氏体状态的钢以一定速度冷至室温，使奥氏体在一个温度范围内发生连续转变。连续冷却是热处理中常见的冷却方式。

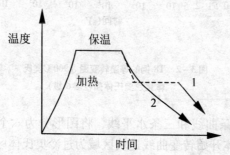

图 3-1 奥氏体不同冷却方式示意图

1. 等温冷却 2. 连续冷却

在临界温度以下处于不稳定状态的奥氏体称为过冷奥氏体。过冷奥氏体的分解产物与等温温度、等温时间的关系用等温转变曲线来表示，称为 S 曲线或 C 曲线，或 TTT 图。T8 钢的等温转变图见图 3-2。图中有两条曲线：左边的曲线为奥氏体转变开始线；右边的曲线为奥氏体转变终止线。图中还有三条水平线：A_1 线位于 C 曲线上方，在 A_1 线以上奥氏体是稳定的，不会发生转变；在 A_1 线以下，奥氏体是不稳定的，要发生转变。Ms 线位于 C 曲线下方，表示奥氏体向马氏体转变开始的温度。Mf 线位于 Ms 线下方，表示奥氏体向马氏体转变终止温度。

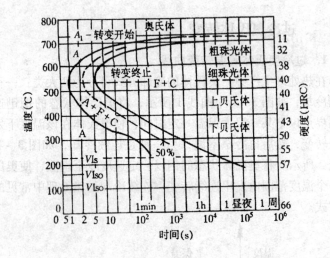

图 3 - 2　T8 钢的等温转变图（900℃奥氏体化、奥氏体晶粒度 6 级）

上述两条曲线和三条水平线，将图形分为六个区域。从温度轴至奥氏体开始转变曲线这块区域为过冷奥氏体区；奥氏体转变终止曲线以右为过冷奥氏体转变产物区；两条曲线之间为过冷奥氏体与转变产物共存区；A_1 线以上为稳定奥氏体区，Ms（230℃）和 Mf（约为 -50℃）线之间为马氏体与奥氏体共存区；Mf 以下为马氏体区。共析钢等温转变组织与特征见表3 -5。

表 3 - 5　共析钢等温转变组织与特征

组织转变类型	转变温度范围	转变产物	表示符号	组织形态特征	片层间距（μm）	硬度（HRC）
珠光体型	$A_1 \sim 650$	珠光体	P	粗片状	0.15 ~ 0.45	< 20
	约 650 ~ 600	索氏体	S	细片状	0.08 ~ 0.15	25 ~ 35
	约 600 ~ 550	屈氏体	T	极细片状	0.03 ~ 0.08	35 ~ 40

组织转变类型	转变温度范围	转变产物	表示符号	组织形态特征	片层间距（μm）	硬度（HRC）
贝氏体型	约 500 ~ 350	上贝氏体	$B_上$	羽毛状		40 ~ 45
	约 350 ~ M_s	下贝氏体	$B_下$	竹叶状		45 ~ 55
马氏体型	$M_s ~ M_f$	马氏体	M	板条状和片状		60 ~ 65

　　亚共析钢过冷奥氏体等温转变的特征为经过一段孕育期后先形成先共析铁素体，然后才发生奥氏体 – 珠光体转变，而过共析钢则先形成先共析渗碳体。

2. 等温转变曲线的应用

　　（1）估计钢的临界淬火冷却速度 v_C（淬火冷却得到马氏体所需的最低的冷却速度）

$$v_C = \frac{A_1 - T_m}{1.5\tau_m}$$

式中，A_1 为钢的下临界温度；

　　　　T_m 为 C 曲线鼻子对应的温度；

　　　　τ_m 为 C 曲线鼻子对应的时间。

　　（2）确定等温淬火的等温温度。

　　（3）确定等温退火的温度和时间。

　　（4）确定分级淬火的分级温度和时间。

3. 过冷奥氏体连续冷却转变曲线

　　在实际生产中，大多数采用连续冷却方式，如炉冷退火、空冷正火、水冷淬火等。钢在铸造、锻轧、焊接后也大多采用空冷、坑冷等连续冷却方式。其转变规律与等温转变相差很大，它是在一个温度范围内发生的转变，几种转变往往是重叠的，转变产物常常是不均匀的混合组织。过冷奥氏体连续冷却转变曲线反映了在连续冷却条件下过冷奥氏体的转变规律，是分析转变产物的组织与性能的依据，也是制订热处理工艺的重要参考资料。过

冷奥氏体连续冷却转变曲线也叫"热动力学曲线",根据英文名
称字头,又称为 CCT 曲线。共析钢的 CCT 曲线如图 3-3 所示。

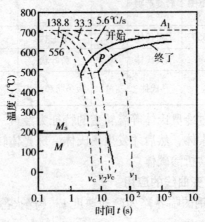

图 3-3　共析钢的 CCT 曲线

　　共析碳钢的连续冷却 C 曲线最简单,只出现珠光体转变区
和马氏体转变区,而没有贝氏体转变区。这表明,共析碳钢在连
续冷却过程中不会形成贝氏体。从图中可见,珠光体转变区由三
条曲线构成:左边一条是转变开始线,右边一条是转变终了线,
下边一条是转变终止线。马氏体转变区则由两条曲线构成:一条
是温度上限 Ms 线,另一条是冷速下限 v_c' 线。

　　4. 连续冷却转变特点

　　(1)连续冷却转变与等温转变相比,转变温度较低,孕育
期和一定量的转变时间更长些,连续冷却转变曲线在等温转变曲
线的右下方。

　　(2)连续冷却转变是在一定温度范围内完成的,因此,转
变产物是不均匀的。

　　(3)随着冷却速度的增加,珠光体和贝氏体转变的温度范
围逐渐移向低温。

三、淬火钢的回火转变

回火是将淬火钢加热到低于临界点 A_1 的某一温度，经过保温，然后以一定的方式冷却到室温的一种热处理工艺。钢淬火后的组织主要由马氏体或马氏体＋残余奥氏体组成，此外，还可能存在一些未溶碳化物。马氏体和残余奥氏体在室温下都处于亚稳定状态，淬火马氏体处于含碳过饱和状态，残余奥氏体处于过冷状态，不稳定，要发生分解，它们都有向铁素体加渗碳体的稳定状态转化的趋势，但是，这种转化需要一定的温度和时间条件，回火将促进这种转变。

回火的主要目的是降低脆性，消除或减少内应力；获得工件所要求的机械性能；稳定工件尺寸；对于退火难以软化的某些合金钢，在淬火（或正火）后常采用高温回火，使钢中的碳化物适当聚集，降低硬度，以利于切削加工。工件淬火后存在着很大的内应力和脆性，若不及时回火，零件会产生变形或开裂。淬火后的工件，硬度高，脆性大，为了获得对工件要求的不同性能，可以用回火温度调整硬度，减小脆性，以得到所需的塑性、强度和韧性。淬火后的组织是马氏体和残余奥氏体，这两种组织都是不稳定的，会自发地、逐渐地发生组织转变，因而引起工件尺寸和形状的改变。通过回火，可以促使这些组织转变，达到较稳定的状态，以便在以后的使用过程中不发生变形。碳钢淬火后回火过程中的组织转变见表 3-6，回火转变产物与特点见表 3-7。

表 3-6　碳钢淬火后回火过程中的组织转变

回火温度 (℃)	回火转变过程	组织结构变化	
		低碳马氏体	高碳马氏体
20~100	碳氮原子向微观缺陷处偏聚	碳原子偏聚在位错线附近的间隙位置，形成碳的偏聚区	碳原子在马氏体的一定晶面上偏聚，形成小圆片状富碳区

续表

回火温度 (℃)	回火转变过程	组织结构变化	
		低碳马氏体	高碳马氏体
100~350	马氏体分解	含碳量小于 0.2% 的马氏体不分解，而是碳原子继续偏聚	从马氏体中析出 ε 碳化物，马氏体的碳含量降低，正方度下降
200~300	残余奥氏体分解	含碳量小于 0.4% 的钢中无残余奥氏体	残余奥氏体转变为下贝氏体或回火马氏体
250~400	碳化物的析出及转变	(1) 马氏体中碳原子全部析出，在马氏体内或晶界上形成渗碳体 (2) α 相保持板条状形态	(1) $\varepsilon - Fe_xC$ ($x \approx$ 2~3) 溶解，形成 $\chi - Fe_5C_2$，$\chi - Fe_5C_2$ 转变为 $\theta - Fe_3C$（渗碳体）或直接析出 Fe_3C (2) α 相中的孪晶亚结构消失
400~700	α 相的回复与再结晶，渗碳体的集聚和球化	(1) α 相回复，位错密度降低，在 600℃ 以下基本保持板条状或片状形态 (2) 片状渗碳体球化，在 600℃ 以上球状渗碳体集聚粗化，α 相再结晶成为等轴状晶粒	

表 3 - 7　碳钢回火转变产物与特点

回火温度 (℃)	组织名称	组织特点	性能特点
150~250	回火马氏体	在马氏体基体中分布着大量微细的 ε 碳化物，两者保持共格关系	回火马氏体的脆性比淬火马氏体小。片状回火马氏体具有高的硬度、强度，而塑性、韧性低；板条状回火马氏体具有较高的强韧性

续表

回火温度 （℃）	组织名称	组织特点	性能特点
350～450	回火屈氏体	在铁素体基体中弥散分布着微小粒状或片状碳化物	回火屈氏体具有很高的弹性极限与屈服强度，同时还具有一定的韧性
500～650	回火索氏体	铁素体基体中均匀分布着细粒状碳化物	回火索氏体具有良好的综合力学性能
650～A_1	回火珠光体	在铁素体基体中均匀分布着粗粒状碳化物	回火珠光体的强度低，塑性好，具有好的工艺性能

随回火温度的升高，钢的强度（σ_b、σ_s）下降，而塑性（δ、ψ）升高；硬度随回火温度变化的规律大致与强度相同，但一些含有强碳化物形成元素的钢在较高的温度回火后硬度回升，这种现象称为二次硬化；韧度随回火温度变化的规律大致与塑性相同，但在 250～400℃回火时韧度反而降低，这种现象称为第一类回火脆性。一些合金钢（镍铬钢、铬锰硅钢、铬钢等）在约 450～650℃回火后炉冷或空冷后韧度下降，这种现象称为第二类回火脆性，回火出炉后油冷或在钢中添加少量的 Mo 和 W 可消除这种回火脆性。

典型回火组织金相图片如图 3-4 所示。

四、时效

从过饱和固溶体中析出第二相（沉淀相）或形成溶质原子偏聚区及亚稳定过渡相的过程称为脱溶。合金在脱溶过程中，其机械性能、物理性能、化学性能等发生变化，这种现象称为时效。一般情况下，在脱溶过程中，合金的硬度、强度会逐渐升高，这种现象又称为时效硬化或时效强化。具有时效现象的合金

(a)回火马氏体 500×

(b)回火索氏体 500×

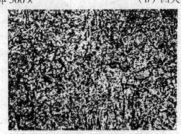
(c)回火屈氏体 500×

图 3-4　典型回火组织金相图片

的最基本条件是在其相图上有溶解度变化，并且固溶度随温度降低而显著减小。

时效的实质是过饱和固溶体的脱溶沉淀，即过饱和 α 固溶体→饱和 α 固溶体 + 析出相。由于新相的弥散析出，使合金的硬度升高。由此可见，时效硬化即脱溶沉淀引起的沉淀硬化。在室温下放置产生的时效称为自然时效，加热到室温以上某一温度进行的时效称为人工时效。

工业纯铁和低碳钢放置一段时间后，硬度、强度提高，塑性降低，是因间隙原子，主要是 C、N 原子的重新分布所引起的。钢的时效可分为淬火时效和变形时效两种。淬火时效是因为过饱和的 α 固溶体脱溶引起的，钢的含碳量对淬火时效过程有很大的影响。软钢的淬火时效显著，而含碳量为 0.3% 的钢已大大减弱；含碳量大于 0.6% 的钢，基本上不发生淬火时效。氮对低碳钢的淬火时效影响很大，含氮量增加，淬火时效愈加显著。经过冷加工变形的纯铁或低碳钢，在室温放置或在较高温度停留时，硬度、强度提高，塑性、韧性降低的现象称为变形时效。低碳钢拉伸时有明显的屈服点。经冷塑性变形后，再立即重新加载变形时，便不出现屈服点，重新开始变形的应力相同。冷塑性变形后放置一段时间再加载，又会出现明显的屈服点，但屈服点要比卸载时的应力高。实践证明，无论是冷变形后在室温放置，或是变形后在较高温度保温，还是在 200～300℃ 进行变形，都要产生变形时效。有变形时效倾向的低碳钢板，在冲压成形时因各部位的变形量不同，产生拉伸应变，使钢板表面凹凸不平。防止拉伸应变的方法为：在冲压前进行轻度（变形量 0.8%～1.5%）冷轧，这种轧制叫做调制轧制。调制轧制后如再长时间放置，还要产生变形时效，出现拉伸应变现象。另外，还可用 Nb、V、Ti、A1 等元素固定 C、N 的方法，来消除变形时效。

第三节　钢的热处理基本方法

钢的热处理工艺就是通过加热、保温和冷却的方法改变钢的组织结构，以获得工件所要求性能的一种热加工技术。钢在加热和冷却过程中的组织转变规律为制订正确的热处理工艺提供了理论依据，为使钢获得限定的性能要求，其热处理工艺参数的确定必须使具体工件满足钢的组织转变规律性。

根据加热、冷却方式及获得的组织和性能的不同，钢的热处理工艺可分为普通热处理（退火、正火、淬火和回火）、表面热处理（表面淬火和化学热处理）及形变热处理等。

一、钢退火与正火

按热处理在工件加工工序中所处的位置不同，钢的热处理分为预备热处理和最终热处理。为了消除制造毛坯时的内应力，细化晶粒，均匀组织，减少原始组织缺陷，改善切削加工性能，为最终热处理做组织准备而进行的热处理称为预备热处理；为使工件满足使用条件下的性能要求而进行的热处理称为最终热处理。

通常，退火和正火多用于预备热处理。但对于一些受力不大、性能要求不高的机器零件，退火和正火也可作为最终热处理。

退火和正火是生产上应用很广泛的预备热处理工艺。在机器零件加工过程中，退火和正火是一种先行工艺，具有承上启下的作用。大部分机器零件、工件及模具的毛坯经退火或正火后，不仅可以消除铸件、锻件及焊接件的内应力及成分和组织的不均匀性，而且也能改善和调整钢的机械性能和工艺性能，为下道工序做好组织性能准备。对于一些受力不大、性能要求不高的机器零件，退火和正火亦可作为最终热处理。对于铸件，退火和正火通常就是最终热处理。

1. 退火

退火就是将工件加热到适当的温度，保持一定时间，然后缓慢冷却的热处理工艺。其主要目的是降低硬度，去除内应力，均匀钢的化学成分和组织，细化晶粒，提高塑性，改善切削加工性能，为最终热处理做好组织准备。

生产中退火工艺得到广泛应用。以滚动轴承的生产为例，从钢坯到成品之间要经过扩散退火、脱氢退火、球化退火、去除内应力退火等多道工序。退火工艺方法多样，需根据工件的不同目的和要求而灵活选用，常用的退火工艺方法有以下几种。

（1）完全退火。将工件加热至完全奥氏体化后缓慢冷却，获得接近平衡组织的退火工艺，称为完全退火。亚共析钢完全退火的加热温度为 Ac_3 以上 20~30℃。完全退火可使钢件降低硬度，提高塑性，细化晶粒，改善切削加工性能。

过共析钢一般不宜进行完全退火。若将过共析钢加热至 Ac_{cm} 以上完全奥氏体化后，在随后的缓慢冷却过程中，将会有网状二次渗碳体析出，使钢的强度、塑性和韧性降低。

（2）不完全退火。将钢加热至 $Ac_1 \sim Ac_3$（亚共析钢）或 $Ac_1 \sim Ac_{cm}$（过共析钢）之间，经保温后缓慢冷却以获得近于平衡组织的热处理工艺。由于加热至两相区温度，仅使奥氏体发生重结晶，故基本上不改变先共析铁素体或渗碳体的形态及分布。如果亚共析钢原始组织中的铁素体已均匀细小，只是珠光体片间距小，硬度偏高，内应力较大，那么只要在 Ac_1 以上、Ac_3 以下温度进行不完全退火，即可达到降低硬度、消除内应力的目的。由于不完全退火的加热温度低，时间短，因此，对于亚共析钢的锻件来说，若其锻造工艺正常，钢的原始组织分布合适，则可采用不完全退火代替完全退火。

不完全退火主要用于过共析钢获得球状珠光体组织，以消除内应力，降低硬度，改善切削加工性。

（3）等温退火。将工件加热至 Ac_3 或 Ac_1 以上的温度，保持适当时间后，以较快速度冷却到珠光体转变温度区间的某一温度并等温保持，使奥氏体转变为珠光体类组织后在空气中冷却的工艺称为等温退火。等温退火的作用与完全退火相同。但工艺周期短，组织转变比较均匀一致，因此，特别适用于大件及合金钢件的退火。

（4）球化退火。为了使钢中碳化物球状化而进行的退火，称为球化退火。其工艺过程是将钢加热到 Ac_1 以上 20～30℃，保温一定时间，然后缓慢冷却至 Ar_1 以下 20℃ 左右等温一段时间，随后空冷。

与片状碳化物组织相比，球状碳化物可以改善钢的塑性与韧性，降低硬度，改善切削加工性能和减少最终热处理时的变形开裂倾向。细小均匀、圆形的碳化物，将使钢的耐磨性、接触疲劳强度和断裂韧性得到改善和提高。

若过共析钢中存在网状二次渗碳体的组织，应先进行正火，消除网状组织，然后再进行球化退火。

（5）去应力退火。将工件加热到 500～600℃，并保温一定时间，缓慢冷却至 300～200℃以下空冷，消除工件因塑性变形加工、切削加工或焊接造成的残余内应力及铸件内存在的残留应力而进行的退火，称为去应力退火。

钢材在热轧或锻造后，在冷却过程中因表面和心部冷却速度不同造成内外温差，会产生残余内应力。这种内应力和后续工艺因素产生的应力叠加，易使工件发生变形和开裂。对于焊接件可以消除焊缝处由于组织不均匀而存在的内应力，而且能有效提高焊接接头的强度，防止焊接工件变形和开裂。除消除内应力外，去应力退火还可降低硬度，提高尺寸稳定性，防止工件的变形和开裂。

钢的去应力退火加热温度较宽，但不超过 Ac_1 点，因此，退火过程中不发生相变。铸铁件去应力退火温度一般为 500～550℃，超过 550℃容易造成珠光体的石墨化。焊接工件的退火温度一般为 500～600℃。一些大的焊接构件，难以在加热炉内进行去应力退火，常常采用火焰或工频感应加热局部退火，其退火加热温度一般略高于炉内加热。

去应力退火保温时间也要根据工件的截面尺寸和装炉量决定。钢的保温时间为 3min/mm，铸铁的保温时间为 6 min/mm。去应力退火后的冷却应尽量缓慢，以免产生新的应力。

有些合金结构钢，由于合金元素的含量高，奥氏体较稳定，在锻、轧后空冷时能形成马氏体或贝氏体，硬度很高，不能切削加工，为了消除应力和降低硬度，也可在 A_1 点以下低温退火温度范围进行软化处理，使马氏体或贝氏体在加热过程中发生分解。这种处理实质就是高温回火。

（6）再结晶退火。再结晶退火是将冷变形金属加热到规定温度，并保温一定时间，然后缓慢冷却到室温的一种热处理工艺。其目的是降低硬度，提高塑性，恢复并改善材料的性能。再结晶退火对于冷成形加工十分重要。在成形时因塑性变形而产生加工硬化，这就给进一步的冷变形造成困难。因此，为了降低硬度，提高塑性，再结晶退火成为冷成形操作中不可缺少的工序。另外，对于没有同素异晶转变的金属（如铝、铜等）来说，采用冷塑性变形和再结晶退火的方法是获得细小晶粒的一个重要手段。再结晶退火是把冷变形后的金属加热到再结晶温度以上保持适当的时间，使变形晶粒重新转变为均匀等轴晶粒而消除加工硬化的热处理工艺。钢经冷冲、冷轧或冷拉后会产生加工硬化现象，使钢的强度、硬度升高，塑性、韧性下降，切削加工性能和成形性能变差。经过再结晶退火，消除了加工硬化，钢的机械性能恢复到冷变形前的状态。

冷变形钢的再结晶温度与化学成分和变形度等因素有关。一般来说，形变量越大，再结晶温度越低，再结晶退火温度也越低。不同的钢都有一个临界变形度，在这个变形度下，再结晶时晶粒将异常长大。钢的临界变形度为 6% ~ 10%。一般钢材再结晶退火温度为 650 ~ 700℃，保温时间为 1 ~ 3h。冷变形钢再结晶退火后通常在空气中冷却。

再结晶退火既可作为钢材或其他合金多道冷变形之间的中间退火，也可作为冷变形钢材或其他合金成品的最终热处理。

（7）扩散退火。扩散退火又称均匀化退火，它是将钢锭、铸件或锻坯加热至略低于固相线的温度下保温，然后缓慢冷却，以消除化学成分不均匀现象的热处理工艺。其目的是消除铸锭或在凝固过程中产生的枝晶偏析及区域偏析，使成分和组织均匀化。为使各元素在奥氏体中扩散，扩散退火加热温度很高，通常为 Ac_3 或 Ac_{cm} 以上 150 ~ 300℃，具体加热温度视偏析程度和钢种而定。碳钢一般为 1100 ~ 1200℃，合金钢多采用 1200 ~ 1300℃。保温时间也与偏析程度和钢种有关，通常可按最大有效截面，以每截面厚度 25mm 保温 30 ~ 60 min，或按每毫米厚度保温 1.5 ~ 2.5min 来计算。此外，还可视装炉量大小而定。退火总时间可按下式计算：$\tau = 8.5 + Q/4$（单位为 h）。式中的 Q 是装炉量

（单位为 t）。一般扩散退火时间为 10 ~ 15h。

由于扩散退火需要在高温下长时间加热，因此，奥氏体晶粒十分粗大，需要再进行一次正常的完全退火或正火，以细化晶粒，消除过热缺陷。高温扩散退火生产周期长，消耗能量大，工件氧化，脱碳严重，成本很高，只有一些优质合金钢及偏析较严重的合金钢铸件及钢锭才使用这种工艺。对于一般尺寸不大的铸件或碳钢铸件，因其偏析程度较轻，可采用完全退火来细化晶粒，消除铸造应力。

2. 正火

将工件加热奥氏体化后在空气中冷却的热处理工艺称为正火。正火工艺的加热温度要求足够高，一般要求得到均匀的单相奥氏体组织，亚共析钢的加热温度为 Ac_3 以上 30 ~ 50℃，过共析钢为 Ac_{cm} 以上 30 ~ 50℃。

正火与退火工艺的区别是正火的冷却速度稍快，得到的组织较细小，强度和硬度较高；同时操作简便，生产周期短，成本低。因此，正火是一种广泛采用的预先热处理方法。它主要应用于以下几个方面。

（1）低、中碳钢和低合金结构钢铸件、锻件，通过正火处理，可以消除应力，细化晶粒，改善切削加工性能，并可为最终热处理做组织准备。

（2）中碳结构钢铸件、锻件及焊接件，由于在铸、锻、焊中容易出现粗大晶粒和其他组织缺陷。通过正火处理可以消除这些组织缺陷，并能细化晶粒，均匀组织，消除内应力。

（3）消除过共析钢中的网状渗碳体，为球化退火做组织准备。如工具钢和轴承钢中有网状渗碳体时，可通过正火消除。

（4）作为普通结构零件的最终热处理。一些受力不大，只需一定的综合力学性能的结构件，采取正火就能满足其使用性能要求，如 55 钢制喷油器体等。

3. 退火与正火工艺的选择

退火和正火都是预先热处理工艺，其目的也几乎相同。在实际生产应用中如何选择，应注意如下几方面。

（1）切削加工性能。一般认为硬度在 160~230 HBS 范围内的钢材，其切削加工性最好。硬度过高难以加工，而且刀具容易磨损。硬度过低，切削时容易"黏刀"，使刀具发热而磨损，而且工件的表面粗糙。所以，低碳钢宜用正火提高硬度，高碳钢宜用退火降低硬度。碳的质量分数低于 0.5% 的钢，通常采用正火；碳的质量分数为 0.5%~0.75% 的钢，一般采用完全退火；碳的质量分数高于 0.75% 的钢或高合金钢均应采用球化退火。

（2）使用性能。由于正火处理比退火处理具有更好的力学性能，因此，若正火和退火都能满足使用性能要求，应优先采用正火。对于形状复杂或尺寸较大的工件，因正火可能产生较大的内应力，导致变形和裂纹，故宜采用退火。

（3）经济性。由于正火比退火生产周期短，效率高，成本低，操作简便，因此，尽可能地优先采用正火。

二、钢的淬火

将工件加热到 Ac_3 或 Ac_1 以上一定温度，保温一定时间，使之全部或部分奥氏体化后以适当的方式冷却，获得马氏体或（和）贝氏体组织的热处理工艺，称为淬火。淬火是强化钢材，充分发挥钢材性能潜力的重要手段，通常需与回火配合使用，才能获得各类零件或工具的使用性能要求。

1. 淬火工艺

（1）淬火加热参数的确定。淬火加热温度主要根据钢的化学成分，结合具体工艺因素进行确定。钢的化学成分是确定淬火加热温度的主要因素，应以 $Fe-Fe_3C$ 相图中钢的临界温度作为主要依据。亚共析钢的淬火加热温度应选择在 Ac_3 以上 30~50℃，该温度加热能得到细晶粒的奥氏体，淬火后获得细小的马氏体组织，从而获得较好的力学性能。共析钢、过共析钢的淬火加热温度应选择在 Ac_1 以上 $30 \sim 50℃$，在该温度加热可获得细小的奥氏体和碳化物，淬火后获得在马氏体基体上均匀分布细小渗碳体的组织，不仅耐磨性好，而且脆性也小。合金钢的淬火温度大致上可参考上述范围。考虑到合金元素会阻碍碳的扩散，它们本身的扩散也比较困难，故其淬火温度可取上限或更高一些。图 3-5 为碳钢常用淬火加热温度范围示意图，图中的阴影线区域为淬火加热温度范围。

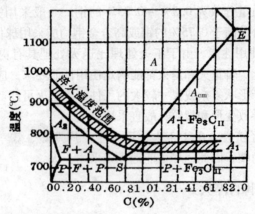

图 3-5 碳钢常采用淬火加热温度范围示意图

（2）淬火加热保温时间的确定。淬火加热速度和淬火加热保温时间也是淬火加热的两个重要参数。对形状复杂、要求变形小或用高合金钢制造的工件、大型合金钢锻件，必须限制加热速度，以减少淬火变形及开裂倾向，而形状简单的碳钢、低合金钢，则可快速加热。加热保温时间主要取决于材料本身的导热性、工件的形状尺寸、奥氏体化时间，同时还要注意碳化物、合金元素溶解的难易程度以及钢的过热倾向，如某些钢为缩短高温加热时间及减小内应力，可进行分段预热。估算加热时间的经验公式如下：

$$\tau = \alpha k D$$

式中，τ 为加热时间（min）；

　　　　α 为加热系数（min/mm）；

　　　　k 为工件装炉系数；

　　　　D 为工件的有效厚度（mm）。

工件的有效厚度按下述原则确定：轴类工件以其直径为有效厚度；板状或盘状工件以其厚度作为有效厚度；套筒类工件内孔小于壁厚者，以其外径作为有效厚度；若内孔大于壁厚者，则以壁厚为有效厚度；圆锥形工件以离小头 2/3 处直径作为有效厚度，复杂工件以其主要工作部分尺寸作为有效厚度；工件的有效厚度乘以工件的形状系数作为计算厚度。

2. 淬火方法

淬火介质确定后，还需选择合理的淬火冷却方法，以保证既能实现淬火目的，又能最大限度地减小变形和防止开裂。现代淬火工艺方法不仅有奥氏体化直接淬火，而且还有能够控制淬火后组织性能及减小变形的各种淬火工艺方法，甚至可以把淬火冷却过程直接与热加工工序结合起来，如铸造淬火、锻后淬火、形变淬火等。淬火工艺方法应根据材料及其对组织、性能和工件尺寸精度的要求，在保证技术条件要求的前提下，充分考虑经济性和实用性来选择。常用的几种淬火方法的工艺特点如下。

（1）单介质淬火。将奥氏体化的工件直接淬入单一淬火介质中连续冷却到室温的方法，称为单介质淬火，对于形状复杂者可以预冷后淬入。例如，水或盐水的冷却能力较强，适合于大尺寸、淬透性较差的碳钢件；油的冷却能力较弱，适合于淬透性较好的合金钢件及大尺寸的碳钢件。单介质淬火工艺过程简单，操作方便，适于大批量生产，易于实现机械化和自动化。但由于采用一种不变冷却速度的介质，当采用水淬时，钢件在马氏体转变时产生较大的淬火应力，易产生变形开裂，某些钢用油淬又不易达到所需的硬度，所以，单介质淬火只适用于形状简单的工件。

(2) 双介质淬火（双液淬火）。将工件加热到奥氏体化后，先淬入一种冷却能力强的介质中，在即将发生马氏体转变之前立即淬入另一种冷却能力弱的介质中冷却的方法。常用的双介质淬火方法有水－油、水－空气等，由水到油，所需要的时间不超过1~2s。这种淬火方法的优点是既能保证获得马氏体，又降低了马氏体转变时的冷却速度，减小了工件产生淬火内应力、变形和裂纹的危险，但在实际操作中有一定的困难，主要是不容易控制从一种介质转入另一种介质的时间或温度，此方法主要适用于形状复杂的碳钢件及尺寸较大的合金钢件，特别适用于高碳钢工件。

(3) 分级淬火。它是将奥氏体状态的工件首先淬入略高于钢的 Ms 点的盐浴或碱浴炉中保温，当工件内外温度均匀后，再从浴炉中取出空冷至室温，完成马氏体转变。这种淬火方法由于工件内外温度均匀并在缓慢冷却条件下完成马氏体转变，不仅减小了淬火热应力（比双液淬火小），而且显著降低组织应力，因而有效地减小或防止了工件淬火变形和开裂。克服了双液淬火出水入油时间难以控制的缺点。但这种淬火方法由于冷却介质温度较高，工件在浴炉冷却速度较慢，而等温时间又有限制，所以，大截面零件难以达到其临界淬火速度。因此，分级淬火只适用于尺寸较小的工件，如刀具、量具和要求变形很小的精密工件。"分级"温度也可取略低于 Ms 点的温度，此时由于温度较低，冷却速度较快，等温以后已有相当一部分奥氏体转变为马氏体，当工件取出空冷时，剩余奥氏体发生马氏体转变。这种淬火方法适用于较大工件。

(4) 贝氏体等温淬火（等温淬火）。将工件加热到奥氏体化后，快速冷却到贝氏体转变温度区间（260~400℃），保持一定时间，使奥氏体转变为贝氏体组织的淬火工艺，称为贝氏体等温淬火。等温淬火实际上是分级淬火的进一步发展。等温淬火的加热温度通常比普通淬火高些，目的是提高奥氏体的稳定性和增大其冷却速度，防止等温冷却过程中发生珠光体型转变。等温温度和时间应视工件组织和性能要求，由该钢的 C 曲线确定。由于等温温度比分级淬火高，减小了工件与淬火介质的温差，从而减小了淬火热应力，又因贝氏体比热容比马氏体小，而且工件内外温度一致，故淬火组织应力也较小。因此，等温淬火可以显著减小工件的变形和开裂倾向，适于处理形状复杂、尺寸要求精确，强度、韧性要求都很高的小型工件和重要的机器零件，如模具、齿轮、成形刃具和弹簧等。同分级淬火一样，等温淬火也只能适用于尺寸较小的工件。

（5）喷射淬火法。它是向工件喷射急速水流的淬火方法。这种方法主要用于局部淬火的工件。由于这种淬火方法不会在工件表面形成蒸汽膜，故可保证比普通水淬得到更深的淬硬层。采用细密水流并使工件上下运动或旋转，可保证实现工件均匀冷却淬火。

除了上述几种典型的淬火方法外，近年来还发展了许多提高钢的强韧性的新的淬火工艺，如高温淬火，循环快速加热淬火，高碳钢低温、快速、短时加热淬火和亚共析钢的亚温淬火等。

3. 淬火介质

淬火介质是在淬火工艺中所采用的冷却介质。淬火介质的冷却能力必须保证工件以大于临界冷却速度的冷却速度冷却才能获得马氏体，但过高的冷却速度又会增加工件的截面温差，使热应力与组织应力增大，容易造成工件淬火冷却变形和开裂。所以，淬火介质的选择是个重要的问题。

钢的理想淬火冷却速度如图 3-6 所示。由图可见，理想淬火

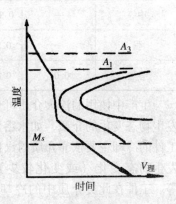

图 3-6　钢的理想淬火冷却速度

冷却速度是在过冷奥氏体分解最快的温度范围内（等温转变曲线鼻尖处）具有较大的冷却速度，以保证过冷奥氏体不分解为珠光体；而在进行马氏体转变时，即在 Ms 点以下温度的冷却速度应尽量小些，以减小组织转变应力。由于各种钢的过冷奥氏体的稳定性不高，以及实际工件尺寸形状的差异，同时能适合各种钢材不同尺寸工件的淬火介质是不现实的。

淬火介质的种类很多，常用的淬火介质有水、盐水、油、熔盐、空气等。各种淬火介质的冷却能力用淬火冷却烈度（H 值）表示，其数字较大，表明该介质的冷却能力越强。表 3 - 8 为几种淬火介质的冷却烈度值。从表中可见，水和盐水的冷却能力最强，油的冷却能力较弱，空气最弱。为了改善冷却条件，提高冷却速度，一般在淬火时工件或淬火介质应进行运动。

表 3 - 8　几种淬火介质的冷却烈度 H 值

搅动情况	淬火介质冷却烈度 H			
	空气	油	水	盐水
静止	0.02	0.25 ~ 0.30	0.9 ~ 1.0	2.0
中等	—	0.35 ~ 0.040	1.1 ~ 1.2	—
强	—	0.50 ~ 0.80	1.6 ~ 2.0	—
强烈	0.08	0.80 ~ 1.10	4.0	5.0

生产中使用的淬火介质可分为两大类：一类是淬火过程中要发生物态变化的介质，如水溶液及油类等。此类介质沸点较低，工件的冷却主要依靠介质的汽化来进行；另一类是淬火过程中不发生物态变化（或变化较少）的介质，如熔盐、熔碱及气体等。工件在此类介质中的冷却主要依靠辐射、对流和传导来进行。

4. 钢的淬透性及淬硬性

（1）钢的淬透性。淬透性是指钢在淬火时获得马氏体的能力，它是钢材本身固有的一个属性，是衡量不同钢种接受淬火能力的重要指标，它是选材和制订热处理工艺的重要依据之一。淬透性是在规定条件下，钢试样淬硬深度和硬度分布表征的材料特性。钢的淬透性与过冷奥氏体的稳定性有关，主要决定于化学成分和奥氏体化条件。一般情况下，钢中合金元素数量和种类越多，钢中含碳量越接近于共析成分，则奥氏体越稳定，钢的淬透性越好。同时，热处理加热温度越高，保温时间越长，得到的奥氏体越稳定，钢的淬透性也越好。其大小用钢在一定条件下淬火所获得的淬透层深度来表示。不同钢种在淬火时获得马氏体的能力不同，工件截面上由表面到内部得到的马氏体的深度也不同，得到马氏体组织的深度越大，则该钢种的淬透性越高。淬透性主要取决于钢的临界冷却速度，与过冷奥氏体的稳定性有密切的关系，过冷奥氏体越稳定，则孕育期越长，钢的临界冷却速度就越小，其淬透性越大。影响淬透性的主要因素有钢的化学成分、奥氏体晶粒尺寸、奥氏体成分的均匀性及未溶第二相等。碳浓度越接近共析成分，奥氏体越稳定，淬透性越好，溶于奥氏体的合金元素一般使 C 曲线右移，即淬透性增大；奥氏体晶粒越粗大，钢的淬透性越好；奥氏体的成分越均匀，淬透性越大；奥氏体中未溶第二相越多，越易分解，淬透性越小。合金钢的淬透性比碳钢好，尺寸较大的工件亦可淬透，由表及里均可获得较好的综合力学性能，而且可以采用较为缓和的冷却介质（如油冷，甚至是空冷），以减少淬火应力，减少变形与开裂的危险。

淬透性测定的方法有多种，如断口评级法、碳素工具钢淬透性试验法、计算法及结构钢末端淬透性试验法（简称端淬法）等。端淬法是测定结构钢淬透性最常用的方法，也可用于测定弹簧钢、轴承钢、工具钢的淬透性。GB 225—1988 规定了端淬法测定淬透性的试样形状、尺寸及实验方法。淬透性用淬透性曲线

（也称为端淬曲线或 H 曲线）来表示，由于每一种钢的成分均有一定的波动范围，所以，端淬曲线也在一定范围内波动，形成一个"淬透性带"。

淬透性可用规定条件测得的淬硬层深度及分布曲线来表示，淬硬深度一般是指从淬硬的工件表面量至规定硬度（一般为550HV）处的垂直距离。测得的淬硬深度越大，表明材料的淬透性越好。淬透性的表示方法有：U 曲线法、临界淬透直径法及淬透性曲线等。U 曲线的数值随试样尺寸和冷却介质的不同而变化，因而很少采用。临界直径是指工件在某种介质中淬火后，心部能淬透（心部获全部或半马氏体组织）的最大直径，用 D_0 来表示，D_0 越大，表示这种钢的淬透性越高。常用钢材的临界直径见表 3 - 9。根据钢的淬透性曲线，钢的淬透性值通常用 $J = \dfrac{HRC}{d}$ 表示。J 表示末端淬透性，d 表示至末端的距离，HRC 表示在该处测得的硬度值。例如淬透性值 $J = \dfrac{40}{5}$，即表示在淬透性带上距末端 5mm 处的硬度值为 HRC40。

淬透性曲线可用来：估算钢的临界直径；求出不同直径棒材截面上的硬度分布；根据工件的工艺要求，选择适当钢种及其热处理规范；确定工件的淬硬层深度。

钢的淬透性对于合理选用钢材，正确制订热处理工艺，都具有非常重要的意义。例如，对于大截面、形状复杂和在动载荷下工作的工件，以及承受轴向拉压的连杆、螺栓、拉杆、锻模等要求表面和心部性能均匀一致的零件，应选用淬透性良好的钢材，以保证心部淬透；对于承受弯曲、扭转应力（如轴类）以及表面要求耐磨并承受冲击力的模具，因应力主要集中在表面，因此，可不要求全部淬透，而选择淬透性较差的钢材；焊接件一般不选用淬透性好的钢，否则在焊接和热影响区将出现淬火组织，造成焊件变形、开裂。

表3-9　常用钢材的临界直径

钢号	半马氏体区硬度（HRC）	20~40℃水中淬火的临界直径（mm）	矿物油中淬火的临界直径（mm）	20℃5%NaCl水溶液
35	38	8~13	4~8	19
40	40	10~15	5~9.5	19
45	42	13~16.5	6~9.5	21
60	47	11~17	6~12	25
40Mn	44	12~18	7~12	30
45Mn	45	26~31	17	32
65Mn	53	25~30	17~25	—
40Mn2	44	38~42	25	43
45Mn2	45	38~42	25	43
50Mn2	45	41~45	28	46
15Cr	35	10~18	5~11	18
20Cr	38	12~19	6~12	21
30Cr	41	14~25	7~14	29
40Cr	44	30~38	19~28	40
45Cr	45	30~38	19~28	43
40MnB	44	28~33	18	34
40MnVB	44	35~38	22	40
20MnVB	38	24~28	15	29
20MnTiB	38	24~28	15	29
25Cr2MoV	38	25~50	35	54
35SiMn	43	40~46	25~34	—
35CrMo	43	36~42	20~28	43
30CrMnSi	41	40~45	23~40	—
40CrMnMo	44	≥150	≥110	—

续表

钢号	半马氏体区硬度（HRC）	20~40℃水中淬火的临界直径（mm）	矿物油中淬火的临界直径（mm）	20℃5% NaCl水溶液
38CrMoAlA	43	65~69	47	70
40CrNiMo		35~39	22	41
50CrVA	48	55~62	32~40	—
20CrMnTi	37	22~35	15~20	—
30CrMnTi	41	28~33	18	34
65	50	18~24	12	28
85		22~26	14	34
55Si2Mn		31~35	20	37
60Si2Mn	52	55~62	32~46	40
T10	55	22~26	14	28
T12		28~33	18	34
9SiCr		47~51	32	52
9Mn2V		50~52	33	54
9CrWMn		90~95	75	96
GCr6		20~24	12	25

（2）钢的淬硬性。钢的淬硬性也称可硬性，是指钢淬火后所能达到的最高硬度，它主要决定于钢中的含碳量，而合金元素对淬硬性影响不大。这是因为合金元素在马氏体的晶格中不是处于间隙位置，而是置换了某些铁原子，对马氏体晶格所造成的畸变远不及碳的作用大。淬透性与淬硬性是两个完全不同的概念。淬硬性主要取决于马氏体的含碳量，淬火加热时固溶于奥氏体中的碳越多，淬火后的硬度越高，淬硬性与合金元素基本无关。淬硬性高的钢，不一定淬透性就好；而淬硬性低的钢，也可能具有好的淬透性。

三、钢的回火

工件淬硬后再加热到 Ac_1 点以下某一温度，保温一定时间，然后冷却至室温的热处理工艺称为回火。

1. 回火的目的

（1）减少或消除淬火应力。钢淬火后存在着很大的淬火内应力，如不及时消除，往往会造成变形和开裂，使用时也易发生脆断。通过及时回火，减少或消除内应力，以保证钢件正常使用。

（2）满足使用性能要求。钢淬火后硬度较高，脆性较大，韧性较差，为满足使用性能的要求，通过回火来消除脆性，改善韧性，以获得所需要的力学性能。

（3）稳定组织和尺寸。使亚稳定的淬火马氏体和残留奥氏体进一步转变成稳定的回火组织，从而稳定钢件的组织和尺寸。

2. 回火时的组织与性能的变化

钢淬火组织中的马氏体和残留奥氏体在室温下都是亚稳定状态，都存在向稳定状态转变的趋向。回火是采用加热等手段，使亚稳定的淬火组织向相对稳定的回火组织转化的工艺过程。随着回火温度的不同，将发生以下转变。

（1）马氏体分解。淬火钢回火加热到 80～350℃时，马氏体中的过饱和碳会以极细微的过渡相碳化物（ε碳化物）析出，并均匀分布在马氏体基体中，使马氏体的过饱和度下降，形成回火马氏体。在此温度回火时，钢的淬火内应力减小，马氏体的脆性下降，但硬度并不降低。

（2）残留奥氏体分解。淬火钢回火加热到 200～300℃时，残留奥氏体开始分解成下贝氏体或马氏体，其产物随即又分解成回火马氏体，因而淬火应力进一步减小，硬度则无明显降低。

（3）渗碳体形成。淬火钢回火加热到 300～400℃时，过渡相ε碳化物逐渐向渗碳体转变，并从过饱和马氏体中析出，形成更为稳定的碳化物，此时组织由铁素体（其形态仍保留针状马氏体的形状）和极细小的碳化物组成，称为回火屈氏体。淬火应力基本消除，硬度降低。

（4）碳化物的聚集长大和 α 相的再结晶。淬火钢回火加热到400℃以上时，极细小的渗碳体颗粒将逐渐形成较大的粒状碳化物。而且铁素体（α 相）将发生再结晶，其形态由针状转变为块状组织。这种由多边形铁素体和粗粒状碳化物组成的组织称为回火索氏体。此时淬火内应力完全消除，硬度明显下降。

淬火钢在不同温度回火时，将得到不同的组织，性能也将随之发生变化。性能变化的一般规律是：随回火温度的升高，钢的强度、硬度下降，塑性、韧性升高。值得注意的是，淬火钢在250～350℃回火时，冲击韧度明显下降，出现脆性，这种现象称为低温回火脆性，一般应避开在该温度范围内回火。

3. 回火方法

在实际生产中，按回火温度的不同，通常将回火方法分为三类。

（1）低温回火（＜250℃）。低温回火得到回火马氏体（$M_{回}$）组织。在保证淬火钢具有高硬度和高耐磨性的同时，低温回火可消除或减小淬火应力，减少钢的脆性。低温回火主要用于要求硬度 58～64HRC 的滚动轴承、量具、刃具、冷作模具、渗碳淬火件等，这类钢经淬火、低温回火后，一般硬度为 58～64HRC。

（2）中温回火（250～500℃）。中温回火得到回火屈氏体（$T_{回}$）组织，可获得高的弹性极限、屈服强度和韧性。中温回火主要用于要求硬度为 35～50HRC 的弹性零件、热锻模等，经淬火、中温回火后，硬度为 35～50HRC。

（3）高温回火（＞500℃）。高温回火得到回火索氏体（$S_{回}$）组织，可获得良好的综合力学性能。淬火加高温回火的复合热处理工艺称为调质处理。调质处理主要用于要求良好综合力学性能，硬度为 200～350HBS 的各种重要结构零件，如螺栓、连杆、齿轮及轴类等。

第四节　热处理常见缺陷及对策

由于热处理工艺的不同，产生缺陷的原因及其对策也各不相同。需要指出的是，并不是所有的热处理缺陷都可以补救，对热处理缺陷的补救，也会增加热处理工艺的成本。因此，要想获得高质量的热处理产品，必须在生产过程中严格控制质量，把热处理缺陷消灭在热处理生产过程中。

一、加热缺陷及对策

1. 氧化和脱碳

淬火加热时，钢制零件与周围加热介质相互作用，往往会产生氧化和脱碳等缺陷。氧化使工件尺寸减小，表面光洁程度降低，并严重影响淬火冷却速度，进而使淬火工件出现软点或硬度不足等新的缺陷。工件表面脱碳会降低淬火后钢的表面硬度、耐磨性，并显著降低其疲劳强度。因此，淬火加热时，在获得均匀化奥氏体的同时，必须注意防止氧化和脱碳现象。

氧化是钢件在加热时与炉气中的 O_2、H_2O 及 CO_2 等氧化性气体发生的化学作用。其主要化学反应式为：

$$2Fe + O_2 \rightarrow 2FeO$$
$$Fe + CO_2 \rightarrow CO + FeO$$
$$Fe + H_2O \rightarrow H_2 + FeO$$

在 570℃ 以下的温度加热，钢中的铁元素与 O_2、H_2O 及 CO_2 等气体发生氧化反应，主要形成氧化物 Fe_3O_4。由于这种处于工件表层的氧化物结构致密，与基体结合牢固，氧原子难以继续渗入，故氧化速度很慢。因此，钢在 570℃ 以下加热，氧化不是主要问题。但当加热温度高于 570℃ 时，表面氧化膜主要由 FeO 组成。由于 FeO 结构松散，与基体结合不牢，容易脱落。因此，氧原子很容易透过已形成的表面氧化膜继续向里与铁元素发生氧化。所以，一旦氧化膜中出现 FeO，便使钢的氧化速度大大加快。由于氧化速度主要取决于氧原子或铁原子通过表面氧化膜的扩散速度，加热温度越高，原子扩散速度越快，钢的氧化速度越大，因此，钢在加热时，在保证组织转变的条件下，加热温度应尽可能低，保温时间应尽可能短。采用脱氧良好的盐浴加热或控制气氛加热等方法，可以防止钢的氧化。

钢件在加热过程中不仅表面发生氧化，形成氧化铁层，而且钢中的碳也与气氛中的 O_2、H_2O、CO_2 及 H_2 等发生化学反应，形成含碳气体逸出钢外，使钢件表面含碳量降低，这种现象称为脱碳。脱碳过程中的主要化学反应如下：

$$2(C) + O_2 \rightarrow 2CO \uparrow$$
$$(C) + CO_2 \rightarrow 2CO \uparrow$$
$$(C) + H_2O \rightarrow CO \uparrow + H_2$$
$$(C) + 2H_2 \rightarrow CH_4 \uparrow$$

式中，（C）为溶于奥氏体中的碳。

由上述反应式可知，炉气介质中的 O_2、H_2O、CO_2 和 H_2 都是脱碳性气氛。工件表面脱碳以后，其表面与内部产生碳浓度差，内部的碳原子则向表面扩散，新扩散到表面的碳原子又被继续氧化，从而使脱碳层逐渐加深。脱碳过程进行的速度取决于表面化学反应速度和碳原子的扩散速度。加热温度越高，加热时间越长，脱碳层越深。

氧化使工件表面金属烧损，影响工件尺寸，降低表面质量。脱碳使工件表面碳贫化，从而导致工件淬火硬度和耐磨性降低。严重的氧化脱碳会造成工件报废。

对需要控制氧化和脱碳的工件，可采用下列措施：

（1）控制加热温度和加热时间。在保证工件淬火硬度和组织的前提下，尽量采用较低的加热温度，采用最短的加热时间。

加热前先经预热，可有效地缩短高温加热时间，减少工件的氧化和脱碳；

（2）采用盐炉加热；

（3）采用保护气氛或可控气氛加热。

此外，加热时将工件装入有保护剂的铁箱中或涂以保护涂料，也有一定的防氧化脱碳效果。

2. 过热和过烧

加热温度过高，或在高温下加热时间过长，引起奥氏体晶粒粗化，淬火后得到粗针状马氏体的现象，称为过热。过热组织增加钢的脆性，容易造成淬火开裂，强度和韧性下降，易出现脆性断裂。淬火过热可以返修，返修前需进行一次细化组织的正火或退火，再按正确规范重新加热淬火。

钢件淬火加热温度太高，达到其液相线附近时，使奥氏体晶界出现局部熔化或者发生氧化的现象叫做过烧。过烧是严重的加热缺陷；过烧组织晶粒极为粗大，晶界有氧化物网络，钢的性能急剧降低。工件一旦过烧就无法补救，只能报废。过烧的原因主要是设备失灵或操作不当。高速钢淬火温度高容易过烧，火焰炉加热局部温度过高也容易造成过烧。所以，必须加强设备的维修管理，定期校核，才能防止过烧事故。

二、淬火缺陷及对策

1. 淬火硬度不够

硬度不够是指整个工件或较大区域内硬度达不到技术要求。

（1）介质冷却能力差，工件表面有铁素体、屈氏体等非马氏体组织。对策：采用冷速较快的淬火介质；适当提高淬火加热温度。

（2）淬火加热温度低，或预冷时间长，淬火冷却速度低，出现非马氏体组织。对策：确保淬火加热温度正常；减少预冷时间。

（3）欠热，因加热温度不够或保温时间不足，使奥氏体成分不均匀，或亚共析钢中铁素体未全部溶入奥氏体。造成欠热的原因是加热温度过低或保温时间不够，亚共析钢加热不足，有未溶铁素体；工艺错误，控温仪表失灵，操作时装炉量太大使各层工件温度不均。对策：严格控制加热温度、保温时间和炉温均匀性。

（4）碳钢或低合金钢采用水－油双介质淬火时，在水中停留的时间不足，或从水中提出工件后，在空气中停留时间过长。对策：严格控制工件在水中停留时间及操作规范。

（5）钢的淬透性差，且工件截面尺寸大，不能淬硬。对策：采用淬透性好的钢。

（6）等温时间过长，引起奥氏体稳定化。对策：严格控制分级或等温时间。

（7）表面脱碳。对策：采用可控气氛加热或其他防脱碳措施。

（8）硝盐或碱浴中水分含量过少，分级冷却时，有托氏体等非马氏体组织形成。对策：严格控制盐浴和碱浴中的水分。

（9）合金元素内氧化，表层淬透性下降，出现托氏体等非马氏体组织，而内部则为马氏体组织。对策：降低炉内气氛中氧化性组分含量；选用冷速快的淬火介质。

2. 淬火软点产生原因及对策

工件表面硬度出现局部小区域达不到淬火要求，称为软点。软点往往是工件磨损或疲劳损坏的中心，重要工件上不允许存在软点。

（1）原材料缺陷，原始组织不均匀，钢中存在大块状铁素体、带状组织或碳化物偏析。对策：原材料进行锻造和预先热处理，使组织均匀化。

（2）工件表面局部的氧化皮、锈斑或其他附着物（涂料）淬火时未剥落，使冷速降低，局部小区域发生高温转变而形成软点。对策：淬火前清理工件表面。

（3）工件在介质中移动不充分，淬火时堆在一起，工件表面气泡未及时破裂，致使气泡处冷速降低，出现非马氏体组织。对策：增加介质与工件的相对运动；控制水温和水中的杂质（油、皂类）。

3. 淬火变形

变形包括体积变化和形状变化。热处理前后各种组织的比热容不同是引起体积变化的主要原因。原始组织为珠光体的工件淬火转变为马氏体，体积胀大。若组织有大量的残余奥氏体，有可能使体积缩小。钢件淬火加热和快冷时各部分温度的不均匀，使钢出现较大的淬火内应力，从而使钢件产生变形。形状畸变是工件各部位相对位置或尺寸发生改变，如板杆件弯曲、内孔胀缩、孔间距变化等。引起形状畸变的原因主要有：加热温度不均，形成的加热应力引起畸变；工件在炉中放置不合理，在高温下因自重产生蠕变畸变；工件内部的残余应力达到高温下的屈服强度时，引起工件的不均匀塑性变形；淬火冷却时的不同时性形成的热应力和组织应力，使工件局部塑性变形。

（1）降低淬火加热温度，对减少热应力和组织应力畸变都有作用。

（2）缓慢加热或对工件进行预热，可减少加热过程中的热畸变。

（3）采用静止加热法，极细长和极薄的工件，为了减少盐浴磁搅拌对工件的冲击作用，可采用断电加热。

（4）截面尺寸较小的工件，如果对心部强度要求不高，采用快速加热，对控制畸变也有一定的作用。

（5）合理捆扎和吊挂工件。

（6）根据工件的形状，采用合理的淬入方式。

（7）采用分级淬火或等温淬火。

（8）根据工件的形状特点及变形规律，在淬火前人为地使工件反向预变形，使之与淬火后的畸变相抵消。

4. 淬火开裂

导致淬火工件变形或开裂的原因是淬火过程中产生的内应力。淬火内应力按其形成的原因可分为两类：一是热应力，它是在加热和冷却过程中，由于工件各部分间存在温差所造成的热胀冷缩先后不一致而产生的内应力；二是组织应力，这是工件在热处理过程中，因组织转变的不同时性和不一致性而形成的内应力。

由于淬火时马氏体转变伴随着体积变化，当淬火应力超过钢件的强度极限时，在应力集中处将导致开裂。导致开裂的原因如下。

（1）原材料管理混乱，误把高碳钢或高碳合金钢当做低、中碳钢使用，采用水淬。

（2）冷却不当，在 Ms 温度以下快冷，因组织应力大引起开裂。如水－油双介质淬火，在水中停留时间长，淬火油中含有过多水分。

（3）未淬透工件心部硬度为 $36 \sim 45HRC$ 时，在淬硬层与非淬硬层交界处易形成淬火裂纹。

（4）具有最危险淬裂尺寸的工件易形成淬火裂纹，工件全部淬透时有一最危险的淬裂尺寸，其直径（或厚度）是：水淬时为 $8 \sim 15mm$；油淬时为 $25 \sim 40mm$。

（5）严重的表面脱碳易形成网状裂纹，严重脱碳的高碳钢工件，脱碳层马氏体比体积小，受到拉应力作用易形成网状裂纹。

（6）内径较小的深孔工件，内表面冷却较外表面小得多，残余热应力作用小，所受到的残余拉应力较外表面大，内壁易形成平行的纵向裂纹。

（7）淬火加热温度过高，引起晶粒粗化，晶界弱化，钢的脆断强度降低，淬火易开裂。

（8）重复淬火前未经中间退火，过热倾向大，前项淬火的应力未能完全消除，以及多次加热引起表面脱碳，都会促使淬火开裂。

（9）大截面高合金钢工件淬火加热时，未经预热或加热速度过快，加热时的热应力和组织应力增大，引起开裂。

（10）原始组织不良，如高碳钢球化退火质量欠佳，其组织是细片状珠光体或点状珠光体，过热倾向大，晶粒粗化，马氏体碳含量高，淬火开裂倾向大。

（11）原材料有显微裂纹，非金属夹杂物，严重碳化物偏析，淬火开裂倾向增大。

（12）锻造裂纹在淬火时扩大，在普通炉内淬火加热时，开裂的破断面上有黑色的氧化皮，裂纹两侧有脱碳层。

（13）存在过烧裂纹，裂纹多呈网状，晶界有氧化或熔化现象。

（14）淬透性低的钢，用钳子夹持淬火时，被夹持部位淬火冷速慢，有非马氏体组织，钳口位于淬硬层与非淬硬层交界处，其拉应力大，易开裂。

（15）工件的棱角、孔、截面突变及粗加工刀痕等处，因应力集中引起开裂。

（16）高速钢、高铬钢分级淬火，工件未冷至室温，急于清洗（因 Ms 以下快冷）引起开裂。

（17）深冷处理急冷急热形成的热应力和组织应力都比较大，且低温时材料的脆断强度低，易产生淬火开裂。

（18）淬火后未及时回火，工件内部的显微裂纹在淬火应力作用下扩展，形成宏观裂纹。

防止开裂的对策如下。

（1）改进工件结构，截面力求均匀，不同截面处应有圆角过渡，尽量减少不通孔、尖角，避免应力集中引起的开裂。

（2）合理选择钢材，形状复杂易开裂的工件，应选择淬透性高的合金钢制造，以便采用冷速缓慢的淬火介质，减少淬火应力。

（3）原材料应避免显微裂纹及严重的非金属夹杂物和碳化物偏析。

（4）正确进行预先热处理，避免正火、退火组织缺陷。

（5）正确选择加热参数。

（6）合理选用淬火介质和淬火方法。

（7）对工件易开裂部位，如尖角、薄壁、孔等进行局部包扎。

（8）易开裂工件淬火后，应及时回火或带温回火。

变形和开裂不仅与淬火工艺有关，而且与工件的设计和选材、坯料的冶金和锻造质量、预先热处理、冷热加工的配合等均有密切关系。只有综合考虑这几方面的因素，采取相应的措施，才能取得良好的效果。通过合理选材，改进结构设计，协调配合冷热加工，正确制定锻造和预先热处理工艺，合理选择适当的淬火工艺（加热和冷却方式），可有效地控制变形，预防开裂。工件的变形与开裂是淬火操作中一种常见的缺陷。因此，在淬火时最大限度地减小工件的变形和防止开裂，是一个必须注意的重要问题。

三、回火缺陷及对策

（1）回火硬度偏高。产生的原因是回火不足（回火温度低，回火时间不够）。对策：提高回火温度，延长回火时间。

（2）回火硬度低。产生的原因是回火温度过高或淬火组织中有非马氏体组织。对策：降低回火温度；改进淬火工艺，提高淬火硬度。

（3）回火畸变。产生的原因是淬火应力回火时松弛，引起畸变。对策：加压回火或趁热校直。

（4）回火硬度不均。产生的原因是回火炉温不均，装炉量过多，炉气循环不良。对策：炉内应有气流循环风扇或减少装炉量。

（5）回火脆性。产生的原因是在回火脆性区回火；回火后未快冷引起第二类回火脆性。对策：避免在第一类回火脆性区回火；在第二类回火脆性区回火后快冷。补救办法是对在第一类回火脆性区进行回火的工件，按返修规范重新淬火并避开该脆性区进行回火；对因在第二类回火脆性区回火而未快冷的工件，可采用稍高一些的温度进行短时回火并快冷。

（6）网状裂纹。产生的原因是回火加热速度过快，表层产生多向拉应力。对策：采用较缓慢的回火加热速度。

（7）回火开裂。产生的原因是淬火后未及时回火，形成显微裂纹，在回火时裂纹发展至断裂。对策：减少淬火应力，淬火后应及时回火。

（8）表面腐蚀。产生的原因是带有残盐的工件回火前未及时清洗。对策：回火前应及时清洗残盐。

四、退火和正火常见缺陷及其对策

1. 硬度过高（常在中、高碳钢中出现）

产生的原因主要是冷却速度快或等温温度低，组织中的珠光体片间距变细，碳化物弥散度增大或球化不完全；某些高合金钢等温退火时，等温时间不足，随后冷至室温的速度又快，产生部分贝氏体或马氏体转变，使硬度升高；装炉量过大，炉温不均匀。防止措施是严格控制工艺参数，补救措施是重新退火。

2. 球化不完全

组织出现细片状珠光体＋点状珠光体。产生原因是退火温度偏低或保温时间不足，原始组织中的细片状珠光体溶解不完全，或等温温度低、冷却速度快，碳化物弥散度大。组织出现粗片状珠光体＋球状珠光体。这是由于退火温度高或保温时间过长，未溶碳化物少，冷却速度又缓慢或等温温度偏高引起的。补救措施是重新球化退火。

3. 球化不均

过共析钢球化退火后，有时存在粗大的碳化物，出现碳化物不均匀现象。其原因是球化退火前未消除的网状碳化物，在球化退火时发生溶断、聚集形成的。球化退火前，应通过正火消除网状碳化物。

4. 网状碳化物

过共析钢正火冷却速度不够快时，碳化物呈网状或断续网状分布在奥氏体晶界。这种缺陷多发生在截面尺寸较大的工件中。加快冷却速度，可采用鼓风冷却、喷淋水冷等方法。

5. 粗大魏氏组织

加热温度过高，奥氏体晶粒粗大，冷却速度又较快的中碳钢中常出现粗大魏氏组织。其铁素体呈片状，按羽毛或三角形分布在原奥氏体晶粒内。可通过完全退火或重新正火使晶粒细化。

6. 反常组织

先共析铁素体晶界上出现粗大的渗碳体，或在先共析渗碳体周围出现宽铁素体条。含氧量较高的沸腾钢，在 Ar_1 附近冷速过低或在 Ar_1 以下长期保温会出现这种组织。重新退火可以消除。

7. 退火石墨

碳素工具钢和低合金工具钢，退火加热温度过高或保温时间过长，或者多次返修退火，组织中出现石墨碳，并在其周围形成铁素体。具有石墨碳的退火工件，韧性低，断口呈灰黑色，又称黑脆。工件淬火时易形成软点，造成工模具崩刃或早期磨损。一般可作报废处理，也可通过扩散退火＋重新正常退火挽救。

8. 带状组织

亚共析钢中的铁素体和珠光体呈带状交替分布。锻压或轧制时，枝晶偏析沿变形方向呈条状或带状分布。正火冷却过程中，由于冷却速度较慢，先在这些部位形成铁素体，碳被排挤到枝干，形成珠光体。采用鼓风冷却、喷淋水冷等方法，加快正火冷却速度，可减轻带状组织。

第五节　热处理专业现行标准及热处理术语

一、热处理专业现行标准目录（表3-10）

表3-10　热处理专业现行标准目录

序号	标准级别代号	标 准 名 称
1	JB 3999—1985	钢的渗碳与碳氮共渗淬火回火处理
2	JB 4155—1985	气体氮碳共渗工艺
3	JB 4202—1986	钢的锻造余热淬火回火处理
4	JB 4390—1987	高、中温热处理盐浴校正剂
5	JB 4392—1987	有机物水溶性淬火介质性能测试方法
6	JB 4393—1987	聚乙烯醇合成淬火剂技术条件
7	ZB J36 004—1988	钢铁件的火焰淬火回火处理
8	ZB J36 005—1988	钢铁件的感应淬火回火处理
9	ZB J36 006—1988	钢的气体渗氮处理
10	ZB J36 007—1988	热处理用盐
11	ZB J36 008—1988	固体渗碳剂
12	ZB J36 009—1988	钢件感应淬火金相检验
13	ZB J36 010 - 1988	珠光体球墨铸铁零件感应淬火金相检验
14	ZB J36 011—1989	钢铁热浸铝工艺及质量检验
15	ZB J36 012—1989	钢件在吸热式气氛中的热处理
16	ZB J36 013—1989	可控气氛分类及代号
17	ZB J36 014—1989	化学热处理渗剂技术条件
18	ZB J36 015—1990	真空热处理
19	ZB J36 016—1990	中碳钢与中碳合金结构钢马氏体等级
20	ZB/T J36017—1990	不锈钢和耐热钢的热处理
21	ZB/T J36018—1990	盐浴硫氮碳共渗

序号	标准级别代号	标准名称
22	ZB G51108—1990	防渗涂料技术要求
23	JB/T 5069—1991	钢铁零件渗金属层金相检验方法
24	JB/T 5072—1991	热处理保护涂料一般技术要求
25	JB/T 5073—1991	热处理车间空气中有害物质的限值
26	JB/T 5074—1991	低、中碳钢球化体评级
27	JB/T 6048—1992	盐浴热处理
28	JB/T 6049—1992	热处理炉有效加热区的测定
29	JB/T 6050—1992	钢铁热处理零件硬度检验通则
30	JB/T 6051—1992	球墨铸铁热处理工艺及质量检验
31	JB/T 6954—1993	灰铸铁件接触电阻淬火质量检验和评级
32	JB/T 6955—1993	热处理常用淬火介质技术要求
33	JB/T 6956—1993	离子渗氮（代替 JB/Z 214—1984）
34	JB/T 7500—1994	低温化学热处理工艺方法选择通则
35	JB/T 7519—1994	热处理盐浴（钡盐、硝盐）有害固体废物分析方法
36	JB/T 7529—1994	可锻铸铁热处理
37	JB/T 7530—1994	热处理用氩气、氮气、氢气一般技术条件
38	JB/T 4218—1994	硼砂溶盐渗金属(代替 JB/Z 235—1985 和 JB 4218—1986)
39	JB/T 7709—1995	渗硼层显微组织硬度及层深测定方法
40	JB/T 7710—1995	薄层碳氮共渗或薄层渗碳钢件显微组织检测
41	JB/T 7711—1995	灰铸铁件热处理
42	JB/T 7712—1995	高温合金热处理
43	JB/T 7713—1995	高碳高合金钢制冷作模具显微组织检验
44	JB/T 7951—1995	淬火介质冷却性能试验
45	JB/T 4215—1996	渗硼（代替 JB 4215—1986 和 JB 4383—1987）
46	JB/T 8418—1996	粉末渗金属
47	JB/T 8419—1996	热处理工艺材料分类及代号

续表

序号	标准级别代号	标准名称
48	JB/T 8420—1996	热作模具用钢金相检验
49	JB/T 8555—1997	热处理技术要求在零件图样上的表示方法
50	GB 5617—1985	钢的感应淬火或火焰淬火后有效硬化层深度测定
51	GB 7232—1987	金属热处理工艺术语
52	GB 8121—1987	热处理工艺材料名词术语
53	GB 9450—1988	钢件渗碳淬火有效硬化层深度的测定和校核
54	GB 9451—1988	钢件薄表面总硬化层深度或有效硬化层深度的测量方法
55	GB 9452—1988	热处理炉有效加热区的测定方法
56	GB/T 11354—1990	钢铁零件渗氮层深度测定和金相组织检验
57	GB/T 12603—1990	金属热处理工艺分类及代号
58	GB/T 13321—1991	钢铁硬度锉刀检验方法
59	GB/T 13324—1991	热处理设备术语
60	GB/T 15735—1995	金属热处理生产过程安全卫生要求
61	GB/T 15749—1995	定量金相手工测定方法
62	GB/T 16923—1997	钢的正火与退火处理
63	GB/T 16924—1997	钢的淬火与回火处理
64	GB/T 17358—1997	热处理生产电能消耗定额及其计算和测定方法

二、金属热处理工艺术语

（1）热处理。采用适当的方式对金属材料或工件（以下简称工件）进行加热、保温和冷却，以获得预期的组织结构与性能的工艺。

（2）整体热处理。对工件整体进行穿透加热的热处理。

（3）化学热处理。将工件置于适当的活性介质中加热、保温，使一种或几种元素渗入它的表层，以改变其化学成分、组织和性能的热处理。

（4）表面热处理。为改变工件表面的组织和性能，仅对其表面进行热处理的工艺。

（5）局部热处理。仅对工件的某一部位或几个部位进行热处理的工艺。

（6）预备热处理。为了调整原始组织，以保证工件最终热处理或（和）切削加工性能，在最终热处理前预先进行的热处理。

（7）离子热处理。在一定真空度的特定气氛中，利用工件（阴极）和阳极之间等离子体的辉光放电进行热处理的技术。

（8）高能束热处理。利用激光、电子束、等离子弧、感应脉冲、涡流火焰等高功率密度能源加热工件的热处理技术。

（9）真空热处理。在低于 $1 \times 10^5 \mathrm{Pa}$（通常是 $10^{-1} \sim 10^{-3} \mathrm{Pa}$）的环境中加热的热处理工艺。

（10）磁场热处理。为改善某些铁磁性材料的磁性能而在磁场中进行的热处理。

（11）可控气氛热处理。为达到无氧化、无脱碳或按要求增碳，在成分可控的炉气中进行的热处理。

（12）流态床热处理。工件在由气流和悬浮在其中的固体粒子构成的流态层中加热或冷却的热处理工艺。

（13）稳定化处理。为使工件在长期工作的条件下，形状和尺寸变化能够保持在规定范围内的热处理。

（14）形变热处理。将塑性变形和热处理相结合，以提高工件力学性能的复合工艺。

（15）奥氏体化。工件加热至 Ac_3 或 Ac_1 以上，以全部或部分获得奥氏体组织的操作称为奥氏体化。工件进行奥氏体化的保温温度与时间分别称为奥氏体化温度和奥氏体化时间。

（16）马氏体临界冷却速度。工件淬火时可抑制非马氏体转变的冷却速度低限。

（17）炉冷。工件在热处理炉中加热保温后，切断炉子能源，使工件随炉冷却的方式。

（18）等温转变。钢和铸铁奥氏体化后，冷却到 Ar_1 或 Ar_3 以下温度等温保持时向过冷奥氏体发生的转变。过冷奥氏体在不同温度保持时的转变产物量，开始和终止转变点与温度、时间的关系曲线被称作等温转变曲线（TTT 曲线）。

（19）连续冷却转变。奥氏体化后以不同冷却速度连续冷却时，过冷奥氏体发生的转变。过冷奥氏体连续冷却时的开始和终止转变时间、温度及转变产物与冷速间的关系曲线被称作奥氏体连续冷却转变曲线（CCT 曲线）。

（20）退火。工件加热到适当温度，保持一定时间，然后缓慢冷却的热处理工艺。

（21）等温退火。工件加热到高于 Ac_3（或 Ac_1）的温度，保持适当时间后，较快地冷却到珠光体转变温度区间的适当温度并等温保持，使奥氏体转变为珠光体类组织后在空气中冷却的退火。

（22）再结晶退火。经冷塑性变形加工的工件加热到再结晶温度以上，通过再结晶使冷变形过程中产生的晶体学缺陷基本消失，重新形成均匀的等轴晶粒，以消除形变强化效应和残余应力的退火。

（23）中间退火。为消除工件形变强化效应，改善塑性，便于实施后继工序而进行的工序间退火。

（24）均匀化退火。以减少工件化学成分和组织的不均匀程度为主要目的，将其加热到高温并长时间保温，然后缓慢冷却的退火。

（25）稳定化退火。为使工件中微细的显微组成物沉淀或球化的退火。例如某些奥氏体不锈钢在 850℃ 附近进行稳定化退火，沉淀出 TiC、NbC、TaC，以防止耐晶间腐蚀性能的降低。

（26）去应力退火。为去除工件塑性变形加工、切削加工或焊接造成的内应力及铸件内存的残余应力而进行的退火。

（27）完全退火。将工件完全奥氏体化后缓慢冷却，获得接近平衡组织的退火。

（28）不完全退火。将共析钢材或工件加热至铁素体＋奥氏体两相区，保持一定时间，然后缓慢冷却的退火工艺。

（29）球化退火。使钢中碳化物球状化的退火工艺。一般将钢材奥氏体化后，冷却到 Ar_1 温度长时间等温保持才能达到球化效果。

（30）石墨化退火。为使铸铁内莱氏体中的渗碳体或（和）游离渗碳体分解而进行的退火。

（31）正火。将钢铁材料或工件奥氏体化后，保持一定时间，在空气中冷却的热处理工艺。

（32）等温正火。将钢铁材料或工件加热到奥氏体化温度，保持一定时间，快速冷却到珠光体转变温度，等温保持适当时间，然后在空气中冷却的工艺。

（33）淬火。工件加热奥氏体化后，以适当方式冷却获得马氏体或（和）贝氏体组织的热处理工艺。最常见的有水冷淬火、油冷淬火、空冷淬火等。

（34）等温淬火。钢铁件加热奥氏体化后，快冷到贝氏体等温转变区等温，使过冷奥氏体转变为贝氏体的淬火工艺，亦称为贝氏体等温淬火。

（35）分级淬火。钢铁件奥氏体化后先浸入温度稍低于 Ms 点的热浴中保持一定的时间，整体达到热浴温度后取出空冷，以得到马氏体组织的淬火工艺，也称作马氏体分级淬火。

（36）亚温淬火。亚共析钢在 $Ac_1 \sim Ac_3$ 温度区奥氏体化后淬火冷却，获得马氏体和铁素体组织的淬火工艺。

（37）表面淬火。仅对工件表层进行的淬火。其中包括感应淬火、接触电阻加热淬火、火焰淬火、激光淬火、电子束淬火等。

（38）热浴淬火。工件在熔盐、熔碱、熔融金属或高温油等热浴中进行的淬火冷却。如盐浴淬火、铅浴淬火、碱浴淬火等。

（39）贝氏体等温淬火。工件加热奥氏体化后快冷到贝氏体转变温度区间等温保持，使奥氏体转变为贝氏体的淬火。

（40）感应淬火。利用感应电流通过工件所产生的热量，使工件表层、局部或整体加热并快速冷却的淬火。

（41）形变淬火。工件热加工成形后由高温淬冷的淬火。常用的是锻造余热淬火。

（42）冷处理。工件淬火冷却到室温后，继续在一般制冷设备或低温介质中冷却的工艺。

（43）深冷处理。工件淬火后继续在液氮或液氮蒸气中冷却的工艺。

（44）淬硬性。以钢在理想条件下淬火所能达到的最高硬度来表征的材料特征。

（45）淬透性。以在规定条件下钢试样淬硬深度和硬度分布表征的材料特性。

（46）有效淬硬深度。从淬硬的工件表面量至规定硬度值（550HV）的垂直距离。

（47）临界直径。钢制圆柱试样在某种介质中淬冷后，中心得到全部马氏体或50%马氏体组织的最大直径，以 d_0 表示。

（48）淬火冷却介质。工件淬火冷却使用的介质。常用的有水、盐、碱、有机聚合物水溶液、油、熔盐、流态床、空气、氢、氮和惰性气体。

（49）淬火冷却烈度。是淬冷介质冷却能力的标准指标。Grossman 为其下的定义是被淬冷物体与淬冷介质之间、单位温度差（$t_2 - t_1$）、单位表面积 F、单位时间 τ、传导出的热量 Q 被物体材料热导率 λ 所除得的商，一般以符号 H 表示，即

$$H = \frac{Q}{(t_2 - t_1)\, F \cdot \tau \cdot \lambda}$$

（50）端淬试验。将标准端淬试样（$\phi25mm \times 100mm$）奥氏体化后，在专用试验机上对其下端平面喷水冷却，然后沿试样圆柱表面轴向磨平带上测出硬度和至水冷端距离的关系曲线。此曲线称作端淬曲线，该试验方法称作端淬试验。

（51）索氏体化处理。高强度钢丝或钢带制造中的一种特殊热处理方法。其工艺过程是将中碳钢或高碳钢线材或带材加热奥氏体化后，在 Ac_1 以下适当温度（约 $500℃$）的热浴中等温或在强制流动的气流中冷却，以获得索氏体或以索氏体为主的组织，这种组织适宜冷拔，冷拔后可获得优异的强韧性配合。可分为铅浴索氏体化处理、盐浴索氏体化处理、风冷索氏体化处理和流态床索氏体化处理等多种。

（52）表面熔凝处理。用激光、电子束等快速加热，使工件表层熔化后通过自冷迅速凝固的工艺。

（53）回火。工件淬硬后加热到 Ac_1 以下的某一温度，保温一定时间，然后冷却到室温的热处理工艺。

（54）自回火。利用局部或表层淬硬工件内部的余热使淬硬部分回火。

（55）真空回火。工件在真空炉中先抽到一定真空度，然后充惰性气体的回火。

（56）低温回火。工件在 $250℃$ 以下进行的回火。

（57）中温回火。工件在 $250 \sim 500℃$ 进行的回火。

（58）高温回火。工件在 $500℃$ 以上进行的回火。

（59）二次硬化。一些高合金钢在一次或多次回火后硬度上升的现象。这种硬化现象是由于碳化物弥散析出和（或）残留奥氏体转变为马氏体或贝氏体所致。

（60）沉淀硬化。在过饱和固溶体中形成溶质原子偏聚区和（或）析出弥散分布的过剩相而使合金硬化。

（61）调质。工件淬火并高温回火的复合热处理工艺。

（62）固溶处理。工件加热至适当温度并保温，使过剩相充分溶解，然后快速冷却以获得过饱和固溶体的热处理工艺。

（63）水韧处理。为改善某些奥氏体钢的组织以提高材料韧度，将工件加热到高温使过剩相溶解，然后水冷的热处理。例如高锰钢（Mn13）加热到 1000～1100℃保温后水冷，以消除沿晶界或滑移带析出的碳化物，从而得到高韧度和高耐磨性。

（64）沉淀硬化。在过饱和固溶体中形成溶质原子偏聚区和（或）析出弥散分布的强化相而使金属硬化的热处理。

（65）弥散相。从过饱和固溶体中析出或在化学热处理渗层中形成的细小、弥散分布的固相。

（66）时效处理。工件经固溶处理或淬火后在室温或高于室温的适当温度保温，以达到沉淀硬化的目的。在室温下进行的称自然时效，在高于室温下进行的称人工时效。

（67）回归。某些经固溶处理的铝合金自然时效硬化后，在低于固溶处理的温度（120～180℃）短时间加热后，力学性能恢复到固溶热处理状态的现象。

（68）形变时效。铝合金、铜合金冷塑性加工与时效相结合的复合处理。

三、化学热处理术语

（1）渗碳。为提高工件表层的含碳量并在其中形成一定的碳含量梯度，将工件在渗碳介质中加热、保温，使碳原子渗入的化学热处理工艺。

（2）离子渗碳。在低于 1×10^5 Pa（通常是 $10\sim10^{-1}$ Pa）的渗碳气氛中，利用工件（阴件）和阳极之间产生的辉光放电进行的渗碳。

（3）真空渗碳。在低于 1×10^5 Pa（通常是 $10\sim10^{-1}$ Pa）的条件下于渗碳气氛中进行的渗碳。

（4）复碳。钢件因某种原因脱碳时，为恢复到初始含碳量而进行的表面增碳处理。

（5）碳势。表征含碳气氛在一定温度下改变钢件表面含碳量能力的参数。通常用低碳钢箔在含碳气氛中的平衡含碳量量化。

（6）露点。气氛中水蒸气开始凝结的温度，和水气含量成反比关系。气氛中水气愈多，露点愈低。靠控制气氛露点（水分）可达到控制碳势的目的。

（7）强渗期。在渗碳气氛的高碳势条件下进行钢件渗碳，使钢表面迅速达到高的碳浓度的阶段。

（8）扩散期。降低炉气碳势，使在强渗期获得高碳浓度的钢件表面的碳向内部扩散，表面碳浓度适当降低的渗碳阶段。

（9）载气。通入密封渗碳炉中，排除炉中空气，并在炉中形成正压，在添加少量渗碳气体（富化气）条件下便可施行钢件渗碳的气体，或可认为是渗碳活性组分的运载气体。

（10）富化气。为提高炉气碳势而添加的富碳气体。

（11）渗氮、氮化。在一定温度下，于一定介质中使氮原子渗入工件表层的化学热处理工艺。

（12）液体渗氮。在含渗氮剂的熔盐中进行渗氮的工艺。

（13）气体渗氮。在可提供活性氮原子的气体中进行渗氮的工艺。

（14）退氮。为了从渗氮件表层除去过多的氮而进行的工艺过程。

（15）渗氮化合物层。渗氮件表层以 $\varepsilon - Fe_{(2\sim3)}N$ 为主的、在金相显微镜下呈白色的化合物层，也呈白亮层。

（16）氨分解率。气体渗氮时，通入炉中的氨分解为氢和活性氮原子的程度，一般以百分比值来表示。在一定的渗氮温度下，氨分解率与供氨量有关。供氨愈多，分解率愈低，钢件表面氮浓度愈高。供氨量固定时，温度愈高，分解率愈大。氨分解率是气体渗氮的重要工艺参数。

（17）碳氮共渗。在奥氏体状态下，同时将碳、氮渗入工件表层，并以渗碳为主的化学热处理工艺。

（18）氮碳共渗、软氮化。在铁素体状态下，同时将氮、碳渗入钢件表层，并以渗氮为主的化学热处理工艺，也称作软氮化。在气体介质中进行的称气体氮碳共渗，在盐浴中进行的称液体氮碳共渗。

（19）硫氮共渗。在铁素体状态下，同时把硫、氮渗入钢件表层的化学热处理工艺。

（20）氧氮共渗。在铁素体状态下，介质中添加氧（或空气、水分）的渗氮工艺。

（21）发蓝处理、发黑。工件在空气－水蒸气或化学药物的溶液中，在室温或加热到适当温度，在工件表面形成一层蓝色或黑色氧化膜，以改善其耐蚀性和外观的表面处理工艺。

（22）吸热式气氛。将气体燃料和空气以一定比例混合，在一定的温度和催化剂的作用下，通过吸热反应裂解生成的气氛。可燃、易爆，具有还原性。一般用作钢的无脱碳加热介质或渗碳时的载气。

（23）放热式气氛。将气体燃料和空气以接近完全燃烧的比例混合，通过燃烧、冷却、除尘等过程而制备的气氛。根据 H_2、CO 的含量可分为浓型和淡型两种。浓型可燃易爆，可作为退火、正火和淬火时的无氧化微脱碳加热保护气氛。淡型不可燃，不易爆，可作为无氧化加热保护气氛和使用吸热式气氛时的排除炉中空气的置换气氛。

（24）放热－吸热式气氛。用吸热式气氛发生器原理制备，吸热式气氛的热源是放热式的燃烧。燃烧产物添加少量燃料再进行吸热式反应。这种气氛可兼有吸热和放热两种气氛的用途，制备成本低，节能。

（25）滴注式气氛。把含碳有机液体（一般用甲醇）定量滴入加热到一定温度、密封良好的炉内，在炉内裂解形成的气氛。甲醇裂解气可用作渗碳载气，添加乙酸乙酯、丙酮、异丙醇、煤油等可提高碳势，作为渗碳气氛。

（26）氮基气氛。一般指含氮在90%以上的混合气体。精净化放热式气氛、氨燃烧净化气氛、空气液化分馏氮气、用碳分子筛常温空气分离制氮和薄膜空分制氮的气氛都属此类。目前，后两种气氛使用较多。氮基气氛，即使是高纯氮也含微量氧，直接使用，不能使钢获得无氧化加热效果，一般需添加少量的甲醇。氮基气氛可用作金属无氧化加热保护气氛，也可用作渗碳载气。

（27）合成气氛。把纯氮和甲醇裂解气按一定比例混合，可视作吸热式气氛而作为渗碳载气，即合成气氛。碳分子筛和薄膜空分制氮法问世后，配制合成气氛被认为是一种价廉和节能的可控气氛制备方法。尤其在我国，采用合成气氛是解决制备可控气氛气源的一条主要出路。

（28）直生式气氛。将气体燃料和空气按吸热式气氛的比例配好，直接通入渗碳炉中，在炉内裂解成所需成分的气氛。利用氧探头和微处理机以及碳势控制系统，可以实现这种气氛的碳势精确控制。采用直生式气氛省略了气体发生炉，节能。

（29）渗硼。将硼渗入工件表层的化学热处理工艺，包括用粉末或颗粒状的渗硼介质进行的固体渗硼，用熔融渗硼介质进行的液体渗硼，在电解的熔融渗硼介质中进行的电解渗硼，用气体渗硼介质进行的气体渗硼。

（30）渗硅。将硅渗入工件表层的化学热处理工艺。包括用粉末渗硅介质进行的固体渗硅，用气体渗硅介质进行的气体渗硅。

（31）渗硫。将硫渗入工件表层的化学热处理工艺。

（32）渗金属。工件在含有被渗金属元素的渗剂中加热到适当温度并保温，使这些元素渗入表层的化学热处理工艺。包括渗铝、渗铬、渗锌、渗钛、渗钒、渗钨、渗锰、渗锑、渗铍和渗镍等。

（33）离子渗金属。工件在含有被渗金属的等离子场中加热到较高温度，金属原子以较高速率在表面沉积并向内部扩散的工艺。

（34）多元共渗。将两种或多种元素同时渗入工件表层的化学热处理工艺。

（35）化学气相沉积。通过在气相介质中的高温化学反应在工件表面形成化合物薄层的工艺。

（36）物理气相沉积。在真空加热条件下，利用元素蒸发、辉光放电、弧光放电、离子溅射等物理方法提供活性原子、离子，使在工件表面沉积特种性能化合物层的工艺。

四、金属组织术语

（1）相。指金属组织中化学成分、晶体结构和物理性能相同的组分，包括固溶体、金属化合物及纯物质。

（2）组织。泛指用金相观察方法看到的，由形态、尺寸不同和分布形式不同的一种或多种相构成的总体，以及各种材料缺陷和损伤。

（3）宏观组织（低倍组织）。金属试样的磨面经适当处理后用肉眼或借助放大镜观察到的组织。

（4）显微组织。将用适当方法（如侵蚀）处理后的金属试样的磨面或其复型或用适当方法制成的薄膜置于光学显微镜或电子显微镜下观察到的组织。

（5）晶粒。多晶体材料内以晶界分开、晶体学位向基本相同的小晶体。

（6）晶界。多晶体材料中相邻晶粒的界面。相邻晶粒晶体学位向差小于10°的晶界称为小角晶界；相邻晶粒晶体学位向差较大的晶界称为大角晶界。

（7）相界面。相邻两种相的分界面。两相的点阵在跨越界面处完全匹配者称为共格界面，部分匹配者称为半共格界面，基本不匹配者称为非共格界面。

（8）亚晶粒。晶粒内相互间晶体学位向差很小（小于 $2° \sim 3°$）的小晶块。亚晶粒之间的界面称为亚晶界。

（9）晶粒度。意指多晶体内晶粒的大小。可用晶粒号、晶粒平均直径、单位面积或单位体积内的晶粒数目定量表征。

（10）晶粒度等级。由美国材料试验协会（ASTM）制定，并被世界各国采用的一种表达晶粒大小的编号。晶粒度等级 N 与放大 100 倍视野上每平方英寸内的晶粒度 n 之间的关系为 $n = 2^{N-1}$。实际检验时，一般采用把放大 100 倍的组织与标准晶粒度等级图片相比较来判定。

（11）树枝组织。金属铸件中呈树枝状的晶体（晶粒）。

（12）共晶组织。金属凝固时，由液相同时析出，紧密相邻的两种或多种固体构成的铸态组织。

（13）共析组织。固态金属自高温冷却时，从同一母相中同时析出，紧密相邻的两种或多种不同的相构成的组织。

（14）针状组织。含有一种（或多种）针状相的组织。

（15）片层状组织。两种或多种薄层状相交替重叠形成的共晶组织、共析组织及其他组织。

（16）α - 铁。在 921℃ 以下稳定存在，晶体结构为体心立方的纯铁。

（17）γ - 铁。在 921 ~ 1390℃ 稳定存在，晶体结构为面心立方的纯铁。

（18）铁素体。α - 铁中溶入一种或多种溶质元素构成的固溶体。

（19）奥氏体。γ - 铁中溶入碳和（或）其他元素构成的固溶体。

（20）渗碳体。晶体结构属于正交系，化学式为 Fe_3C 的金属化合物。是钢和铸铁中常见的固相。

（21）碳化物。钢铁中碳与一种或数种金属元素构成的金属化合物的总称。两种金属元素与碳构成的化合物称为三元碳化物或复合碳化物，如（Fe，Cr）$_3$C、（Cr、Fe）$_7$C$_3$ 等。三种或更多种金属元素与碳构成的化合物（Fe、Mn、W、V）$_3$C 等只能被称为复合碳化物。

（22）珠光体。铁素体薄层（片）与碳化物（包括渗碳体）薄层（片）交替重叠组成的共析组织。

（23）珠光体领域。铁素体、碳化物薄片位向大致相同的一个珠光体团所占的空间。

（24）索氏体。在光学金相显微镜下放大 600 倍以上才能分辨片层的细珠光体。

（25）托氏体（屈氏体）。在光学金相显微镜下已无法分辨片层的极细珠光体。

（26）马氏体。钢铁或非铁金属中通过无扩散共格切变转变（马氏体转变）形成的产物统称马氏体。钢铁中马氏体转变的母相是奥氏体，由此形成的马氏体化学成分与奥氏体相同，晶体结构为体心正方，可被看做是过饱和 α 固溶体。主要形态是板条状和片状。

（27）莱氏体。铸铁或高碳高合金钢中由奥氏体（或其转变的产物）与碳化物（包括渗碳体）组成的共晶组织。

（28）石墨。碳的一种同素异构体，晶体结构属于六方系，是铸铁中常出现的固相。其空间形态有片状、球状、团絮状、蠕虫状等。

（29）脱溶物。过饱和固溶体中形成的溶质原子偏聚区（如铝铜合金中的 GP 区）或化学成分及晶体结构与之不同的析出相（例如铝铜合金人工时效时形成的 CuAl$_2$）。

（30）弥散相。从过饱和固溶体中析出或在化学热处理渗层中形成以及在其他生产条件下形成的细小、弥散分布的固相。

（31）贝氏体。钢铁奥氏体化后，过冷到珠光体转变温度区与 *Ms* 之间的中温区等温，或连续冷却通过这个中温区时形成的组织。这种组织由过饱和 α - 固溶体和碳化物组成。

（32）上贝氏体。在较高的温度范围内形成的贝氏体。其典型形态是以大致平行、碳轻微过饱和的铁素体板条为主体，短棒状或短片状碳化物分布于板条之间。在含硅、铝的合金钢中，碳化物全部或部分被残留奥氏体所取代。

（33）下贝氏体。在较低温度范围内形成的贝氏体。其主体是双凸透镜片状碳过饱和铁素体，片中分布着与片的纵向轴呈 $55° \sim 65°$ 角平行排列的碳化物。

（34）残留奥氏体。工件淬火冷却至室温后残存的奥氏体。

（35）过冷奥氏体。在临界点以下存在且不稳定的、将要发生转变的奥氏体。

（36）组织组分。金属显微组织中具有同样特征的部分。例如退火态亚共析钢中的铁素体、珠光体。

（37）魏氏组织。组织组分之一呈片状或针状，沿母相特定晶面析出的显微组织。

（38）带状组织。金属材料中两种组织组分呈条带状沿热变形方向大致平行交替排列的组织。例如钢材中的铁素体带 – 珠光体带，珠光体带 – 渗碳体带等。

（39）粒状珠光体。碳化物呈颗粒状弥散分布于铁素体基体中的珠光体。

（40）亚组织（亚结构）。只有借助电子显微镜才能观察到的组织结构，例如位错、层错、微细孪晶、亚晶粒等。

（41）位错。晶体中原子的排列在一定范围内发生有规律错动的一种特殊结构组态，是晶体中常见的一维缺陷（线缺陷）。在透射电子显微镜下，金属薄膜试样的衍衬像中表现为弯曲的线条。

（42）层错。面心立方、密排六方、体心立方等常见金属晶体中，密排晶面堆垛层次局部发生错误而形成的二维晶体学缺陷（面缺陷）。在透射电子显微镜下的金属薄膜试样衍衬像中表现为若干平直干涉条纹组成的带。

（43）位错塞积。滑动中的位错列在领先位错受阻时形成塞积的现象，在透射电子显微镜下，金属薄膜试样衍衬像中表现为接近平行排列的短弧线。

（44）空位。晶体结构中原子空缺的位置。属于零维晶体学缺陷。

（45）织构。金属中诸晶粒晶体学位向接近一致的组织。

（46）二次马氏体。工件回火冷却过程中残留奥氏体发生转变形成的马氏体。

五、热处理缺陷术语

（1）脱碳。加热过程中，介质与钢铁中的碳发生反应和碳从内部往表面的自扩散，使工件表面含碳量降低的现象。

（2）氧化。工件加热时，介质中的氧、二氧化碳和水蒸气与其表面反应生成氧化物的过程。

（3）内氧化。热处理过程中，介质中反应生成的氧沿工件表层的晶界扩散，发生晶界合金元素氧化的过程。

（4）淬火冷却开裂。淬火冷却时工件中产生的内应力超过材料断裂强度，在工件上形成裂纹的现象。

（5）淬火冷却畸变。工件原始尺寸或形状于淬火冷却时发生的人们所不希望的变化。

（6）淬火冷却应力。工件淬火冷却时，因不同部位出现瞬间温差及组织转变不同步而产生的内应力。

（7）热应力。工件加热和（或）冷却时，由于不同部位出现温差而导致热胀和（或）冷缩不均所产生的应力。

（8）相变应力（组织应力）。热处理过程中，因工件不同部位组织转变不同步而产生的内应力。

（9）残留应力。工件在各部位已无温差且不受外力作用的条件下存留下来的内应力。

（10）软点。工件淬火硬化后，表面硬度偏低的局部小区域。

（11）过烧。工件加热温度过高，致使晶界氧化和部分熔化的现象。

（12）过热。工件加热温度偏高而使晶粒过度长大，以致力学性能显著降低的现象。

（13）白点。工件中的氢呈气态析出引起的一种缺陷。在纵向断口上表现为接近圆形或椭圆形的银白色斑点；在侵蚀后的宏观磨片上表现为发裂。

（14）黑色组织。含铬、锰、硅等合金元素的渗碳工件渗碳淬火后可能出现的缺陷组织，在光学金相显微镜下呈断续的黑色网，是内氧化的结果。

（15）网状碳化物组织。渗碳介质活性过强，渗碳阶段温度偏高，扩散阶段温度偏低或渗碳时间偏长，致使工件表层中的碳化物沿奥氏体晶界呈网状析出而形成的缺陷组织。

（16）σ 相脆性。高铬合金钢因析出 σ 相而引起的脆化现象。

（17）回火脆性。淬火钢在一定温度区域回火和回火后缓慢冷却产生的脆性现象。

（18）不可逆回火脆性（第一类回火脆性）。工件淬火后在 350℃ 左右回火时产生的回火脆性。

（19）淬冷畸变。工件原始尺寸和形状在淬火冷却时发生的变化。

（20）氢脆。工件因吸氢或原材料含氢过高而导致的韧度和延时断裂强度降低的现象。

（21）残留应力。工件在常温自由状态下内部存在的应力。

第四章

渗碳钢及其热处理

　　将工件放入渗碳介质中，在 900~950℃加热保温，使活性碳原子渗入钢件表面并获得渗碳层的化学热处理工艺方法称为渗碳。渗碳的目的是在低碳钢或低碳合金钢零件的表面得到高的含碳量，其后经淬火－低温回火得到高的硬度和耐磨性的渗碳层，而零件的心部具有高的强韧性。因此，渗碳工艺的特点总是把低碳钢或低碳合金钢零件置于具有增碳能力、含活性碳原子介质（渗碳剂）中加热、保温，使活性碳原子渗入零件表面，并在碳浓度梯度的作用下，碳原子由表向里扩散，形成要求厚度和碳浓度的扩散层即渗碳层。对多数中、小型零件来说，渗碳层深度一般为 0.7~1.5mm，碳的质量分数为 0.7%~0.9%。

　　按照渗碳介质的状态，一般渗碳工艺分为气体渗碳、液体渗碳和固体渗碳三类，当前大量运用的为气体渗碳。渗碳只能提高零件表面的含碳量，要使其具有高硬度和耐磨性，以及零件心部具有高的强韧性，零件在渗碳之后必须进行淬火和低温回火，使零件表面（层）为高碳回火马氏体组织，心部为低碳回火马氏体组织。因此，实现渗碳强化零件的目的，必须正确地完成渗碳、淬火和低温回火的一组热处理工艺。

第一节　常用渗碳钢

一、渗碳钢的化学成分特点

　　渗碳钢的含碳量一般都在 0.15%~0.25% 范围内，对于重载的零部件，可以提高到 0.25% ~ 0.30%，以使心部在淬火及低温回火后仍具有足够的塑性和韧性，含碳量低是为了保证零件心部具有高的或较高的韧性。但含碳量不能太低，否则就不能保证一定的强度。为了提高钢的力学性能和淬透性以及其他热处理性能，在渗碳钢中通常加入的合金元素有 Mn、Cr、Ni、Mo、W、V、B 等。合金元素在渗碳钢中的作用是提高淬透性，细化晶粒，强化固溶体，影响渗层中的含碳量、渗层厚度及组织，利于大型零件实现渗碳后的淬火强化，即淬火渗碳零件的表层和心部均可获得马氏体组织，具有良好的综合力学性能，即表面具有高的硬度、耐磨性和接触疲劳强度，而心部具有高的强韧性。此外，钢的高淬透性，还有利于零件淬火时选择较低冷却能力的淬火介质，或采用等温淬火和分级淬火方法，因而可在保证淬火质量的同时减小零件的淬火变形。此外，钢中添加形成稳定碳化物的合金元素，如 V、Ti、W 等，使钢在渗碳温度下长时间渗碳时奥氏体晶粒不易长大。细小的晶粒，有利于零件渗碳后采用直接淬火法，既节约渗碳后重新加热淬火的能量，又可缩短生产周期、提高生产率和产品的热处理质量。

应当指出，钢中添加形成碳化物的合金元素，如 Cr、Mo 等，易使渗碳层的碳浓度偏高，形成网状或块状碳化物，增大渗碳层的脆性，应采用正确的渗碳工艺加以预防，例如，气体渗碳时采用较低碳势的渗碳气氛。含 B 钢种价格较低，淬透性较好，但是，淬火变形较大和淬火变形的规律性较差，难以控制。

渗碳零件多数是比较重要的零件，要求力学性能和可靠性较高，例如，汽车、拖拉机的齿轮和活塞销，船舶、轧钢机和矿山机械的大型重载齿轮或高速重载齿轮，高强韧性轴承和凿岩机的活塞等。因此，渗碳钢对钢材的冶金质量和化学成分等的要求较高，绝大部分渗碳钢属于优质钢或高级优质钢（GB/T 699—1999《优质碳素结构钢》、GB/T 3077—1999《合金结构钢》），该成分特点之一是杂质含量低；优质钢中磷、硫的质量分数均小于或等于 0.04%，高级优质钢中磷、硫的质量分数均小于或等于 0.03%。渗碳齿轮用钢冶金质量的要求见表 4-1。

表 4-1　齿轮用渗碳钢的冶金质量的要求

项目名称	检验标准	技术要求		
非金属夹杂物	GB/T 10561—1989《钢中非金属夹杂物显微评定》"钢中非金属夹杂物评级图"	合金钢按 GB/T 3077—1999 规定		
		氧化物 ≤3 级	硫化物 ≤3 级	氧化物 + 硫化物 ≤5.5 级
带状组织	GB/T 13299—1991《钢的显微组织、游离渗碳体、魏氏组织带状组织评定法》	齿轮渗碳钢要求不大于 3 级		
晶粒度	YB 5148—1993《金属平均晶粒度测定》	通常要求钢的晶粒度不小于 6 级		

二、常用渗碳钢的分类

常用渗碳钢按强度级别或淬透性大小可分为三类。

1. 低强度渗碳钢

这类钢中合金元素总含量在 2.5% 以下，淬透性和强度都较低，一般油淬临界直径为 10~30mm，抗拉强度在 800~1000MPa 之间。常用的渗碳钢有 15、20、20Mn、20Mn2、20MnV、20Cr、20CrV 等。由于这类钢淬透性低，所以只适用于对心部强度要求不高、受力小、承受磨损的小型零件，如轴套、链条等。

2. 中强度渗碳钢

这类钢中合金元素总含量在 2%~5%，油淬临界直径为 20~50mm，抗拉强度在 1000~1200MPa 之间。常用的渗碳钢有 20CrMnTi、20Mn2TiB、20SiMnVB、20MnVB、20MnTiB 等。这类钢的淬透性与心部强度均较高，可用于制造尺寸较大、承受中等载荷，一般机器中较为重要的耐磨损零件，如汽车、拖拉机上的齿轮、轴及活塞销等。

3. 高强度渗碳钢

这类钢中合金元素总含量大于5%，具有很高的强韧度和淬透性，抗拉强度高达 1100 ～ 1300MPa，油淬临界直径为 50 ～ 100mm。常用的渗碳钢有12Cr2Ni4A、18Cr2Ni4WA、15CrMn2SiMo 等。由于具有很高的淬透性，心部强度很高，因此，这类钢可用于制造截面较大的重负荷的渗碳件，如航空发动机齿轮、轴、坦克齿轮等。

常用渗碳钢的化学成分见表4-2。

三、常用渗碳钢的牌号、标准、主要性能和用途（表4-3）

四、选用渗碳钢的基本原则

被选用渗碳钢的冶金质量和化学成分，必须满足渗碳零件使用条件对性能的要求，常用渗碳零件要求的是综合力学性能，特殊条件下使用的零件还会对材料的物理化学性能提出附加要求。例如，在腐蚀介质中使用的零件，除要求足够的强韧性和耐磨性外，还要求必要的抗蚀性。此外，选用材料的工艺性能，必须满足零件制造工艺的要求，以及材料的来源广泛和价格较低等，才能保证零件使用寿命长，运行安全可靠，制造工艺简便和价格较低。一般说来，从以下几方面考虑材料的选择。

1. 钢的力学性能

主要是钢的强韧性应满足渗碳零件心部的力学性能要求。要求强韧性高的渗碳零件在渗碳淬火后，其心部应具有低碳马氏体组织，这就要求钢的淬透性必须与零件的尺寸相匹配。即零件的尺寸越大，要求钢的淬透性越高。例如，常见的中小尺寸的汽车和拖拉机的齿轮，多用 20CrMnTi 和 20CrMoTi 合金钢制造；而大型重载或重载高速齿轮，如船用变速箱齿轮和轧钢机变速齿轮，宜选用 18Cr2Ni4WA 高合金渗碳钢制造，因钢的合金元素含量多，钢的淬透性好，此外，钢的强度也较高。若渗碳零件在使用中承

表 4－2　常用渗碳钢的化学成分

钢号	C	Si	Mn	P	S	Cr	Ni	Mo	其他
15*	0.12~0.19	0.17~0.37	0.35~0.65	≤0.040	≤0.040	≤0.25	≤0.25		
20	0.17~0.24	0.17~0.37	0.35~0.65	≤0.040	≤0.040	≤0.25	≤0.25		
15Mn2	0.12~0.18	0.20~0.40	2.00~2.40	≤0.040	≤0.040	≤0.35	≤0.35		
20Mn2	0.17~0.24	0.20~0.40	1.40~1.80	≤0.040	≤0.040	≤0.35	≤0.35		
20MnV	0.17~0.24	0.20~0.40	1.30~1.60	≤0.040	≤0.040	≤0.35	≤0.35		V0.07~0.12
20SiMn2MoV	0.17~0.23	0.90~1.20	2.20~2.60	≤0.040	≤0.040	≤0.35	≤0.35	0.30~0.40	V0.05~0.12
16SiMn2WV	0.13~0.19	0.50~0.80	2.20~2.60	≤0.040	≤0.040	≤0.35	≤0.35		W0.40~0.80
20Mn2B	0.17~0.24	0.20~0.40	1.50~1.80	≤0.040	≤0.040	≤0.35	≤0.35		B0.001~0.004
20MnTiB	0.17~0.24	0.20~0.40	1.30~1.60	≤0.040	≤0.040	≤0.35	≤0.35		Ti0.06~0.12 B0.001~0.004
25MnTiB	0.22~0.28	0.20~0.40	1.30~1.60	≤0.040	≤0.040	≤0.35	≤0.35		Ti0.06~0.12 B0.001~0.004
20Mn2TiB	0.17~0.24	0.20~0.40	1.50~1.80	≤0.040	≤0.040	≤0.35	≤0.35		Ti0.06~0.12 B0.001~0.004
20MnVB	0.17~0.24	0.20~0.40	1.20~1.60	≤0.040	≤0.040	≤0.35	≤0.35		V0.07~0.12 B0.001~0.004
20SiMnVB	0.17~0.24	0.50~0.80	1.30~1.60	≤0.040	≤0.040	≤0.35	≤0.35		V0.07~0.12 B0.001~0.004
15CrMn	0.12~0.18	0.20~0.40	1.10~1.40	≤0.040	≤0.040	1.30~1.60	≤0.35		

续表

钢号	C	Si	Mn	P	S	Cr	Ni	Mo	其他
20CrMn	0.17~0.24	0.20~0.40	0.90~1.20	≤0.040	≤0.040	0.90~1.20	≤0.35		
20CrV	0.17~0.24	0.20~0.40	0.50~0.80	≤0.040	≤0.040	0.80~1.10	≤0.35		V0.10~0.20
20CrMnTi	0.17~0.24	0.20~0.40	0.80~1.10	≤0.040	≤0.040	1.00~1.30	≤0.35		Ti0.06~0.12
30CrMnTi	0.24~0.32	0.20~0.40	0.80~1.10	≤0.040	≤0.040	1.00~1.30	≤0.35		Ti0.06~0.12
20CrMo	0.17~0.24	0.20~0.40	0.40~0.70	≤0.040	≤0.040	0.80~1.10	≤0.35	0.15~0.25	
15CrMnMo	0.12~0.18	0.20~0.40	0.90~1.20	≤0.040	≤0.040	0.90~1.20	≤0.35	0.20~0.30	
20CrMnMo	0.17~0.24	0.20~0.40	0.90~1.20	≤0.040	≤0.040	1.10~1.40	≤0.35	0.20~0.30	
15Cr	0.12~0.18	0.20~0.40	0.40~0.70	≤0.040	≤0.040	0.70~1.00	≤0.35		
20Cr	0.17~0.24	0.20~0.40	0.50~0.80	≤0.040	≤0.040	0.70~1.00	≤0.35		
20CrNi	0.17~0.24	0.20~0.40	0.40~0.70	≤0.040	≤0.040	0.45~0.75	1.00~1.40		
12CrNi2	0.10~0.17	0.20~0.40	0.30~0.60	≤0.040	≤0.040	0.60~0.90	1.50~2.00		
12CrNi3	0.10~0.17	0.20~0.40	0.30~0.60	≤0.040	≤0.040	0.60~0.90	2.75~3.25		
12Cr2Ni4	0.10~0.17	0.20~0.40	0.30~0.60	≤0.040	≤0.040	1.25~1.75	3.25~3.75		
20Cr2Ni4	0.17~0.24	0.20~0.40	0.30~0.60	≤0.040	≤0.040	1.25~1.75	3.25~3.75		
18Cr2Ni4W	0.13~0.19	0.20~0.40	0.30~0.60	≤0.040	≤0.040	1.35~1.65	4.00~4.50		W0.80~1.20

表 4 – 3　常用渗碳钢的牌号、标准、主要性能和用途

牌号	标　准	主要性能和用途
Q215—BF Q235—BF	GB/T 700—1988	冲压性能优良，用于冲压成形，要求强度较低的渗碳和碳氮共渗的零件，如纺织机械的钢令、缝纫机的摆梭和梭心等
15 20	GB/T 699—1999	冲压性能和韧性优良或良好。用于制造要求强度较低的小型轻工机械零件和渗碳齿轮
15Mn	GB/T 699—1999	钢的淬透性高于 15、20 钢，渗碳淬火零件的心部可获得高的或较高的强韧性，铬钢可用于要求强韧性较高的汽车、拖拉机齿轮，尤其是小型齿轮、活塞销等。锰钢常用于小型万向节滚针轴承套圈。该钢在渗碳中易过热
15Cr 20Cr	GB/T 3077—1999	
20CrMn 20CrMo	GB/T 3077—1999	钢的淬透性优于铬钢和锰钢，较大渗碳淬火零件也可获得高的综合力学性能，用于性能要求较高、尺寸较大的重要零件，如汽车驱动桥的齿轮
20CrMnTi 20CrMnMo	GB/T 3077—1999	钢中加入少量的 Ti 和 Mo（Ti 的质量分数 0.04% ~ 0.10%、Mo ≤ 0.30%），可使钢在渗碳时不易发生过热，一般可获得 5 级以上的晶粒度。渗碳后直接淬火可获得好的力学性能，尤其是韧性，可用作重要的渗碳零件和汽车齿轮。20CrMnMo 钢的韧性略低于铬镍渗碳钢，但价格较低，属于 Ni – Cr 钢的代用品
12CrNi2 12CrNi3 20Cr2Ni3 20Cr2Ni4 20CrNiMo 18Cr2Ni4WA	GB/T 3077—1999	由于钢中加入较多的 Cr 和 Ni，因而这类钢具有高的淬透性和力学性能。Cr、Ni 含量越高的钢淬透性越好。碳含量较低时钢的淬透性较低，但韧性更高。Ni – Cr 渗碳钢通常用于制造要求力学性能高和安全可靠性高的中、大型零件或齿轮，如飞机齿轮、轧钢机和船用变速器重载或高速重载大型齿轮和重要的轴承套圈等

受高的冲击载荷，即要求更高的冲击韧度时，宜选用含碳量更低的合金钢，如 12CrNi3、12Cr2Ni4 等，反之，宜选用含碳量较高的钢种。应当指出，零件心部的强度较高，可以提高它对渗碳层的支承能力，有利于提高渗碳层的硬化层深度。因此，渗碳零件的强度高和钢材的淬透性能好时，可以适当地降低渗碳零件对渗碳层深度的要求，这对缩短大型、厚（深）层渗碳零件的渗碳时间，节约能源和提高零件质量有重要的意义。关于渗碳零件的耐磨性，则主要决定于渗碳层的碳浓度。

2. 钢材的工艺性能

应满足零件制造的工艺要求，以使制造工艺简便。许多轻工机械的薄壁渗碳或碳氮共渗零件，如纺织机械的钢令、缝纫机的摆梭、自行车的钢碗等，都是生产量很大的易损件，要求高的耐磨性和较低的价格。其制造工艺是冲压成形，渗碳或碳氮共渗，淬火 – 回火后得到高硬度和高耐磨性。因此，钢材具有好的冲压性能和价格低廉就成为决定性的因素，这正是当前选用低碳碳素结构钢，如 Q215 – BF、Q235 – BF 或要求较高时选用 15、20 钢薄钢板的原因。因为低碳碳素钢冲压成形性最好，且价格最低。

多数零件是通过机械加工成形的，在满足力学性能要求的条件下，应力求选用机械加工性好的钢材，这不仅是为了提高生产率和降低刀具的消耗，获得低粗糙度值零件表面也具有极重要的意义。例如汽车、拖拉机齿轮，在机械加工成形、渗碳、淬火 – 低温回火，得到要求力学性能后可不进行磨削或其他精加工，因此，零件热处理前的表面粗糙度就直接影响渗碳零件的使用性能和寿命。

应当指出，钢的机械加工性能既与钢的化学成分有关，又和钢材或锻造毛坯所进行的热处理密不可分。因此，为了加工零件有低的表面粗糙度值，既要正确选择钢材和加工工艺，还需选好毛坯的热处理工艺。低碳钢和一般低碳合金钢，如 20、25、

20Cr、20CrMnTi 钢毛坯，经正火后可得到硬度 180HBS 左右，具有良好的机械加工性能。零件表面和键槽均有较低的粗糙度值，因此，常用渗碳钢的锻造毛坯均选用正火处理。

渗碳钢应具有良好的渗碳、淬火等热处理工艺性能，渗碳性能包括以下内容。

（1）钢在渗碳温度（900～950℃）下长期保持渗碳后，其奥氏体晶粒度应在 6 级以上，利于零件渗碳后采用直接淬火。因为细晶粒奥氏体淬火后，才能获得高强韧性的细晶粒马氏体组织。若渗碳后钢的奥氏体晶粒粗大，零件渗碳后必须重新加热，借助相变细化钢的晶粒后才能进行淬火，这不仅增加能源的消耗，延长生产周期，而且降低渗碳淬火零件的某些质量。例如增加零件表面的氧化、脱碳、硬度的不均匀性和变形等。为此，渗碳零件宜选用本质细晶粒钢（铝最后脱氧的镇静钢或同时含有阻碍奥氏体在高温渗碳下长大的合金元素——钛和钒的钢种）制造。

（2）渗碳时不易在渗碳层造成过高的碳浓度，以免出现明显的网状或块状碳化物，产生渗碳层容易开裂和剥落等严重缺陷。含有碳化物形成元素的钢种，例如铬钢，较易形成网状或块状碳化物。当然，渗碳层产生过高的碳浓度或网状碳化物与渗碳工艺密切相关。例如渗碳温度高、时间长，尤其是炉气碳势高的，必然会在渗碳层出现过高的碳浓度。因此，合格钢种渗碳时宜选用较低碳势的炉气，以利于控制渗碳层中碳的质量分数在 0.7%～0.9% 的范围内，防止网状碳化物和块状碳化物的产生。

良好的淬火性能，主要是指零件渗碳淬火时的变形和开裂倾向小，这不仅与钢的成分、物理化学性能相关，而且与淬火方法和工艺（加热温度和冷却速度）相联系。因此，为了减小零件的渗碳淬火变形，必须正确选择钢材、工艺方法和工艺参数，乃至零件的装夹方法等。例如硼钢价廉且有必要的淬透性，但是淬火变形的倾向较大，而且变形的规律性也差，难以控制，因而形状较复杂，要求控制变形较严的零件不宜选用硼钢制造。淬火时应选用淬火应力较小的淬火方法，如分级淬火，甚至是等温淬火以及较缓和的冷却速度。但是，只有钢的淬透性较好时才有可能这样做。它说明渗碳零件要求钢具有较好的淬透性，不仅仅是为了保证零件心部具有较高的强韧性，同时也有利于控制零件的淬火变形。

3. 钢的价格较低，来源广泛

其前提条件是选用钢材必须满足力学性能和工艺性能的要求，即保证渗碳淬火零件质量的条件下选用价格低廉的低碳钢或低碳低合金结构钢，它们不仅价廉，采购方便，而且锻压性能和机械加工性能优良。

第二节　钢的渗碳工艺

一、渗碳工艺过程、特点和应用范围

一般渗碳工艺分为气体渗碳、液体渗碳和固体渗碳三类，当前大量运用的为气体渗碳。各种渗碳工艺过程、特点和应用范围见表 4 - 4。

表 4 - 4　各种渗碳工艺过程、特点和应用范围

方法	原　理	渗剂	渗后热处理	特点和应用范围
固体法	渗剂置于铸铁、低碳钢或耐热钢罐中，工件埋入渗剂，用盖封好，按 0.1mm/h 渗速和渗层深度要求确定渗碳时间。渗碳化学反应为：$Na_2CO_3 + C \rightarrow Na_2O + 2CO$, $CO_2 + C \rightleftharpoons 2CO$ $Fe + 2CO \rightarrow \gamma Fe(C) + CO_2$	木炭中添加质量分数为 5% ~ 10% 的 Na_2CO_3 或 $BaCO_3$，制成块状或条状	工件随箱冷却至常温，然后重新加热至 830 ~ 850℃ 淬火，最后施行 180 ~ 200℃ 回火	效率低，劳动条件差，表面碳浓度很难控制，但对加热炉要求低，易于操作。适用于多品种小批量生产和深层渗碳

续表

方法		原　理	渗剂	渗后热处理	特点和应用范围
液体法		$2NaCN + 2O_2 \rightarrow Na_2CO_3 + CO + 2N$，$Fe + 2CO \rightarrow \gamma Fe（C）+ CO_2$，低温浅层渗碳（0.3～0.6mm）850～900℃，高温深层渗碳（0.5～3.0mm）900～950℃	NaCN、$BaCl_2$、NaCl 混合盐熔融	渗后，工件冷却到 Ar_1 以下重新在中性盐浴中加热至 830～850℃ 水中（碳钢）或油中（合金钢）淬火，然后在 180～200℃ 回火。低温浅层渗时，渗后可直接淬火	渗速大，渗层均匀，适应性强，但氰盐剧毒，废盐和废水需经无害化处理方可排放，适用于中小件多品种、小批量生产、五金工具（锉刀、锯条等）的批量生产
膏剂法		膏状渗剂涂在工件表面，厚 2～3mm，以感应加热或炉中加热方式渗碳，900～950℃	炭黑粉、纯碱、醋酸钠、机油等混合	工件渗碳后冷至室温，除去膏剂外壳，重新加热淬火和回火	效率低，劳动强度大。用于单件生产较方便
气体法	发生炉气体法	把天然气、丙烷、丁烷按一定比例和空气混合，在 950～1000℃ 和 Ni 催化剂作用下，裂解成吸热式气氛：$CH_4 + 2.38$ 空气 $\rightarrow CO + 2H_2 + 1.88N_2$，把吸热式气氛和甲烷（或丙烷）通入 900～950℃ 的密封炉中施行渗碳	用吸热式气氛作载气，甲烷或丙烷作渗碳气	工件在炉中冷至淬火温度，然后在密封条件下淬火，出炉后清洗和低温回火	效率高，生产成本低，质量稳定，但制备过程较复杂，设备庞大，耗能多，受气源供应限制，适合于汽车、拖拉机、轴承零件的大批量生产

方法		原理	渗剂	渗后热处理	特点和应用范围
气体法	炉内滴注法	把含碳有机液体直接滴入炉内，使其在900~930℃的渗碳温度裂解，并使工件表面渗碳	用甲醇裂解气作为载气，以丙酮、乙酸乙酯或煤油裂解气作为渗碳气	在井式炉中渗碳后，工件随罐吊装到冷却坑中，冷却到室温，取出重新在保护气氛中加热淬火、回火。在密封箱式炉中渗碳后降温至淬火温度直接淬火和随后回火	液体滴剂用量大，生产成本比发生炉气体法高。在井式炉中渗碳后直接出炉淬火，工件会氧化和脱碳，对随后不加工零件的质量有显著影响
	氮基合成气体法	用纯氮和甲醇裂解气以1:1的比例混合通入渗碳炉。此时可获得相当于吸热式气的成分。渗碳时按要求添加适量的甲烷或丙烷。炉气碳势用氧探头控制	纯氮（或工业氮）和甲醇裂解气（H_2+CO）混合，再添加甲烷或丙烷	在密封渗碳炉和推杆式炉中可降温直接淬火。在井式炉中渗碳后，炉罐吊至冷却坑中冷至室温，然后重新在保护气氛中加热淬火，最后低温回火	液体滴剂用量大，生产成本比发生炉气体法高。在井式炉中渗碳后直接出炉淬火，工件会氧化和脱碳，对随后不加工零件的质量有显著影响
	低压渗碳	一般在冷壁式真空炉中进行。工件入炉后，抽空到133Pa开始加热，继续抽空到0.13Pa，加热到950~1050℃，周期性地通入甲烷或丙烷到4000~6500Pa	甲烷或丙烷，炉压4000~4500Pa	工件渗碳后在氮气保护下冷却到室温，重新加热淬火或冷到Ar_1以下重新加热到淬火温度淬火，然后回火。较高温度回火时可用真空回火	允许施行高温（1050℃）渗碳，渗速大，表面无黑色组织，用剂少，劳动条件好。设备较昂贵，有时难以避免炭黑，渗层不易均匀

二、气体渗碳

1. 气体渗碳原理

气体渗碳主要依靠渗碳气氛中的 CO 及 CH_4 在高温下分解出活性碳原子而实现，其反应式为：

$$2CO \underset{脱碳}{\overset{渗碳}{\rightleftharpoons}} CO_2 + C_{(\gamma-Fe)}$$

$$CH_4 \underset{脱碳}{\overset{渗碳}{\rightleftharpoons}} 2H_2 + C_{(\gamma-Fe)}$$

随着条件的不同，反应可以向不同方向进行。当反应达到动平衡时，工件既不增碳也不脱碳，即工件与炉气之间的碳交换处于相对平衡状态，这时，工件表面的含碳量称为炉气的碳势。当炉气碳势高于工件表面含碳量时，发生渗碳反应；炉气碳势低于工件表面含碳量时，发生脱碳反应。

在实际渗碳炉中，存在着各种气体，炉内气氛是十分复杂的，炉气碳势是炉内各种气体的渗碳和脱碳作用的综合，炉内化学反应只是趋于平衡。

2. 渗碳介质

渗碳介质可分为两大类：一类是液体介质，如煤油、苯、丙酮等，使用时直接滴入气体渗碳炉内，经裂解后产生活性碳原子；另一类是气体介质，如天然气、液化石油气及吸热式气氛等，使用时通入炉内，经裂解后用于渗碳。常用气体渗碳介质的主要组成及特点如下。

（1）煤油。是石蜡烃、烷烃及芳香烃的混合物。一般照明用煤油含硫量小于 0.04% 者，均可使用。价格低廉，来源方便，渗碳活性强，应用最为普遍，但易形成炭黑。

（2）甲醇 + 丙酮、甲醇 + 乙酸乙酯、甲醇 + 煤油。甲醇（CH_3OH）、丙酮（CH_3COCH_3）、乙酸乙酯（$CH_3COOC_2H_5$）、分子结构较简单，高温下易分解，不易产生焦油和炭黑，价格较贵。

（3）苯、二甲苯。均为石油产品，透明液体，有毒，较易形成炭黑，但成分稳定，杂质少，便于控制和稳定生产。价格贵，除某些军工部门外很少使用。

（4）天然气。主要组成是甲烷（CH_4），并含有不同数量的乙烷和氮气、液化石油气。

（5）液化石油气。主要成分为丙烷（C_3H_8）及少量丁烷（C_4H_{10}），是炼油的副产品，价格便宜，储运方便，应用甚广。

（6）吸热式气氛。用天然气、丙烷或丁烷与空气按一定比例混合，在专门的装有催化剂的高温反应罐中裂解而成。

前三种液体渗剂可直接滴入炉中，通过调节滴入量控制工件表面碳的浓度。用甲醇+丙酮，甲醇+乙酸乙酯或甲醇+煤油时，靠调整丙酮、乙酸乙酯或煤油的滴量控制炉气碳势，从而可实现滴注式可控气氛渗碳。

后三种气体渗剂，由于天然气及液化石油气中的碳氢化合物含量较多，如直接用作渗碳剂会析出大量炭黑和焦油，故使用时多加入一定比例的吸热式气氛予以冲淡。一般以吸热式气作载流气，用天然气或液化石油气作富化气，调整控制炉气碳势。

气体渗碳方法主要包括滴注式气体渗碳、吸热式气体渗碳和氮基气氛渗碳等。表4-5为几种有机液体的产气量，表4-6为一些常用有机物质的碳当量，表4-7为几种有机液体在不同温度下分解产物的组成，表4-8为常用吸热式气体的成分，表4-9为几种类型氮基渗碳气氛的成分。

表4-5 几种有机液体的产气量

液体名称	产气量（L/mL）	液体名称	产气量（L/mL）
苯	0.42	焦苯	0.58
煤油	0.73	丙酮	1.23
甲醇	1.66	乙醇	1.55

表 4 - 6　一些常用有机物质的碳当量

物质	分子式	分子量	渗碳反应	碳当量（g）
甲烷①	CH_4	16	$CH_4 \rightarrow [C] + 2H_2$	16
甲醇	CH_3OH	32	$CH_3OH \rightarrow CO + 2H_2$	—
乙醇	C_2H_5OH	46	$C_2H_5OH \rightarrow [C] + CO + 3H_2$	46
乙酸乙酯	$CH_3COOC_2H_5$	88	$CH_3COOC_2H_5 \rightarrow 2[C] + 2CO + 4H_2$	44
异丙醇	C_3H_7OH	60	$C_3H_7OH \rightarrow 2[C] + CO + 4H_2$	30
丙酮	CH_3COCH_3	58	$CH_3COCH_3 \rightarrow 2[C] + CO + 3H_2$	29

①甲烷是为了对比而列入的。

表 4 - 7　几种有机液体在不同温度下分解产物的组成

有机液体	温度（℃）	气体组成（体积分数）（%）				
		CO_2	CO	H_2	CH_4	C_nH_{2n}
乙酸甲酯 CH_3COOCH_3	950	1.5	46.6	38.2	10.3	0.3
	850	2.5	41.3	35.2	13.3	0.4
	750	3.1	40.5	33.8	14.2	0.6
	650	3.7	39.3	32.3	15.5	0.8
乙醇 C_2H_5OH	950	1.0	30.7	53.7	11.7	0.3
	850	1.5	29.3	49.3	13.6	0.7
	750	1.7	26.2	49.8	14.2	0.9
	650	1.9	24.2	47.8	15.3	1.3
异丙醇 $(CH_3)_2CHOH$	950	0.8	28.2	47.8	18.5	3.2
	850	1.0	24.5	44.3	20.8	7.3
	750	1.5	21.6	40.5	22.6	8.8
	650	1.8	16.9	39.8	21.3	12.4

表4-8 常用吸热式气体的成分

原料气	混合比 (空气: 原料气)	气氛组成（体积分数）（%）					
		CO_2	H_2O	CH_4	CO	H_2	N_2
天然气	2.5	0.3	0.6	0.4	20.9	40.7	余量
城市煤气	0.4~0.6	0.2	0.12	0~1.5	25~27	41~48	余量
丙烷	7.2	0.3	0.6	0.4	24.0	33.4	余量
丁烷	9.6	0.3	0.6	0.4	24.2	30.3	余量

表4-9 几种类型氮基渗碳气氛的成分

原料气组成	炉气成分（体积分数）（%）					碳势 （%）	备注
	CO_2	CO	CH_4	H_2	N_2		
甲醇 + N_2 + 富化气	0.4	15~20	0.3	35~40	余量	—	Endomix 法
N_2 + (CH_4: 空气 = 0.7)	—	6~11	6.9	32.1	49.9	0.83	CAP 法
N_2 + (CH_4: CO_2 = 6.0)	—	4.3	2.0	18.3	75.4	1.0	NCC 法
N_2 + C_3H_8（或 CH_4）	0.024	0.4	15	—	—	—	渗碳
	0.01	0.1	—	—	—	—	扩散

选择渗碳剂时要注意下列几点：

（1）渗碳介质在渗碳温度下具有必要的活性，能放出渗碳需要的活性碳原子，即炉内气氛具有要求的碳势，而且碳势较易调节和控制，这是保证渗碳过程正常进行和得到优良渗碳质量的前提；

（2）分解后的产气量高，产生的炭黑少；

（3）渗碳介质的成分中不应含有损害工艺质量、明显损害工人健康和污染环境的杂质或有害成分。例如，滴注渗碳剂煤油中的硫或硫化物，在渗碳过程中会腐蚀零件和渗碳炉内的金属构件，以及恶化渗碳工艺过程，使渗碳层中的碳浓度降低，甚至出现反常的渗碳组织，使渗碳零件的性能达不到要求。因此，用于渗碳的煤油或其他渗碳介质的含硫量应控制在质量分数小于

0.04%。渗碳介质应不含有毒组成，而且在渗碳过程中不生成有害物质。否则，就必须采取必要的安全措施和消除有害物的措施；

（4）材料来源广泛，价格低，储运安全且污染少。

3. 井式炉气体渗碳

渗碳温度为 920~950℃。渗碳过程一般由排气、强烈渗碳、扩散及降温四个阶段组成。

（1）排气。零件装炉后应尽快排除炉内空气。通常是加大渗剂流量，以使炉内氧化性气氛迅速减少（加大吸热式保护气流量或以甲醇代替煤油、苯等，加大滴入量）。排气时间往往在仪表温度达到渗碳要求的温度后尚需延长 30~60min，以使炉气成分达到要求，并使炉内各处温度均匀及工件透烧。排气不好会造成渗碳速度慢，质量不合格等缺陷。

（2）强烈渗碳。排气阶段结束后（此时炉气中的 O_2 及 CO_2 含量也分别小于等于 0.5%）即进入强烈渗碳阶段。其特点是渗碳剂滴量较多或气氛较浓，使工件表面的碳浓度高于最后要求，增大表面的碳浓度梯度，以提高渗碳速度。强烈渗碳的时间主要取决于层深的要求。

（3）扩散。强烈渗碳进入扩散阶段是以减少渗剂滴量为标志的。此时炉气渗碳能力降低，钢件表层过剩的碳继续向内部扩散，最后得到要求的表面碳浓度、渗层深度及合适的碳浓度梯度。扩散时间可根据中间试棒的渗碳层深度来确定。

（4）降温。渗碳的降温，对于可直接淬火的工件应随炉冷到适宜的淬火温度，并保温 15~30min，使工件内外温度均匀后出炉淬火。对于需重新加热淬火的工件，可自渗碳温度出炉，空气冷却或移入冷却罐。为减少工件表面氧化、脱碳和变形，也可随炉降温至 880~860℃再出炉。在随炉冷却过程中，渗剂用量与扩散阶段相同。

4. 密封箱式炉气体渗碳

密封箱式炉中渗碳的工艺过程与井式炉相似，可分为加热与炉内气氛的恢复、渗碳、扩散及降温等几个阶段。各阶段中的渗剂流量根据零件表面碳势要求所确定的炉气露点值进行调整。

5. 连续式炉气体渗碳工艺

连续式炉多用推杆式加热炉，工件装在料盘里，推杆机构推动料盘前进。在连续式炉中，气体渗碳的主要工艺参数为炉内各区温度、渗碳气体流量分配及推料（或炉底振动）周期。工件入炉后经过加热区、渗碳区、扩散区、预冷区，进入淬火槽淬火冷却，然后经过清洗及回火。所用气氛多是吸热式可控气氛（载体）加丙烷富化气渗碳，关于炉气控制，过去采用露点仪或 CO_2 红外线分析仪，现在已用计算机加氧探头，实现自动控制。由于连续炉渗碳后必须直接淬火，不能进行一次、两次再加热淬火或更复杂的热处理，故要求渗碳钢应是本质细晶粒钢，常用钢种有 20CrMnTi、20CrMnMo、20CrMo、20CrNiMo、20MnVB 等。

连续渗碳炉各区加热温度确定原则如下。

（1）加热区。冷零件入炉吸收热量大，要求功率要大，要使温度均匀上升，分成两区加热。第一区 800~850℃，第二区 910~940℃，以使工件透烧而不致过热。因冷工件推入时有大量空气侵入，必须通入较多的还原性气体，以使炉气迅速恢复。

（2）渗碳区。工件在此区内渗碳，应基本上达到层深的要求，该区温度为 930~940℃，此区基本达到渗碳层深度的下限，此区温度过高，容易造成直接淬火后，表面碳化物过多，晶粒粗大及变形大。此处的气氛浓度对渗碳速度及渗层组织影响很大，如富化气过多，会造成工件表面碳浓度过大；如进入量过少，工件吸碳不足，易造成渗层减薄或表面碳浓度过低。

（3）扩散区。该区温度一般为 900~910℃，其作用为调整和控制工件表面碳浓度，使表面碳量降低而向内扩散，改变碳的浓度梯度，使表面碳浓度和渗碳层深达到技术要求。该区温度过高，会增加奥氏体的稳定性，使淬火后的残余奥氏体增多，硬度降低。此区对配气的要求为维持工件表面具有一定的碳势即可。

（4）预冷淬火区。该区进一步降低奥氏体的含碳量，以提高 Ms 点，同时减小热应力和淬火变形。一般低合金渗碳钢在此区的温度为 830～850℃。但不能过低，否则零件表面会出现屈氏体，心部将析出较多铁素体。此区的配气要求也和扩散区相同。

为了使炉内气氛均匀，可于各区分别装设风扇。

在扩散后降温至 500～600℃，保温 1～1.5h 后再重新升温淬火，可提高疲劳寿命。

6. 气体渗碳操作要点

（1）工件表面清理及防渗处理。工件在进入渗碳炉前应清除表面污垢、铁锈及油脂等。一般可采用清洗的方法，如清洗尚不能保证表面质量时，可采用喷砂处理。在工件表面不允许渗碳的部位应采取防渗措施。常用的防渗方法有镀铜和涂敷防渗膏剂。镀铜效果虽好，但成本较高，而且在某些情况下受到限制，采用涂敷防渗膏的方法比较方便。

此外，还可以预留加工量，渗碳缓冷后用机械加工方法切除渗层，或者对不需要渗碳的部位采用紧密固定的钢套及轴环等保护方法。

（2）装炉量的确定。装炉量过多会使炉温下降过大，靠近炉壁与炉膛中心的工件温差大，并影响渗碳气氛正常循环。若装炉量过少则生产率低，造成浪费。生产上主要根据炉子工作空间尺寸、工件形状及装夹方式确定装炉量。

（3）炉子密封与炉气循环。为保证渗碳质量，炉子必须密封并保持炉内气氛为正压。炉气的正常循环有利于气氛均匀，使零件能经常与新鲜气氛接触。因此，在操作过程中应使风扇始终保持转动，并一定要在炉内置放可使炉气均匀循环的导向马弗。

（4）炉内气氛调整。井式炉在关闭排气孔 10min 后应取气分析。如氧化性气氛过多，应调整渗剂供应量或富化气比例。对连续式炉，应通过工艺试验确定各区炉气露点（或 CO_2）控制范围，并经常检查控制仪表的运行情况。

（5）出炉时间的确定。生产中由于炉子工作状态或渗剂成分波动，渗碳工艺中规定的渗碳时间只能供操作者参考。主要还应根据试样的层深来控制。

（6）冷却罐中的冷却操作。凡渗碳后不宜直接淬火，并对表面质量要求较高的工件，出炉后应立即放入冷却罐，并立即通入保护气体或滴入液态渗碳剂（至工件温度降至 500℃ 以下时停止）。

三、固体渗碳

固体渗碳是将零件放在四周填满固体渗碳剂的箱内，并加以密封，然后加热到渗碳温度（900～930℃），保温一定时间，使零件表层增碳的一种化学热处理工艺。固体渗碳周期长，生产效率低，劳动条件差，质量不易保证。但固体渗碳设备简单，方法易行，适合于小批量和盲孔零件渗碳，因此，在生产中仍有应用价值。

1. 渗碳剂

固体渗碳剂主要由两类物质均匀混合而成。一种是产生活性碳原子的物质，占 90% 左右，如木炭、焦炭等，木炭渗碳活性较高，杂质较少，焦炭收缩小，强度高，导热性好，不易烧损；另一种是催化剂，占 10% 左右，如碳酸钠、碳酸钡等，有时还加入一些碳酸钙，以增加渗碳剂的抗烧结能力。此外，醋酸钠、醋酸钡等有机盐类也有很好的催渗作用。

常用的固体渗碳剂见表 4－10。

表 4 – 10　常用的固体渗碳剂

渗碳剂组成		使用说明
组分名称	含量（％）	
碳酸钡（$BaCO_3$） 木炭	3 ~ 5 95 ~ 97	适用于 20CrMnTi 等合金钢的渗碳，由于催渗剂的含量较少，故渗碳速度较慢，但表面碳含量合适，碳化物分布较好
碳酸钡（$BaCO_3$） 木炭	10 90	根据使用中催渗剂的耗损情况，添加一定比例的新剂混合均匀后重复使用，适用于碳钢渗碳
碳酸钠（Na_2CO_3） 焦炭 木炭 重油	10 30 ~ 50 55 ~ 60 2 ~ 3	由于含有焦炭，渗剂强度高，抗烧结性能好，适于渗层深的大零件
醋酸钡（（$CH_3COO)_2Ba$） 焦炭 木炭	10 75 ~ 80 10 ~ 15	因含醋酸钠（或醋酸钡），渗碳活性较高，速度较快，但易使表面碳浓度过高
醋酸钠（CH_3COONa） 焦炭 木炭 重油	10 30 ~ 35 55 ~ 60 2 ~ 3	因含焦炭，故渗碳剂热强度高，抗烧结和烧损的性能好，适用于重要工件或渗碳后直接淬火等情况

　　渗碳剂的配制和装箱方法是保证固体渗碳质量的重要环节，在配制和使用固体渗碳剂时，应注意以下几点：

　　（1）全新的渗碳剂易导致零件表面碳浓度过高，使碳层中出现粗大的碳化物，使淬火后的残余奥氏体量增加。因此，一般都将新、旧渗碳剂混合使用，其中新渗碳剂占 20％ ~ 40％，旧渗碳剂占 60％ ~ 80％；

　　（2）当全部使用新渗碳剂时，渗碳剂应先装箱密封，在渗碳温度下，焙烧一次后再用；

（3）回收的旧渗碳剂需除去氧化铁皮，筛去灰分。

为了保证渗碳箱密封良好，常将渗碳箱做成带有凸缘的形式。工件装箱后，凸缘内填充封箱泥。盖好箱盖后，再在箱盖外缘用泥密封。封箱泥应保证在加热时不产生裂口而漏气。

2. 渗碳工艺及操作要领

（1）工件准备及装箱。工件在装箱渗碳前表面应进行清理，用 10% Na_2CO_3 水溶液除去工件表面油污，用砂纸或喷砂方法除去工件表面的锈斑，对非渗碳面进行防渗处理，对不需渗碳的盲孔或小直径通孔用砂子和耐火泥封口，对非渗碳部位进行镀铜保护，镀铜层厚度为 0.02 ~ 0.05mm，或用防渗碳涂料保护（85% ~ 90% 石英砂、1.5% ~ 2% 硼砂、10% ~ 15% 滑石粉或 50% 耐火黏土、50% 水玻璃，调匀后涂用）。根据工件形状、尺寸，选择合适的渗碳箱。除在箱内放入试块外，在箱盖上还要插入炉前检验试样，试样长度为 ϕ50mm × 150mm。工件装箱时，首先在箱底放一层厚 30mm 的渗剂，并将零件整齐地放在渗剂上。工件与箱壁、工件以及两层工件之间均应保持一定的距离（10 ~ 15mm），将渗碳剂填满间隙，稍加打实，以减少空隙且使工件得到稳固的支承，箱盖用耐火泥封严。为减小变形，长工件应垂直安放或吊挂在渗碳箱内，扁平件（如齿轮）应平放。箱盖应用耐火泥密封。

（2）工艺规范。固体渗碳温度及渗剂活性（所含催渗剂比例）是决定渗碳速度和表面碳浓度的主要因素。在渗层深度较浅或表面碳浓度要求较低时，应采用较低的渗碳温度及含催渗剂较少的渗剂。典型固体渗碳工艺的一般规范如图 4 - 1 所示。

低温装炉，随炉升温，渗碳温度为（930 ± 10）℃，对含 Ti、V、W、Mo 的合金钢可提高到 950 ~ 980℃。

保温时间根据渗碳深度而定，渗碳温度为（930 ± 10）℃时，渗碳速度为 0.10 ~ 0.15 mm/h，为了改善渗层中碳浓度的分布，

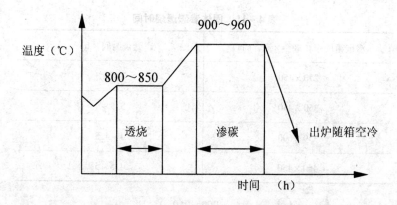

图 4 - 1　典型固体渗碳工艺的一般规范

也可以在 930℃ 保温一段时间后，再降温至（850 ± 10）℃ 保温，进行扩散。

在预计出炉时间前 0.5～1 h 检查试棒，渗层深度符合要求后即可出炉。出炉后一般在箱中冷却至 300℃ 左右开箱。过早开箱，一方面劳动条件差，另一方面会增大零件的变形，并使渗碳剂烧损严重。

由于固体渗碳剂导热性差，在加热过程中渗碳箱中部与靠近箱壁处温差较大，所以，当炉温升至 800～850℃ 时应适当保温（透烧），以使箱内各部分温度趋于一致，减少零件渗层深度的差别。透烧时间的长短主要取决于渗碳箱尺寸、炉子型号及箱内的填实情况，见表 4 - 11。渗碳保温时间则根据层深的要求，由外试棒测量结果确定。为简化渗碳后的热处理工艺，可采用分级渗碳方法（图 4 - 2），即在渗碳层深度接近要求的下限值时，将炉温降至 840～860℃ 保温一定的时间，使表面碳浓度适当降低而层深继续加厚。对于细晶粒钢工件，只要从高温渗碳降温至840～860℃ 的过程中没有网状碳化物析出（通过调整渗剂活性，使高温下的表面碳含量不致过高），就可免去随后热处理中的正火工序，或实现分级渗碳后直接淬火。

表 4 – 11　固体渗碳透烧时间

渗碳箱尺寸（直径×高，mm）	透烧时间（h）
250×450	2.5~3
350×450	3.5~4
350×600	4~4.5
460×450	4.5~5

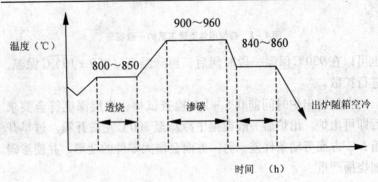

图 4 – 2　典型固体渗碳工艺分级渗碳规范

四、真空渗碳

1. 概述

真空渗碳是近年来发展起来的一种高温渗碳技术，与普通气体渗碳相比具有下述优点：

（1）由于将渗碳温度由普通气体渗碳时的 920~930℃ 提高到 1030~1050℃，以及由于真空加热的表面净化作用所造成的表面活化状态，使渗碳时间显著缩短；

（2）渗碳表面质量好，渗碳层均匀；

（3）直接通入渗碳剂，不需要载气，因而不用气体发生器；

（4）不用控制碳势，不需要碳势控制仪；

（5）作业条件好，排除了烟、热对环境的污染。

图4-3为真空渗碳的工艺曲线，工件装入炉中后，先排气使真空度达到1.33Pa（1阶段排气），再升温到渗碳温度。升温时，由于工件与炉壁脱气会使炉内真空度降低（2阶段排气），均温时净化作用完毕，真空度重新恢复（3阶段排气）。再通入天然气或其他渗碳介质，真空度降低到2.66×10^4Pa。在渗碳气氛中保温数分钟进行渗碳，称为渗碳期。再次抽真空到$20 \sim 75$Pa，保温数分钟进行扩散，称为扩散期。这样反复一次为一个脉冲，渗碳期与扩散期之比称为扩散比，如此反复数次使渗碳及扩散过程充分进行，直到渗碳结束。渗碳后充入氮气，将工件移入炉内冷却室中，冷却至$550 \sim 650$℃细化晶粒（4阶段）。再将工件推入加热室，于1.333Pa～13.33Pa真空度下加热到淬火温度（5阶段），再向炉内通以氮气，随后将工件在油中淬火（6阶段）。

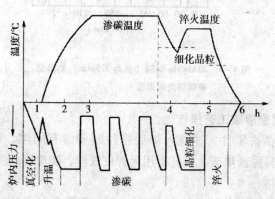

图4-3 真空渗碳的工艺曲线

由于在真空渗碳过程中采取使碳的渗入与扩散反复交替进行的操作方式，而且在每一次循环中渗碳时间又很短，使渗碳层分布均匀，渗碳层中碳的浓度梯度变得缓和，并消除了过渡渗碳的危险。与普通渗碳不同，真空渗碳是在达到渗碳温度后才开始通入渗碳气体，使工件与渗碳气体的接触时间很短，有可能获得很薄的渗碳层。例如，对 10 钢在 1200℃渗碳 5min（碳的渗入时间为 3min，扩散时间为 2min），渗碳层深度为 0.25mm。

图 4 - 4 为 20MnMo 钢轴（长为 375mm）的真空渗碳热处理规程。在 1038℃渗碳 1.5h 后冷至相变点以下，再加热到 816℃油淬，表面硬度为 HRC63 ~ 64。有效渗碳层深度为 1.25mm，而且渗碳热处理周期由普通气体渗碳的 6.5h 缩短为 4.5h。

真空渗碳淬火后，需进行 180 ~ 200℃的低温回火。

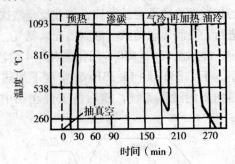

图 4 - 4　20MnMo 钢轴（长为 375mm）的真空
渗碳热处理规程

2. 真空渗碳工艺操作

（1）清洗零件，注意入炉后零件间要留有间隙，新料筐、料盘、夹具需预渗碳，绑扎需用无锌皮铁丝，防渗部位需堵塞或涂防渗涂料。

（2）升温及均热，抽真空至 66.7Pa 开始升温，升至渗碳温度后保温一段时间，其目的是使零件温度均匀，氧化物分解，油脂及污物蒸发掉，从而使零件表面达到净化效果，以有利于渗碳。均热时间可通过观察孔目测观察确定或估计。一般取 2min/mm，低温（<955℃）适当延长，高温（>955℃）适当缩短。

（3）渗碳期，使用的主要渗碳剂为甲烷和丙烷，纯度大于97%，纯度低时易产生炭黑。实践证明，采用甲烷+氢气可大幅度减少炭黑的产生。渗碳气的流量一般以炉压的增加速度33Pa/s为宜，一段式渗碳以甲烷为渗碳气时，炉压可在 $2.6 \times 10^4 \sim 4.66 \times 10^4$ Pa，以丙烷为渗碳气时，炉压在 $1.3 \times 10^4 \sim 2.33 \times 10^4$ Pa。脉冲式或摆动式渗碳时，渗碳气的压强可适当降低，渗碳时间可按以下两式估算：

$$d_{\mathrm{r}} = \frac{802.6\sqrt{t}}{10 \times \dfrac{6700}{1.8T + 492}}, \quad t_{\mathrm{c}} = t \times \left(\frac{C_1 - C_0}{C_2 - C_0}\right)^2$$

式中，d_{r} 为总渗碳深度（mm）；

　　　t_{c} 为渗碳期时间（h）；

　　　t 为渗碳总时间（h）；

　　　C_1 为技术要求的表面碳浓度；

　　　T 为渗碳温度（℃）；

　　　C_2 为渗碳温度下的奥氏体最大溶解度；

　　　C_0 为工件原始碳浓度。

（4）扩散期，其时间为 $t_{\mathrm{d}} = t - t_{\mathrm{c}}$。

（5）预冷出炉或预冷后气淬、油淬，也可采用冷至相变温度下的加热-淬火工艺。

3. 真空渗碳方式

真空渗碳方式有一段式、脉冲式和摆动式。

（1）一段式渗碳。将渗碳期和扩散期按前后次序进行的渗碳方式。在渗碳期间向炉内以一定流量通入甲烷或丙烷并维持一定的压力。扩散期是在渗碳期结束后，将渗碳气抽走至工作真空度并保温。一段式渗碳的特点是消耗气量少，成本较低。工艺曲线见图4-5。

（2）脉冲式渗碳。将渗碳气体以脉冲方式送入炉内并排出，在一个脉冲时间内既渗碳又扩散的方法。工艺曲线见图4-6。

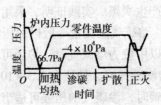

图4-5　一段式渗碳的工艺曲线

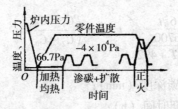

图4-6　脉冲式渗碳的工艺曲线

（3）摆动式。在渗碳期中以脉冲方式充气和排气，之后再有一段扩散期的渗碳方式。工艺曲线见图4-7。

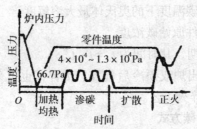

图4-7　摆动式渗碳的工艺曲线

脉冲式和摆动式渗碳适用于有窄缝、盲孔的零件，可在内表面获得深度、浓度均匀的渗层。

4. 真空渗碳温度、时间、总渗层深度及碳温度的适用范围

真空渗碳温度、渗碳时间与总渗层深度的关系见表4-12，真空渗碳温度的适用范围见表4-13。

表 4 - 12 真空渗碳温度、渗碳时间与总渗层深度的关系

总渗碳深度(mm)／渗碳温度(℃)／渗碳时间(h)	899	927	954	982	1010	1038	1066	1093
0.50	0.379	0.449	0.528	0.616	0.714	0.822	0.942	1.073
0.80	0.479	0.568	0.667	0.779	0.903	1.040	1.191	1.357
1.00	0.536	0.635	0.746	0.871	1.009	1.163	1.332	1.517
1.25	0.599	0.710	0.834	0.974	1.129	1.300	1.489	1.696
1.50	0.656	0.778	0.914	1.067	1.236	1.424	1.631	1.858
1.75	0.709	0.840	0.987	1.152	1.335	1.538	1.762	2.007
2.00	0.758	0.898	1.055	1.231	1.428	1.645	1.883	2.145
2.50	0.847	1.004	1.180	1.377	1.596	1.839	2.106	2.398
3.00	0.928	1.100	1.292	1.508	1.748	2.014	2.307	2.627
3.50	1.003	1.188	1.396	1.629	1.889	2.176	2.492	2.838
4.00	1.072	1.270	1.492	1.742	2.019	2.326	2.664	3.034
4.50	1.137	1.347	1.583	1.847	2.141	2.467	2.825	3.218
5.00	1.199	1.420	1.669	1.947	2.257	2.600	2.978	3.392
5.50	1.257	1.489	1.750	2.042	2.367	2.727	3.123	3.557
6.00	1.313	1.555	1.828	2.133	2.473	2.848	3.262	3.716
7.00	1.418	1.680	1.974	2.304	2.671	3.077	3.524	4.013
8.00	1.516	1.796	2.111	2.463	2.855	3.289	3.767	4.290
9.00	1.608	1.905	2.239	2.612	3.192	3.489	3.995	4.551
10.00	1.695	2.008	2.360	2.754	3.192	3.677	4.212	4.797

注：本表主要适用于低碳钢渗碳，合金结构钢渗碳时参数应适当调整。

表4-13 渗碳温度的适用范围

温度范围	零件形状特点	渗碳层深度	零件类别	渗碳气体
高温 1040℃	较简单，畸变要求不严格	深	凸轮、轴、齿轮	CH_4，$C_3H_8 + N_2$
中温 980℃	一般	一般	—	C_3H_8，$C_3H_8 + N_2$
低温 <980℃	形状复杂，畸变要求严，渗层要求均匀	较浅	柴油机喷嘴等	C_3H_8，$C_3H_8 + N_2$

5. 真空渗碳的典型工艺

电机齿轮，材料为20CrMo。渗层深度0.38mm，表面硬度58±3HRC。工艺曲线见图4-8（脉冲时间5min）。

电机齿轮，材料为20CrMo。渗层深度0.64mm，表面硬度58±3HRC。工艺曲线见图4-9（脉冲时间5min）。

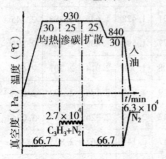

图4-8 电机齿轮真空渗碳
的工艺曲线

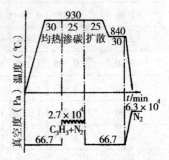

图4-9 电机齿轮真空渗碳
的工艺曲线

五、渗碳操作要点

1. 设备技术状态的检查

（1）渗碳剂应定点供应，并满足质量要求；

（2）渗碳炉的密封性；

（3）电风扇转动是否正常；

（4）渗碳剂供给系统，如管路、滴油嘴是否阻塞，供应箱里渗碳剂的数量能否保证整个渗碳之用；

（5）冷却系统能否正常工作；

（6）仪表能否准确指示和控制温度。

2. 清理

所有零件在装炉前必须仔细清理，否则将影响渗碳质量。清理对象包括：含硫物质，包括含硫油污；氧化皮，主要指未加工面的锻造氧化皮，可采用喷砂处理；碱溶液，如切削加工时润滑液肥皂水等；残存的水；残存的三氯乙烯残液等。要渗碳的表面不得有油污、锈斑、水迹、裂缝和碰伤，入炉前应用汽油或四氯化碳进行清洗。

3. 局部防渗

非渗碳面局部防渗的办法有两种。一种是在非渗碳表面镀铜或涂防渗碳剂，或贴防渗碳膜，另一种是在非渗碳表面留加工余量，渗碳后经切削加工除去。后一种方法只适用于渗碳后不直接淬火的零件。镀铜的办法有两种，一种是槽镀，另一种是在零件要防渗的表面进行刷镀。前一种方法适宜于大批量生产，但渗碳面应采用防镀措施。后一种方法操作简单，无须电镀槽，适宜于小批量生产。防渗碳剂种类很多，可以根据渗碳温度和渗碳时间的长短以及使用说明选用。不需渗碳的小孔要堵塞。表4-14为常用防渗碳涂料的成分，可以自行配制使用。

表4-14 常用防渗碳涂料的成分

涂料配方（质量分数）	使用方法
a：氯化亚铜2份，铅丹1份； b：松香1份，酒精2份	将a、b分别混合均匀后，用b将a调成糊状，用毛刷向工件防渗部位涂抹，涂层厚度大于1mm，应致密无空，无裂纹
熟耐火砖粉40%，耐火黏土60%	混合均匀后，用水玻璃调配成干稠状，填于轴孔处，并捣实，然后风干或低温烘干

续表

涂料配方（质量分数）	使用方法
（200 目）玻璃粉 70% ~ 80%，滑石粉 20% ~ 30%，水玻璃适量	涂层厚度 0.5 ~ 2mm，涂后经 130 ~ 150℃ 烘干
硅砂 85% ~ 90%，硼砂 1.5% ~ 2.0%，滑石粉 10% ~ 15%	用水玻璃调匀后使用
铅丹 4%，氧化铝 8%，滑石粉 16%，水玻璃 72%	调匀后使用，涂敷两层，此剂适用于高温防渗碳

4. 装炉

炉子先升温，600℃启动风扇，800℃时滴入渗碳剂，并一直升到渗碳温度。上述工作准备就绪，即开始装炉。装炉方法很重要，既要达到最大装炉量，又要使工件渗碳和淬火后质量均匀。因此，对工件的支撑、选用的料筐、工件与工件之间的间隙、工件与工件的接触面等均应仔细考虑。要使炉内气流均匀，渗碳面不得彼此接触。渗碳件的支撑应合适，不致产生挠曲变形。如渗碳后直接淬火，则在选用料筐或料盘及其装载零件数量和方式时，应考虑淬水冷却的速度和均匀性。

将零件装在料篮里，用夹具或搁板把零件分隔开，零件之间留出 5 ~ 10mm 的间隙，保证气体循环顺利，与零件不断地接触。要求渗碳深度不同的零件不得放在同一料篮中，以便可以先后调整出炉。

每一篮中放入一根 $\phi 10mm \times 100mm$ 的检验试棒。料篮入炉温度应在 900℃以上，装炉量不得超过炉子规定的重量。零件装炉完毕，炉子工作的第一个时期是升温和排气。排气的目的是恢复炉内的气氛，因为零件入炉时，不可避免地会有空气进入炉罐里，引起零件表面氧化，影响渗碳层的均匀性。因此，在装炉以后，应尽快地将氧化性气体（CO_2、O_2）排出炉外，这时要求加大渗碳剂的滴入量，使炉内及早恢复为还原性气氛。炉气是否恢复，主要通过检查 CO_2 含量的百分数来确定；炉气正常时，CO_2 应小于 0.5%。通常在装炉后，立即取气分析，作为炉气的原始情况，然后每隔一定时间取气一次进行分析。

排气完毕，即开始渗碳阶段，这时要将炉盖拧紧密封，炉盖孔中插入 $\phi10$ mm、长 100~150 mm 的观察试棒，并用石棉绳塞紧。

5. 保温

在渗碳的保温过程中，一般采用两种方法控制炉气，固定碳势法和分段控制法。

所谓固定碳势法，是指在整个渗碳过程中，炉内的碳势基本保持不变，这时，渗碳剂的滴入量始终不变，零件是处在一个固定的渗碳能力的气氛中进行渗碳的，这种方法只适用于渗碳层要求不太深的零件（渗层通常不超过 1.2mm）。固定碳势法的优点是操作和控制都比较简单。

所谓分段控制，就是在渗碳开始阶段，对井式渗碳炉使用大量的滴入量，对连续贯通式炉可同时用强的渗碳剂和提高渗碳温度，可以在较短的时间里，使得零件表面得到高于最后要求的碳浓度，以增大表面和内层落实的碳浓度梯度，加大渗碳的速度。在渗碳的第二阶段，适当减低炉内的碳势，让零件表面的碳向钢内部或向炉气中扩散，最后得到所需要的表面碳浓度和渗层深度。在相同的温度和时间里，与固定碳势法相比，可得到较深的渗层。

6. 炉气调整

除了用 CO_2 红外仪、氧探头等进行炉气碳势监测外，在渗碳过程中应该定期进行炉气分析，观察炉气成分是否在规定的范围内，以便判断 CO_2 红外仪或氧探头所反映的炉气碳势值是否可靠，并采取措施进行炉气调整。

7. 出炉及渗碳后的冷却

在渗碳过程停止前半小时，取出观察试棒，检查渗碳深度，确定出炉时间。渗碳结束，应适当随炉降温，以防止出炉温度过高，零件表面被空气氧化，一般以880℃出炉为宜。若是出炉温度过低，容易析出网状碳化物。渗碳终了，如直接淬火，则在冷却到淬火温度后打开炉盖，提取工件进行淬火冷却。若是渗碳后缓冷，则出炉后应立即放入缓冷罐或缓冷坑内。缓冷罐或缓冷坑内应通入保护气体或滴入液态渗碳剂（甲醇或煤油），以防止氧化和脱碳。

六、操作注意事项

（1）控制渗碳剂（煤油或苯）的滴入量，随时进行检查；

（2）渗碳温度要控制在（930±10）℃；

（3）检查渗碳炉是否漏气，如用火苗检查炉盖和风扇轴处有无漏气；

（4）调节炉内的压力并保持在196～294Pa以上；

（5）排出的废气应点燃，并通过经常对排气管的火焰颜色、长度的观察，随时判断炉内的工作情况。炉内正常工作应是：火焰稳定，并有一定的长度（一般为80～100mm），火焰颜色应呈浅黄色。

七、气体渗碳的安全预防

气体渗碳介质有毒，且易燃，在进行气体渗碳时，应采取措施进行安全预防。一般除了在渗碳设备上设有安全装置外，在进行渗碳操作时尚应注意下述事项。

（1）每个操作人员必须知道：多数渗碳气体的CO和H_2的含量都高于它们在空气中发生爆炸的最低含量，即4%H_2或12.5%CO。H_2或CO的最低点燃温度约为595℃。几种气体在空气中可以点燃的含量范围见表4-15。

表 4 - 15　几种气体在空气中可以点燃的含量范围

可燃气体	H_2	CO	CH_4
可燃界限（%）	9.0 ~ 68.8	13.0 ~ 77.6	5.5 ~ 13.6
最低要求 O_2 量	6.59	4.7	18.1

（2）必须高于 760℃ 的温度才能把渗碳气体引入炉内，否则将有发生爆炸的危险。

（3）清洗炉膛的气体至少应为炉膛容积的 5 倍。

（4）CO 是极毒气体，没有点燃的炉气或发生炉气体不允许在室内排放。

（5）遇到停电或停气，应迅速关闭炉子。若正在处理贵重的工件，必须加以保护。可打开备用保护气箱，并在所有炉门上点燃火帘。

（6）在修理炉子前，应切断渗碳气体供应线，清洗炉膛，并不断地往炉内通空气。

（7）必须严格遵守渗碳炉的操作规程。

（8）必须严格遵守安全防火规则。

第三节　气体渗碳碳势控制

一、概　述

一般要求渗碳件表面碳浓度在 0.7% ~ 1.05% 的范围内，碳浓度过低，淬火后表面硬度下降，耐磨性降低；过高则渗碳层脆性增大，易造成剥落。采用控制甲醇和煤油的滴入量、控制空气与丙酮的通入量、控制富化气体的通入量等办法控制炉内的碳势，从而控制渗碳件表面碳浓度，但这些都是间接控制法，很难达到满意的效果。

气体渗碳热处理气氛需要精确控制的参数主要是碳势。碳势受很多因素的影响，包括：O_2、CO_2、H_2O、H_2、CO、CH_4 的分压，炉温，炉内总压力，被处理工件合金元素含量和炉子结构等。这些影响因素统称为自变量，而碳势则称为因变量。这些自变量中，O_2、CO、CO_2、H_2、CH_4 和 H_2O 等均参与渗碳－脱碳反应。经热力学计算证明，在等温等压条件下，这 6 种气体分压和固体内碳浓度共 7 个变量，其中有 3 个是自变量，则其中任意 3 种气相组成的含量一经确定，体系状态随之确定。

在碳势控制系统中，若选取影响较大的一个自变量作为碳势的控制量，其他次要的影响因素则作为恒量来处理，这样的系统称为单参数控制系统。单参数控制系统所需的设备较简单，成本较低，但控制精度差。若选用两个或三个影响较大的自变量作为控制量来控制碳势，则称为双参数或三参数控制系统。若精确控制炉温、炉压和 3 种气相组成的含量，即五参数控制，可达最高控制精度，但设备复杂，成本很高。

气体渗碳时，炉内气氛中的 CO、CH_4 为渗碳性气体，O_2、CO_2、H_2O 为氧化脱碳性气体，H_2 为脱碳性气体。气氛属于增碳、还原还是氧化脱碳取决于增碳性气体与氧化脱碳性气体之间的比例关系。渗碳气氛属于还原增碳性气氛。在炉内化学反应达到平衡时，气氛中各气体的含量都有对应值，只要测定出其中一种气体的含量，其他气体的含量也就可知，因此，只测出一种气体的成分（含量）就可知道炉内的碳势，如用露点仪测定炉内水蒸气的含量、用 CO_2 红外线分析仪测定 CO_2 的含量、用氧探头测定炉内残留 O_2 量。但这些方法均属于单参数控制，需要稳定原料气的成分与配比，通常限定 CO/H_2 等于常数，此种控制系统结构简单，便于推广。如果对 C、H、O 这三种成分同时控制，即所谓的三参数控制（多参数控制），可放宽原料气成分及配比的要求，有利于精度控制，但需要多种传感器，系统复杂，维护不便，目前应用得较少。

碳势控制传感器及特性见表 4－16。

表4-16 碳势控制传感器及特性

方法	采样	响应速度	精度 $w(C)$ (%)	适用可控气氛	备注
露点法	有	100s	±1	吸热式、放热式	精度低
红外线法	有	40s	±0.05	吸热式	成本高，难维护
电阻探头	无	10~20min	±0.05	吸热式、放热式	铁丝易断，寿命短
ZrO_2 氧探头	无	<1s	±0.03	吸热式、放热式、氨分解、氮基气氛	适用范围广，寿命较短

二、氧探头传感器

氧探头结构示意图见图4-10。

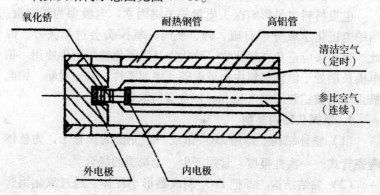

图4-10 氧探头结构示意图

1. 基本原理

氧化锆氧传感器（氧探头）是根据 ZrO_2 固体电解质氧浓度差电池的原理制成的。氧化锆是一种金属氧化物陶瓷，在高温下具有传导氧离子的特性。在氧化锆内掺入一定量的氧化钇或氧化钙杂质，可使其内部形成"氧空穴"，成为传导氧离子的通道。在氧化锆管（电解质）封闭端内外两侧涂一层多孔铂作电极。在高温下（>600℃），当氧化锆管两侧的氧浓度不同时，高浓度侧的氧分子即夺取铂电极上的自由电子，以离子形式通过"氧空穴"到达低浓度侧，经铂电极释放出多余电子，从而形成氧离子流，在氧化锆管两侧产生氧浓度差电势。

2. 氧化锆氧分析仪的组成

由氧探头、电源控制器、气泵、二次仪表及变送器等部分组成。氧探头是仪器的核心部分，它由碳化硅过滤器、氧化锆元件、恒温室、气体导管等部分组成。电源控制器有两个功能：一是控制恒温室温度，由热电偶、电热元件、晶闸管组件和恒温控制板组成控温系统；二是将氧化锆元件的电信号转换成电动控制仪表所需的标准信号（$0 \sim 10mA$ 或 $4 \sim 20mA$）。

3. 氧化探头电极材料

电极材料也是影响探头质量的关键因素。电极多为铂电极。当铂电极化学成分中有硫、砷、氧时，氧探头会过早失效，因此，氧探头应避免在硫化物、砷化物及强氧化性气氛中使用。铂电极长期处于渗碳气氛中会被渗碳，增加脆性，甚至脆断。铂电极正逐渐被铠装康镍（Inconel）合金所取代。

4. 氧探头结构类型

（1）整体结构。即用 ZrO_2 做成一个完整的长管子，为整体陶瓷管式。一次性报废。常用于少、无炭黑的场合。

（2）黏结结构。即把 ZrO_2 制成圆形小柱体，通过氧化铝管的紧密配合，再在高温下熔封起来。

（3）可拆型结构。这类结构的锆头有球状、片状和锥状，抗热冲击性能好，可更换。

5. 氧探头的安装、使用与维护

（1）测量点要能正确反映炉内气氛和温度。

（2）可以水平安装在炉侧或炉后，也可以垂直安装在炉顶。

（3）探头外电极管与法兰之间及法兰与炉体之间要加石棉垫等，确保密封。

（4）参比气对氧电势的测量有很大影响，一般用空气作为参比气，不得含有水、油等杂质。参比气事先必须进行干燥和过滤。

（5）定期清理炭黑。

（6）定期检查探头的内阻（如3~4个月），正常情况下内阻在 50 kΩ 以下。

（7）氧探头的安装尺寸见图4-11。

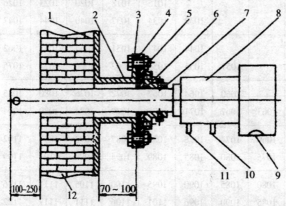

图4-11 氧探头与炉体联结示意图
1. 炉壳 2. 耐热钢管 3. 炉体法兰 4. 石棉垫 5. 法兰
6. 密封圈 7. 定位座 8. 探头 9. 信号引出线 10.
参比孔 11. 空气清洗孔 12. 炉墙

6. 氧探头常见故障及原因

（1）无氧电势输出或电势值很低。原因为导线断开、接线点松动、无参比气、锆管头或瓷管破裂。

（2）氧电势偏低并有波动。原因为法兰密封不严、参比气量不足、电信号受干扰、探头内部封接处漏气。

（3）氧电势偏高并有波动。原因为探头、锆头积有炭黑。

（4）温度电势无或偏低。原因为热电偶引线松脱、未用补偿导线、参比气流量过大、热电偶损坏。

氧探头输出电势（mV）与炉气碳势（%）关系对照见表 4-17~表4-19。

表 4-17　氧探头输出电势（mV）与炉气碳势（%）
关系对照表（φ（CO）=20%）

碳浓度 w (C) (%)	炉气温度（℃）								
	800	825	850	875	900	925	950	975	1000
0.10				1016	1018	1020	1023	1026	1030
0.15			1032	1034	1037	1040	1044	1047	1051
0.20			1044	1047	1051	1054	1058	1062	1067
0.25		1051	1055	1058	1062	1066	1071	1075	1080
0.30		1060	1064	1067	1072	1076	1080	1085	1091
0.35	1063	1067	1071	1075	1079	1084	1089	1094	1100
0.40	1069	1074	1078	1082	1087	1092	1097	1102	1108
0.45	1075	1080	1085	1089	1094	1099	1104	1109	1115
0.50	1080	1085	1090	1095	1100	1105	1111	1116	1122
0.55	1085	1090	1096	1101	1106	1111	1117	1122	1128
0.60	1090	1095	1101	1106	1111	1116	1123	1128	1134
0.65	1094	1100	1105	1110	1116	1121	1127	1133	1139
0.70	1098	1104	1110	1115	1121	1126	1132	1138	1145
0.75	1102	1108	1114	1119	1125	1131	1137	1143	1149
0.80	1106	1112	1118	1124	1130	1135	1141	1147	1154
0.85	1110	1116	1122	1128	1134	1139	1145	1151	1158
0.90	1113	1119	1125	1131	1137	1143	1149	1155	1162
0.95	1117	1123	1129	1135	1141	1147	1153	1159	1166

续表

碳浓度 w（C）（%）	炉气温度（℃）								
	800	825	850	875	900	925	950	975	1000
1.00		1126	1133	1139	1145	1150	1157	1163	1170
1.05			1136	1142	1148	1154	1161	1167	1174
1.10			1139	1145	1152	1158	1164	1170	1178
1.15				1155	1161	1168	1174	1181	
1.20					1164	1171	1177	1184	
1.25					1167	1174	1180	1188	

表 4 - 18　氧探头输出电势（mV）与炉气碳势（%）
关系对照表（φ（CO）=23%）

碳浓度 w（C）（%）	炉气温度（℃）								
	800	825	850	875	900	925	950	975	1000
0.10				1010	1011	1013	1016	1019	1022
0.15			1025	1027	1030	1033	1036	1039	1043
0.20			1038	1040	1044	1047	1051	1055	1059
0.25		1045	1048	1051	1055	1059	1063	1067	1072
0.30		1053	1057	1060	1065	1069	1073	1078	1083
0.35	1057	1061	1065	1068	1073	1077	1082	1086	1092
0.40	1063	1067	1071	1075	1080	1085	1090	1094	1100
0.45	1069	1073	1078	1082	1087	1092	1097	1102	1107
0.50	1074	1079	1084	1088	1093	1098	1103	1108	1114
0.55	1079	1084	1089	1094	1099	1104	1109	1114	1120
0.60	1084	1089	1094	1099	1104	1109	1115	1120	1126
0.65	1088	1093	1099	1104	1109	1114	1120	1125	1131
0.70	1092	1097	1103	1108	1114	1119	1125	1130	1137
0.75	1096	1101	1107	1112	1118	1123	1129	1135	1141

续表

碳浓度 w（C） （%）	炉气温度（℃）								
	800	825	850	875	900	925	950	975	1000
0.80	1100	1105	1111	1116	1122	1127	1133	1139	1146
0.85	1103	1109	1115	1120	1126	1131	1137	1143	1150
0.90	1107	1113	1119	1124	1130	1136	1142	1148	1154
0.95	1110	1116	1122	1128	1134	1139	1145	1151	1158
1.00		1119	1126	1131	1137	1143	1149	1155	1162
1.05		1122	1129	1134	1140	1146	1153	1159	1166
1.10			1132	1138	1144	1150	1157	1163	1170
1.15				1141	1147	1153	1160	1166	1173
1.20						1150	1156	1163	1169	1176
1.25							1159	1166	1173	1180

表 4－19　氧探头输出电势（mV）与炉气碳势（%）

关系对照表（φ（CO）＝30%）

碳浓度 w（C） （%）	炉气温度（℃）								
	800	825	850	875	900	925	950	975	1000
0.10									
0.15			1000	1005	1010	1015	1019	1023	1027
0.20			1017	1021	1025	1030	1035	1040	1044
0.25			1028	1033	1037	1042	1047	1051	1056
0.30			1038	1043	1047	1052	1057	1062	1067
0.35			1046	1051	1056	1061	1066	1071	1076
0.40		1048	1053	1058	1063	1069	1074	1079	1084
0.45		1049	1054	1059	1065	1070	1075	1081	1086	1091
0.50	1054	1060	1065	1071	1076	1082	1087	1093	1098
0.55	1059	1065	1071	1076	1082	1087	1093	1099	1104

续表

碳浓度	炉气温度（℃）								
w（C）（%）	800	825	850	875	900	925	950	975	1000
0.60	1064	1070	1076	1081	1087	1093	1098	1104	1110
0.65	1068	1074	1080	1086	1092	1098	1103	1109	1115
0.70	1073	1079	1085	1090	1096	1102	1108	1114	1120
0.75	1077	1083	1089	1095	1101	1107	1113	1119	1125
0.80	1080	1086	1093	1099	1105	1111	1117	1123	1129
0.85	1084	1090	1096	1103	1109	1115	1121	1127	1133
0.90		1094	1100	1106	1112	1119	1125	1131	1137
0.95		1097	1103	1110	1116	1122	1129	1135	1141
1.00		1100	1107	1113	1120	1126	1132	1139	1145
1.05			1110	1116	1123	1129	1136	1142	1149
1.10			1113	1120	1126	1133	1139	1146	1152
1.15					1129	1136	1143	1149	1156
1.20					1133	1139	1146	1152	1159
1.25						1142	1149	1156	1162

三、钢材合金元素对气氛碳势的影响

在相同气氛下，钢中的合金元素对钢件表面碳含量有一定的影响，与纯铁相比有一定的偏差，这种偏差可用合金修正因素式来修正。

$-\lg$（修正因素）$=（0.055 \times \% w_{Si}）-（0.013 \times \% w_{Mn}）-0.04 \times \% w_{Cr}）+（0.014 \times \% w_{Ni}）-（0.013 \times \% w_{Mo}）$。

此式在 800~1000℃ 渗碳时是正确的。表 4-20 列举了某些渗碳钢（美国钢号）的合金因素。

合金因素应用举例如下。

材料：20MnCr5；要求的表面含碳量：$w_c = 0.8\%$；合金因素：0.90；调整量：0.80% $w_C \times 0.90 = 0.72\% w_C$。

结论：把气氛的 CO_2 含量或露点，或氧电势调整到0.72% w_C 纯铁所需气氛的碳势，这时，20MnCr5 就可获得 0.8% w（C）的表面碳浓度。

表4-20　渗碳钢的合金因素

钢　种	合金因素	钢　种	合金因素
C10	1.02	15CrNi6	0.93
C15	1.02	18CrNi8	0.90
15Cr3	0.97	17CrNiMo6	0.92
16MnCr5	0.92	SAE8620	0.98
20MnCr5	0.90	SAE4820	1.13
20MoCr4	0.96	14NiCr10	1.02
25MoCr5	0.95	14NiCr14	1.05
23CrMoB3	0.90	14NiCr18	1.06
25NiCrMo6	1.00		

第四节　渗碳层的组织、性能

一、碳在钢中的扩散

原子的扩散速度随扩散层渗入元素碳的浓度梯度和扩散系数的增加而增大，扩散系数与扩散温度呈指数关系快速提高，因此，提高渗层的浓度梯度，尤其是提高扩散温度可有效地提高渗碳速度，例如在930℃渗碳，得到1.5mm 厚度渗碳层需要6.5h，而在970℃渗碳时只要5h；在1000℃渗碳时只要3h。

当渗碳钢的成分和温度一定，扩散系数与渗层碳浓度无关时，渗碳层的厚度 δ 与渗碳时间 τ 有如下的关系：

$$\delta = K\sqrt{\tau}$$

K 为与温度相关的常数，渗碳温度为 350℃ 时，$K = 0.45$；900℃ 时，$K = 0.63$，渗碳时间与渗层厚度呈抛物线关系。在 925℃ 渗碳时，渗层厚度与渗碳时间的对应关系见表 4 - 21，表 4 - 22 为强渗时间、扩散时间及渗碳层深度之间的关系。

表 4 - 21 渗层厚度与渗碳时间的关系

渗碳时间（h）	2	4	8	12	16	20	24	30	36
渗层深度（mm）	0.89	1.33	1.78	2.18	2.51	2.81	3.08	3.44	3.77

表 4 - 22 强渗时间、扩散时间及渗碳层深度之间的关系

要求的渗层深度（mm）	不同温度下的强渗时间（min）			强渗后的渗层深度（mm）	扩散时间（h）	扩散后的渗层深度（mm）
	(920 ± 10)℃	(930 ± 10)℃	(940 ± 10)℃			
0.4 ~ 0.7	40	30	20	0.20 ~ 0.25	约 1	0.5 ~ 0.6
0.6 ~ 0.9	90	60	30	0.35 ~ 0.40	约 1.5	0.7 ~ 0.8
0.8 ~ 1.2	120	90	60	0.45 ~ 0.55	约 2	0.9 ~ 1.0
1.1 ~ 1.6	150	120	90	0.60 ~ 0.70	约 3	1.2 ~ 1.3

所以，渗碳层越厚则渗碳时间越长，而且平均渗碳速度越慢，渗碳效率越低，渗碳成本越高。

二、渗碳层的组织特点及性能

1. 渗碳缓冷后渗碳层的组织特点

渗碳钢是低碳钢或低碳合金钢，因而渗碳零件的心部为低碳钢组织。零件的表面吸收碳原子而使其含碳量升高。当渗碳介质活性高和渗碳时间足够长时，低碳钢零件表面的含碳量可借助铁碳相图估计。在 950℃ 渗碳时，零件表面的饱和碳浓度可达 1.4%（质量分数），由表向里，碳浓度不断降低。所以，渗碳后缓冷时，渗碳层的组织特点是（由表面向内的组织变化）：网

状碳化物 + 珠光体→珠光体→珠光体 + 铁素体→珠光体减少、铁素体增多，直至低碳钢组织（心部）。

应当指出，渗碳层不允许出现过量的网状碳化物，以防止渗碳层和零件变脆。只要控制渗碳介质的活性或碳势，就可以使渗碳层表面获得事先给定的、不产生网状碳化物或在渗碳后淬火时可以消除的薄层、不连续的少量网状碳化物的碳浓度（一般碳的质量分数为 0.75% ~ 0.90%）。所谓炉气（气体渗碳介质）的碳势，就是渗碳气氛与奥氏体之间达到动态平衡时，钢表面的含碳量。一般情况是奥氏体的实际含碳量低于炉气的碳势。因为渗碳时间不可能达到平衡状态要求的时间。

2. 渗碳层的淬火组织

渗碳层的淬火组织，根据表面碳含量、钢中合金元素及淬火温度，大致可以分为两类。一类是表面没有碳化物，自表面至中心，显微组织依次由高碳马氏体加残余奥氏体逐渐过渡到低碳马氏体。另一类在渗碳层表层有细小颗粒状碳化物，自表面至中心渗碳层，淬火组织依次为：细小针状马氏体 + 少量残余奥氏体 + 细小颗粒状碳化物→高碳马氏体 + 残余奥氏体，逐步过渡到低碳马氏体。细颗粒状碳化物的出现，使表面奥氏体合金元素含量减少，残余奥氏体较少，硬度较高。在无碳化物处，奥氏体合金元素含量较高，残余奥氏体较多，硬度出现谷值。

三、渗碳层的技术要求

1. 渗碳层表面的碳浓度

渗层表面碳的质量分数一般为 0.6% ~ 1.0%，以保证渗层的耐磨性和强度指标有较好的匹配。一般来说，渗碳层的含碳量越高，渗碳层的耐磨性越高，但是碳的质量分数超过 0.6% 后，渗碳层含碳量的增加对其耐磨性的提高并不显著，相反，渗层的弯曲强度在渗层碳的质量分数达到 0.5% 以后开始下降，渗碳层的疲劳强度在碳的质量分数达到 1.0% 以后也会下降。当渗层的含碳量太高或出现网状或块状碳化物时，渗碳零件的强度和韧性都会明显下降。对渗碳齿轮来说，还容易发生渗碳层的疲劳剥落。要求强韧性高的重载渗碳零件的渗碳层表层的碳浓度控制略低一些，如碳的质量分数控制在 0.7% ~ 0.9%。

2. 渗碳层含碳量浓度梯度

由表向内的变化要平缓，以免过渡层的强度突然下降，使渗层过渡区容易出现疲劳裂纹并导致渗层的早期剥落。一般规定：渗碳层过渡区的厚度（宽度）应占渗碳层的 1/3 ~ 1/2。

3. 渗碳层的深度

渗碳层的深度要求主要决定于渗碳零件的受力大小和性质，接触应力越大，要求渗碳层的深度越深。例如，轧钢机变速箱重载齿轮渗碳层的深度有的高达 3.5mm 左右，而汽车、拖拉机变速箱齿轮渗碳层深度仅 1.2mm 左右。心部强度高的渗碳零件可以适当减薄渗碳层深度，在渗碳零件设计中，通常以零件的壁厚或齿轮的模数按以下公式计算渗碳层的深度，并依据零件受力计算结果和零件的使用经验做出必要的修正。

齿轮渗碳层深度与模数的计算公式为：渗碳层深度（mm）＝齿轮模数 × （0.15 ~ 0.25）。其他渗碳零件渗碳层深度按零件壁厚计算，计算公式为：渗碳层深度（mm）＝零件壁厚 × （0.1 ~ 0.2）。通常，厚壁零件选择系数的下限值，而薄壁零件选择上限值。

4. 渗碳零件的硬度要求

渗碳层的硬度要求通常为 HRC 56 ~ 64，心部硬度要求在 HRC30 ~ 45。具体的硬度要求值与渗碳零件对韧性的要求、零件的结构尺寸和钢的淬透性有关。对韧性要求高的零件，宜选择较低的硬度值；钢的淬透性较低或零件尺寸大时，宜选用较低的硬度值。重要的渗碳零件除了以上的要求外，必须对渗碳零件，尤其是渗碳层的组织提出要求，例如不允许存在明显的碳化物网状组织或块状组织等。

四、渗碳层的性能

渗碳层的性能，决定于表面碳含量、碳浓度梯度及淬火后的渗层组织。渗碳层的碳浓度是获得一定渗层组织的先决条件。一般希望渗层碳浓度梯度平缓，表面碳含量应控制在 0.9% 左右。

一般认为残余奥氏体含量应小于 15%。但残余奥氏体较软，塑性较高，借助微区域的塑性变形，可以驰豫局部应力，延缓裂纹的扩展。试验表明，渗碳层中有 25% ~ 30% 的残余奥氏体，反而有利于提高接触疲劳强度。

渗碳层中碳化物的数量、大小、形状和分布，对渗碳层的性能有很大的影响。一般认为表面粒状碳化物增多，将提高表面耐磨性及接触疲劳强度。碳化物数量过多，特别是当它们呈粗大网状或条块状时，将使冲击韧性、疲劳强度等性能变坏，应加以限制。

五、渗碳件的性能

渗碳件的性能，是渗层和心部组织及渗层深度与工件直径相对比例等因素的综合反映。心部组织对渗碳件性能有重大的影响，合适的心部组织应为低碳马氏体，但在零件尺寸较大，钢的淬透性较差时，也允许心部组织为屈体或索氏体，但不允许有大块状或多量铁素体。在工件截面尺寸不变的情况下，随着渗层深度的减薄，表面残余压应力增大，有利于弯曲疲劳强度的提高。但压应力的增大有一个极值，渗层过薄时，由于表层马氏体的体积效应有限，表面压应力反而会减小。

渗层深度愈深，能够承载的接触应力愈大。渗层过浅，最大切应力将发生于强度较低的非渗碳层，致使渗碳层塌陷剥落。但渗碳层深度增加，将使渗碳件的冲击韧性降低。渗碳件心部的硬度，不仅影响渗碳件的静载强度，也影响表面残余压应力的分布，从而影响弯曲疲劳强度。在渗碳层深度一定的情况下，心部硬度增高，表面残余压应力减小。一般渗碳件心部硬度较高者，渗碳层深度应较浅。渗碳件心部硬度过高，会降低渗碳件的冲击韧性，心部硬度过低，承载时易出现心部屈服和渗层剥落。

目前，汽车、拖拉机渗碳齿轮的渗层深度一般按齿轮模数的15%~30%的比例确定。心部硬度在齿高的1/3或2/3处测定，硬度值为33~48HRC时合格。

第五节　渗碳件质量检查、常见缺陷及防止措施

渗碳件质量检查见表4-23，常见缺陷及防止措施见表4-24。

表4-23　渗碳件质量检查

检查项目	检查内容及方法	备　注
外观检查	表面有无腐蚀或氧化	
工件变形	检查工件的挠曲变形、尺寸及几何形状的变化	根据图纸技术要求
渗层深度	宏观测量：打断试样，研磨抛光，用硝酸酒精溶液侵蚀直至显示出深棕色渗碳层。用带有刻度尺的放大镜测量。显微镜测量：渗碳后缓冷试样，磨制成显微试样，根据有关标准规定，测量至规定的显微组织处。例如测至过渡区作为渗碳层深度等	在渗碳淬火后进行
硬度	包括渗层表面、防渗部位及心部硬度。一般用洛氏硬度HRC标尺测量	在淬火后检查
金相组织	渗层碳化物的形态及分布，残余奥氏体数量，有无反常组织。心部组织是否粗大及铁素体是否超出技术要求等，一般在显微镜下放大400倍观察	按技术要求及标准进行

表 4 - 24　渗碳件常见缺陷及防止措施

缺陷形式	形成原因	防止措施	返修方法
表层粗大块状或网状碳化物	渗碳剂活性太高或渗碳保温时间过长	降低渗剂活性，当渗层要求较深时，保温后期适当降低渗剂活性	在降低碳势气氛下延长保温时间，重新淬火；高温加热扩散后再淬火
表层大量残余奥氏体	淬火温度过高，奥氏体中碳及合金元素含量较高	降低淬火温度，降低重新加热淬火的温度	冷处理；高温回火后，重新加热淬火；采用合适的加热温度，重新淬火
表面脱碳	渗碳后期渗剂活性过分降低，气体渗碳炉漏气。液体渗碳时碳酸盐含量过高。在冷却罐中及淬火加热时保护不当，出炉时高温状态在空气中停留时间过长		在活性合适的介质中补渗；喷丸处理（适用于脱碳层小于等于0.02mm时）
表面非马氏体组织	渗碳介质中的氧向钢中扩散，在晶界上形成 Cr、Mn 等元素的氧化物，致使该处合金元素贫化，淬透性降低，淬火后出现黑色网状组织（托氏体）	控制炉内介质成分，降低氧的含量，提高淬火冷却速度，合理选择钢材	当非马氏体组织出现深度小于等于 0.02mm 时，可用喷丸处理强化补救。深度过深时，重新加热淬火

缺陷形式	形成原因	防止措施	返修方法
反常组织	当钢中含氧量较高（沸腾钢），固体渗碳时渗碳后冷却速度过慢，在渗碳层中出现先共析渗碳体网，周围有铁素体层。淬火后出现软点		提高淬火温度或适当延长淬火加热保温时间，使奥氏体均匀化，并采用较快淬火冷却速度
心部铁素体过多	淬火温度低，或重新加热淬火保温时间不够		按正常工艺重新加热淬火
渗层深度不够	炉温低，渗层活性低，炉子漏气或渗碳盐浴成分不正常	加强炉温校验及炉气成分或盐浴成分的监测	补渗
渗层深度不均匀	炉温不均匀；炉内气氛循环不良；升温过程中工件表面氧化；炭黑在工件表面沉积；工件表面氧化皮等没有清理干净；固体渗碳时渗碳箱内温差大及催渗剂拌和不均匀		
表面硬度低	表面碳浓度低或表面脱碳；残余奥氏体量过多，或表面形成托氏体网		表面碳浓度低者可进行补渗；残余奥氏体多者可采用高温回火或淬火后补一次冷处理消除残余奥氏体；表面有托氏体者可重新加热淬火

缺陷形式	形成原因	防止措施	返修方法
表面腐蚀和氧化	渗剂中含有硫或硫酸盐、催渗剂在工件表面熔化，液体渗碳后工件表面粘有残盐，有氧化皮工件涂硼砂重新加热淬火等均引起腐蚀。工件高温出炉保护不当均引起氧化	应仔细控制渗剂及盐浴成分，对工件表面及时清理及清洗	
渗碳件开裂（渗碳缓冷工件，在冷却或室温放置时产生表面裂纹）	渗碳后慢冷却时组织转变不均匀所致，如 18CrMnMo 钢渗碳后空冷时，在表层托氏体下面保留了一层未转变的奥氏体，后者在随后的冷却过程中或室温停留过程中转变为马氏体，使表面产生拉应力而出现裂纹	减慢冷却速度，使渗层完成共析转变，或加快冷却速度，使渗层全部转变为马氏体加残余奥氏体	

第六节 常用渗碳钢的热处理

一、渗碳前的预处理

渗碳工件原材料应选择本质细晶粒，带状偏析不大于 3 级，硫和磷的含量要少，淬透性应符合要求，变形小的钢。渗碳工件在渗碳前应进行表面清理，去除表面油污、锈斑、水迹、裂缝和碰伤，工件表面不允许有裂纹和伤痕。入炉前应用汽油或四氯化碳清洗。工件表面凡不需要渗碳的部位，应预先进行防渗处理，常用的方法有电解镀铜法、涂料保护法、堵孔法、预留加工余量法及用钢套、塞栓保护法等。

预处理的工艺主要是正火，加热到 860 ~ 980℃ 空冷，硬度在 179 ~ 217HBS。其目的是改善材料的原始组织，减少带状组织，消除魏氏组织，使表面粗糙度变细，消除材料流线的不合理状态。正火时应注意在不产生晶粒过分粗大时用较高温度，否则魏氏组织不能完全消除，另外要防止正火时冷却太慢，出现大块铁素体和粒状碳化物，使切削加工产生黏刀现象。

二、渗碳后的热处理

渗碳只能改变工件表面的含碳量，而其表面以及心部的最终强化必须经过适当的热处理才能实现。为了使渗碳件具有表层高硬度、高耐磨性与心部良好强韧性的配合，渗碳件在渗碳后必须进行恰当的淬火和低温回火，中、高合金钢渗碳淬火后，可能还要进行冷处理。渗碳后通过热处理，使渗碳工件的高碳表面层获得细小的（或隐晶）马氏体、适当的残余奥氏体和弥散分布的粒状碳化物（不允许出现网状及大块状碳化物），而心部则应由低碳马氏体、屈氏体或索氏体等组织组成（一般不允许有大块铁素体存在），以保证表层高硬度、心部高韧性的要求。渗碳工件实际上应看做是由一种表面与中心含碳量相差悬殊的复合材料制成的，热处理时应充分考虑表面与心部的差别。

由于渗碳温度高、时间长，可能会引起钢的晶粒粗大，随后的热处理应考虑补救这一缺点。根据工件材料和韧性要求的不同，可采用不同的热处理方法，以保证既满足性能要求，又尽量提高生产率。渗碳件常用热处理工艺及适用范围见表 4 - 25，常用渗碳钢的力学性能见表 4 - 26。

表 4 - 25 渗碳件常用热处理工艺及适用范围

热处理工艺	组织及性能特点	适用范围
直接淬火，低温回火 	不能细化钢的晶粒。工件淬火变形较大，合金钢渗碳件表面残余奥氏体量较多，表面硬度较低	操作简单，成本低廉。用来处理对变形和承受冲击载荷不大的零件，适用于气体渗碳和液体渗碳工艺
预冷直接淬火，低温回火，淬火温度 800～850℃ 	可以减少工件淬火变形，渗碳层中残余奥氏体量也可稍有降低，表面硬度略有提高，但奥氏体晶粒没有变化	操作简单，工件氧化、脱碳及淬火变形均较小。广泛用于细晶粒钢制造的各种工件

续表

热处理工艺	组织及性能特点	适用范围
一次加热淬火，低温回火，淬火温度 820~850℃ 	对心部强度要求高者，采用 820~850℃淬火，心部组织为低碳马氏体；表面要求硬度高者，采用780~810℃加热淬火可以细化晶粒	适用于固体渗碳后的碳钢和低合金钢工件。气体、液体渗碳质的粗晶粒钢，某些渗碳后不宜直接淬火的工件及渗碳后需机械加工的零件
渗碳、高温回火，一次加热（840~860℃）淬火，低温回火 	高温回火使马氏体和残余奥氏体分解，渗层中碳和合金元素以碳化物形式析出，便于切削加工及淬火后渗层残余奥氏体减少	主要用于 Cr-Ni 合金钢渗碳工件
二次淬火，低温回火 	第一次淬火（或正火），可以消除渗层网状碳化物及细化心部组织。第二次淬火主要改善渗层组织，但对心部性能要求较高时，应在心部 Ac_3 以上淬火	主要用于对力学性能要求很高的渗碳工件，特别是对粗晶粒钢。渗碳后需进行两次高温加热，使变形及氧化脱碳增加，热处理过复杂

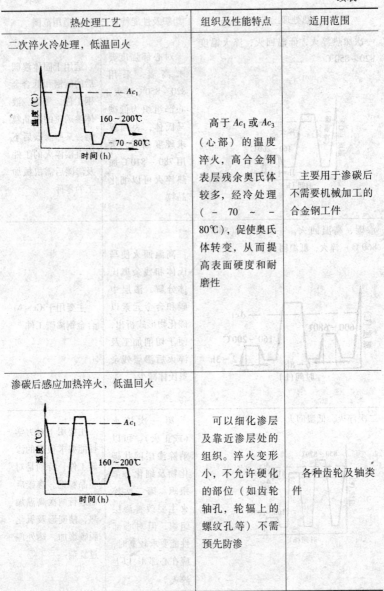

热处理工艺	组织及性能特点	适用范围
二次淬火冷处理，低温回火	高于 Ac_1 或 Ac_3（心部）的温度淬火，高合金钢表层残余奥氏体较多，经冷处理（$-70 \sim -80℃$），促使奥氏体转变，从而提高表面硬度和耐磨性	主要用于渗碳后不需要机械加工的合金钢工件
渗碳后感应加热淬火，低温回火	可以细化渗层及靠近渗层处的组织。淬火变形小，不允许硬化的部位（如齿轮轴孔，轮辐上的螺纹孔等）不需预先防渗	各种齿轮及轴类件

表 4-26 常用渗碳钢的力学性能

钢 号	毛坯尺寸 (mm)	热 处 理					力 学 性 能				
		淬火温度 (℃)		冷却	回火温度 (℃)	冷却	σ_a (MPa)	σ_b (MPa)	δ_5 (%)	ψ (%)	α_k (J/cm²)
		第一次	第二次				不		小	于	
15*	25	~900		空冷			380	230	27	55	
20	25	~880		空冷			420	250	25	55	
15Mn2	15	900		空冷			600	350	17	40	
20Mn2	15	850		水,油	200	水,空	800	600	10	40	60
20MnV	15	880		水,油	200	水,空	800	600	10	40	70
20SiMn2MoV	试样	900		油	200	水,空	1400		10	45	70
16SiMn2WV	15	860		油	200	水,空	1200	900	10	45	80
20Mn2B	15	880		油	200	水,空	1000	800	10	45	70
20MnTiB	15	860		油	200	水,空	1150	950	10	45	70
25MnTiB	试样	860		油	200	水,空	1400		10	40	60
20Mn2TiB	15	860		油	200	水,空	1150	950	10	45	70
20MnVB	15	860		油	200	水,空	1100	900	10	45	70
20SiMnVB	15	900		油	200	水,空	1200	1000	10	45	70
15CrMn	15	880		油	200	水,空	800	600	12	50	60
20CrMn	15	850		油	200	水,空	950	750	10	45	60
20CrV	15	880	800	水,油	200	水,空	850	600	10	45	60
20CrMnTi	15	880	870	油	200	水,空	1100	850	10	45	70
30CrMnTi	试样	880	850	油	200	水,空	1500		9	40	60
20CrMo	15	880		水,油	500	水,油	900	700	12	50	100
15CrMnMo	15	860		油	200	水,油	950	700	11	50	90
20CrMnMo	15	850		油	200	水,油	1200	900	10	45	70

续表

钢号	毛坯尺寸(mm)	热 处 理					力 学 性 能				
		淬火温度(℃)		冷却	回火温度(℃)	冷却	σ_a(MPa)	σ_b(MPa)	δ_5(%)	ψ(%)	α_k(J/cm²)
		第一次	第二次				不 小 于				
15Cr	15	880	800	水,油	200	水,油	750	500	11	45	70
20Cr	15	880	800	水,油	200	水,油	850	550	10	40	60
20CrNi	20	850		水,油	460	水,油	800	600	10	50	80
12CrNi2	15	850	780	水,油	200	水,空	800	600	12	50	80
12CrNi3	15	860	780	油	200	水,空	950	700	11	50	90
12Cr2Ni4	15	860	780	油	200	水,空	1100	850	10	50	90
20Cr2Ni4	15	880	780	油	200	水,空	1200	1100	10	45	80
18Cr2Ni4W	15	950	850	空	200	水,空	1200	850	10	45	100

第七节 典型热处理工艺实例

一、汽车后桥主动锥齿轮渗碳、淬火

汽车后桥主动锥齿轮的零件图见图4-12,材料:18CrMnTi。技术要求:渗碳层深度0.8~1.2mm;齿面58~62 HRC,心部33~40 HRC。

工艺路线:锻造→正火→机械加工→渗碳→淬火→低温回火→喷丸→磨齿。

工艺分析:采用正火的主要目的是降低硬度,消除毛坯的锻造应力,均匀组织,改善切削加工性能,同时还为以后的热处理做好金相组织上的准备。齿轮的渗碳工艺见图4-13。

淬火、低温回火:渗碳结束后,工件出炉预冷到830~

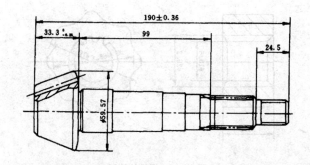

图 4 – 12　汽车后桥主动锥齿轮

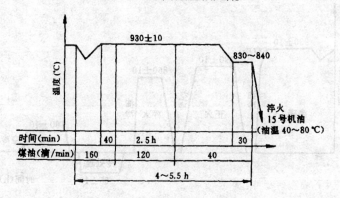

图 4 – 13　汽车后桥主动锥齿轮渗碳工艺

840℃时采用直接淬火法淬油，然后再经（160±10）℃，3h 低温回火。

质量检验：表面齿部 58～62HRC；心部 33～40HRC；变形 ≤0.20mm；渗碳层深度 0.8～1.2mm。

二、摆线轮热处理工艺

摆线轮简图见图 4 – 14，材料：18Cr2Ni4WA。技术要求：渗碳层深度 0.8～1.2mm；渗碳层硬度≥62HRC；心部硬度≥38～42HRC。热处理工艺如图 4 – 15 所示。用煤油作渗碳剂。

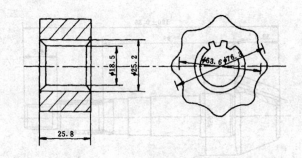

图 4-14　摆线轮简图

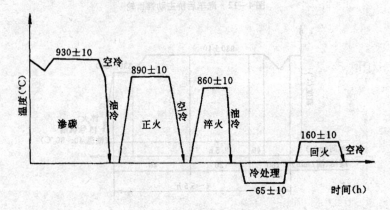

图 4-15　摆线轮热处理工艺

工艺路线：锻造→正火→机械加工→渗碳→正火淬火→冷处理→回火→研磨。

工艺分析：机械加工前正火的目的是降低硬度，消除毛坯的锻造应力，均匀组织，细化晶粒。渗碳后正火的目的是消除渗碳后零件表面出现的网状碳化物组织，并为一次淬火做好组织准备。为防止零件在正火时表面氧化，正火时同时滴入甲醇（用 RQ3-75-9Z 井式气体渗碳炉正火）。

由于 18Cr2Ni4WA 淬火后残留奥氏体量较多，采用淬火＋低温回火处理，表面硬度很难满足≥62HRC 的要求，故必须采用冷处理，使钢中的残留奥氏体进一步向马氏体转变，提高钢的硬度。冷处理应在专门的冷冻设备（如冰箱）中进行，冷处理温度不得高于 −65℃，冷处理后应立即回火。为了满足心部的硬度要求，渗碳后采用一次淬火的方法来进行淬火。质量检验：零件表面硬度≥62HRC；渗碳层深度 0.8～1.2mm；零件心部硬度≥40HRC。

三、支架的渗碳及热处理

支架的内表面与滚珠丝母的外表面相对摩擦，所以，要求具有高硬度及高耐磨性来保证其稳定性和延长其使用寿命。支架材料为 20Cr，技术要求：φ60H7 孔渗碳 0.7～1.1mm，硬度 58～63HRC。支架简图见图 4−16。

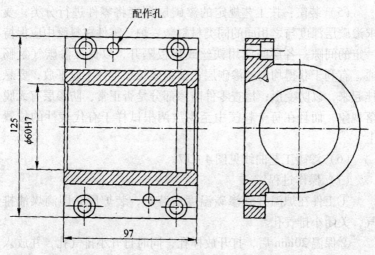

图 4−16　支架

工序为：调质→机械加工→渗碳→机械加工→淬火→回火→机械加工→入库。

1. 机械加工（热处理对机械加工的要求）

内孔（$\phi 60H7$）处渗碳前留余量 0.6mm。配作销孔两侧平面各留去碳层量 3mm。

2. 渗碳

（1）设备：调整至正常使用状态。

（2）渗碳剂：煤油。

（3）工件：

①零件不得有锈斑、油污和水迹；表面不得有损伤；

②核对零件的机械加工留量及尺寸。

（4）试样：应与零件材质一致，并经相同的预先热处理。表面无脱碳，晶粒度为 5～8 级，表面粗糙度 $R_a \leqslant 6.3\mu m$。放在炉内有代表性的部位，每一部位放两个。

（5）装筐：按工艺规定的渗碳层深度将零件进行分类，要求渗碳层深度与之相同的同类材料装一炉，零件在料筐中应保持一定的间隙，各层间应用铁丝或垫板隔开，以保证渗碳气氛畅通，有利于获得均匀的渗碳层；薄板或长形零件不应平放，要悬挂起来，以防变形；检查零件防渗部分是否正常，防渗层有无脱落现象，而且在每个料筐中至少放两根试样于有代表性的位置上。

（6）渗碳工艺曲线见图 4-17。

（7）操作过程。

①工件在炉温升到渗碳温度后装炉，装炉后立即滴煤油排气，关闭小排气孔。

②保温 20min 后，打开放样孔，同时打开小排气孔，并放入 3～4 个试样，关闭放样孔，调整煤油滴量，进行强渗。并取样进行炉气分析，排出的废气点燃，火焰的颜色为暗红色，长 80～250mm。进行一段时间后仔细观察火焰，如火焰中带有火星，则说明炉气碳势过高，应减少滴数以降低碳势。

炉气成分见表 4-27。

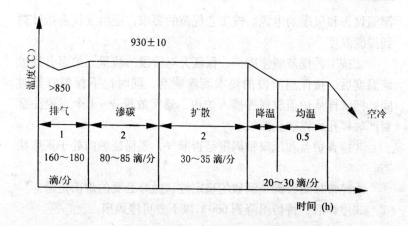

图 4 - 17 支架气体渗碳工艺曲线

表 4 - 27 炉气成分

CO₂ 0.1%	C_nH_n ≤0.2%
O₂ 0.2% ~ 0.8%	CO 10% ~ 15%
H₂ 50% ~ 70%	C_nH_{2n+2} 10% ~ 15%
其余为 N₂	

③强渗完毕进行扩散。整个渗碳过程中，炉内静压应大于 1471Pa。

④图中所注扩散时间指在渗碳时的高温扩散时间。如采用降温，则扩散时间等于高温扩散 + 降温时间 + 0.5 保温时间。

⑤在保温阶段停止前 0.5 ~ 1.0h 抽出一个试样，以腐蚀法检查渗碳层的深度为 0.7mm。

⑥均温阶段完成后立即断电，并关闭滴渗剂阀门，打开炉盖出炉，用吊具迅速把渗碳筐吊出炉外空冷。同筐处理的重要零件则放入保护气氛中进行冷却或直接进行淬火。

（8）操作要点。

①空炉升温到 850℃ 开始滴煤油排气，到温后断电启炉盖，立即把载零件的料筐装入炉内放正，盖上炉盖，拧紧螺丝。接通

测温仪表和风扇的电源。按工艺规范的要求，把温度仪表指针调到渗碳温度。

②按工艺规范滴渗碳剂，保证升温阶段的滴量。炉温升到渗碳温度后，按保温阶段的要求滴渗碳剂，同时记下保温开始时间，把试样从炉盖放样孔插入炉内，通常放进 3～4 个，要注意封严放样孔，以防止漏气。

③检查炉盖和风扇轴周围是否漏气，要保证炉内处于正压状态。

④经常核对渗碳剂滴数的稳定性，做好必要的炉前记录。

⑤停炉后，待炉温降到 600℃ 以下方可停风扇。

（9）检验。

①层深为 0.7～0.8mm。

②零件表面碳含量为 0.8%～1.0%。

③渗层组织为珠光体加少量网状碳化物。网状碳化物为 3 级，心部晶粒度为 6 级，表面无氧化脱碳。

3. 喷砂

喷砂后转机加车间进行加工。

4. 淬火

温度为 800～850℃，保温 1.5h，油冷。

5. 回火

温度为 180～200℃，保温 2h。

6. 检查

硬度为 56～58HRC，渗层组织为马氏体组织（2～3 级）和少量残余奥氏体及点状碳化物。

四、大齿轮固体渗碳淬火工艺

材质为 20CrNi2Mo，工件为 φ1300 mm×220mm，模数 14，2 件；φ1100 mm×200mm，模数 14，2 件。技术要求：齿部渗碳 2.0mm 以上，硬度 56～61HRC。

1. 固体渗碳工艺

①设备：渗碳箱尺寸为 φ1600mm×1600mm，焊好的渗碳箱内部要洁净，无氧化皮，密封要好。加热设备为 φ2000mm×2000mm 的井式加热炉。

②装箱：装箱前将工件清理干净，用 120 号汽油清洗油污并擦净，有氧化皮的地方用细砂布打去。装箱的要求是工件必须完全埋入渗碳剂，使在渗碳过程中，一方面工件可得到渗碳剂的良好的支撑，一方面在工件表面附近可供给和维持足够高的碳势。要满足这一要求，工件和工件之间以及工件和渗碳箱壁之间，必须填充足够多的渗碳剂。在箱底铺上 50~100mm 的渗碳剂并加以捣紧，然后放上工件。在安放工件时，应注意工件与工件之间及工件与箱壁之间的距离均不应小于 50mm，必要时，工件与工件之间用隔铁或支架将其固定和隔开再填满渗碳剂；渗碳箱上部应填以 50~100mm 厚的渗碳剂，以防止在渗碳过程中，因渗碳剂的收缩和烧损而使工件裸露；加上箱盖，箱盖四周点焊，用耐火泥封住，并用 50~100mm 厚的细砂覆盖；箱盖上要有插入试样的孔，以便检查。

③渗碳工艺曲线见图 4-18。

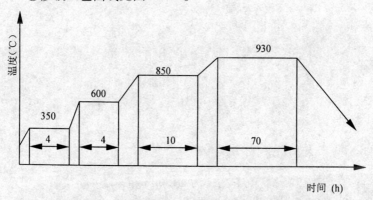

图4-18 20CrNi2Mo 大齿轮固体渗碳工艺

④检查：层深2.5~3.0mm，网状碳化物3~4级。

2. 渗碳后淬火及回火工艺

①装炉方式：为防止齿面氧化脱碳，将空炉升温至920℃，把渗碳后的大齿轮装入炉中。

②淬火、回火工艺曲线见图4-19。检查硬度为57~60HRC。

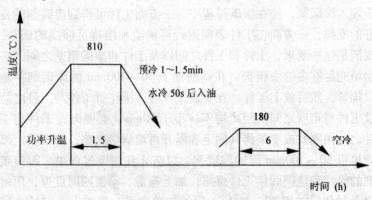

图4-19　20CrNi2Mo 大齿轮渗碳后淬火回火工艺

<table>
<tr><td>第
五
章</td></tr>
</table>

渗氮钢及其热处理

钢铁零件在活性氮的介质中，在一定的温度和保温时间下，使其表面渗入氮元素的工艺过程，叫做渗氮或氮化。渗氮和渗碳虽然都是强化零件表面的化学热处理，但是它们有显著的差别，渗氮与渗碳相比有如下特点：

（1）渗氮表面具有高硬度和高耐磨性。例如用 38CrMoAlA 钢制造的零件，经表面渗氮后，维氏硬度可达 950 ~ 1200HV（相当于洛氏硬度 68 ~ 72HRC），而渗碳淬火后的表面硬度仅为 58 ~ 63HRC。此外，渗氮层具有高的红硬性，当零件工作温度达 500 ~ 600℃时，其硬度和耐磨性不发生显著变化，但渗碳层的硬度在温度高于 200℃时便开始下降；

（2）具有高的残余压应力。与渗碳相比，渗氮层能获得更大的残余压应力，因此，在交变载荷的作用下，渗氮层具有高的疲劳极限和低的缺口敏感性；

（3）渗氮工艺温度低、变形小。渗氮温度（480 ~ 580℃）远低于渗碳（920 ~ 950℃）及碳氮共渗温度（820 ~ 860℃），且渗层硬度由渗氮过程直接获得，不需淬火，因此，零件渗氮后变形很小；

（4）具有良好的抗蚀能力。由于在渗氮层的表面能形成一层致密的、化学稳定性高的 ε 相层，故在水、过热蒸汽、大气及碱性溶液等介质中具有高的抗腐蚀性能，而渗碳层则不具备这种特性。

由于渗氮具有上述特点，因此，其应用范围日益广泛。要求变形小、尺寸稳定性高而且耐磨性好的零件（如各种精密机床上的齿轮、主轴、丝杠，发动机曲轴、凸轮轴、汽缸套），工作温度较高的耐磨及抗汽蚀零件（如锅炉、汽轮机的各种阀门、阀杆、喷嘴等），都广泛采用渗氮处理。生产实践证明，经过这样处理的机器零件或工具、模具，具有变形小、抗疲劳、抗磨损等一系列优良性能。

但是渗氮工艺一般时间较长，渗层较浅，工件心部强度也较低，其承受载荷的能力不及渗碳零件高，故目前很少用于承受载荷很重的零件。

从理论上讲，所有的钢铁材料都能渗氮。不同类型的钢，渗氮后具有不同的性能特点。用作渗氮的钢种包括结构钢、工具钢、不锈钢、耐热钢。渗氮的目的是提高结构件、工具、模具的硬度、耐磨性以及疲劳寿命，提高工件在腐蚀介质中工作的耐蚀性。

第一节　常用渗氮钢

渗氮钢种的含碳量包括了从低碳到高碳的范围，可以是碳钢也可以是合金钢。如果用碳钢进行渗氮，形成稳定性不高的 Fe_4N 和 Fe_2N，温度稍高，就容易聚集粗化，表面不可能得到更高的硬度，并且其心部也不能具有更高的强度和韧性。为了在表面得到高硬度和高耐磨性，同时获得强而韧的心部组织，必须向钢中加入一方面能与氮形成稳定的氮化物，另外还能强化心部的合金元素，如 Al、Ti、V、W、Mo、Cr 等。各种氮化物的结构及显微硬度见表 5 - 1，Cr、W、Mo、V 还可以改善钢的组织，提高钢的强度和韧性。应当指出，适宜于渗氮的钢很多，为了获得最好的表面层性能和心部性能，应根据不同需要选择不同的钢号。常用渗氮钢的性能及用途见表 5 - 2。

表5-1 各种氮化物的结构及显微硬度

氮化物	含氮量（%）	晶格类型	显微硬度（HV）	熔化温度（℃）
AlN	34.18	六方晶格	1225~1230	2400
TiN	22.63	面心立方晶格	1994	3205
VN	21.56	面心立方晶格	1520	2360
W_2N	4.39	面心立方晶格	—	
WN	7.08	六方晶格	—	600（分解）
Mo_3N	4.63	正方晶格	—	600（离解）
Mo_2N	6.80	面心立方晶格	630	600（离解）
MoN	12.73	六方晶格	—	600（分解）
Cr_2N	11.86	六方晶格	1571	1650
CrN	21.21	面心立方晶格	1093	1500（离解）
γ'相（Fe_4N）	5.90	面心立方晶格		670（离解）
ε相（Fe_3N）	5.71	六方晶格	—	
ζ相（Fe_2N）	11.14	正交晶系		560（离解）

表5-2 常用渗氮钢的性能及用途

类别	钢号	渗氮层的主要性能	主要用途
低碳钢	08，08A，10，15，20，Q195，Q235，20Mn，30，35	抗大气与水的腐蚀	螺栓、螺帽、销钉、把手等零件
中碳钢	40，45，50，60	提高耐磨与抗疲劳性能或提高耐大气及水的腐蚀性能	曲轴、阶梯轴、低档齿轮等零件
低碳合金钢	18Cr2Ni4WA，18CrNiWA，20Cr，12CrNi3A，12Cr2Ni4A，20CrMnTi，25Cr2Ni4WA，25Cr2MoVA	耐磨、抗疲劳性能优良，心部韧性高，可在受冲击条件下工作	轻负荷齿轮、齿圈等中、高档精密零件

续表

类别	钢 号	渗氮层的主要性能	主要用途
中碳 合金钢	40Cr, 50Cr, 50CrV, 38CrMoAl, 35CrMo, 38Cr2MoAlA, 35CrNiMo, 35CrNi3W, 40CrNiMo, 45CrNiMoV, 30CrMnSi, 42CrMo, 30Cr3WA, 38CrNi3MoA, 30Cr2Ni2WV	耐磨性、抗疲劳性能优良,心部强韧好,特别是含Al钢,渗氮后硬度很高,耐磨性优良,抗疲劳性较好,但不宜受冲击	机床主轴、镗杆、汽轮机轴、较大载荷的齿轮、坦克及飞机发动机主轴等
模具钢	Cr12, Cr12Mo, Cr12MoV, 3Cr2W8, 3Cr2W8V, 4Cr5MoVSi, 4Cr5MoV1Si, 4Cr5W2VSi, 5Cr4NiMo, 5CrMnMo	耐磨,抗热疲劳,热硬性良好,有一定的抗冲击疲劳性能	冷冲模、拉伸模、落料模、有色金属压铸模等模具
工具钢	W18Cr4V, W6Mo5Cr4V2, W18Cr4VCo5, CrWMn, W9Mo3Cr4V, 65Nb	耐磨性及热硬性优良	电池模具,高速钢铣刀、钻头等多种刃具
不锈钢 耐热钢 超高强钢	1Cr13, 2Cr13, 3Cr13, 4Cr13, 1Cr18Ni9Ti, 15Cr11MoV, 4Cr9Si2, 13Cr12NiWMoVA, 4Cr14Ni14W2Mo, 4Cr10Si2Mo, 17Cr18Ni9	耐磨性,热硬性及高温强度优良,能在500~600℃服役,经渗氮后耐蚀性有不同程度的降低,但在许多介质中仍有较好的耐蚀性	纺纱机走丝槽,在腐蚀介质中工作的泵轴、叶轮、中壳等液压件以及在500~600℃环境中工作且要求耐磨的零件
高钛渗氮 专用钢	30CrTi2, 30CrTi2Ni3Al	耐磨性优良,热硬性及抗疲劳性能好	承受剧烈的磨粒磨损且不承受冲击的零件

38CrMoAl 钢是常用的典型渗氮用钢，Al 与 N 有极大的亲和力，是形成氮化物提高渗氮层强度、硬度的主要合金元素。AlN 很稳定，约 1000℃ 时在钢中不发生溶解。由于铝的作用，使钢具有良好的渗氮性能，此钢经过渗氮后表面硬度高达 1100 ~ 1200HV（相当 67 ~ 72HRC）。钢中的 Cr、Mo 也能形成氮化物，提高渗层硬度，还能提高钢的淬透性和回火稳定性，消除因含 Al 造成的晶粒粗大，提高钢的强度和韧度。此外，Mo 还有消除钢的回火脆性的作用。

38CrMoAlA 钢的淬透性并不高，油淬时其临界直径为 30mm 左右。厚度在 50mm 以下的，可采用油淬；厚度超过 50mm 的，多采用水淬油冷。38CrMoAlA 钢的脱碳倾向较严重，若表面脱碳层没有除尽，渗氮时易在渗氮层表面形成一种针状氮化物，不仅使渗氮层硬度降低，也使渗氮层变脆。含铝高的钢，钢液黏性大，冶金质量难控制，钢材易出现偏析、夹杂、发纹、岩石状断口及层状组织等缺陷。38CrMoAlA 钢的化学成分及热加工规范见表 5 - 3。

表 5 - 3　38CrMoAlA 钢的化学成分及热加工规范

化学成分 （%）	C	Si	Mn	Cr	Al	Mo
	0.35 ~ 0.42	0.20 ~ 0.40	0.30 ~ 0.60	1.35 ~ 1.65	0.70 ~ 1.10	0.15 ~ 0.25

临界点 （℃）	Ac_1		Ac_3		Ar_1	
	800		940		730	

锻造温度（℃）		1000 ~ 1200				

热处理	退火温度 （℃）	正火温度 （℃）	高温回火温度 （℃）	调质处理		
				淬火（℃）	回火（℃）	
	860 ~ 870	930 ~ 970	700 ~ 720	930 ~ 950	600 ~ 650	
冷却方式	炉冷	空冷	空冷	油冷	水冷或油冷	
硬度	≤229HBS		≤229HBS	40 ~ 47HRC	28 ~ 32HRC	

第二节　钢的渗氮工艺

渗氮零件的工艺过程一般为：锻造→正火（或退火）→粗加工→调质→精加工→去应力→粗磨→渗氮→精磨。

一、渗氮的基本过程

渗氮由分解、吸收、扩散三个基本过程所组成。分解出的活性氮原子被钢表面吸收，首先溶入固溶体，然后与铁和合金元素形成化合物，最后向心部扩散，形成一定厚度的渗氮层。钢不能吸收氮分子，分解氮气得到活性氮原子也非常困难，所以，渗氮过程中要利用氨气在高于300℃的高温下与工件接触，在工件表面氨分解出活性氮原子供给氮化件吸收，氨作为气体渗剂，其分解反应如下：

$$2NH_3 \rightarrow 2 [N] + 3H_2$$

分解生成的活性氮原子 [N] 具有很大的化学活性，很容易被钢表面吸收，剩余的很快结合成分子态 N_2 与 H_2 从废气中排除。钢表面吸收的氮原子，先溶解在 $\alpha - Fe$ 中，形成氮在 $\alpha - Fe$ 中的饱和固溶体，然后再形成氮化物。

氮原子从钢表面的饱和层向内层深处扩散，形成一定深度的渗氮层。在渗氮过程中，初期由氨气分解出的活性氮原子只有少部分为钢表面吸收并渗入，大部分结合为分子状态由废气排出，因而分解过程不是控制因子，而活性氮原子溶入钢表面形成固溶体或化合物的吸收过程才是控制因子。离子渗氮、洁净渗氮及不锈钢渗氮前的喷砂处理等方法，都能活化金属表面，加快吸收过程，缩短渗氮时间。

经过一定时间后，控制因子由吸收过程转为扩散过程。这是因为渗层的深度是靠扩散完成的，而扩散的速度很慢。感应加热气体渗氮时，交变磁场的作用可使钢有更多的晶格缺陷。能加速氮原子的扩散，从而缩短渗氮周期。

二、渗氮温度

随着渗氮温度的提高，渗层深度增加，而硬度却显著降低。渗氮层的硬度取决于氮化物的类型和弥散度。Ti、V、Cr 和 Al 的氮化物硬度高于 Fe 的氮化物，氮化物尺寸越小，渗层硬度越高。480～530℃渗氮时，能保证较大的弥散度，故硬度很高。550℃以上渗氮，则多数钢种的最高硬度低于 $1000HV_{10}$。因此，一段渗氮工艺选用上限温度大多不超过 530℃，两段或三段渗氮时，第二阶段的温度通常低于 560℃。

渗氮温度及保温时间对 38CrMoAlA 钢渗层深度的影响见图 5－1，对硬度的影响见图 5－2。合金元素对渗氮层硬度的影响见图 5－3，对渗氮层深度的影响见图 5－4。

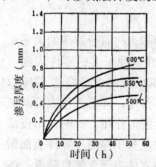

图 5－1　渗氮温度与时间对 38CrMoAlA 钢渗氮层深度的影响

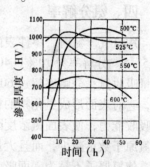

图 5－2　渗氮温度与时间对 38CrMoAlA 钢渗氮层硬度的影响

三、渗氮时间

渗氮层随时间的延长而增厚，初期增长率大，随后渐趋缓慢，遵循抛物线规律（图 5－1）。随着保温时间的延长，硬度下降，这与氮化物聚集长大有关，渗氮温度较高时尤为明显。钢的

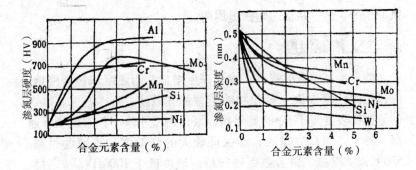

图 5 - 3 合金元素对渗氮层
　　　　硬度的影响

图 5 - 4 合金元素对渗氮层
　　　　深度的影响

含碳量和合金元素含量影响氮原子的扩散速度，因而不同的钢号所需的渗氮时间不同。

四、氨分解率

用氨气渗氮时，零件表面吸收氮的能力与氨分解率的关系见图 5 - 5。分解率为 10% ~ 40% 时，活性氮原子多，零件表面可大量吸收氮；分解率超过 60%，则气氛中氢的含量高达 52% 以上，它对表面形成氮化物的核心起破坏作用，降低工件表面对氮的吸收能力，使表面氮浓度降低，产生脱氮作用。此时，不仅活性氮原子数量减少，而且大量氢分子和氮分子停滞于零件表面附近，使氮原子不易为表面吸收，从而使零件表面含氮量降低，渗氮层深度也减薄。氨分解率对渗氮层深度及硬度的影响见图 5 - 6。

氨分解率对渗氮层硬度与深度的影响，主要表现在渗氮初期几个小时内。如果早期的 5 ~ 10h 以内，以低的氨分解率（15% ~ 30%）渗氮，随后即使将分解率提高到 70% 以上保温，对深度与硬度的影响仍旧不大。

表 5 - 4 列出了渗氮工艺中，在各种渗氮温度下适宜的氨分解率。一般分解率不应低于 10%，不大于 80%，而在渗氮最初

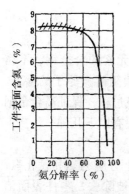

图 5 - 5　氨分解率对钢
表面含氮量的
影　响（520℃，
24h）

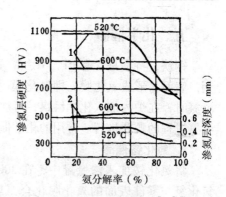

图 5 - 6　氨分解率对 38CrMoAlA 钢渗氮层
深度与硬度的影响（保温 24h）
1. 硬度　2. 深度

的 20h 内，分解率一般控制在 30% 以下，温度高于 650℃ 后，氨
的分解率有可能出现失控的现象。

表 5 - 4　各种渗氮温度下适宜的氨分解率

渗氮温度（℃）	450～500	500～520	520～540	540～560	560～600
氨分解率（%）	15～25	20～35	35～50	40～65	55～70

　　渗氮层深度和硬度是选择渗氮工艺、控制渗氮层性能时普遍
参照的两个指标。它与渗氮温度、时间、氨气分解率等有关，和
钢材成分、原始组织、心部硬度也有关系。大多数钢种随着渗氮
温度的提高而硬度下降，而 45 钢在 500℃ 渗氮时硬度稍低，在
550℃ 附近硬度达到最大值，随着温度继续提高，硬度又开始下
降。工业纯铁随着渗氮温度的提高，硬度略有增加。当渗氮温度
一定时，随着渗氮时间的延长，硬度梯度的变化越来越平缓。渗
层深度在开始阶段增长较快，以后逐渐缓慢。

　　实际生产中的氨分解率通过调节氨流量控制，但氨分解率又
随炉罐渗氮次数的增多而不断提高，经 10～15 次渗氮后将无法
用氨流量控制，此时必须对炉罐进行退氮处理。

五、化学催渗

钢铁，特别是含有 Cr、Ni、W 等合金元素的合金钢、不锈钢，表面易形成氧化膜，即钝化膜，钝化膜阻碍氮原子的渗入。渗氮时，在炉内加入化学触媒，可加速渗氮过程，保证高合金钢渗氮过程的顺利进行。常用的化学催渗方法有以下几种。

1. 氯化铵催渗

将氯化铵加入渗氮罐中，在 300℃ 以上分解为氨和氯化氢，氯化氢与零件表面的氧化膜化合，氧化膜被除去，零件表面洁净，得到活化，加速渗氮过程。氯化铵用量按炉罐容积计，70～90g/m³。也可直接用盐酸（氯化氢）。这种方法多用于不锈钢渗氮。

采用这种催渗方法，废气中的氯化氢与氨在低于 300℃ 的排气管中生成氯化铵粉末，堵塞管道，使气流不畅，应定时疏通。

2. 四氯化碳催渗

在渗氮开始的 1～2h 内，将四氯化碳蒸气同时通入炉罐，在炉内分解出氯，破坏零件表面的氧化膜，起催渗作用。同时在炉内生成甲烷，减少气氛中的氢气含量，减少表面脱碳。

3. 氧催渗

在氨气中加入少量的氧，可加速渗氮过程。例如，40Cr 钢在 520℃ 渗氮时，在氨气中加入体积分数为 4% 的氧气，渗氮速度可提高 1.5 倍。

4. 钛催渗

钛先被氧化为氧化钛，又立即被还原，被还原后又被氧化，起反复催化作用，使渗层表面生成 Fe_3N，而不含脆性的 Fe_4N 及 Fe_2N。气体渗氮时，钛催化方法有活性钛催渗、渗钛催渗和涂钛催渗。活性钛催渗是将电解钛（或蒸发钛）直接加入渗氮罐内，在 600～680℃ 渗氮时，可获得显著的催渗效果。渗钛催渗是零件先渗钛后再进行渗氮，可提高渗氮速度。涂钛催渗是零件表面先涂敷一层钛（也可为锆、钨、铬）的氢化物与盐酸（或甲醇、碳酸铵）的悬浮液，然后渗氮。此外，盐浴渗氮采用含钛的坩埚，也可得到催化效果。

5. 苯胺、吡啶、喹啉等有机化合物催渗

渗氮时，氨气通过有机化合物，将其一部分带入炉内，并消耗一部分氢（生成环乙胺），增加气氛中活性氮原子的分量，加速渗氮过程。

6. 电解气相催渗

渗氮时，在氨通入炉前，先经过含有离子状态催化元素（Cl、F、H、O、H_2O、C、Ti 等）的电解槽，将这些元素带入炉内，通过净化零件表面，促进氨分解或氮原子渗入，或阻碍高价氮化物转变为低价氮化物，加速渗氮过程。对于 38CrMoAl、40Cr、35CrMo、42CrMo 等钢件，可应用含钛或不含钛的两种电解液。前者是：海绵钛 40g 溶于 300mL 浓硫酸中，氯化钠 150g、氯化铵 250g（先加入 150g，其余 100g 分三次加入）、氟化钠 50g、甘油 800mL、蒸馏水 800 mL，然后用氢氧化钠将 pH 值调至 10；后者是：氯化钠 150g、氯化铵 250g（加入方法同前）、氟化钠 50g、四氯化碳 20mL、甘油 800mL、蒸馏水 600mL。电解槽为 5L 带盖的方玻璃缸，阳极为 6 根直径为 20mm 的石墨棒，阴极为 ldm^2 的不锈钢板，电流 7~12A。槽温 ≤80℃。低碳钢用电解液为乙醇 120mL、三氯化钛质量分数为 15% 的水溶液 30mL、甘油 100mL、四氯化碳 10mL，用氢氧化钠水溶液调至 pH 值 12。

六、渗氮工艺方法、目的和应用

1. 强化渗氮

强化渗氮是指工件表面得到强化的一种渗氮方法，通常采用气体渗氮。它是将工件置于含有大量活性氮原子气氛（氨气）的密闭炉中，在一定的温度和压力下，使氮原子渗入工件表面，

随后工件不再进行任何热处理。根据工件的具体技术要求（如硬度、渗层厚度和变形等），可采用一段、二段或三段渗氮。主要目的是提高工件表面的硬度和耐磨性；提高工件抗疲劳强度、降低缺口敏感性；使工件表面具有良好的红硬性和一定的耐腐蚀性。主要用于承受冲击载荷、耐磨性和疲劳强度要求高的各种机械零件及工模具，如高速传动齿轮、高精度磨床主轴及镗杆等；在变向负荷条件下工作、疲劳强度要求高的零件，如柴油机主轴；在工作温度较高和腐蚀性条件下工作，要求变形小、耐磨的零件，如高压阀门、阀杆和某些重要模具等。

2. 抗蚀渗氮

抗蚀渗氮是专门提高工件抗蚀能力的一种方法，其工艺过程与强化渗氮基本相同，只不过是为了有利于化学稳定性高的 ε 相的形成和缩短渗氮时间，它的渗氮温度较高，一般采用 550 ~ 700℃，保温 0.5 ~ 2 h。渗氮后应缓冷，以防止产生脆性层和无抗蚀能力的多孔层。但冷却时亦不宜过缓，否则部分 ε 相转变为 γ' 相，抗蚀性变差，故一般采用油冷。主要目的是：提高工件对水、盐水、蒸汽、潮湿空气以及碱性溶液等介质的抗蚀能力；使工件表面获得美观颜色。主要用于适用于钢和铸铁制造的、在腐蚀性条件下工作的零件，如自来水龙头、锅炉气管、水管阀门以及门把手等；可代替镀铬、镀镍、镀锌以及其他表面处理。

3. 氮碳共渗

氮碳共渗又称"活性渗氮"，分气体氮碳共渗和液体氮碳共渗两种。目前，气体氮碳共渗工艺发展较快，它多采用含碳、氮的有机化合物，如尿素、甲酰胺等，直接送入渗氮罐内，热分解为氮碳共渗气氛，使活性氮、碳原子渗入工件表面。其实质是低温氮、碳共渗过程，只不过是因为加热温度低（不超过570℃），故以渗氮为主。主要目的是提高工件表面的硬度和耐磨性；提高工件抗疲劳强度，降低缺口敏感性；使工件表面具有良好的红硬性和一定的耐腐蚀性。广泛用于处理高速钢刀具、模具、量具、齿轮、摩擦片、曲轴、凸轮轴和丝杠等，可大幅度提高零件或工具的使用寿命。

4. 离子渗氮

（1）离子渗氮工艺特点。利用工件（阴极）和阳极间形成的辉光放电现象，在一定温度下，将含氮气体介质电离后渗入工件表面从而获得表面渗氮层的工艺，称为离子渗氮。与气体渗氮相比，具有气体、能量消耗少，工作环境好，不污染环境，工件表面质量高，生产周期短等优点。在我国，离子渗氮已基本取代中、小型零件的气体渗氮。主要目的是提高工件表面的硬度和耐磨性；提高工件抗疲劳强度，降低缺口敏感性；使工件表面具有良好的热硬性和一定的耐腐蚀性。广泛应用于各种机械零件和工具；可代替其他强化渗氮；采用其他热处理方法强化造成工件变形超差而无法热处理的工件，可采用离子渗氮强化其表面。

（2）离子渗氮过程。离子渗氮炉有钟罩式、井式和卧式。钟罩式离子渗氮炉（图5-7）由于工件摆放方便、观察容易而大量使用。

炉子的主要部分是一个由水套冷却的真空容器，容器内可设置也可不设电阻加热元件，并与真

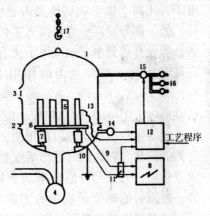

图5-7 典型钟罩式离子渗氮装置
（示意图只表示主要部件）

1. 真空容器 2. O形密封环 3. 窥视孔 4. 1Pa能力的机械真空泵 5. 工件 6. 装料板 7. 支撑绝缘体 8. 直流电源及灭弧装置 9. 接工件电流导线（-） 10. 接地及连接容器的阳极（+） 11. 模拟电网的电流/电压 12. 控制和调节仪表盘 13. 热电偶 14. 真空计 15. 工艺气体控制阀 16. 工艺气体汇流排 17. 炉料和容器运输装置

空机组相连接。在作为阴极的工件和阳极间，供电系统的最高电压是1000V，最大电流为20～1000A。渗氮时的工作电压一般为400～600V，冷炉壁（外壁有冷却水套）的阴极电流密度通常为1mA/cm²。真空排气系统一般采用可使容器真空度达到1Pa的机械式泵即可满足要求。有时为了在渗氮初期把工件表面油脂充分蒸发，也串接扩散泵而使初始真空度达到 10^{-3} Pa。

离子渗氮炉炉壳为阳极，工件为阴极，氨在一定真空度下（1.3×10^{-2}～10^{-3} Pa）和一定的极间电压作用下产生电离。在辉光放电的高压电场作用下，氨被电离成氮正离子、氢正离子及电子，正离子被电场加速轰击表面，一部分转变成热能加热工件，另一部分使离子直接渗入工件或产生阴极溅射。被轰击出来的铁原子和得到电子的氮原子化合成FeN并被吸附在工件表面，在高温和离子继续轰击的作用下，FeN转变成低价的 Fe_2N、$Fe_{2\sim3}N$、Fe_4N、$\alpha - Fe$（N）等。离子轰击产生表面原子溅射，并形成薄（0.05mm）的位错层，促进氮原子扩散，改变了氮原子在表面的吸收，离子溅射作用使工件表面得到净化。在分解成为含氮低的化合物的同时放出活性氮，一部分向工件内部扩散，形成氮化层，另一部分返回重新参加反应，并提高工件表面的氮势，被溅射的铁原子成为有力的"氮载体"，并吸附在工件表面。炉气氛中的受激原子恢复基态或正离子或电子结合成中性的原子时，发出辉光，形成几毫米厚的辉光层包围工件，氢的辉光呈淡蓝色，氮呈紫色，氨呈紫蓝色。

将工件放入离子渗氮炉内，抽真空至1.33Pa左右后通入少量的含氮气体，如氨，至炉压升到70Pa左右时接通电源，在阴极（工件）与阳极间加上直流高压，使炉内气体放电。放电过程中，氮和氢离子在高压电场的作用下冲向阴极表面，产生大量的热把工件加热到所需温度，同时，氮离子或氮原子被工件吸附，并迅速向内扩散，形成渗氮层。保温一段时间，渗氮层达到要求厚度后，断电、停气、降温。一般当工件温度降到低于

200℃后出炉，这样，工件表面无氧化而呈银灰色。

（3）常用结构钢离子氮化工艺见表5-5。

表5-5　常用结构钢离子氮化工艺

钢　号	渗氮规范		渗氮层深度（mm）	表面硬度	
	温度（℃）	时间（h）		HV	HR15N
38CrMoAlA	520	8	0.32	1164	
	540	8	0.32	998~1006	
	560	8	0.35	968~988	
	580	8	0.35	896~914	
18Cr2Ni4WA	450	5~6	0.2~0.25		91~93
	490	16	0.32	670~726	
35CrMo	480	12	0.3~0.35		82~84
42CrMo			0.38~0.62	550~650	
25Cr2MoVA	550	5	0.32	705	
40CrNiMoA	480	10	0.25~0.45		82~86
12CrNi3A	490	6~7	0.15~0.25		≥87
30CrMnSiA	430	3	0.15		84~86
45钢	520	8		260~280	
30Cr3WA	480	15	0.25		93
18CrMnTi	420	2.5	0.10	730	
	460	3	0.15	738	
	500	2	0.09	689	
20Cr	500~520	2	0.25	566~666	
	520~560	10	0.40	524~633	
30CrMoV	450~560	6~7	0.3~0.45	743~967	
40Cr	480	8	0.35	613~633	
	500	8	0.35~0.40	566~593	
	520	8	0.35~0.40	613~633	
	560	8	0.4~0.45	566	

（4）离子渗氮的组织及影响因素。离子渗氮渗层结构与气体渗氮相似。但离子渗氮易于调整工艺参数，获得不同的渗层组织：单一扩散层；γ' + 扩散层；ε + γ' + 扩散层；ε + 扩散层。

影响离子渗氮层的主要因素有：

①温度。随着温度的升高，渗层厚度增加，在 570 ~ 600℃ 达到极大值。随着温度的升高，ε 相的数量减少，γ' 相的数量增多；

②时间。随着时间的延长，渗氮层的成分会发生变化。由于 ε 相在氮离子的不断轰击下，热稳定性降低而易于分解，所以，ε 相减少，γ' 相增多。在适当长的时间内，可获得最大厚度的 γ' 相层；

③气体成分。离子渗氮使用纯氨、纯氮、氮气和氢气等多种气体。使用纯氮的效果不如氮气和氢气好。而氮气和氢气的混合比例不同，渗层表面氮含量不同，渗层表面相成分就不同。通过调节氮气和氢气的混合比例，就可获得不同氮含量的渗层。氨气中氮与氢的摩尔分数分别是 25% 和 75%，但用氨气渗氮比用摩尔分数为 25% 氮气和 75% 氢气的混合气渗氮所获的表面氮含量高。不过，使用纯氨时，由于氨的分解率不易控制，气氛中的氮势不稳定。

④炉气气压、辉光放电电压和电流密度。在一般离子渗氮炉中，气压、电压与电流密度是互有牵制的因素。在气压一定时，随着电压的升高，电流密度升高；在电压一定时，炉气气压对辉光层厚度有影响。对于不同形状的工件，应选择相应的气压以获得均匀的渗层。例如，对于小孔和槽的渗氮要采用较高的气压。

（5）离子渗氮层的性能。

①硬度。离子渗氮的渗氮层中，各含氮相的硬度与气体渗氮相同，但由于这些相的分布状态不完全相同，因而两者的硬度分布不同。

②疲劳强度。渗氮可以提高工件的疲劳强度。疲劳强度随着

渗氮层中扩散层厚度的增加而增加，但增加到一最大值后疲劳强度将不再进一步增加。

③韧性。渗氮层的组织结构不同，韧性不同。根据扭转试验的应力应变曲线上出现屈服现象及产生第一根裂纹的扭转角大小来衡量渗氮工件的韧性好坏。仅有扩散层而无化合物层（白亮层）的渗氮层韧性最好，有化合物层但仅为 γ' 相的次之，具有 $\gamma' + \varepsilon$ 相混合层的最差。

④耐磨性。渗氮层组织结构不同，耐磨性也不相同。对滑动摩擦来说，渗氮层抗滑动摩擦性能随表面氮含量的增加而提高，但当表面含氮量过高，脆性相过多时，耐磨性就会降低。对滚动摩擦而言，与其他渗氮方法相比，离子渗氮的耐磨性最好。这是因为一般离子渗氮层的化合物层氮浓度最低，韧性较好的缘故。

5.　其他渗氮方法（表 5 - 6）

表 5 - 6　其他渗氮方法

渗氮方法	原　理	渗剂（质量分数）	工艺及效果
固体渗氮	把工件和粒状渗剂放入铁箱中，加热保持	由活性剂和填充剂两部分组成。活性剂可用尿素、三聚氰酸（HCNO)$_3$、碳酸胍、{[(NH$_2$)$_2$CNH] · H$_2$CO$_3$}、二聚氨基氰[NHC(NH$_2$)NHCN] 等。填充剂可用多孔陶瓷粒、蛭石氧化铝粒等	520 ~ 570℃，保持 2~16h
盐浴渗氮	在含 N 熔盐中渗氮	（1）在 50% CaCl$_2$ + 30% BaCl$_2$ + 20% NaCl 盐浴中通氨 （2）亚硝酸铵(NH$_4$NO$_2$) （3）亚硝酸铵 + 氯化铵	450~580℃

渗氮方法	原 理	渗剂（质量分数）	工艺及效果
真空脉冲渗氮	先把炉罐抽到 1.33Pa 的真空度，加热到渗氮温度，通氨至 50～70kPa，保持 2～10min，继续抽到 5～10kPa。反复进行	氨	530～560℃
加压渗氮	通氨使渗氮工作压力提高到 300～5000kPa，此时氨分解率降低，气氛活度提高，渗速快	氨	500 ～ 600℃；渗速快，渗层质量好
流态床渗氮	在流态床中通渗氮气氛，也可采用脉冲流态床渗氮，即在保温期使供氨量降到加热时的 10%～20%	氨	500 ～ 600℃；减少 70%～80% 氨消耗，节能 40%
催化渗氮	（1）洁净渗氮法：往渗氮罐中加入 0.15～0.6 kg/m^3 与硅砂混合的 NH_4Cl （2）CCl_4 催化法：开始渗氮 1～2h 往炉罐通 50～100mL CCl_4 （3）稀土催渗法：稀土化合物溶入有机溶剂通入炉罐	氨 + NH_4Cl	500～600℃

续表

渗氮方法	原 理	渗剂（质量分数）	工艺及效果
电解气相催渗	干燥氨通过电解槽和冷凝器再入炉罐	（1）含 Ti 的酸性电解液，海绵钛：5 ~ 10g/L，工业纯硫酸：30% ~ 50%，NaCl：150 ~ 200 g/L，NaF：30 ~ 50g/L（2）NaCl、NH_4Cl 各 100g 饱和水溶液加入 110 ~ 220mLHCl 和 25 ~ 100mL 甘油，最后加水至 1000mL，pH = 1（3）NaCl 400g，25% H_2SO_4 200mL，加水至 1500mL，也可再加甘油 200mL	500 ~ 600℃
高频渗氮	工件置于耐热陶瓷或石英玻璃容器中，靠高频感应电流加热，容器中通氨或工件表面涂膏剂	氨或含 N 化合物膏剂	520 ~ 560℃
短时渗氮	保持适当的氨分解率，适当提高渗氮温度，在各种合金钢、碳钢和铸铁件表面获得 6 ~ 15μm 化合物层	氨	560 ~ 580℃，2 ~ 4h；氨分解率 40% ~ 50%，表面层硬度高

6. 渗氮工艺

具体渗氮工艺见表 5 - 7，38CrMoAl 钢常用的渗氮工艺曲线见图 5 - 8，常用结构钢的渗氮工艺见表 5 - 8。

表 5 - 7　渗氮工艺

工艺名称		目的、作用过程及控制
渗氮前的预备热处理	正火	消除锻造应力，降低硬度，消除不良组织
	调质	获得均匀的索氏体组织，为渗氮作好组织准备
	去应力退火	消除机械加工应力，减小渗氮过程中的变形
渗氮工艺参数	渗氮温度	渗氮温度以 500～530℃ 为宜，渗氮温度愈高，氮化物弥散度愈小，渗氮层的硬度也愈低
	渗氮时间	保温时间增加，有利于扩散进行，经一定时间渗氮后，表面硬度才达到最大值。渗氮温度愈高，获得相同层深所需的时间愈短，当温度一定时，要求的渗氮层愈深，所需时间愈长
	氨分解率	$$氨分解率 = \frac{氢气体积 + 氮气体积}{炉气总体积} \times 100\%$$ 它表示炉内氨气的分解程度。氨分解率的高低，直接影响工件表面吸收氮的速度。实际生产中氨分解率是通过调整氨的流量来控制的。氨的流量越大，在炉内停留时间越短，则分解率越低
常用渗氮工艺	一段渗氮	亦称等温渗氮。是在一个恒定的温度下（480～530℃）进行长期渗氮的过程 等温渗氮表面硬度高，约 1000～1200HV，变形小，脆性低。缺点是周期长（近 80 h），成本高，渗层薄。适用于渗氮深度浅、尺寸精密、硬度要求高的零件
	二段渗氮	二段渗氮是渗氮温度分两段控制的渗氮过程。第一阶段在较低温度（510～520℃）和较低的氨分解率（18%～25%）下，渗氮 15～20h，使工件表面形成弥散度大的氮化物。第二阶段将温度提高到 550～560℃，加速氮原子扩散，增加渗氮层深度。其特点是：表面硬度比等温渗氮低些，变形亦有增大，但比一段渗氮渗速快
	三段渗氮	它是在二段渗氮的基础上发展起来的，其特点是适当提高第二阶段的温度，加速渗氮过程。三段渗氮能进一步提高渗速。但在硬度、脆性、变形等方面都比等温渗氮差

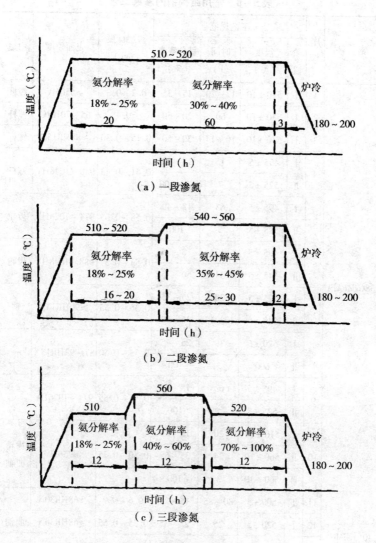

（a）一段渗氮

（b）二段渗氮

（c）三段渗氮

图 5 – 8　38CrMoAl 钢常用的渗氮工艺曲线

表 5 - 8 常用结构钢的渗氮工艺

| 钢 号 | 序号 | 阶段 | 工艺规范 | | | 渗层深度（mm） | 表面硬度 | 用途 |
			温度（℃）	时间（h）	氮分解率（%）			
38CrMoAlA	1	I	510 ± 10	17 ~ 20	15 ~ 35	0.2 ~ 0.3	≥550HV	镗杆
	2	I	530 ± 10	60	20 ~ 50	≥0.45	65 ~ 70HRC	镗杆
	3	I	540 ± 10	10 ~ 14	30 ~ 50	0.15 ~ 0.30	≥88HR15N	镗杆
	4	I	495 ± 5	15	18 ~ 30	0.41 ~ 0.43	988 ~ 1048HV	螺杆
		II	525 ± 5	7	80 ~ 100			
	5	I	495 ± 5	63	18 ~ 40	0.58 ~ 0.65	974 ~ 1026HV	齿轮
		II	525 ± 5	5	100			
	6	I	495 ± 5	17	18 ~ 25	0.53 ~ 0.57	988 ~ 1048HV	齿轮
		II	545 ± 5	34	50 ~ 75			
	7	I	525 ± 5	20	25 ~ 35	0.35 ~ 0.55	≥90HR15N	轴
		II	540 ± 5	10 ~ 15	35 ~ 50			
	8	I	520 ± 5	19	25 ~ 45	0.35 ~ 0.50	87 ~ 93HR15N	—
		II	600	3	100			
	9	I	495 ± 5	63	18 ~ 40	0.58 ~ 0.65	974 ~ 1026HV	
		II	525 ± 5	5	100			
	10	I	510 ± 10	20	15 ~ 35	0.50 ~ 0.75	≥750HV	齿轮 曲轴
		II	560 ± 10	34	35 ~ 65			
		III	560 ± 10	3	100			
40CrNiMoA	11	I	500 ± 5	80 ~ 85	15 ~ 25	0.6 ~ 0.9	≥68HR30N	
	12	I	520 ± 5	25	25 ~ 35	0.35 ~ 0.55	≥68HR30N	曲轴
	13	I	525 ± 5	20	25 ~ 35	0.4 ~ 0.7	≥83HR30N	曲轴
		II	545 ± 5	10 ~ 15	35 ~ 50			

续表

钢 号	序号	工艺规范				渗层深度（mm）	表面硬度	用途
		阶段	温度（℃）	时间（h）	氮分解率（%）			
40Cr	14	I	510±5	55	18~23	0.55~0.60	77~78HRA	齿轮
	15	I	500±5	53	18~40	0.85	493~525HV	齿轮
		II	530±5	5	100			
	16	I	520	10	25~35	0.40	≥37HRA	齿轮
		II	550	10	45~65			
		III	520	12	50~70			
35CrMo	17	I	520±10	60~70	50~60	0.6~0.7	560~680HV	曲轴
42CrMo	18	I	525±5	48	15~20	0.6~0.8	53~58HRC	曲轴
	19	I	525±5	63	18~40	0.39~0.42	493~599HV	曲轴
		II	540±5	5	100			
50CrV	20	I	430±10	25~30	5~15	0.15~0.30		弹簧
	21	I	480±10	7~9	15~35	0.15~0.25		弹簧
12Cr2Ni4A	22	I	500±10	3~5	15~30	0.05~0.1	46~53HRC	轴
18Cr2Ni4A	23	I	490±5	35	18~35	0.43~0.47	690~724HV	轴
	24	II	510±5	10	100			
12CrNi3A	25	I	500±10	53	18~40	0.69~0.72	503~599HV	轴
		II	540±10	10	100			

第三节 渗氮钢预先热处理

由于渗氮是在低温下进行的，变形较小，因此，渗氮在零件加工过程中，大多数是最后一道工序，只有少量精度要求很高的零件，在渗氮后需精磨或研磨（留磨量一般不大于 0.1mm）。为了保证心部的机械性能，在渗氮前必须进行适当的预备热处理。对心部强度要求高的，大多采用调质处理，以获得均匀的回火索氏体组织。对心部强度要求不高时，才允许采用正火处理。

常用合金结构钢的调质工艺可参考表5-9来选择。淬火后的回火温度，可根据心部的性能要求及氮化工艺来确定。为了使组织稳定，一般回火温度应比渗氮温度高10~20℃。调质后的毛坯需进行硬度检查，重要的零件应进行金相及机械性能抽检。调质后不允许有块状游离铁素体存在，如检查不合格，允许返修。

表5-9 结构钢渗氮前的调质热处理工艺

钢 号	调质工艺		调质后的硬度	
	淬火	回火	HBS	HRC
38CrMoAl	940±10℃ 淬油	650±30℃	241~285	—
38CrMoAl	930±10℃ 淬水	630±30℃	269~321	
18CrNiWA	870±10℃ 淬油	560±20℃	302~321	—
18CrMnTi	880±10℃ 淬水	560±20℃		
25Cr2MoVA	930±10℃ 淬油	620±10℃	≥241	
25CrNi4WA	870±10℃ 淬油	560±20℃	302~321	—
30CrMnSiA	900±10℃ 淬油	520±20℃	—	37~41
30Cr3WA	880±10℃ 淬油	560±10℃		33~38
35CrMo	850±10℃ 淬油	560±10℃	≥241	—
35CrNiMo	860±10℃ 淬油	540±20℃	285~321	—
40Cr	860±10℃ 淬油	590±20℃	220~250	
40CrNiMoA	850±10℃ 淬油	560±20℃	331~363	
45CrNiMoA	860±10℃ 淬油	680±20℃	267~277	
50CrV	860±10℃ 淬油	460±20℃	—	43~49

试验表明，调质回火温度对渗氮速度有明显的影响，回火温度越高，索氏体中的碳化物越聚集长大（粗化），有助于提高渗氮速度（表5-10）。但过高的回火温度会使心部强度过多地下降。对于形状复杂、要求精密度高的零件，为了减少渗氮时的变形及稳定尺寸，在机械加工过程中宜进行1~2次去应力回火（稳定回火），回火温度应低于调质回火温度。

表5-10 38CrMoAl钢回火温度对渗氮层深度的影响

回火温度（℃）	回火硬度（HRC）	渗层深度（mm）
720	21~22	0.51~0.58
700	22~23	0.50~0.51
680	24~26	0.46~0.49
650	29~31	0.40~0.43
620	32~33	0.38~0.40
590	34~35	0.37~0.38
570	36~37	0.37~0.38

第四节 渗氮层的相组成物与性能

一、渗氮层相组成物的基本特性

表5-11列出了纯铁渗氮后渗氮层中各组成相的特点。表5-12表明各相的形成顺序。

表 5 – 11　纯铁渗氮后渗氮层各相的基本特点

名称	本质及化学式	晶格类型及晶格常数（nm）	氮的浓度（%）	主要性能
α 相	氮在铁素体（溶有合金元素的 α – Fe）中的固溶体	体心立方 0.2866 ~ 0.2877	室温时仅为 0.004，590℃ 时为 0.11	有铁磁性，硬度高于基体
γ 相	氮在 γ – Fe 中的固溶体（含氮奥氏体）	面心立方	590℃ 时为 2.35；650℃ 时为 2.8	仅存在于共析点之上
γ′相	成分可变的化合物，用 Fe_4N 表示	面心立方 0.3791 ~ 0.3801	5.7 ~ 6.1，当含氮量为 5.9 时，其成分符合 Fe_4N	有铁磁性，硬度较高，脆性小
ε 相	成分可变的氮化物，用 $Fe_{2~3}N$ 表示	密排立方	4.55 ~ 11.0	硬度较高，脆性不大，耐蚀性较好
ζ 相	成分相当于 Fe_2N 的化合物	斜方	11.0 ~ 11.8	脆性大

表 5 – 12　不同温度渗氮层中各相的形成顺序及平衡

状态下的渗氮层中各层次的相组成物

渗氮温度（℃）	相形成顺序	由表及里的渗层相组成物
< 590	$\alpha \to \alpha_N \to \gamma' \to \varepsilon$	$\varepsilon + \gamma' \to \gamma' \to \alpha_N + \gamma'$（过剩）$\to \alpha_\gamma$
590 ~ 680	$\alpha \to \alpha_N \to \gamma \to \gamma' \to \varepsilon$	$\varepsilon + \gamma' \to \gamma' \to (\alpha_N + \gamma')$ 共析体$\to \alpha_N + \gamma'$（过剩）$\to \alpha$
> 680	$\alpha \to \alpha_N \to \gamma \to \varepsilon$	$\varepsilon + \gamma' \to (\alpha_N + \gamma')$ 共析体$\to \alpha_N + \gamma'$（过剩）$\to \alpha$

二、渗氮层的性能

1. 氮化层硬度和耐磨性

氮化层的主要组织是 α 相以及和它共格联系或独立的氮化物。氮对提高 α-Fe 硬度的作用并不显著，只有 γ′ 相和含氮马氏体才有高的硬度。合金元素虽减小氮化层的深度，但能显著地提高表面硬度（图 5-3）。

钢经气体氮化后，表面硬度和耐磨性比其他热处理方法获得的要高。例如 38CrMoAlA 氮化层硬度可达 HV1000～1200，远高于渗碳层的表面硬度，其耐磨性也特别良好。

氮化层的高硬度是由于合金氮化物的弥散硬化作用。氮化物本身具有很高的硬度，而且晶格常数比基体 α-Fe 大得多，因此，当它与母相保持共格联系时，会使母相晶格产生很大的弹性畸变。由于与母相共格的氮化物颗粒周围的弹性畸变应力场的作用，使位错运动受阻，从而产生显著的强化效果。但是，氮化温度不同，生成的氮化物尺寸大小不同，氮化后的硬度也不一样。氮化温度升高，氮化物尺寸长大并和母相共格关系被破坏，硬度便降低。

由多种元素合金化的钢比单一元素的合金钢对基体产生畸变的效果大，它表现为有较高的基体硬度。同时，合金元素又增加了 α 相基体的含氮量，溶解更多的氮原子，使微观应力显著增高，硬度也提高，氮化后的快冷，使过饱和固溶体发生时效，这些都可增加基体的硬度。

一般认为，氮化层的硬度越高，耐磨性也越好。但是硬度并不是衡量耐磨性的唯一标准。对 38CrMoAlA、40Cr、1Cr13 钢氮化层硬度和耐磨性试验的结果表明：38CrMoAlA 和 40Cr 钢氮化层最大的耐磨性与最高硬度不相符，最大耐磨性位于渗层稍内的区域。随着氮化温度的升高和保温时间的延长，这种不相符合的现象更为明显。1Cr13 钢虽然氮化层的硬度较低，但耐磨性比

38CrMoAlA 钢要高。38CrMoAlA 和 40Cr 钢经 620℃ 氮化，比 560℃ 氮化的耐磨性高。看来，耐磨性还与接触面材料、润滑条件、载荷形式和组织状态等有关。

2. 疲劳强度

氮化层不仅具有高的表面硬度、强度，而且由于析出比容较大的氮化物相，使氮化层产生较大的残余压应力。表层残余压应力的存在，能部分地抵消在疲劳载荷下产生的拉应力，延缓疲劳破坏过程，使疲劳强度显著提高。同时，氮化还使工件的缺口敏感性降低。表 5-13 为几种钢材 520℃ 氮化后疲劳强度提高的百分率。

表 5-13 520℃氮化后疲劳强度提高的百分率

钢 号	疲劳强度 提高百分率（%）	
	光滑试样	缺口试样
18CrNiMo	30~35	250~300
18Cr2Ni4WA	25~30	98~130

氮化处理提高疲劳强度的效果随着氮化层的加深而升高，但是，过厚的氮化层表面出现大量脆性 ε 相层，反而引起疲劳强度降低。故以疲劳强度看，对氮化层深度的要求，一般以 0.5mm 左右为宜。

3. 红硬性

氮化层的抗回火能力一般可保持到氮化温度，所以，氮化表面在 500℃ 以下可长期保持高硬度，短时间加热到 600℃，其硬度不降低。氮化层在高温下保持高硬度的性能可用来提高某些在较高温度下工作的零件（如排气阀）的耐磨性。当温度超过 600~625℃ 时，氮化层中弥散分布的氮化物的聚集和基体组织的转变将使硬度降低。

第五节 渗氮件的质量检查、常见缺陷及防止措施

一、渗氮件的质量检查

1. 外观检查

表面色泽均匀，正常颜色是浅灰色或无光泽，允许存在轻微氧化色，如果表面出现黄或蓝等颜色，表明在氮化或冷却过程中零件表面被氧化，一般认为，这种在氮化后期产生的氧化色，只影响零件的美观，对使用性能并无影响；表面不得有亮点、亮块或软点、软块，表面不允许有裂纹、剥落、伤痕、锈迹、花斑等；离子渗氮件表面不得有电弧烧伤。

2. 表面硬度的检查

一般直接在零件上检验，也可以用试样代替，但试样的处理工艺必须完全与零件相同；硬度值应符合图样或技术要求的规定，由于氮化层浅薄，需用维氏硬度或表面洛氏硬度计来测定氮化层的表面硬度。为避免负荷过大而压穿氮化层，负荷过小使测量不精确，应根据硬化层深度来选择负荷，其推荐测试力见表5-14。化合物层的硬度检验用0.50~2 N试验力的显微硬度计检验，日常生产中一般不检验化合物层的硬度。

表5-14 硬化层深度与硬度计负荷的选用

硬化层深度（mm）	试验力（N）
≤0.15	9.806
>0.15，≤0.30	49.03
>0.30	98.06 或 HR15N

对于氮化后还要精磨的零件，可将试样磨去0.05~0.10mm后再检查硬度，能真实地反映实际工件的使用性能。

3. 渗氮层脆性的检验

（1）该项根据 GB 11354—1989 有关规定和参照图谱对应检验。

（2）渗层脆性级别分为 5 级，用维氏硬度计，试验力为 98.07N，缓慢加载（5 ~ 9s 内完成），加载后停留 5 ~ 10s，然后去除载荷。

（3）在放大 100 倍下进行评定，每件至少测 3 点，其中 2 点以上处于相同级别时才能定级，否则重新测定。

（4）渗氮层脆性应在零件工作部位或随炉试样表面检验，一般 1 ~ 3 级合格，重要零件 1 ~ 2 级合格，即压痕边角完整无缺或压痕一边或一角破碎。允许磨去加工余量后在表面测定。

4. 原始组织检查

（1）渗氮前原始组织级别按回火索氏体中游离铁素体数量共分 5 级，参见 GB 11354—1989《钢铁零件渗氮层深度测定和金相组织检验》中的表一和图 1 ~ 图 5 进行检验。

（2）对于大工件，可在表面 2mm 深度范围内检验，在显微镜下放大 500 倍，一般 1 ~ 3 级合格。

（3）表层不允许有脱碳层或粗大的回火索氏体组织。

5. 渗层深度的检验（GB 11354—1989）

（1）渗层深度包括化合物层（白亮层）和扩散层，其深度 D_N 是从表面测到基体组织有明显分界处（或规定的界限硬度值处的垂直距离）。

（2）渗层深度检验用硬度法和金相法进行，质量仲裁以硬度法为准。

（3）硬度法：用维氏硬度计检验，试验力为 2.94N，从试件表面测至比基体硬度值高 50HV 处的界限硬度值的垂直距离，为渗层深度。

①心部硬度值，在 3 倍左右渗层深度的距离处所测的硬度值（至少取 3 点平均值）。

②对于碳素结构钢，界限硬度值的确定原则是：从表面测至比基体硬度值高 30HV 处。也可以用比基体硬度值高 25% 的硬度处作界限值。

③渗层深≤0.10mm 时，不检验硬度梯度，从表面向里面每隔 0.05mm 测 1 点，第 1 点和表层硬度值差不大于 200HV，以后两点间硬度值不大于 60HV。

④检验步骤和结果表示遵守 GB 9450—1989《钢件渗碳淬火有效硬化层深度的测定和校核》、GB 9451—1988《钢件薄表面总硬化层深度或有效硬化层深度的测定》的规定。

（4）金相法。

①渗氮层深度：按 GB 11354—1988《钢铁零件渗氮层深度测定和金相组织检验》图 6～图 10 规定进行对照检验，放大 100～200 倍，即从试样表面沿垂直方向测到与基体组织有明显分界处的距离即为渗氮层深度。

②当无法确定分界处的位置时，可将试样在 750℃加热，按 1.5min/mm 保温后水淬，利用原始组织和渗氮层组织的 A_1 点转变温度的不同，淬火后在心部和渗层间出现一亮带（淬火马氏体），即明显测出渗氮层深度。

③当用金相法难于准确判断渗层深度时，可用试验力 0.1N 的显微硬度法仲裁。

④表层化合物层深也用金相法测定，化合物层一般大于 0.02mm。

⑤渗层中不允许有粗大网络状氮化物，不允许氮化物呈块状或鱼骨状，渗层中不允许出现游离铁素体。

6. 畸变检验

（1）工件的弯曲、翘曲、圆度、胀缩量应符合图样和技术要求，应允许磨削后畸变量达到图样规定要求。

（2）渗氮件一般不用矫正法解决畸变问题，因氮化物层薄而脆易剥落，但在工艺许可且不影响质量的前提下，可以进行冷压矫直或热矫直，但矫后应去应力和探伤。

7. 抗蚀性检验

耐蚀性的优劣取决于 ε 相层的厚度和致密度。致密区厚度通常应在 $10\mu m$ 以上。

（1）对有抗蚀性能要求的零件应进行抗蚀检验，表层，ε（$Fe_{2\sim3}N$）需相应完整、连续厚度均匀。

（2）将试样或零件浸泡在质量分数为 $6\% \sim 10\%$ 的 $CuSO_4$ 水溶液中 $1\sim2min$，取出待表面干燥后观察表面，无铜的沉淀出现时，一般认为合格。

8. 取样要求

（1）试样检验发现有质量问题时，应复验实物，仲裁时以实物测试数据为仲裁依据。

（2）试样应垂直于渗层表面切取，在磨削和抛光过程中，检测表面不允许过热，边缘不允许倒角和剥落。

（3）检验脆性的试样，表面粗糙度小于 $R_a0.32\mu m$ 时，不允许把化合物层磨掉。

二、常见缺陷及防止措施

渗氮件的常见缺陷有热应力、组织应力导致的变形；金相组织中的网状、脉状与鱼骨状氮化物；渗层浅，硬度偏低；表层出现 ζ 相（Fe_2N），脆性大；表面腐蚀或有明显氧化色等。缺陷的产生原因及防止措施见表 5 – 15。

表 5 – 15　渗氮常见缺陷的产生原因及防止措施

缺陷类型	产生原因	防止措施
渗氮层硬度低或硬度不均匀	渗氮温度偏离，采用第一段氨分解率过高或渗氮罐与通氨管久未退氨，启用新渗氮罐	经常校验仪表、热电偶，防止电位差计失灵，氨分解率取下限，渗氮马弗罐与通氨管退氨，新马弗罐应经过预渗，使分解率平衡控制

续表

缺陷类型	产生原因	防止措施
渗氮层硬度低或硬度不均匀	工件未洗净，表面有油渍，调质硬度低；材料组织不均匀；密封不良，炉盖等处漏气；装炉不当，气氛循环不良，局部防渗锡层流淌	洗净油污；降低回火温度，提高调质后的硬度；调整预备热处理工艺；更换石墨石棉垫，加强密封合理装炉，保证气流畅通，改用其他防渗涂料
渗氮层厚度浅	温度（尤其是两段渗氮的第二段温度）偏低，保温时间短；渗氮马弗罐久未退氮或换新；第二段氨分解率低；装炉不当，零件未经调质处理；零件靠得太近，气氛循环不良	适当提高温度，校正仪表及热电偶；酌情延长时间；清除内壁污垢，退氮，最好改用搪瓷马弗；提高氨分解率；合理装炉，保证零件间留有 5mm 以上空隙，通过调质处理使基体组织形成均匀致密的回火索氏体
渗氮层脆性大	表面出现 ζ 相（Fe_2N）	渗氮后将氨分解率提高到70%以上，于 500～570℃，保温 2～4h，通过退氮使 $\zeta \rightarrow \varepsilon$（$Fe_{2\sim3}N$）
渗氮件变形超差	机加工产生的应力较大，零件尺寸大，形状复杂；局部渗氮或渗氮面不对称；渗氮层较厚时因比热容大而产生较大组织应力，导致变形；渗氮罐内温度场不均匀度大；零件自重的影响或装炉方式不当	粗磨后去应力处理，精磨进给量减小，采用缓慢、分阶段升温法减低热应力，即 300℃ 以上每 100℃ 保温 1h。渗氮之后冷却速度也尽量降低一些；改进设计，避免不对称；局部渗氮时加热与冷却速度应降低；胀大部位采用负公差，尺寸取下限，反之则尺寸取上限，选择合理的渗层厚度，防止过厚；改进电热体布置，深井炉分段控温，强化循环；长杆件吊挂时必须与轴中心线平行（垂直于端面），必要时设计专用卡具吊具

缺陷类型	产生原因	防止措施
表面氧化色	冷却时供氨不足，罐内负压而吸入空气；渗氮罐与炉盖处密封不好；干燥剂失效，氨中含水过多；出炉温度过高	适当增大氨流量，保证罐内正压；改进密封措施；更换干燥剂；炉冷至200℃以下出炉
表面腐蚀	氯化铵（或四氯化碳）加入量过多，挥发太快	除不锈钢气体渗氮外，其余钢件不应采用此种收效甚微的方法；采用时用量不可高，并应与石英砂混和以防分解，挥发太快
渗氮形成网状、脉状或鱼骨状氮化物	渗氮温度太高，原始组织晶粒粗大，零件有尖角、锐边，表面脱碳严重	酌量降低并严格控制温度，调质时淬火温度过高，应降低，改进设计，尽量避免尖角、锐边，调质处理的淬火工序应在充分脱氧的盐炉或保护气氛炉中进行，或表面脱碳层在机加工时能完全切除
	加工粗糙度高	渗氮前的磨削加工后期进给量减小，提高光洁度
	液氨含水量太高 气氛氮势过高	干燥剂应定时烘烤或更换 控制氨分解率，勿使氮势过高
渗氮件表面有亮块、亮点,硬度不均匀	罐内温差大 进氨管堵塞 零件表面有油污 装炉量太大	改进设备，使有效加热区温差减小 清理、疏通 清洗去污 合理装炉
化合物层不致密抗蚀性差	氮浓度低，化合物层偏薄 冷却速度太慢，氮化物分解造成疏松层偏厚 零件锈斑未除净	氨分解率不宜过高 冷速适当调整 入炉前应除净锈斑

缺陷类型	产生原因	防止措施
表面裂纹	形状复杂的工件可能出现裂纹，如套筒、齿轮、有棱角的工件	设计考虑要倒圆角；渗氮温度适当提高；先消除应力再渗氮；装夹工件时，要留一定的间隙

三、缩短渗氮周期的方法

由于氮化工艺周期长、生产率低、表层脆性大等原因，限制了氮化的广泛使用。为了提高大型机床主轴等大件的耐磨、抗疲劳性能而进行的渗氮，周期往往长达 100h 以上。缩短氮化周期、提高氮化件质量是热处理工作者关注的技术问题，采取下列措施可取得明显的效果。

1. 采用新型渗氮钢

（1）含形成稳定氮化物的合金元素的渗氮钢。金属氮化物的稳定性按如下顺序递增（以金属元素为序）：

$$Ni \rightarrow Co \rightarrow Fe \rightarrow Mn \rightarrow Cr \rightarrow Mo \rightarrow V \rightarrow Nb \rightarrow Ti \rightarrow Zr$$

ZrN、TiN 和 VN 弥散度高，在 650℃以上才开始聚集。含钛 2% 左右的渗氮钢有 30CrTi2 和 30CrTi2Ni3AlA 等，实践证明，Ti/C 为 6.5 ~ 9.5 都有良好的效果。用上述钢种制成的零件在 $600 \pm 10℃$ 渗氮 6h，可获得 0.35 ~ 0.45mm 的渗层，渗氮层硬度为 900 ~ 1000HV_{10}。

采用含钛渗氮钢能成倍地缩短周期，其原因是允许在比通常渗氮温度高出 50 ~ 100℃ 的温度渗氮，因此，扩散过程显著加速。

（2）沉淀硬化型渗氮钢。这类钢的基体硬度因沉淀硬化而显著提高（ > 35HRC）。基体硬度对渗氮层有效硬化层深度的影响很大，以 38CrNi2MoA 及 40CrMnMo 钢为例，当基体硬度不同时，测量至 82HR_{15N} 为止的深度可相差几倍（表 5 - 16）。

表 5 - 16   基体硬度对渗氮层硬化区厚度的影响

钢号	基体硬度（HRC）	由表面测至 82HR$_{15N}$ 处的渗氮层深度（μm）	钢号	基体硬度（HRC）	由表面测至 82HR$_{15N}$ 处的渗氮层深度（μm）
38CrNi2MoA	22 ~ 23	100 ~ 110	40CrMnMo	21 ~ 23	90 ~ 100
	25 ~ 26	170 ~ 180		26 ~ 28	160 ~ 170
	31 ~ 32	320 ~ 330		33 ~ 35	270 ~ 280
	36 ~ 37	> 500		36 ~ 37	330 ~ 340

2. 缩短换气时间

传统方法是用氨替换马弗罐中的空气，直至氨气的体积百分数达到 80% ~ 90%，亦即氧含量为 2% ~ 4% 再开始升温。氨在标准状态下的密度（0.771g/L）比空气（1.293g/L）小得多，换气效率低，马弗罐容积大于 1m³ 时，通常费时 8h 以上。改用与空气密度相近的氮（1.253 g/L）代替氨，气体分析仪测定罐中剩余的氧，可将换气时间缩短 1/2 ~ 2/3。

3. 通氧氮化

长期以来，氮化时的活性氮原子是通过氨气的分解获得的，而氨分解时会产生大量的氢。渗氮剂的活度决定着氮化能力，渗氮剂的活度可用下式表示：

$$\alpha_N = \frac{K \cdot P_{NH_3}}{P_{H_2}^{3/2}}$$

式中，K 为平衡常数，P_{NH_3}、P_{H_2} 分别为氨、氢混合气体中氨和氢的分压。由上式可见，氨气分解时，氢的分压越大，气体的氮化能力越小。为了减小氢气对氮化的阻碍作用，使反应向提高氮化能力的一方推进，可在氨气中通入少量氧气（一般是每 100L 氨中加 1 ~ 6L 氧），可使氮化速度比普通氨气氮化提高两倍，而且表层不出现脆性 ε 相，提高渗层质量。

当气氛中有氧存在时，氨必然是部分地与氧发生反应。升温至 450℃ 以上时从排气口发现积水，就是因为存在氨的氧化反应。

氨在 207℃ 以上比氢的还原性还要强，因此，不必担心渗氮件被氧化。即使在空气含量过半的低温（即直接升温初期）时被氧化，也必然在达到渗氮温度之前被氨和氢还原（表5－17）。

表 5 –17 预氧化对渗氮的影响

处理方法	渗氮层厚度（μm）	距表面不同距离处的硬度（HV_{10}）				
		0（表面）	0.02mm	0.05mm	0.07mm	0.10mm
未氧化→渗氮	450 ~ 500	—	960 ~ 974	920 ~ 933	882	894
400℃氧化→渗氮	450 ~ 500	946 ~ 988	974 ~ 1003	946 ~ 974	960 ~ 974	946 ~ 960
碱性发蓝→渗氮	>450	974	933 ~ 974	882	894 ~ 927	882

4. 采用组合气氛

以氨为单一渗剂渗氮时速率不高。氮－氨、氢－氨或炉外热分解氮与氢组成的氮－氢－氨混合气氛，都能不同程度地提高渗氮的速率。例如 38CrMoAlA 钢以 30% NH_3 + 70% N_2、20Cr 与 40Cr 钢以 10% NH_3 +90% N_2 为渗氮剂时，γ' 相层的厚度为以氨为渗剂时的两倍。对于基体材料中含碳大于 0.6% 的工件，为了抑制渗层脆性和缩短周期，甚至可用 5% NH_3 + 95% N_2 的渗剂。要求得到没有 ε 相的渗氮层，可用氢或氨的分解产物来稀释氨气。

5. 表面活化法

此法仅对不锈钢、耐热钢渗氮件有效。这些钢含有 13% ~ 28% Cr，零件表面易形成厚度为 5 ~ 20Å 的致密 Cr_2O_3 薄膜。极稳定的 Cr_2O_3 钝化膜使活性氮原子几乎无法穿透，必须予以去除才能达到建立渗氮层的目的。为此，可采取以下几种表面活化方法。

（1）预磷化处理。表面磷化时破坏了钝化膜并形成疏松多孔的磷化膜，可杜绝新钝化膜的形成，而且有利于氮原子的吸附和扩散。

（2）氯化铵法。按渗氮马弗罐容积和渗氮周期的长短，以 $0.15 \sim 0.6 kg/m^3$ 的加入量与石英砂混合（$NH_4Cl : SiO_2 \approx 1 : 200$），置于马弗罐底部。渗氮过程中，氯化铵缓慢分解而产生的氯化氢可破坏钝化膜：

$$Cr_2O_3 + 6HCl \rightarrow 3H_2O + 2CrCl_3$$

在有微量水蒸气存在时，氯化氢更容易与金属氧化物反应而形成 $FeCl_3$、$TiCl_4$ 等金属氯化物。它们所含的氯易被活性氮原子所置换而形成氮化物（渗层相组成物）。与此同时，释放出能破坏钝化膜的氯气：

$$4FeCl_3 + [N] \rightarrow Fe_4N + 6Cl_2$$
$$2Cr_2O_3 + [N] \rightarrow Cr_2N + 3Cl_2$$

（3）四氯化碳强化法。开始渗氮的 $1 \sim 2h$ 内，在通氨的同时，将 $50 \sim 100 mL CCl_4$ 徐徐滴入马弗罐中，使四氯化碳热分解而产生的氯气破坏钝化膜。

6. 电解气相催渗氮化

电解气相催渗氮化法是在氨气进入氮化罐之前，先通过一个密封的电解槽，通电电解时，产生于阴阳两极的气相生成物被氨气一并带进氮化罐内，以促进氮化过程的进行。

第六节　典型渗氮工艺

一、车床变速箱带拨叉齿轮的氮化处理

工件如图 5-9 所示，齿轮模数为 6，材质为 38CrMoAlA。技术要求：调质 250~280HB，齿部及 33H11 槽部氮化，层深为 0.40~0.50mm，硬度为 850~950HV。

该件是车床主轴变速箱中的一个组成零件，齿轮工作时齿部需要有很高的耐磨性及一定的强度，心部要有一定的韧性。采用

调质氮化处理，该件的工序为调质→机械加工→去应力退火→机械加工→气体氮化。由于 38CrMoAlA 氮化后有一层脆性氮化层，所以，要求氮化前零件留有加工余量 0.03～0.05mm。

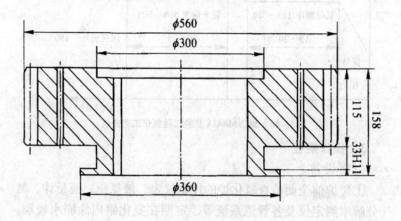

图 5 - 9 带拨叉齿轮

1. 调质

机加车间粗加工后（各部留量 5mm）进行调质，调质的目的是为了防止渗层中出现针状氮化物，保证渗氮件心部具有必要的力学性能，消除内应力，为渗氮提供良好的原始组织并减少尺寸变化。调质时应选择适当的淬火介质，保证不出现游离铁素体。实践证明，工件表层获得单一索氏体，有助于提高渗氮层厚度和降低脆性。

该件在半精加工后进行了一次去应力退火，处理温度高于渗氮温度，高出 30℃左右。去应力退火可显著减少渗氮后的变形和尺寸变化。另外，调质的回火温度不仅明显影响调质后的力学性能，而且对渗氮层厚度也有明显的影响。调质后的硬度为 HB255～260；去应力退火处理温度为 560℃，保温 4.5h。

2. 氮化工艺曲线（图 5 – 10）

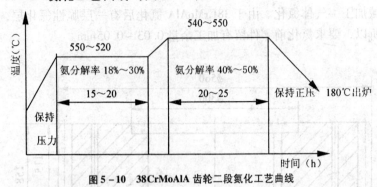

图 5 – 10　38CrMoAlA 齿轮二段氮化工艺曲线

3. 操作规程

（1）设备。

①装炉前全面检查氮化炉的控制仪表、液氨瓶、流量计、氨气分解率测定仪及各管道系统等，定期在氮化罐内涂刷水玻璃，以保证设备的正常使用。

②干燥剂用焙烧过的氧化钙，效果较好。

③渗氮介质用含水小于 0.2% 的液氨。

（2）零件。

①查清工艺图纸，对工艺图纸中要求防渗的部位清洗后，采用防渗剂防护。

②检查零件表面粗糙度（$R_a \leqslant 1.6\mu m$）及有无磕碰划伤、锈蚀等。

③认真清洗零件，吊装入炉时再用清洁汽油擦净，以保证零件的清洁度。

④试样的材质及预先热处理与零件相同，清洗后装入炉中有代表性的位置处。

（3）操作方法及注意事项。

①渗氮操作应严格按工艺执行，渗氮温度以罐内温度为准。

②将已清洗干净的零件连同试样吊入渗氮罐内，并密封好，

同时接通供氨、排气及控制系统。

③升温前先检查炉子是否漏气，然后通氨进行排气。为缩短氮化周期，可采用大流量，也可采用边排气边升温，但应在200℃内排完，以免零件氧化。

④用氨气分解测量仪测量炉内气氛，当氨气含量大于95%时即可减少氨流量，保持炉内正压（如炉内还装有易变形零件，可采用阶梯升温方法）。

⑤当炉温达到工艺规定之渗氮温度时，调节氨流量，使氨分解率达到18%～35%，并开始计算保温时间。

⑥当氨气分解率达到18%左右时，即可点燃废气以保护环境。

⑦每隔15～30min记录一次温度、压力和氨分解率数值，以便掌握氮化工艺情况，供分析质量时参考。

⑧为降低渗层脆性，应进行退氮处理，此时应关闭出气口，只通少量氨气以保持炉内正压。

⑨退氮处理完毕后，断电降温，并继续通入少量氨气，维持炉内正压。降温时，按零件技术要求，可采用吊罐快冷或随炉缓冷，待罐温降到180℃以下出炉。

⑩零件出炉后要防止碰撞（如同炉装有细长零件则需吊挂冷却）。

4. 检查

硬度为 HV980～1000，层深为 0.40～0.48mm，脆性为 2 级。

二、车铣床主轴箱Ⅲ轴及轴上小齿轮的热处理工艺

主轴箱Ⅲ轴是一个齿轮轴，工作时的转速为 0.55～1400 r/min。在Ⅲ轴上有一个小齿轮，工作时通过油缸调整小齿轮的位置以消除传动链间的间隙。设计采用 38CrMoAlA 钢加工Ⅲ轴与轴上小齿轮，要求调质硬度HB250～280，齿部氮化，层深0.40

~0.45mm，硬度大于 HV900，加工工序为：下料锻造→正火→粗加工→调质→机加→时效→机加→氮化。

为防止 38CrMoAlA 钢在氮化时产生脆性 ε 相，对已加工到尺寸的 φ122t7 轴颈及齿轮 φ122H7 内孔用工装防护，测量氮化前后Ⅲ轴 φ122t7 轴颈与轴上小齿轮 φ122H7 内孔尺寸，在防护工装内放入 38CrMoAlA 钢氮化试样。轴氮化前尺寸为 φ122 - 0.045，氮化后尺寸未变；齿轮内孔氮化前尺寸为 φ122 + 0.005，氮化后测量齿端内孔键槽两侧尺寸为 φ122 + 0.015，垂直键槽处的尺寸为 φ122 + 0.01，另一薄壁端键槽两侧尺寸为 φ122 + 0.055，垂直键槽处的尺寸为 φ122 + 0.03。氮化工艺曲线见图 5 – 10。

Ⅲ轴与小齿轮配合处、齿轮内孔氮化时做防渗处理，见图 5 – 11 和图 5 – 12。螺纹及齿侧与防护工装接触处涂满防渗剂，防渗胎空刀处、螺纹处、螺母及垫周边涂满防渗剂。

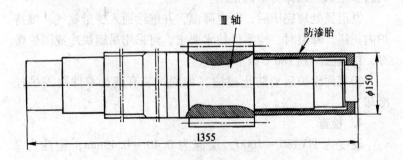

图 5 – 11　Ⅲ轴与小齿轮配合处防渗示意图

取出随炉氮化试样及防护工装内试样进行金相检测，随炉试样层深 0.49 ~ 0.52mm，工装内试样微有氮化层，没有 ε 相；齿、轴间隙在 0.06 ~ 0.10mm 之间，符合技术要求的间隙范围（0.043 ~ 0.123mm）。

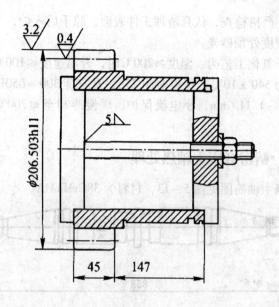

图 5 - 12 齿轮氮化时内孔防渗图

三、齿轮的离子氮化工艺

齿轮材料为 35CrMoV，单件重量为 1600kg，轮廓尺寸：$\phi995/\phi245 \times 985$，$Mn = 4$，$Z = 237$，$\beta = 16° \ 15'37''$。技术要求：氮化层深度 $\geqslant 0.3mm$，硬度 $\geqslant 502HV$。工件、试块检验硬度处预砂光，装配后入炉。

离子氮化工艺为：温度 $\geqslant 200℃$ 时，升温速度 $\leqslant 100℃/h$，氮化温度为 $550 \pm 10℃$，保温时间 30h，真空度 $350 \sim 650Pa$，氨气流量 $0.9 \sim 1.1L/min$，小电流保护，缓慢冷却至 $\leqslant 200℃$ 停炉充氨。

四、中间大齿轮离子氮化工艺

中间大齿轮材料为 35CrMo，单件重量为 146kg，轮廓尺寸：$\phi867/\phi160 \times 60$。技术要求：氮化层深度 $\geqslant 0.3mm$，硬度 $\geqslant$

48HRC。严格检查，认真清理工件表面，晾干后入炉，工件、试块检验硬度处预砂光。

离子氮化工艺为：温度≥200℃时，升温速度≤100℃/h，氮化温度为540±10℃，保温时间25h，真空度300～650Pa，氨气流量0.9～1.1L/min，小电流保护，缓慢冷却至≤200℃停炉充氨。

五、精密磨床主轴热处理

磨床主轴简图见图5－13，材料为38CrMoAlA。

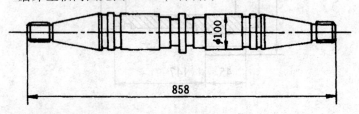

$\phi 100$

858

图5－13　磨床主轴简图

技术要求：渗氮层深0.4～0.6mm；渗氮层硬度＞900HV。

工艺线路：锻造→正火→粗车→调质→精车→粗磨→渗氮→精磨。38CrMoAlA钢脱碳倾向严重，各道工序必须留有较大的加工余量。

工艺分析：正火温度890℃，消除锻造应力和组织不均匀性，为调质作好准备。

调质：淬火温度930℃，保温时间（使铁素体充分溶解于奥氏体中）由炉子类型确定。然后在油或热水中冷却，淬火后的硬度为45～50HRC。高温回火温度为600～650℃，保温4h，在水或油中冷却。检查样品的显微组织，调质后中心游离铁素体数量不应多于5%；保证渗氮前组织为细小均匀的索氏体，硬度在24～35HRC。

精车留外圆磨量0.9～1.0mm，然后在580℃进行回火（保温时间 6h）。粗磨（渗氮段留精磨量 0.06 ~ 0.08mm）后渗氮。

渗氮工艺曲线见图 5 - 14。

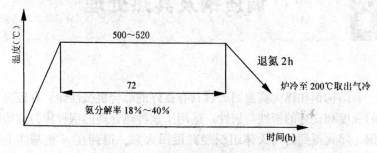

图 5 - 14　磨床主轴等温渗氮工艺

质量检验：硬度 900 ~ 1050HV；渗氮层深度 0.40 ~ 0.60 mm；脆性 1 ~ 2 级；变形 ≤ 0.06mm。

第六章 调质钢及其热处理

结构钢在淬火高温回火后具有良好的综合机械性能，有较高的强度和良好的塑性与韧性。适用于这种热处理的钢种称为调质钢，淬火得到的马氏体组织经高温回火后，得到在 α 相基体上分布有极细小的颗粒状碳化物。它的显微组织根据含有不同合金元素而引起的回火稳定性的差别和回火温度，可得到回火屈氏体或回火索氏体组织，其主要区别在于基体 α 相是否完全再结晶和碳化物颗粒聚集长大的程度。调质钢的强度主要取决于 α 相的强度和碳化物的弥散强化作用。

第一节 常用调质钢

一、调质零件对力学性能与淬透性的要求

一般调质零件均要求具有好的综合力学性能，即要求强度和韧度有良好的配合。既要有足够高的抗拉强度、屈服点、疲劳强度，同时还应具有足够的冲击韧度，以保证其安全可靠地工作。

调质钢要获得良好的力学性能，前提是整体淬火时心部要保证得到马氏体或下贝氏体组织。因此，调质效果与其淬透性有着密切的关系。

调质钢在完全淬透的情况下，经高温回火到相同的硬度时，它们的力学性能，如强度、塑性和韧度等都差不多。如果 45 钢和 40Cr 钢都完全淬透并回火至同一硬度的话，它们的强度、塑性和韧度等都大致相同。但是，如果不完全淬透，即使回火后的

硬度与完全淬透后回火的相同，其强度、塑性和韧度等力学性能都要低些，其降低程度随淬透程度的减少而增大。因此，从理论上讲，调质件淬火时希望能淬透，即整个截面都得到马氏体组织和高的硬度。但是实际生产中，由于工件尺寸和热处理工艺条件的影响，往往不可能淬透，应区别不同情况，提出不同的要求。

（1）调质件根据所承受的应力不同，对淬透层深度的要求也不同。工作时整个截面均匀承受载荷的重要零件，要求心部至少有50%的马氏体；承受较大拉应力作用的零件及特别重要的零件，淬火时应完全淬透。例如发动机的连杆螺栓，由于是单向均匀受拉、压或剪切应力，要求心部在淬火后有95%以上的马氏体。

（2）某些主要承受扭转和弯曲应力作用的零件，工作时内应力集中在表层，表层承受弯曲、扭转等复合应力的作用，应力在这类零件的截面上分布是不均匀的，最大应力只发生在轴的外缘，而其中心受力很小，因此，没有必要使零件心部淬透，其淬透层深度可为零件半径的1/2～1/4。

（3）尺寸较大的重要零件往往选用高淬透性钢。对于尺寸较大的碳素钢和低合金钢调质件，由于尺寸超过该材料可淬透的范围，故这类工件在淬火和高温回火后，不仅不可能在整个截面上得到回火索氏体组织，甚至淬火后表层也得不到马氏体，硬度也不高。但是在水中或油中冷却时，沿工件截面上各点的冷却速度毕竟较空气中冷却（正火）或炉中冷却（退火）时来得快。从钢的奥氏体连续冷却转变曲线看出，大型工件调质处理所得的组织较正火或退火的要细致，力学性能相对来说也比较好。因此，许多大型工件的最终热处理往往选用调质处理或者是正火＋高温回火。一般在保证得到零件所要求的力学性能的条件下，最好采用正火＋高温回火，因为这种方法所产生的内应力较调质处理小，而且工艺简单。但当零件力学性能要求较高、零件尺寸又太大时，为了避免或减少游离铁素体的析出，采用调质工艺较为合适。处理时为了防止淬裂，工艺上应采取相应的措施，如采用油淬或水淬空冷相间冷却的方法等。

二、调质钢的化学成分

淬火和随后的高温回火叫调质处理，结构钢在淬火成马氏体并在 $500 \sim 650℃$ 回火后，具有强度、塑性及韧性的良好配合，很多机械零件是经过淬火及高温回火后使用的。调质钢经调质处理后的组织为回火索氏体，这种组织具有较高的 σ_b、$\sigma_{0.2}$、σ_{-1}、δ、ψ、α_k、K_{Ic} 等，脆性转折温度也很低。这种组织是在铁素体基体上均匀分布着粒状碳化物，粒状碳化物起弥散强化作用，溶于铁素体中的合金元素起固溶强化作用，保证了钢具有较高的屈服强度和疲劳强度；这种组织均匀性好，减少了裂纹在局部薄弱地区形成的可能性，可以保证有良好的塑性和韧性；铁素体是从淬火马氏体转变而成的，晶粒细小，使钢的冷脆倾向性大大减小。

由于热处理生产技术的不断发展，调质钢的热处理已不仅局限于调质处理，根据不同的性能要求，还可采用正火、表面淬火、等温淬火、淬火和中温回火、淬火和低温回火、化学热处理等工艺。

调质钢的含碳量一般为 $0.25\% \sim 0.5\%$。含碳量过低碳化物数量不足，弥散强化作用小，强度不足；含碳量过高则韧度不足。一般说来，如果零件要求较高的塑性与韧性，则用含碳量低于 0.4% 的调质钢；如果要求较高的强度与硬度，则用含碳量高于 0.4% 的调质钢。

调质钢中，加入的元素有主加元素，如 Mn、Si、Cr、Ni、B，目的是增大钢的淬透性。全部淬透零件在高温回火后可获得高而均匀的综合力学性能，特别是高的屈强比。除硼外，这些元素都显著强化铁素体，并在一定含量范围内还能提高钢的韧性。而辅加元素是 W、Mo、Ti、V 等，起细化晶粒，提高回火抗力的作用。W 和 Mo 还起防止第二类回火脆性的作用。

　　根据淬透性，可将常用调质钢大致分为低淬透性、中淬透性和高淬透性。低淬透性调质钢的合金元素总量小于 2.5%，油淬临界直径为 20~40mm，调质后抗拉强度一般为 800~1000MPa，屈服强度为 600~800MPa，冲击韧性为 60~90J/cm²。常用低淬透性调质钢的化学成分见表 6-1。中淬透性调质钢的油淬临界直径为 40~60mm，调质后抗拉强度一般为 900~1000MPa，屈服强度为 700~900MPa，冲击韧性为 50~80J/cm²。常用中淬透性调质钢的化学成分见表 6-2。高淬透性调质钢的油淬临界直径为 60~100mm，调质后抗拉强度一般为 1000~1200MPa，屈服强度为 800~1000MPa，冲击韧性为 60~120J/cm²。常用高淬透性调质钢的化学成分见表 6-3。

表 6-1　常用低淬透性调质钢的化学成分

| 钢 号 | 化学成分（质量分数%） | | | | | |
	C	Si	Mn	Cr	V	B
45	0.42~0.50	0.17~0.37	0.050~0.80			
40Mn2	0.37~0.44	0.20~0.40	1.40~1.80			
45Mn2	0.42~0.49	0.20~0.40	1.40~1.80			
42Mn2V	0.38~0.45	0.20~0.40	1.60~1.90		0.07~0.12	
35SiMn	0.32~0.40	1.10~1.14	1.10~1.14			
40B	0.37~0.44	0.20~0.40	0.60~0.90			0.001~0.004
40MnB	0.37~0.44	0.20~0.40	1.10~1.14			0.001~0.0035
40MnVB	0.37~0.44	0.20~0.40	1.10~1.14		0.05~0.01	0.001~0.004
40Cr	0.37~0.45	0.20~0.40	0.50~0.58	0.80~1.10		
40CrSi	0.37~0.45	1.20~1.60	0.30~0.60	1.30~1.60		
40CrV	0.37~0.44	0.20~0.40	0.50~0.80	0.80~1.10	0.10~0.20	
50CrV	0.47~0.54	0.20~0.40	0.50~0.80	0.80~1.10	0.10~0.20	

表 6 – 2　常用中淬透性调质钢的化学成分

钢　号	化学成分（质量分数%）					
	C	Si	Mn	Cr	Mo	其他
35CrMo	0.32 ~ 0.40	0.20 ~ 0.40	0.40 ~ 0.70	0.80 ~ 1.10	0.15 ~ 0.25	
42CrMo	0.38 ~ 0.45	0.20 ~ 0.40	0.50 ~ 0.80	0.90 ~ 1.20	0.15 ~ 0.25	
35CrMoV	0.30 ~ 0.38	0.20 ~ 0.40	0.40 ~ 0.70	1.00 ~ 1.30	0.20 ~ 0.30	V0.10 ~ 0.20
40CrMn	0.37 ~ 0.45	0.20 ~ 0.40	0.90 ~ 1.20	0.90 ~ 1.20		
35CrMnSi	0.32 ~ 0.39	1.10 ~ 1.40	0.80 ~ 1.10	1.10 ~ 1.40		
30CrMnSi	0.27 ~ 0.34	0.90 ~ 1.20	0.80 ~ 1.10	0.80 ~ 1.10		
40CrMoTi	0.37 ~ 0.45	0.17 ~ 0.37	1.00 ~ 1.30			Ti0.06 ~ 0.12
40CrNi	0.37 ~ 0.44	0.20 ~ 0.40	0.50 ~ 0.80			Ni1.00 ~ 1.40

表 6 – 3　常用高淬透性调质钢的化学成分

钢　号	化学成分（质量分数%）						
	C	Si	Mn	Cr	Mo	Ni	其他
30Mn2MoW	0.27 ~ 0.34	0.20 ~ 0.40	1.70 ~ 2.00		0.40 ~ 0.50		W0.60 ~ 1.00
40CrMnMo	0.37 ~ 0.45	0.20 ~ 0.40	0.90 ~ 1.20	0.90 ~ 1.20	0.20 ~ 0.30		
30CrNi3	0.27 ~ 0.34	0.20 ~ 0.40	0.30 ~ 0.60	1.20 ~ 1.60		2.75 ~ 3.25	
40CrNiMo	0.37 ~ 0.44	0.20 ~ 0.40	0.50 ~ 0.80	0.60 ~ 0.90	0.15 ~ 0.25	1.25 ~ 1.75	
45CrNiMoV	0.42 ~ 0.49	0.20 ~ 0.40	0.50 ~ 0.80	0.80 ~ 1.00	0.20 ~ 0.30	1.30 ~ 1.80	V0.20 ~ 0.30
25Cr2Ni4W	0.21 ~ 0.28	0.20 ~ 0.40	0.30 ~ 0.60	1.35 ~ 1.65		4.00 ~ 4.50	W0.80 ~ 1.20

三、调质钢的特性和用途（表6－4）

表6－4　调质钢的特性和用途

钢号	主要特性	用途举例
45	为高强度中碳钢。特点是强度较高，塑性及韧性尚好，切削性优良，经调质处理后能获得较好的综合力学性能，无回火脆性，但焊接性不好，淬透性较低，淬火时有形成裂纹的倾向	一般在正火或调质、或高频表面淬火状态下使用，用于制作承受负荷较大的小截面调质件和强度要求较高、韧性中等的零件，如曲轴、心轴、曲柄销、传动轴、连杆、拉杆、丝杠、链轮、齿轮、齿条、蜗杆、活塞杆、活塞销等。一般不作焊接件
40Mn2	强度、塑性、耐磨性均较好，可切削性和热处理工艺性能也好	用于制造重负荷下工作的调质零件，如轴、半轴、车轴、活塞杆、螺杆、操纵杆、杠杆、连杆、有载荷的螺栓螺钉、加固环、弹簧等，在制造直径小于50mm的重要零件时可作40Cr钢的代用钢
45Mn2	与40Cr钢属同一级，钢的强度、耐磨性和淬透性较高。调质处理后，具有良好的综合力学性能。切削性尚可	用于制造在较高应力与磨损条件下工作的零件，如万向接头轴、车轴、连杆盖、摩擦盘、蜗杆、齿轮、齿轮轴等调质或正火零件，制作直径小于60mm的零件时可代替40Cr钢
35SiMn	淬透性好，临界淬透直径：水中为24～47.5mm；油中为11～27.5mm。调质后具有高的强度和耐磨性，具有良好的韧性和疲劳强度	在调质状态下用于制造中速、中等负荷的零件，或在淬火、回火状态下用高负荷而冲击不大的零件，也可用作截面较大及需表面淬火的零件。在一般机械行业中，此钢用于制造传动齿轮、主轴、转轴、连杆、蜗杆、电车轴、发电机轴、曲轴、飞轮和大小锻件，可完全代替40Cr作调质钢

钢号	主要特性	用途举例
40B	与40钢相比，淬透性较高，通常在调质下使用	用作比40号碳钢截面较大、性能要求稍高的调质零件，如齿轮、转向拉杆、轴、凸轮轴、拖拉机曲轴柄等，可代替40Cr制作性能要求不高的小尺寸零件
40MnB	有较高的强度、硬度、耐磨性及良好的韧性，其淬透性比40Cr钢稍高	主要代替40Cr钢制造中、小截面的重要调质零件，如汽车的半轴、转向轴、蜗杆、花键轴及机床主轴、齿轮等，也可代替40Cr制作φ250～320mm卷扬机中间轴等大型零件
40MnVB	有高的强度、塑性、韧性及良好的淬透性。性能优于40Cr	代替40Cr或42CrMo钢制造汽车、拖拉机和机床上的重要调质件，如轴、齿轮等
40Cr	最常用的合金调质钢，抗拉强度、屈服强度及淬透性均比40钢高	用于制造承受中等负荷和中等速度工作条件下的机械零件，如汽车的转向节、后半轴及机床上的齿轮、轴、蜗杆、花键轴、顶尖套等；也可经调质并高频表面淬火后，用于制造具有高的表面硬度及耐磨性而无很大冲击的零件，如齿轮、套筒、轴、主轴、曲轴、心轴、销子、连杆螺钉、进气阀等；也可经淬火、中温或低温回火，制造承受重负荷的零件；也适于制造进行碳氮共渗处理的各种传动零件，如直径较大和要求低温韧性好的齿轮和轴

续表

钢号	主要特性	用途举例
40CrV	调质钢，具有高强度和高屈服点，综合力学性能比40Cr要好，冷变形塑性和切削性均属中等，过热敏感性小，但有回火脆性倾向及白点敏感性，一般在调质状态下使用	用于制造变载、高负荷的各种重要零件，如机车连杆、曲轴、推杆、螺旋桨、横梁、轴套支架、双头螺柱、螺钉、不渗碳齿轮、经渗氮处理的各种齿轮和销子、高压锅炉水泵轴（直径小于30mm）、高压汽缸、钢管以及螺栓（工作温度小于420℃，30MPa）等
50CrV	合金弹簧钢，具有良好的综合力学性能和工艺性，淬透性较好，回火稳定性良好，疲劳强度高，工作温度最高可达500℃，低温冲击韧度良好，焊接性差，通常在淬火并中温回火后使用	用于制造工作温度低于210℃的各种弹簧及其他机械零件，如内燃机气门弹簧、喷油嘴弹簧、锅炉安全阀弹簧、轿车缓冲弹簧
35CrMo	高温下具有高的持久强度和蠕变强度，低温冲击韧度较好，工作温度高温可达500℃，低温可至－110℃，并具有高的静强度、冲击韧度及较高的疲劳强度，淬透性良好，无过热倾向，淬火变形小，冷变形时塑性尚可，切削加工性中等，但有第一类回火脆性，焊接性不好，焊前需预热至150～400℃，焊后热处理以消除应力，一般在调质处理后使用，也可在高中频表面淬火或淬火及低、中温回火后使用	用于制造承受冲击、弯扭、高载荷的各种机器中的重要零件，如轧钢机人字齿轮、曲轴、锤杆、连杆、紧固件，汽轮发动机主轴、车轴，发动机传动零件，大型电动机轴，石油机械中的穿孔器，工作温度低于400℃的锅炉用螺栓，低于510℃的螺母，化工机械中高压无缝厚壁的导管（温度450～500℃，无腐蚀性介质）等，还可代替40CrNi用于制造高载荷传动轴、汽轮发电机转子、大截面齿轮、支承轴（直径小于500mm）等

钢号	主要特性	用途举例
42CrMo	与35CrMo的性能相近，由于碳和铬含量增高，因而其强度和淬透性均优于35CrMo，调质后有较高的疲劳强度和抗多次冲击能力，低温冲击韧度良好，且无明显的回火脆性，一般在调质后使用	一般用于制造比35CrMo强度要求更高、断面尺寸较大的重要零件，如轴、齿轮、连杆、变速箱齿轮、增压器齿轮、发动机汽缸、弹簧、弹簧夹、1200～2000mm石油钻杆接头、打捞工具以及代替镍含量较高的调质钢使用
35CrMoV	有较高的强度，较好的淬透性，热处理时有轻微的回火脆性，冷变形塑性低，焊接性差	用来制造在高应力下工作的重要零件，如长期在500～520℃下工作的汽轮机叶轮，高级涡轮鼓风机和压缩机的转子、盖盘、轴盘，功率不大的发电机轴以及强力发动机的零件等
40CrMn	强度高，可塑性良好，淬透性比40Cr钢大，与40CrNi钢相近，一般在调质状态下使用	用来制造在高速和弯曲负荷下工作的轴、连杆，以及在高速高负荷而无强力冲击负荷下工作的齿轮轴、齿轴、水泵转子、离合器、小轴、心轴等。还用来制作直径小于100mm、强度要求大于784MPa的高压容器盖板的螺栓等
35CrMnSi	低合金超高强度钢，热处理后具有良好的综合力学性能，高强度，足够的韧性，淬透性、焊接性（焊前预热）、加工成形性均较好，但耐蚀性和抗氧化性能低，使用温度通常不高于200℃，一般是低温回火或等温淬火后使用	用于制造中速、重载、高强度的零件及高强度构件，如飞机起落架、高压鼓风机叶片，在制造中小截面零件时，可以部分替代相应的铬镍钼合金钢

续表

钢号	主要特性	用途举例
30CrMnSi	高强度调质结构钢，具有很高的强度和韧性，淬透性较高，冷变形塑性中等，切削加工性能良好，有回火脆性倾向，横向的冲击韧度差，焊接性能较好，但厚度大于3mm时，应先预热到150℃，焊后需热处理，一般在调质后使用	多用于制造高负荷、高速的各种重要零件，如齿轮、轴、离合器、链轮、砂轮轴、轴套、螺栓、螺母等，也用于制造耐磨、工作温度不高的零件，变载荷的焊接构件，如高压鼓风机的叶片、阀板以及非腐蚀性管道
40CrNi	中碳合金调质钢，具有高强度、高韧性以及高的淬透性，调质状态下，综合力学性能良好，低温冲击韧度良好，有回火脆性倾向，水冷易产生裂纹，切削加工性良好，但焊接性差，在调质状态下使用	用于制造锻造和冷冲压且截面尺寸较大的重要调质件，如连杆、圆盘、曲轴、齿轮、轴、螺钉等
30Mn2MoW	综合性能良好，淬透性高，油中临界淬透直径为41.5～115mm	用来制造轴、杆类要求较高淬透性的调质件，如重型越野车半轴、转向节等，可代替30CrNi钢使用
40CrMnMo	调质处理后具有良好的综合力学性能，淬透性较好，回火稳定性较高，大多在调质状态下使用	用于制造重载、截面较大的齿轮轴、齿轮、大卡车的后桥半轴、偏心轴、连杆、汽轮机的类似零件，还可代替40CrNiMo使用

钢号	主要特性	用途举例
30CrNi3	具有极佳的淬透性，强度和韧性较高，经淬火加低温回火或高温回火后均具有良好的综合力学性能，切削加工性良好，但冷变形时塑性低，焊接性差，有白点敏感性及回火脆性倾向，一般在调质状态下使用	用于制造大型、高载荷的重要零件或热锻、热冲压负荷高的零件，如轴、蜗杆、连杆、曲轴、传动轴、方向轴、前轴、齿轮、键、螺栓、螺母等
40CrNiMoA	有高的强度、韧性和良好的淬透性，有抗过热的稳定性，但白点敏感性高，有回火脆性倾向，焊接性差，焊前需预热，焊后应消除应力，一般在调质处理后应用	用于要求韧性好、强度高及大尺寸的重要调质件，如重型机械中高负荷的轴类、直径大于 250mm 的汽轮机轴、直升飞机的旋翼轴、蜗轮喷气发动机的蜗轮轴、叶片、高负荷的传动件、曲轴紧固件、齿轮等
45CrNiMoVA	属低合金超高强度钢，淬透性好，油中临界淬透直径为 60mm（95% 马氏体），在淬火和回火后可获得很高的强度和一定的韧性，冷变形塑性低，焊接性差	为低合金超高强度钢，在淬火、低温（或中温）回火后使用，主要用作飞机发动机曲轴，大梁，起落架，压力容器，中、小型火箭壳体等高强度结构零部件，在重型机械中用作重负荷的扭力轴、变速箱轴、摩擦离合器轴等
25Cr2Ni4WA	属合金调质结构钢，与其他同类钢相比，有优良的低温冲击韧性和淬透性，经淬火和高温回火后能获得很好的强度和韧性，良好的力学性能	用于制造大截面、高负荷的重要调质件。如汽轮机主轴、叶轮等（油中淬火截面 200mm 以下可完全淬透，空气中淬火截面 100mm 以下可完全淬透）

第二节 调质钢的热处理

一、调质钢预先热处理

调质钢经热加工后，必须经过预备热处理以降低硬度，改善切削加工性能及因锻、轧不适当而造成的晶粒粗大及带状组织，消除热加工时造成的组织缺陷，细化晶粒，为最终热处理作组织准备。调质钢的含碳量一般为 0.25% ~ 0.5%，又含有不同数量、不同种类的合金元素。因而在热加工后，其显微组织有很大的差别。低合金调质钢，淬透性较低，正火后的组织一般为珠光体 + 铁素体（珠光体型钢）；而合金元素含量高、淬透性好的钢，空冷后的组织则为马氏体（马氏体型钢）。因此，为了降低硬度，细化晶粒，消除或减轻组织缺陷和防止白点的产生。对于碳钢与合金元素含量较低的钢，预备热处理可以采用正火或退火；对于合金元素较高，淬透性较好的钢，正火处理后可能得到马氏体组织，需再在 Ac_1 以下进行高温回火，使组织转变为粒状珠光体，也可采用完全退火处理。硼钢应采用正火 + 高温回火处理，在 750℃ 左右慢冷易产生"硼脆"现象，应避免采用退火处理。大型工件在调质前，需经过正火或退火处理，并需进行低倍及探伤检查，确保工件内部没有不允许的缺陷（如白点、裂缝等）存在时，才可进行调质处理。

二、调质热处理工艺

调质钢的最终热处理大多数是淬火 + 高温回火的调质处理。其目的是要获得具有良好综合力学性能的回火索氏体（或回火索氏体 + 回火屈氏体）组织，因此，必须先经完全淬火得到马氏体，然后再进行高温回火处理。应当指出，调质处理是在牺牲钢材强度的条件下提高塑性及韧度的工艺，对发挥材料的强度潜力是十分不利的。

影响调质处理质量的最重要的因素是钢的淬透性，而钢的淬透性又主要取决于溶入奥氏体中的合金元素的种类、数量及奥氏体均匀化的程度，所以，淬火加热的保温时间必须能使足够的碳化物溶于奥氏体中，并均匀化。调质热处理工艺的特点见表6－5。

表6－5　调质热处理工艺的特点

工艺	特　　点
淬火加热	淬火加热规范应充分考虑提高钢的淬透性，在不使奥氏体晶粒长大的前提下，选择足够高的加热温度，保温时间必须使碳及合金元素充分固溶于奥氏体中并力求奥氏体均匀化
淬火冷却	选择合适的冷却介质，保证工件淬透，又不致严重变形和开裂。碳素调质钢采用冷却能力较强的淬火介质（水或水溶液）；对于形状较复杂的薄壁零件，因容易产生变形和开裂，应采用双液淬火；合金调质钢可油冷；对于形状简单和截面尺寸较大的零件，可用双液淬火
回火	属于高温回火。要考虑防止回火脆性。碳素调质钢没有第二类回火脆性，因此，高温回火后采用空气冷却即可。合金调质钢有第二类回火脆性，其高温回火保温时间不宜过长，并且回火后应快冷

1.　淬火与回火保温时间的确定原则

时间确定的原则，是在保证整个截面温度一致及表面和中心组织充分转变的前提下，尽量缩短加热时间，以达到节能、高效和减小氧化脱碳的目的。影响加热时间的主要因素有以下几点。

（1）钢的化学成分。一方面，随着钢中碳元素、合金元素的增加，钢的导热性变差，升温时间需延长；另一方面，钢的成分不同，相变速度不同，也影响到保温时间。

（2）加热介质。由于加热介质物理特性的影响，工件在各种加热介质里加热时，所需升温时间由短到长的排列顺序为：熔融金属炉、熔盐炉、火焰炉、气体介质炉。

（3）工件尺寸形状。工件大而形状简单，则加热时间长。比较球体、圆柱体、长方体和平板的升温时间后发现，在球体、圆柱体直径等于长方体和平板厚度的情况下，所需升温时间由短到长的排列顺序为：球体、圆柱体、长方体、平板。

（4）工件的放置密度。装得越密，加热时间越长，所以，装炉时工件之间应留出一定的间隙。空气炉一般取工件厚度的一半作为装炉间隙，盐炉则用卡具的孔距控制工件间距。

（5）装炉温度。装炉温度越高，加热速度越快，加热时间相应地短一些。

（6）预热。在条件可能的情况下，应尽量在低于加热温度100~200℃先行预热，既可减小变形，又可缩短保温时间，减少氧化脱碳。

综上所述，加热时间与很多因素有关。准确地确定加热时间，只能对给定的工件在具体条件下用实验方法确定，近似估算加热时间的方法有多种，也可查阅相关手册。一般地说，在盐浴炉中加热时，碳钢的保温时间一般为 0.25~0.4min/mm，低合金钢为 0.3~0.5min/mm；在空气电阻炉中加热时，碳钢为 1.0~1.2min/mm，低合金钢为 1.2~1.5min/mm；火焰炉加热时的保温时间介于二者之间。零件的尺寸越大，装炉量越多，加热时间越长；装炉时零件放置间隔大则加热快；提高炉温可以缩短加热时间，采取高于正常淬火温度 50~100℃的快速加热方式，可减少零件变形。回火时间与设备类型、回火温度、零件尺寸及装炉量等因素有关，应根据生产实践确定。在有强制空气循环装置的电炉中回火时，回火保温系数为 1.5~2.0min/mm，小件取上限，大件取下限。

2. 淬火与回火的加热温度及冷却介质

（1）淬火加热温度的确定原则。对于碳钢及低合金钢，一般资料都推荐亚共析钢的淬火加热温度为 Ac_3 + （30~50℃），共析钢和过共析钢的淬火加热温度为 Ac_1 + （30~50℃），将上述推荐温度与生产实践中广泛使用的淬火加热温度分析比较后可以发现，多数钢种的淬火加热温度是超过上述范围的。因此可以认为，对于碳钢及低合金钢，其淬火加热温度按照 Ac_3 + （30 ~ 70℃）及 Ac_1 + （30 ~ 70℃）进行选择是更切合生产实际的。除了普通碳钢外，一般均为细晶粒钢，只要加热温度不超过930℃，可以不必考虑其奥氏体晶粒的长大。

钢材原始组织的状态对淬火冷却起始温度的选择有一定的影响。球状珠光体在加热时向奥氏体的转变比片状珠光体更为缓慢。一般认为片状原始组织的零件在淬火加热时，当温度过高时，比球状珠光体组织更容易产生过热组织。例如40Cr钢，在正火或完全退火状态下的组织为铁素体和片状珠光体，其 Ac_1 约为735℃，Ac_3 约为780℃。具有片状珠光体的组织的40Cr钢的淬火加热温度选840 ~ 850℃即可满足要求。而对于球状珠光体原始组织的40Cr钢零件，为了使其更好地完成奥氏体转变，充分发挥碳和铬增大淬透性的有利作用，可选择870℃作为淬火加热温度。

从提高钢的淬透性考虑，选择恰当的淬火冷却起始温度。凡是延缓过冷奥氏体转变的因素均增大钢的淬透性，这些因素包括奥氏体的化学成分、晶粒大小与均匀度以及其中有无未溶碳化物等。而这些因素和加热温度有着密切的关系。一般淬火加热温度越高，钢的淬透性也大些。同一成分的钢件，在同一加热温度淬火时，截面越大其淬硬层深度越小。

因此，在兼顾变形、淬裂、过热的前提下，调质零件淬火时，为了保证其淬透性，充分发挥材料的强度潜力，可恰当地提高其淬火冷却起始温度。

新工艺选用的淬火加热温度有亚温淬火及高温淬火。亚共析钢在略低于 Ac_1 的温度奥氏体化后淬火，可提高钢的韧度，降低脆性转折温度，并可消除回火脆性。对于形状复杂的水淬零件，还可免除淬裂的危险。某厂发动机连杆，为45钢模锻件，其形状较复杂，有效厚度正处于 45 钢淬裂的危险尺寸范围内，采用 45 钢在正常加热温度（830～860℃）淬火时，淬裂比例很高，后采用亚温淬火，避免了淬裂现象。适当提高淬火加热温度，可使低碳钢及中碳钢淬火后获得部分或全部板条状马氏体，使其韧度显著提高。16Mn 钢 940℃淬火，5CrMnMo 钢 890℃淬火都已取得成功。

（2）回火温度的确定原则。回火温度应根据零件的硬度要求选择。一般在 500～650℃回火，以获得强度与韧度适中的回火索氏体。回火温度高时，回火零件的韧度也高，但强度和硬度会相应降低。合金钢和碳钢零件的硬度相同时，其回火温度要高于碳钢。确定回火温度时，应考虑钢材成分的波动、淬火后的硬度、零件尺寸等因素。

有第二类回火脆性的钢种，回火后采用油冷或水冷，对于碳钢及含 W、Mo 的钢，回火后可以空冷。

回火时间与设备类型、回火温度、零件尺寸及装炉量等因素有关，应根据生产实践确定。在有强制空气循环装置的电炉中回火时，回火保温系数为 1.5～2.0min/mm，小件取上限，大件取下限。

调质处理还可以作为预备热处理工艺使用，用途有二，其一，需经表面淬火（高频、火焰）或化学热处理（渗氮、低温碳氮共渗）的零件，在最终热处理之前，为改善心部组织并为后续工艺做好准备，可进行调质处理；其二，为获得优良的球化组织，并使钢材的硬度控制在较小的范围内，在切削加工和最终热处理前，可对高碳工具钢进行调质处理。

一些冷冲压用钢（包括低碳钢）应具有球化组织，以保证优良的冷冲压性能。低碳钢为获得球化组织，常用的方法有两种，一是球化退火，另一球化方法是在临界点（Ac_1）温度之下长时间保温，使组织球化。前一种工艺组织球化较困难，后一种方法工艺周期较长。在小批量生产时进行调质处理，是使低碳钢获得球化组织的可行方法，其工艺为正常温度淬火，然后600~700℃回火。

常用调质钢的工艺规范见表6-6，常用低淬透性调质钢的淬火、回火的加热温度及冷却介质见表6-7，常用中淬透性调质钢的淬火、回火的加热温度及冷却介质见表6-8，常用高淬透性调质钢的淬火、回火的加热温度及冷却介质见表6-9。

表6-6 常用调质钢的工艺规范

钢 号	淬火温度（℃）	冷却介质	回火温度（℃）	冷却介质	调质后的硬度 HBS
35	840~860	水	550~560	空气	220~250
45	820~840	水	600~640 560~600 540~570	空气	200~230 220~250 250~280
40Cr	840~860	油	640~680 600~640 560~600	空气	220~230 220~250 250~280
42SiMn	840~860	油	640~660 610~630	空气或油	200~230 220~250
45MnB	840~860	油	610~630 600~650 550~600	空气或油	220~230 220~250 250~280
40MnVB	830~850	油	600~650 580~620 550~600	空气或油	200~230 220~250 250~280
50Mn2	820~840	油	550~600	油或水	250~280
35CrMo	850~870	油	600~660	空气	250~280
38CrMoAl	930~950	油	600~700	空气	220~280

表6-7 常用低淬透性调质钢的淬火、回火加热温度及冷却介质

钢 号	淬火		回火		试样毛坯尺寸
	温度（℃）	冷却介质	温度（℃）	冷却介质	（mm）
45	850	水	550	水	25
40Mn2	840	水	520	水	25
45Mn2	840	油	550	水或油	25
42Mn2V	860	油	600	水	25
35SiMn	900	水	590	水或油	25
40B	840	水	550	水	25
40MnB	850	油	500	水或油	25
40MnVB	850	油	500	水或油	25
40Cr	850	油	500	水或油	25
40CrSi	900	油	540	水或油	试样
40CrV	880	油	650	水或油	25
50CrV	860	油	500	水或油	25

表6-8 常用中淬透性调质钢的淬火、回火加热温度及冷却介质

钢 号	淬火		回火		试样毛坯尺寸
	温度（℃）	冷却介质	温度（℃）	冷却介质	（mm）
35CrMo	850	油	550	水或油	25
42CrMo	850	油	580	水或油	25
35CrMoV	900	油	630	水或油	25
40CrMn	840	油	520	水或油	25
35CrMnSi	880	280~320 等温淬火或油冷	230	水或空冷	试样
30CrMnSi	880	油	520	水或油	25
40CrMoTi	880	油	580	水或油	25
40CrNi	820	油	500	水或油	25

表 6 – 9 常用高淬透性调质钢的淬火、回火加热温度及冷却介质

钢 号	淬火		回火		试样毛坯尺寸（mm）
	温度（℃）	冷却介质	温度（℃）	冷却介质	
30Mn2MoW	900	油	610	水或油	25
40CrMnMo	850	油	600	水或油	25
30CrNi3	820	油	500	水或油	25
40CrNiMo	850	油	600	水或油	25
45CrNiMoV	860	油	460	油	试样
25Cr2Ni4W	850	油	500	水或油	25

3. 加热速度确定

淬火操作中，一般碳素结构钢和合金结构钢都不需要控制淬火加热速度，但对于大型工件，为避免在加热过程中由于热应力过大造成变形和开裂，往往采用控制升温（阶梯升温）的工艺方法。

4. 常用调质钢的热处理工艺及力学性能（表 6 – 10）

表 6 – 10 常用调质钢的热处理工艺及力学性能

钢 号	试样毛坯尺寸（mm）	热处理规范				硬度 HBS	力学性能				
		淬火		回火			σ_b	σ_s	δ	ψ	α_k
		温度（℃）	冷却剂	温度（℃）	冷却剂		(MPa)		(%)		(J/cm²)
45	25	850	水	550	水	197	610	360	16	40	50
40Mn2	25	840	水	520	水	≤217	1000	800	10	45	60
45Mn2	25	840	油	550	水或油	≤217	900	750	10	45	60
42Mn2V	25	860	油	600	水	≤217	1000	850	11	45	60
35SiMn	25	900	水	590	水或油	≤229	900	750	15	45	60
40B	25	840	水	550	水	≤207	980	650	12	45	70
40MnB	25	850	油	500	水或油	≤207	1000	800	10	45	60

钢 号	试样毛坯尺寸 (mm)	热处理规范				硬度 HBS	力学性能				
		淬火		回火			σ_b	σ_s	δ	ψ	α_k
		温度 (℃)	冷却剂	温度 (℃)	冷却剂		(MPa)		(%)		(J/cm²)
40MnVB	25	850	油	500	水或油	≤207	1000	800	10	45	60
40Cr	25	850	油	500	水或油	≤207	1000	800	9	45	60
40CrSi	试样	900	—	540	水或油	≤255	1250	1050	11	40	50
40CrV	25	880	油	650	水或油	≤241	900	750	10	50	90
50CrV	25	860	油	500	水或油	≤255	1300	1150	10	40	—
35CrMo	25	850	油	550	水或油	≤229	1000	850	12	45	30
42CrMo	25	850	油	580	水或油	≤217	1100	950	12	45	80
35CrMoV	25	900	油	630	水或油	≤241	1100	950	10	50	90
40CrMn	25	840	油	520	水或油	≤229	1000	850	9	45	60
35CrMnSi	试样	880	油	230	水或空冷	≤229	1650	—	9	40	50
30CrMnSi	25	880	油	520	水或油	≤229	1100	900	10	45	50
40CrMoTi	25	880	油	580	水或油	≤241	1250	1050	9	45	60
40CrNi	25	820	油	500	水或油	≤241	1000	800	10	45	70
30Mn2MoW	25	900	油	610	水或油	≤269	1000	850	12	50	90
40CrMnMo	25	850	油	600	水或油	≤217	1000	800	10	45	80
30CrNi3	25	820	油	500	水或油	≤241	1000	800	9	45	80
37CrNi3	25	820	油	500	水或油	≤269	1150	1000	10	50	60
40CrNiMo	25	850	油	600	水或油	≤269	1000	850	12	65	100
45CrNiMoV	试样	860	油	460	油	≤269	1500	1350	7	35	40
25Cr2Ni4W	25	850	油	550	水或油	≤269	1100	950	11	45	90

三、大型工件的调质淬火

大型工件（≥φ100～φ150mm）调质处理时，由于受到钢的淬透性、散热与淬火介质的限制，心部允许存在马氏体、下贝氏体或它们的混合物。大型工件所要求的硬度在表6-11的范围时可进行调质处理。

表6-11　大型工件调质处理的技术要求范围

钢　种	最大截面（mm）	调质后硬度（HBS）
碳钢	≤φ200	241～286
（35钢、45钢、50钢）	≤φ300	187～241
合金钢	≤φ250	241～286
（40Cr、50Mn2、35CrMO）等	≤φ400	187～241

大型工件在调质前，需经过预先热处理（正火或退火），并进行低倍及探伤检查，确保工件内部没有不允许的缺陷（如白点、裂缝等）存在时，才可进行调质处理。对大型工件调质加热，为减少应力，多采用如图6-1所示的分段加热法（阶梯加热法）。选用淬火介质的原则是：在不淬裂的前提下，尽量采用水冷。表6-12、表6-13为40Cr钢（φ120mm）经水淬及油淬后在同一温度回火，对其表面和心部的力学性能比较。

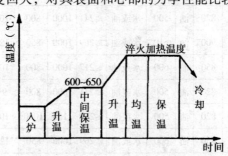

图6-1　分段加热工艺曲线示意图

表 6 – 12　40Cr 钢（φ120mm）水淬后经同一温度回火的力学性能

回火温度 （℃）	试样位置	水淬回火后的性能					
		σ_b(MPa)	σ_s(MPa)	δ(%)	ψ(%)	α_k(J/cm²)	σ_s/σ_b(%)
550	表面	930	810	18.0	58.5	80	86.0
	中心	820	635	18.2	59.0	81	77.0
600	表面	833	704	18.0	61.0	97	85.0
	中心	805	620	19.6	60.0	100	77.0
650	表面	816	675	20.5	62.0	110	85.0
	中心	763	575	22.0	61.6	110	74.0

表 6 – 13　40Cr 钢（φ120mm）油淬后经同一温度回火的力学性能

回火温度 （℃）	试样位置	油淬回火后的性能					
		σ_b(MPa)	σ_s(MPa)	δ(%)	ψ(%)	α_k(J/cm²)	σ_s/σ_b(%)
550	表面	920	780	17.0	48.5	50	85.0
	中心	830	620	18.0	52.1	54	75.0
600	表面	790	620	20.0	56.7	108	79.0
	中心	750	540	19.0	58.0	95	72.0
650	表面	760	540	21.0	62.0	123	71.0
	中心	740	500	22.0	60.4	105	68.0

　　大型工件淬火时，正确的冷却时间确定，以心部到达 Ms 点附近（约300℃）出水或出油为原则。操作中由于心部温度无法测定，就以冷却时间来控制，其淬火冷却时间参数见图 6 – 2。

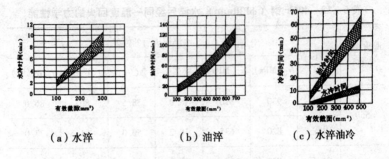

（a）水淬　　　　（b）油淬　　　　（c）水淬油冷

图6-2　大型工件淬火冷却时间

　　大型工件淬火后，其内应力很大，为避免开裂，必须及时回火，间隔时间以不超过4h为宜，回火后可在炉中冷却到400～450℃左右再出炉空冷。对于具有第二类回火脆性的钢，出炉后应快冷（油冷或水冷），然后在不引起回火脆性的温度（<450℃）下再进行补充回火，以消除残余应力。

第三节　操作注意事项及质量检验

一、操作注意事项

　　（1）零件加热时产生的氧化、脱碳，将影响其表面性能。所以，加热时应予以保护。在箱式炉中加热时可在炉内放些木炭，或在零件上浸涂一薄层硼砂，用盐浴炉加热时应很好地脱氧。

　　（2）零件截面变化大，有尖锐棱角处应尽量增大圆弧半径；工艺参数选用下限，以防淬裂。

　　（3）调质件淬火不应成堆放入冷却槽内，防止冷却不均匀和产生过大的变形。

　　（4）淬火后应及时回火，间隔时间不应超过4h，易开裂工件更要及时回火。

（5）高温回火装炉时，炉温不得超过工艺要求的温度；出炉后零件不得堆放在潮湿地面上冷却。

（6）调质零件弯曲矫正后必须进行一次 500～550℃，保温 2～4h 的除应力处理。

（7）调质零件淬火后应抽检硬度，以确定回火温度。

二、质量检验

质量检验的项目有硬度、变形和外观。

1. 硬度

（1）调质零件均应按图纸要求和工艺规程进行硬度检验或抽检。

（2）检验硬度前，应将零件表面清理干净，去除氧化皮、脱碳层及毛刺等。

（3）硬度检验的位置根据工艺文件或由检验人员确定，在淬火部位检验硬度应不少于 1～3 处，每处不少于 3 点，不均匀度应在规定范围之内。

（4）调质零件淬火硬度用洛氏硬度计检验；回火后允许用布氏硬度计检验。对于尺寸较大者，可用手锤式硬度计检验。

硬度检验应符合图纸和工艺文件的规定。中碳以上调质淬火后的硬度：直径或厚度 50～80mm，硬度 ≥32HRC；直径或厚度 ≤50mm，硬度 ≥45HRC。回火后硬度检验允许有软点，但不得有软带。

2. 变形

轴类零件用顶尖或 V 形块支撑两端，用百分表测径向圆跳动量。无中心孔及细小的轴类零件，可在平台上用塞尺检验。

零件变形应小于其加工余量（直径或厚度）的 1/3。轴、杆类零件热处理后，外圆允许变曲量及轴、套、环类零件内孔热处理后的允许变形量参考表 6–14。

表6-14 轴、套、环类零件热处理后允许变形量（mm）

孔径公称尺寸	< 10	11 ~ 18	19 ~ 30	31 ~ 35	51 ~ 80
一般孔余量	0.20 ~ 0.30	0.25 ~ 0.35	0.30 ~ 0.45	0.35 ~ 0.50	0.40 ~ 0.60
复杂孔余量	0.25 ~ 0.40	0.35 ~ 0.45	0.40 ~ 0.50	0.50 ~ 0.65	0.60 ~ 0.80
孔径公称尺寸	81 ~ 120	121 ~ 180	181 ~ 260	261 ~ 360	361 ~ 500
一般孔余量	0.50 ~ 0.75	0.60 ~ 0.90	0.65 ~ 1.00	0.80 ~ 1.00	0.85 ~ 1.30
复杂孔余量	0.7 ~ 1.00	0.80 ~ 1.20	0.90 ~ 1.35	1.05 ~ 1.50	1.15 ~ 1.75

注：(1) 碳素钢工件一般变形较大，应选用上限；薄壁零件（$\frac{外径}{内径} < 2$ 者）应取上限。

(2) 合金钢薄壁零件（$\frac{外径}{内径} < 1.25$ 者）应取上限。

(3) 合金钢零件渗碳后采取二次淬火者应取上限。

(4) 同一工件上有大小不同的孔，应以大孔计算。

(5) 一般孔指零件形状简单、对称，孔是光滑圆孔或花键孔。复杂孔指形状复杂、不对称，薄壁零件，孔形不规则。

(6) $\frac{外径}{内径} < 1.5$ 的高频淬火件，内孔变形量应减少40% ~ 50%；外圆增加30% ~ 40%。

(7) 特殊零件由冷热加工协商解决。

3. 外观

经调质处理后，用肉眼观察零件，表面有无裂纹、烧伤等缺陷。

第四节　典型工艺实例

一、汽车后桥半轴的热处理工艺

汽车后桥半轴示意图见图6-3。材料为40Cr钢。

技术要求：盘部外圆硬度 24 ~ 34HRC；杆部和花键硬度 37 ~ 44HRC；金相组织为回火索氏体和回火屈氏体。

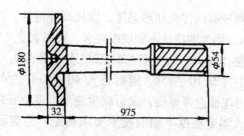

图 6-3 汽车后桥半轴示意图

工艺路线：下料→锻造→正火（预先热处理）→机械加工→调质（最后热处理）→喷丸→矫直→探伤→装配。

热处理工艺见图 6-4。

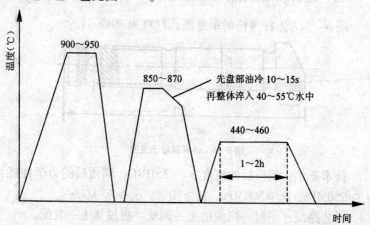

图 6-4 汽车后轿半轴热处理工艺曲线

工艺分析：后桥半轴零件经锻造后，为消除锻后组织不均匀（带状组织）、晶粒粗大和锻造应力，改善切削加工性，必须进行预先热处理——正火，以获得均匀的细珠光体组织。正火后硬度为 197~207HBS，易于切削加工。

调质是半轴机械加工后的重要热处理工序。为达到所要求的性能，工艺中应采取以下措施。

（1）选择较高的淬火加热温度，以提高淬透性。淬火冷却用 40～55℃热水，因为油冷达不到硬度要求，室温水冷又易开裂。

（2）若整体淬火，法兰盘与杆部相连处易产生开裂，故采用盘部在油中冷却 10～15s，随后移入 40～55℃ 热水中整体淬火。这样既可保证盘部硬度，又可减少变形，避免开裂。

（3）回火温度根据半轴的技术要求确定。为克服第二类回火脆性，回火后在水中冷却。

（4）调质后再经喷丸处理，使半轴表面局部塑性变形而增加压应力，能明显提高半轴的疲劳寿命。

二、连杆螺栓的热处理工艺

图6-5为连杆螺栓的示意图，材料为40Cr钢。

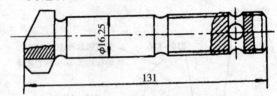

图6-5　连杆螺栓示意图

技术要求：调质后的硬度 30～35HRC；调质后的力学性能：$\sigma_b \geqslant 950\mathrm{MPa}$，$\sigma_s \geqslant 800\mathrm{MPa}$，$\delta_5 \geqslant 10\%$，$\alpha_k \geqslant 70 \ \mathrm{J/cm^2}$。

工艺路线：下料→机械加工→调质→机械加工→装配。

根据技术要求，连杆螺栓的调质工艺如图6-6所示。

工艺分析：由于连杆螺栓在整个截面上受到均匀的拉伸力，要求螺栓必须全部淬透。为了达到调质后的力学性能，螺栓淬火后心部的马氏体量应在90%以上，其硬度必须是≥50HRC。为此，加热温度稍高，以提高淬透性。在盐浴炉中加热，保温后在 20～60℃的油中淬火，即可达到50HRC。根据调质后的硬度要求，选择 520～560℃回火。

回火后空冷，其硬度可达 30～35HRC。40Cr 钢有回火脆性

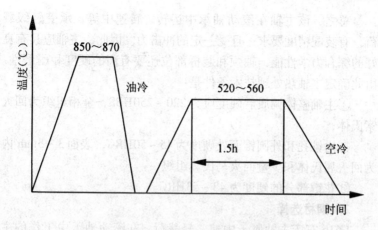

图6-6　连杆螺栓的调质工艺曲线

倾向，但这种影响随截面尺寸的减少而减弱。由于连杆螺栓截面尺寸较小，实际上回火后空冷对其冲击值影响不大。

三、C616 车床主轴的热处理

1. 工作条件和性能要求

C616 车床主轴如图6-7 所示。该主轴属于轻载主轴，工作时承受交变的弯曲应力与扭转应力，有时受到冲击载荷的作用；主轴大端内锥孔和锥度外圆经常与卡盘、顶针有相对摩擦；花键部分经常有磕碰或相对滑动。

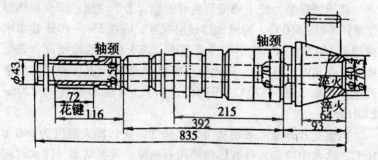

图6-7　C616 车床主轴

总之，该主轴在滚动轴承中运转，转速中等，承受轻级载荷，有装配精度要求，且受一定的冲击力。因此，主轴应具有良好的综合力学性能，轴颈和装拆部位还要有高的硬度和耐磨性。由此确定主轴热处理技术条件是：

①主轴整体调质后硬度应为220～250HBS，金相组织为回火索氏体；

②内锥孔和外圆锥面处硬度为45～50HRC，表面3～5mm内为回火屈氏体和少量回火马氏体组织；

③花键部分的硬度为48～53HRC。

2. 钢材选择

C616车床主轴属于中速、轻载荷、在滚动轴承中工作的主轴，因此，选用45钢是可以满足要求的。

3. C616车床主轴加工路线

下料→锻造→正火→机械粗加工→调质→半精加工→局部淬火、回火（内锥孔及外锥体）→粗磨外圆→滚铣花键→花键高频表面淬火、回火→半精磨→人工时效→精磨。

4. 热处理工艺分析

正火处理是为了得到合适的硬度（170～230HBS），以便切削加工，同时改善锻造组织，消除锻造应力。正火温度采用840～860℃。

调质处理是为使主轴得到良好的综合力学性能。淬火加热温度采用840～860℃，为增加淬硬层深度，应在5%～10%盐水中冷却至150℃左右，然后空冷至室温。淬火后应抽检硬度，表层硬度应在40HRC以上。回火温度根据45钢不同温度回火的力学性能，选取550～570℃，回火后空冷，测定的硬度为220～250HBS。

内锥孔及外锥面采用盐浴加热局部淬火，淬火温度为840±10℃，盐水中冷却。外锥体键槽用石棉绳、黄泥堵塞，淬火时应先油冷槽的尖角处，随后再整体盐水冷却，以防止开裂。淬火后，经 220～250℃回火，使硬度达到 45～50HRC。

花键部分用高频淬火是为了增加耐磨性。硬化层要求达到 2～3mm，硬度为 48～52HRC。在 GP - 60 型高频设备上采用连续加热、喷水冷却淬火方法。通过计算并经工艺试验选定的参数如下：

①单位功率取 1.5～2kW/cm^2，输出功率为 56kW，阳极电压为 15kV，电流为 2.3～2.4A，栅极电流取 0.3A，槽路电压为 7.2～8.4kV，灯丝电压为 22V；

②感应器的直径为 55mm，高度为 12mm，单边间隙取 2.5mm；

③淬火加热温度选取 890～900℃；

④给进速度为 12mm/s。

淬火后抽检硬度应大于 55HRC。花键高频表面淬火后，硬化层过渡区存在拉应力，若不及时回火容易发生开裂，因此，在井式回火炉中立即进行 180～200℃，60～90min 回火，回火硬度为 48～52HRC。

人工时效主要是为了消除粗磨削加工的残余应力，在油浴炉中加热，时效温度 120～140℃，保温 8～10h。

四、车床大刀架左右刀板的热处理工艺

左右刀板是车床刀架上的两个重要零件，它们用来装卡刀具以实现对工件的加工。刀板应具有较高的基体强度、韧性来抵御切削压力及振动冲击，防止产生变形造成加工精度降低甚至车废工件。刀板材料为 35CrMo，要求调质后硬度为 HB250～280。加工工序：下料锻造→正火→机加→调质→机加后入库。左刀板简图见图 6-8。为了检测调质硬度，预留调质淬火变形量，在调质前应对工件留有加工余量，单边留量 5～7mm，各直角边倒角成 3×45°，以防止开裂。为了提高基体强度，增强抗振性能，需对工件进行调质处理，工艺曲线如图 6-9 所示。调质后硬度

为 HB250 ~ 280。

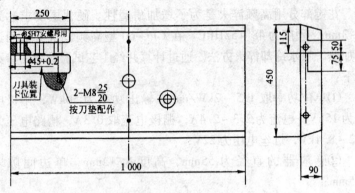

图 6 - 8   左刀板简图

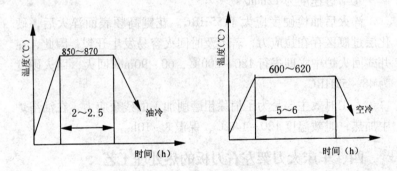

图 6 - 9   调质处理工艺曲线

五、齿轮轴的调质工艺

材料为 37SiMn2MoV，单件重量 16896kg，轮廓尺寸为 (ϕ864/1600 - ϕ650) ×4780，要求硬度为 241 ~ 286HB。

检查来件表面质量，装炉放平、垫实，均匀加热，及时回火。

淬火工艺曲线见图 6 - 10，回火工艺曲线见图 6 - 11。

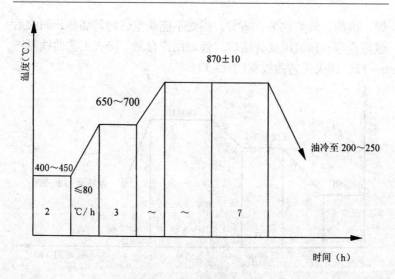

图 6-10 齿轮轴的淬火工艺曲线

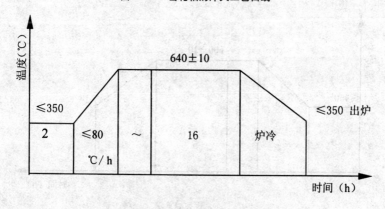

图 6-11 齿轮轴的回火工艺曲线

六、曲轴的调质工艺

材料为 35CrMo，单件重量 4600kg，粗加工后调质，硬度要求 207~269HB。对操作及检验的要求：装炉按 350℃/5h，预热焊，拉筋，装炉放平、垫实，拐处不能悬空，均匀加热，回火后趁热直弯，预检硬度合格后，性能用户自做。淬火工艺曲线见图6-12，回火工艺曲线见图6-13。

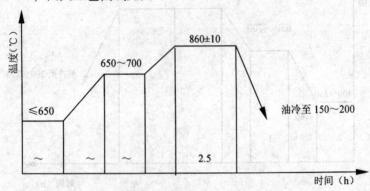

图6-12　曲轴的淬火工艺曲线

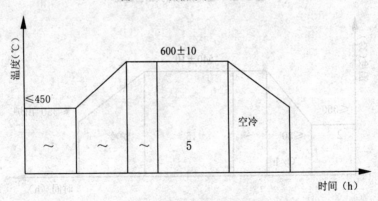

图6-13　曲轴的回火工艺曲线

弹簧钢及其热处理

　　弹簧是重要的通用性基础零件，它的基本功能是利用材料的弹性和弹簧的结构特点，在产生及恢复变形时，可以把机械功或动能转换为形变能，或者把形变能转换为动能或机械功。因此，在各类机械产品和生活用品中，弹簧的应用都非常广泛。影响弹簧质量的因素是多方面的，而热处理对弹簧的各种性能及使用寿命有着重要的影响。

　　弹簧种类繁多，可按形状、承载特点、制造方法及所用材料的不同而分类。按形状分，有螺旋弹簧、板簧、杆簧、碟形弹簧、盘簧、环形弹簧等；按承载特点分，有压缩弹簧、拉伸弹簧和扭转弹簧等；按制造方法分，有冷成形和热成形弹簧两大类；按材质来分，有各种钢弹簧，磷青铜弹簧以及其他特殊合金弹簧等。根据其外形结构，弹簧可分为板弹簧和螺旋弹簧两大类。若按工作条件的不同，弹簧也可概括地分为以下几类，缓冲与吸振弹簧，即用于吸收冲击或振动的能量，例如缓冲器、车辆的悬架及振动阻尼器中的弹簧；控制机构运动的弹簧，例如凸轮机构、摩擦轮机构、离合器、阀门及各种调节器中所用的弹簧；贮存及输出能量的弹簧，例如钟表与枪支的弹簧；测量载荷与功的弹簧，例如弹簧秤与示功器中的弹簧等。

　　各种弹簧的工作条件差别很大，普通弹簧多在室温大气中工作；有些弹簧则在水、蒸汽、燃烧产物、油类、盐或碱溶液等介质中，不同温度下工作。弹簧在工作状态下，通常都承受弯曲载荷或扭转载荷，或同时承受扭转与弯曲两种载荷。在外力作用下，弹簧材料内部往往产生弯曲应力或扭转应力。板簧承受的最大弯曲应力是在根部或位于凹表面，而螺旋弹簧承受的最大切应力在弹簧圈的内侧表面。所以，弹簧的失效往往在这些部位发生。最大应力常产生在弹簧材料的某方位的表面上。因此，为保证弹簧能可靠地工作，特别是承受高载荷的弹簧，弹簧钢应具有高的弹性极限，足够的韧度和塑性，同时，还应具有高的抗拉强度、屈服强度和屈强比。由于弹簧一般是在长时间、交变载荷条件下工作，因而要求弹簧有很高的疲劳寿命。为了提高弹簧的使用寿命，在加工过程中要求表面不应有裂纹、凹坑、刻痕等疵病，同时要求材料尺寸精确，表面光洁，尽可能减少表面脱碳及有害夹杂物的含量。

对于在高温下工作的弹簧，要求弹簧钢的组织稳定性好，有足够的耐热性；在腐蚀介质中工作的弹簧则要求相应的耐腐蚀性能。有些弹簧则要求有高导电性、无磁性或具有恒弹性。

工艺性能方面，对于要求淬火而截面尺寸较大的弹簧，要求钢材具有适当的淬透性、较小的过热敏感性、表面脱碳倾向较小。在冷、热成形时应要求材料具有良好的绕簧性能，以便提高弹簧的制造质量。

第一节　常用弹簧钢

弹簧钢是指专门用以制造各种弹簧或要求类似性能零件的钢种。它必须具有高的疲劳极限、高的弹性极限、高的抗拉强度、屈服强度和高的屈强比，以保证有足够的弹性变形能力，能承受较大的负荷，能吸收冲击能量，从而缓和机械上的振动和冲击的作用。同时，弹簧钢还要求一定的塑性与韧性，一定的淬透性，不易脱碳及不易过热。一些特殊的弹簧还要求有耐热性、耐腐蚀性。

一、弹簧钢的化学成分

一般碳素弹簧钢的含碳量在 0.60% ~ 0.90% 之间，合金弹簧钢含碳量在 0.50% ~ 0.70% 之间，主加的合金元素有 Si、Mn、Cr 等，主要目的是提高淬透性，强化铁素体及提高回火稳定性，使在相同回火温度下具有较高的硬度和强度，其中 Si 的作用最大。但含硅量高时有石墨化倾向，并在加热时使钢易于脱碳，Mn 增大钢的过热倾向。辅加元素有 V、W 和 Mo 等碳化物形成元素，以进一步增加淬透性，细化晶粒，提高屈强比及耐热性，同时可以防止钢的过热和脱碳。W 和 Mo 还能防止第二类回火脆性产生。常用弹簧钢的化学成分见表 7-1。

表 7-1 常用弹簧钢的化学成分

钢 号	化学成分（质量分数%）					
	C	Si	Mn	Cr	V	其他
65	0.62 ~ 0.70	0.17 ~ 0.37	0.50 ~ 0.80	≤0.25		
70	0.67 ~ 0.75	0.17 ~ 0.37	0.50 ~ 0.80	≤0.25		
75	0.72 ~ 0.80	0.17 ~ 0.37	0.50 ~ 0.80	≤0.25		
85	0.82 ~ 0.90	0.17 ~ 0.37	0.50 ~ 0.80	≤0.25		
65Mn	0.62 ~ 0.70	0.17 ~ 0.37	0.91 ~ 1.20	≤0.25		
55Si2Mn	0.52 ~ 0.60	1.50 ~ 2.00	0.60 ~ 0.90	≤0.35		
55Si2MnB	0.52 ~ 0.60	1.50 ~ 2.00	0.60 ~ 0.90	≤0.35		B0.0005 ~ 0.004
60Si2Mn	0.56 ~ 0.64	1.50 ~ 2.00	0.60 ~ 0.90	≤0.35		
70Si3MnA	0.66 ~ 0.74	2.40 ~ 2.80	0.60 ~ 0.90	≤0.35		
60Si2CrA	0.56 ~ 0.64	1.40 ~ 1.80	0.40 ~ 0.70	0.70 ~ 1.00		

钢 号	化学成分（质量分数%）					
	C	Si	Mn	Cr	V	其他
65Si2MnWA	0.61~0.69	1.50~2.00	0.70~1.00	≤0.35		W0.80~1.20
60Si2CrVA	0.56~0.64	1.40~1.80	0.40~0.70	0.90~1.20	0.10~0.20	
50CrMn	0.46~0.54	0.17~0.37	0.70~1.00	0.90~1.20		
55CrMnA	0.52~0.60	0.17~0.37	0.65~0.95			
60CrMnA	0.56~0.64	0.17~0.37	0.70~1.00	0.70~1.00		
60CrMnMoA	0.56~0.64	0.17~0.37	0.70~1.00	0.70~1.00		Mo0.25~0.35
55SiMnVB	0.52~0.60	0.70~1.00	1.00~1.30	≤0.35	0.08~0.16	B0.001~0.0035
50CrVA	0.44~0.54	0.17~0.37	0.50~0.80	0.80~1.10	0.10~0.20	
30W4Cr2VA	0.26~0.34	0.17~0.37	≤0.40	2.00~2.50	0.50~0.80	W4.00~4.50
55SiMnMoV	0.52~0.60	0.90~1.20	1.00~1.30	≤0.35	0.08~0.15	Mo0.20~0.30
55SiMnMoVNb	0.52~0.60	0.40~0.70	1.00~1.30	≤0.35	0.08~0.15	Mo0.30~0.40 Nb0.01~0.03

二、弹簧钢的性能特点和应用（表7-2）

表7-2 弹簧钢的性能特点和应用

牌号	性能特点	用途举例
65 70	经热处理或冷作硬化后具有较高强度与弹性，冷变形塑性低，淬透性不好，承受动载和疲劳载荷的能力低，一般采用油淬，大截面部件采用水淬油冷或正火处理	应用广泛，多用于工作温度不高、尺寸较小的弹簧，或不太重要的较大尺寸弹簧，如汽车、拖拉机、铁道车辆及一般机械用的弹簧等
85	具有很高的强度、硬度和屈强比，但淬透性差，耐热性不好，承受动载和疲劳载荷的能力低	用于火车、汽车、拖拉机等的扁形弹簧、圆形螺旋弹簧及一般机械用的弹簧等
65Mn	强度高，淬透性和综合力学性能较好，脱碳倾向小，但有过热敏感性及回火脆性，易出现淬火裂纹	用于尺寸稍大的普通弹簧，如5~10mm板簧和线径1~15mm螺旋弹簧，也可作弹簧环、汽门簧、刹车弹簧、发条、减振器和离合器簧片以及用冷拔钢丝制造冷卷螺旋弹簧等
55Si2Mn 55Si2MnB	有较高的强度和弹性极限，较高的抗松弛能力，抗回火稳定性好，脱碳倾向大，55Si2MnB因含硼，其淬透性明显改善	用于高应力、交变载荷条件下工作的较大尺寸螺旋弹簧、减振板簧、蝶形簧、汽封簧。还用于250℃以下工作的耐热弹簧
55SiMnVB	有较高的淬透性，较好的综合力学性能以及较高的疲劳寿命，过热敏感性小，抗回火稳定性好	主要用于中、小型汽车的板簧，也可制作其他中等截面尺寸的板簧、螺旋弹簧等
60Si2Mn 60Si2MnA	由于硅含量高，其强度和弹性极限均比55Si2Mn高，抗回火稳定性好，淬透性不高，易脱碳和石墨化	用途很广，主要用作汽车、机车、拖拉机的减振板簧、螺旋弹簧、汽缸安全阀簧、止回阀簧，也用于制作承受交变载荷及高应力下工作的重要弹簧、抗磨损弹簧等

续表

牌号	性能特点	用途举例
60Si2CrA 60Si2CrVA	与硅锰弹簧钢相比,当塑性相近时,具有较高的抗拉强度和屈服强度,淬透性较高,热处理工艺性能好,但有回火脆性。因强度高,卷制弹簧后应及时作消除内应力处理	用于250℃以下工作并承受高载荷的大型弹簧,如汽轮机汽封弹簧、调节弹簧、冷凝器支承弹簧、高压水泵碟形弹簧、矿用破碎机的缓冲复位弹簧等。60Si2CrVA 钢还用作极重要弹簧,如常规武器的取弹钩弹簧等
55CrMnA 60CrMnA	有较高的强韧性,淬透性好,热加工性能、抗脱碳性能亦好,过热敏感性比锰钢低而比硅锰钢高,对回火脆性较敏感,焊接性差	用作重载荷、高应力条件下工作的大型弹簧,如汽车、拖拉机、机车的大截面板簧,直径较大的螺旋弹簧等
60CrMnMoA	与 60CrMnA 钢相比,基本性能相近,并提高了淬透性,降低了过热敏感性,抗回火稳定性亦好	用作大型土木建筑、重型车辆、机械等使用的特大型弹簧
50CrVA	有较高的强度、屈强比和高的比例极限,较好的韧性,高的疲劳强度,并有高的淬透性和较低的过热敏感性,脱碳倾向减小,冷变形塑性低	用作极重要的承受高应力的各种尺寸螺旋弹簧,特别适宜用于工作应力振幅高、疲劳性能要求严格的弹簧以及温度在300℃以下的阀门弹簧、喷油嘴弹簧、汽缸胀圈等
60CrMnBA	基本性能与60CrMnA 相同,但淬透性明显提高	用作尺寸更大的板簧、螺旋弹簧、扭转弹簧等
30W4Cr2VA	有良好的室温与高温力学性能,强度高,淬透性好,高温抗松弛和热加工性能也很好	用于工作温度在500℃以下的耐热弹簧,如汽轮机主蒸汽阀弹簧、汽封弹簧片、锅炉安全阀弹簧、400t 锅炉碟形弹簧等

第二节　弹簧钢的热处理

由于弹簧所选用的材质、成形方法和所要求性能的不同，弹簧的热处理工艺有较大的差异。例如热成形弹簧，多以热轧或冷拔及磨光钢棒或钢板为原料，成形加工后再进行淬火和回火，以获得所要求的各种性能。还有一些弹簧在加工过程中需进行退火或正火等热处理工艺。对于冷成形弹簧，由于选用原材料和弹簧种类的不同，需进行各种不同的热处理工艺，如淬火回火、贝氏体等温淬火、低温稳定化处理以及沉淀强化处理等。弹簧通用材料的种类和各种热处理方法见表 7－3。

表 7－3　弹簧材料的种类和热处理方法

供应状态	材料种类	热处理方法
热轧材	弹簧钢棒或钢板（GB 1222—1984）	淬火、回火
冷拔丝材	弹簧钢棒和磨（抛）光钢丝	淬火、回火
	碳素弹簧钢丝（GB4357—1984）	低温稳定化处理
	琴钢丝（GB4358—1984）	低温稳定化处理
	弹簧用不锈钢丝（YB（T）11—1983）奥氏体（18－8 型）不锈钢丝	低温稳定化处理
	马氏体（Cr－13 型）不锈钢丝，软态马氏体（Cr－13 型）不锈钢丝，硬态	淬火、回火低温稳定化处理
	沉淀硬化（17－7PH 型固溶热处理）不锈钢丝	沉淀硬化（时效）
	铜合金丝－黄铜丝	低温稳定化处理
	锰青钢及磷青铜丝（正火态）	低温稳定化处理
	弹簧用铍青铜丝（固溶热处理）	沉淀硬化（时效）
	超级合金（耐热合金）板（Inconel x－750，Elgilloy 等固溶热处理）	沉淀硬化（时效）

续表

供应状态	材料种类	热处理方法
冷轧材	磨光特殊钢带（冷轧）	淬、回火或贝氏体等温淬火
	奥氏体不锈钢	低温稳定化处理
	马氏体不锈钢	淬火、回火
	沉淀硬化不锈钢	沉淀硬化（时效）
	黄铜板材、磷青铜板、锰青铜板	低温稳定化处理
	弹簧用铍青铜板材（固溶处理）	沉淀硬化（时效）
	耐热合金板（Inconel x – 750，Elgilloy 等固溶热处理）	沉淀硬化（时效）
退火态	磨光特殊钢带（软态）	淬火、回火或贝氏体等温淬火
淬火回火态	各类油淬火回火钢丝	低温稳定化处理
	形变热处理钢丝	低温稳定化处理
	弹簧钢带（硬态）	低温稳定化处理
贝氏体等温淬火态	弹簧钢带	低温稳定化处理

一、弹簧钢的退火

热成形弹簧用的各种圆钢及硬钢丝等材料，为了能进一步冷拔或切削，需适当降低材料的硬度，要进行软化退火或球化退火，改善被切削性能或提高冷塑性变形能力。大体上用以下三种方法。

（1）在 Ac_1 点以下，即在 $700 \pm 10℃$ 加热退火。

（2）在 Ac_1 点上下循环加热 – 冷却退火。

（3）在 Ac_1 点以上加热，保持适当时间，然后缓慢冷却或在 Ar_1 以下某一温度，等温冷却退火。

经过这样的退火后，显微组织应为球状珠光体，硬度为180HB 左右（对钢来说），这样，材料就有良好的冷成形或冷加工性能。

经冷成形的弹簧，在绕制成形后，弹簧内部产生较高的内应力，必须进行去应力退火。即将弹簧加热到再结晶温度以下的某一温度，经过适当时间保温后出炉空冷。经处理后，可消除弹簧中的残余应力，稳定形状和尺寸，有效地改善各种性能。为使弹簧获得最佳性能，不同钢丝直径和工作条件的弹簧，采取不同的去应力退火工艺。几种绕制弹簧的去应力退火工艺参数见表7-4。

表7-4　几种绕制弹簧的去应力退火工艺参数

材　料		处理温度（℃）	处理时间（min）	工作条件
冷拔弹簧及钢琴丝	≤φ1.27	200~230	10~30	在要求防止弹簧松弛条件下使用，长期工作温度≤120℃
	φ1.28~3.0	230~260	20~40	
	>φ3.0	275~290	60~80	
	—	300~350	15~30	在要求较高疲劳强度的场合下使用，工作温度较高
低合金钢油淬火-回火钢丝		300~400	20~40	在要求抗应力松弛性能良好、疲劳强度高的条件下工作，工作温度200~250℃

二、弹簧钢的正火

扭杆弹簧的两端是安装部位，扭杆热加工时冷却速度不同，所得组织和性能不均匀，引起较大的残余内应力，如采用正火便可达到组织均匀细小，减少内应力和正确成形的目的。

正火操作就是把弹簧钢材加热到 Ac_3 或 Ac_{cm} 点以上 40~60℃，保持适当时间，然后在静止空气中冷却。正火可使钢材获得比退火更为匀细的组织，具有较高的强韧性，操作亦较简便。

例如，要求高精度的碟形弹簧或薄板弹簧成形前的原材料可进行正火。常用弹簧钢的退火、正火工艺参数及硬度见表 7 - 5。

表 7 - 5　常用弹簧钢的退火、正火工艺参数及硬度

钢　号	退火			正火			高温回火
	加热温度 (℃)	冷却方式	硬度 (HBS)	加热温度 (℃)	冷却方式	硬度 (HBS)	加热温度 (℃)
65	680 ~ 700	炉冷	≤210	820 ~ 860	空冷	—	680 ~ 720
70	780 ~ 820	炉冷	≤225	800 ~ 840	空冷	≤275	680 ~ 720
85	780 ~ 800	炉冷	≤229	800 ~ 840	空冷	—	600 ~ 680
65Mn	780 ~ 840	炉冷	≤228	820 ~ 860	空冷	≤269	680 ~ 720
55Si2Mn	750	炉冷	—	830 ~ 860	空冷	—	640 ~ 780
55SiMnVB	—	炉冷	—	840 ~ 880	空冷	—	640 ~ 680
60Si2Mn	750	炉冷	≤222	830 ~ 860	空冷	≤320	640 ~ 680
60Si2CrA	—	—	—	850 ~ 870	空冷	—	650 ~ 680
55CrMnA	800 ~ 820	炉冷	≤272	800 ~ 840	空冷	—	650 ~ 680
60CrMnMoA	—	—	—	800 ~ 840	空冷	—	—
50CrVA	810 ~ 870	炉冷	≤228	850 ~ 880	空冷	≤228	640 ~ 720
30W4Cr2VA	740 ~ 780	炉冷	—	—	—	—	—

三、弹簧钢的淬火

弹簧的热处理工艺主要根据弹簧材料的品种和加工状态来制定。弹簧钢淬火后必须及时回火以降低硬度和脆性，减小或消除淬火应力，提高弹性极限、塑性和韧性。弹簧淬火时的加热温度通常在 Ac_3 或 Ac_1 以上 30 ~ 50℃，对于热成形弹簧，由于加热成形及淬火、回火是连续进行的，其加热温度应适当提高到 850 ~ 950℃。保温时间比一般合金钢要长，以使钢中的碳化物得到充分的溶解。一般在空气炉中加热的保温系数不超过 2min/mm，

在盐浴中加热不超过 0.5min/mm。加热温度不可过高，保温时间也不可过长，否则会导致表面脱碳。加热温度过高，还会使奥氏体晶粒粗大；加热温度过低，保温时间不足，则组织中的碳化物得不到充分溶解，回火后不能获得均匀的屈氏体和索氏体。这些不足都会使钢的弹性极限和疲劳强度降低。

表面脱碳会强烈地降低疲劳强度，所以，加热时应采取防止氧化脱碳的措施。加热最好在盐浴或可控气氛炉中进行。在空气炉内加热，加热气体应略带还原性，且装炉量不可过大；也可采取高温快速加热，以缩短保温时间。热成形的弹簧，应在高于淬火温度 50~80℃热成形，成形后进行余热淬火；成形温度也不可过高，以防过热。常用弹簧钢的加热与冷却临界点见表 7-6。

表 7-6　常用弹簧钢加热及冷却时的临界点

钢　号	Ac_1（℃）	Ac_3（℃）	Ar_1（℃）	Ar_3（℃）	Ms（℃）
65	727	752	696	730	280
70	730	743	693	727	280
75	725	750	—	—	230
85	723	737	—	695	230
65Mn	720	740	689	741	270
55Si2Mn	775	840			285
55Si2MnB	768	—		—	289
60Si2MnA	755	810	700	770	260
70Si3MnA	765	780			270
60Si2CrVA	770	780	710		
50CrMn	740	785	700		300
55SiMnVB	745	790	675	720	—
50CrVA	740	810	688	746	300
55SiMnMoV	743	815	620	700	290
55SiMnMoVNb	744	775	550	656	

弹簧淬火时，应保证淬火温度在 Ar_3 以上，淬火介质应有足够的冷却能力，以保证获得足够的马氏体组织和硬度，心部不出现铁素体。弹簧淬火一般为油冷或在 350 ~ 400℃盐浴中进行等温淬火。淬透性较差的钢或大尺寸弹簧，可采用水淬油冷，但要注意严格控制水淬时间，以防淬裂。

为了减少弹簧变形，装炉时不要竖放或堆放，冷却方式要正确。淬火后产生的变形若超出规定的要求时，则要在矫正后再进行回火，最好利用夹具加热及冷却。

大型螺旋压缩弹簧，批量不大时，可采用接触电阻加热淬火。将钢材快速加热至 1000℃以上进行热卷，整形后利用约900℃的余温进行余热淬火。大批量生产时，钢材在通道式加热炉中加热到 950 ~ 1000℃后，热卷成形、热整形，然后立即淬火冷却。汽车板簧大多也采用连续加热成形淬火法。

四、弹簧的回火

弹簧淬火后应立即回火，以避免弹簧开裂。其目的是为了适当降低硬度和脆性，降低或消除淬火应力，提高弹性极限、塑性及韧度，从而提高弹簧寿命。

弹簧一般采用 400 ~ 500℃中温回火，以获得较高强度和弹性的回火屈氏体组织。保温时间按 1.5min/mm 计算，最短不少于30min，一般为 30 ~ 60min。保温时间过短，不能得到均匀的组织与性能；过度延长保温时间，改善弹簧性能的效果不大。

回火应采用油或水快冷，既可防止产生回火脆性，又能形成表面残余压应力，提高疲劳强度。弹簧钢淬火和回火工艺规范及应用范围见表 7 - 7，弹簧钢的淬火及不同温度回火后的硬度值见表 7 - 8。

表7-7 弹簧钢淬火和回火工艺规范及应用范围

钢 号	淬火			回火			应用范围
	加热温度（℃）	淬火介质	硬度HRC	加热温度（℃）	冷却介质	硬度HRC	
65	780~830	水或油	—	400~600	—	—	线径小于12~15mm的螺旋弹簧、弹簧垫圈
75	780~820	水或油	—	400~600	—	—	
85	780~800	水或油	—	380~440	—	36~40	受力较小的小卷簧、板簧片
65Mn	810~830	水或油	>60	370~400	水	42~50	厚度5~10mm的板簧片及线径7~15mm的卷簧
55Si2Mn	860~880	油	>58	370~400	水	—	线径10~25mm的卷簧
60Si2MnA	860~880	油	>60	410~460	水	45~50	
55Si2Mn	860~880	油	>58	480~500	水	HB363~444	厚度8~12mm的板簧片
60Si2MnA	860~880	油	>60	500~520	水		
70SiMnA	840~860	油	>62	420~480	水	48~52	大截面重载弹簧

续表

钢 号	淬火			回火			应用范围
	加热温度 (℃)	淬火介质	硬度 HRC	加热温度 (℃)	冷却介质	硬度 HRC	
65Si2MnWA	840~860	油	>62	430~480	水	48~52	大截面重载弹簧
50CrMn	840~860	油	>58	400~550	水	HB388~415	截面较大和重要的板弹簧及螺旋弹簧
50CrVA	850~870	油	>58	400~450	水	45~50	大截面重载弹簧
				370~420		45~52	300℃以下工作的高温弹簧
60Si2CrVA	850~870	油	>60	430~480	水	—	—
50CrMnVA	840~860	油	>58	430~520	水	—	—
55SiMnVB	860~880	油	—	440~460	任意冷却	—	大截面的重载弹簧
55SiMnMoV	860~880	油	—	440~460	水	—	
55SiMnMoVNb							

表 7-8　弹簧钢的淬火及不同温度回火后的硬度值

钢号	淬火			不同温度（℃）回火后的硬度值（HRC）						常用回火温度范围（℃）	冷却介质	硬度（HRC）
	温度（℃）	冷却介质	硬度（HRC）	300	400	500	550	600	650			
65	800	水	62~63	50	45	37	32	28	24	320~420	水	35~48
70	800	水	62~63	50	45	37	32	28	24	380~400	水	45~50
85	780~820	油	62~63	52	47	39	32	28	24	375~400	水	40~49
65Mn	780~840	油	57~64	54	47	39	34	29	25	350~530	空气	36~50
55Si2Mn	850~880	油	60~63	53	51	40	37			400~520	空气	40~50
55Si2MnB	870	油	≥60	58	52	45	40	38	35	460	空气	47~50
55SiMnVB	840~880	油	>60	55	47	40	34	30		400~500	水、空气	40~50
60Si2Mn	870	油	>61	56	51	43	38	33	29	430~480	水、空气	45~50
60Si2CrA	850~860	油	62~66							450~480	水	45~50
60Si2CrVA	850~860	油	62~66							450~480	水	45~50
55CrMnA	840~860	油	62~66	55	50	42	31			400~500	水	42~50
60CrMnMoA	860	油	59~63	47~52			30~38		24~29		空气	
50CrVA	860	油	56~62	51	45	39	35	31	28	370~400	水	45~50
										400~450		≤415HBS
30W4Cr2VA	1050~1100	油	52~58				52	46		520~540	水、空气	43~47
										600~670		

五、弹簧的马氏体分级淬火和贝氏体等温淬火

此工艺能减少弹簧畸变，避免开裂，提高强度、韧度及产品质量。这些处理工艺，可获得全部下贝氏体组织，或不同比例的马氏体与下贝氏体的双相组织。贝氏体等温淬火或马氏体分级淬火的淬火介质，一般为盐浴（例如使用温度为 150 ~ 500℃，质量分数为 50% 的硝酸钾和 50% 的亚硝酸钠盐）和低熔点合金液（铅、锡、铋等金属的多元合金，使用温度 100 ~ 800℃），这些介质的冷却能力有限，因而只适用于较小截面的弹簧。马氏体分级淬火是将弹簧加热至淬火温度，保温后移入 Ms 点以上的下贝氏体等温转变温度，短时停留，奥氏体部分地转变为下贝氏体，然后淬入水或油中冷却。贝氏体等温淬火则是在 Ms 点以上温度等温停留，直至奥氏体全部转变为下贝氏体，然后在水或油中冷却。在 Ms 点以上使体积分数为 20% ~ 50% 的奥氏体等温转变为下贝氏体，余量在随后水（或油）冷却时转变为马氏体，获得双相组织的处理方法，称为马氏体分级 – 贝氏体等温淬火处理。几种常用弹簧钢的贝氏体等温淬火工艺见表 7 – 9。弹簧在等温淬火之后，再在适当温度（中温或低温）进行一次补充回火，可获得更高的综合力学性能，特别是屈强比和弹性极限，同时，弹簧的畸变小，有更高的疲劳寿命。

表 7 – 9 几种常用弹簧钢的贝氏体等温淬火工艺

钢　号	淬火加热温度 (℃)	等温温度 (℃)	等温停留时间 (min)	处理后硬度 (HRC)
75	800 ~ 850	260 ~ 280	10 ~ 20	48 ~ 52
		315 ~ 335	10 ~ 20	43 ~ 48
		320 ~ 360	15 ~ 30	40 ~ 48
65 65Mn	820 ~ 860	260 ~ 280	15 ~ 30	≈50
		320 ~ 350		46 ~ 52
60Si2Mn 65Si2MnWA	860 ~ 880	280 ~ 320	30	48 ~ 52
50CrVA	860 ~ 900	300 ~ 320	30	48 ~ 52

六、热成形弹簧的热处理工艺

根据制造方法的不同，弹簧一般分为两种：一种是在热状态下成形的弹簧（直径或厚度一般在 10mm 以上），称热成形弹簧；一种是在冷状态下成形的弹簧（直径或厚度一般在 10mm 以下），称冷成形弹簧。这两种弹簧在成形之后都必须经过热处理，才能满足使用要求。

用热成形方法成形的弹簧多数是将热成形和热处理结合在一起进行的，而螺旋弹簧则大多数是在热成形后再进行热处理。这类弹簧钢的热处理方式是淬火 + 中温回火，热处理后的组织为回火屈氏体，这种组织的弹性极限和屈服极限高，并有一定的韧性，其工艺选择原则见表 7 – 10。

表 7 – 10　热成形弹簧工艺参数的选择原则

工艺名称	选 择 原 则
淬火加热	加热温度按 Ac_3 + （30～50℃）选取。淬火加热最好在盐浴炉或保护气氛炉中进行，弹簧应穿棒水平放置，以防止变形
淬火冷却	合金弹簧钢制造的弹簧，一般多用油冷；为保证截面淬透，对截面较大的可采用水淬油冷；为防止水淬时淬裂，可适当降低淬火加热温度，严格控制水冷时间，及时回火等；对于要求变形较小并期望获得较高塑性及韧性的弹簧，可采用等温淬火
淬火方法	穿入与弹簧内径近似的管子作为吊具，水平淬入冷却液可以减少弹簧弯曲或螺距伸缩变形；对于要求较高的弹簧可采用专用淬火压床，常用于板簧淬火冷却
回　火	回火温度一般在 400～500℃之间，为使回火加热均匀，应尽量在硝盐炉或带有回风装置的空气炉进行加热；为克服合金元素对回火脆性的敏感，回火后一般水冷或油冷；对于钢板弹簧，为提高疲劳强度，可采用快速回火

七、冷成形弹簧的热处理工艺

对于用冷轧钢板、钢带或冷拉钢丝制成的弹簧，由于冷塑性变形使材料强化，已达到弹簧所要求的性能，故弹簧成形后只需在250℃左右范围内，进行保温30min左右的去应力处理，以消除冷成形弹簧的内应力，并使弹簧定形即可。冷成形弹簧去应力回火规范参见表7－11。

表7－11　冷成形弹簧去应力回火规范

弹簧名称	规格（mm）	去应力回火				尺寸修正后的去应力回火			
		温度范围（℃）	常用温度（℃）	保温时间（min）	冷却	温度范围（℃）	常用温度（℃）	保温时间（min）	冷却
压扭簧	0.1～1.1	240～280	250±10	20	水	比第一次低10～20℃	240	10	水
	1.1～2.5	240～280	250±10	30	水		240	15	水
	2.5以上	240～280	250±10	40	水		240	20	水
拉簧	0.1～1.1	200～300	240±20	20	水	比第一次低10～20℃	230	10	水
	1.1～2.5	200～300	240±20	30	水		230	15	水
	2.5以上	200～300	240±20	40	水		230	20	水

注：（1）拉簧去应力回火时间可延长到60min。

（2）如去应力回火后尺寸还要修正，则修正后还需再进行一次去应力回火。

八、冷拔弹簧钢丝的热处理（表7－12）

表7－12　冷拔弹簧钢丝的热处理工艺

类型	典型钢号	热处理工艺	作　用
铅浴等温淬火冷拔弹簧钢丝	50、60、70、T8A、T9A、T10A	加热至880～950℃后在480～540℃的铅浴中等温	是冷拔的中间工序，使钢丝表面光洁，强度提高
	65Mn、50CrVA	加热至Ac_3+（100～200）℃后在470～520℃的铅浴中等温	

续表

类型	典型钢号	热处理工艺	作　用
冷拔弹簧钢丝	65、T8A、65Mn	冷拔中间进行一次 600 ~ 680℃的再结晶退火	提高塑性
油淬回火弹簧钢丝	50CrVA、60Si2MnA	钢丝冷拔后进行淬火回火处理	性能比较均匀一致

九、耐热弹簧钢的热处理

某些汽阀、安全阀及刮片弹簧在较高温度下工作。对此类弹簧，主要的性能要求是在较高的应力下具有良好的抗应力松弛能力，保证它在长时间工作过程中能给予阀门或汽缸内壁比较稳定的压力。此类弹簧，如使用温度低于 120℃，且线径较细时，可用普通冷拔碳素弹簧钢丝制造；如使用温度低于 250℃ 时，则可采用各种油淬火、回火钢丝冷卷成形；如线径较粗或使用温度较高时，则可用弹簧钢中的 60Si2MnA、50CrVA、60Si2CrA、60Si2Cr2VA、65Si2MnWA、30W4Cr2VA 等制造。使用温度更高或要求有一定的耐蚀性能的弹簧，可选用马氏体不锈钢（如 3Cr13 及 4Cr13 等）、18 – 8 型奥氏体不锈钢（如 1Cr18Ni9、2Cr18Ni9 及 1Cr18Ni9Ti 等）、沉淀硬化不锈钢（如 PH17 – 7 等）以及工具钢（如 3Cr2W8V、65Cr4W3Mo2VNb、W18Cr4V 等）*丝材或棒材*制造。这些钢种的最高使用温度及热处理规范见表 7 – 13。

表 7 – 13　耐热弹簧钢的材料选用和最高使用温度的热处理规范

钢　号	最高使用温度(℃)	热成形(℃)	淬火温度(℃)	回火温度(℃)
60Si2MnA	250	880 ~ 900	860 ~ 880，油	350
50CrVA	300	880 ~ 900	850 ~ 870，油	370 ~ 420

钢　号	最高使用温度(℃)	热成形（℃）	淬火温度（℃）	回火温度（℃）
60SiCrA	300	880~900	830~860，油	430~500
60Si2Cr2VA	350	880~920	850~870，油	430~480
60Si2MnWA	350	880~920	840~860，油	430~480
30W4Cr2V	500	880~960	1050~1100，油	600~670
3Cr13	400	850~1050	980~1050，油	540~560
4Cr13	400	850~1050	980~1050，空冷	540~560
冷拉18-8型不锈钢钢丝	400	冷卷	—	冷卷后去应力回火，回火温度400℃，15~60min
W18Cr4V	600	1000~1200	1280~1290，油或空冷	700

此类弹簧除进行通常的强化处理外，一般还要经过加温加载处理（热强压处理），其主要目的是使弹簧由预制高度变为图样要求的自由高度，使工作时尺寸稳定，并能显著提高其抗应力松弛性能。一般需经过两次加温加载处理：第一次是将弹簧压缩（或拉伸）到最大工作变形量的高度，在略高于工作温度的条件下保持2~7h；经第一次处理的弹簧在表面防锈处理后，再进行第二次加温加载处理，在工作温度下保持2~5h（具体时间长短由试验确定），直到弹簧的高度稳定为止。加温加载（热强压）处理的加热温度可根据表7-14选择。

表7-14　弹簧加温加载处理时加热温度的选择

工作温度（℃）		>50~60	>60~100	>100~150	>150~180	>180~250
加温加载处理时的加热温度（℃）	第一次	100	150	200	200	270
	第二次	常温	100	150	180	250

十、操作注意事项

（1）热处理前应检查表面是否有脱碳、裂纹等缺陷。这些表面缺陷将严重地降低弹簧的疲劳极限。

（2）淬火加热应特别注意防止过热和脱碳，做好盐浴脱氧，控制炉气气氛，并严格控制加热温度与时间。

（3）为减少变形，应特别注意弹簧在加热时的装炉方式、夹具形式和冷却时淬入冷却液的方法。

（4）淬火后要尽快回火，加热要尽量均匀。回火后快冷能防止回火脆性和造成表面压应力，提高疲劳强度。

第三节　提高弹簧件质量的措施

一、喷丸处理

对热处理后的弹簧，利用高速喷射的细小金属弹丸在室温下撞击弹簧表面，使表层组织在再结晶温度下产生弹性、塑性变形，并呈现较大的残余压应力，从而提高工件表面强度、疲劳强度和抗应力腐蚀的能力，这种强化方法称为喷丸处理。这种方法还可以使工件表面缺陷（如小裂纹、凸凹及脱碳等）的有害作用被减轻或消除，能够有效地提高弹簧的疲劳寿命。

喷丸处理所用的弹丸一般有硬钢丝切断丸、铸铁丸、铸钢丸等，弹丸应趋近球形，至少不能有锐利的棱角，否则会损伤弹簧表面。弹丸的直径一般为 0.3~1.7mm；用直径小于 3mm 钢丝制造的弹簧，可用直径 0.4mm 的弹丸；用直径 3~6mm 钢丝制作的中型压缩弹簧，采用 0.7mm 弹丸；对于重型弹簧则采用 0.8mm 弹丸。

二、松弛处理

弹簧在应力恒定的条件下，应力随时间的延长而下降，这种现象叫做应力松弛。弹簧长时间在外力作用下工作，由于应力松弛的结果会产生微量的永久（塑性）变形，特别是高温工作的弹簧，在高温下的应力松弛现象更为严重，使弹簧的精度降低，这对一般精密弹簧是不允许的。因此，这类弹簧在淬火、回火后应进行松弛处理。

松弛处理是对弹簧加一个超过材料弹性极限的载荷，保持一定时间，使弹簧表层产生塑性变形，当卸去载荷后，处于弹性变形的心部求恢复到原状。根据处理的条件不同，松弛处理有以下几种。

（1）冷强压松弛处理：在室温下强压 16~24h，也可采用几次快速强压的动强压处理方法。

（2）热强压松弛处理：在高于工作温度约 20℃ 的恒温强压 2~3h。对弹簧预先加载荷，使其变形量超过弹簧工作时可能产生的变形量。然后在高于工作温度 20℃ 的条件下加热，保温 8~24h。

（3）磁场强压松弛处理：在磁场浴炉中强压。

（4）电强压松弛处理：在两电极板间强压并通电短时加热，然后空冷。

三、形变热处理

形变热处理是将塑性变形与热处理有机结合在一起的一种复合工艺。该工艺既能提高钢的强度，又能改善钢的塑性和韧性，同时发挥形变强化与热处理强化的作用。

形变热处理有高温、中温和低温之分。高温形变热处理是在稳定的奥氏体状态下产生形变后立即淬火，也可与锻造或热轧结合起来，即热成形后立即淬火。高温形变热处理可以提高弹簧钢的屈强比和弹性极限，提高疲劳性能和抗应力松弛性能。形变热处理已应用于汽车板簧生产中。60Si2Mn 钢制造的汽车板簧，经高温形变热处理（930℃＋热形变量 18%，油淬）后，再采用 650℃、3min15s 的高温快速回火，其强度和疲劳寿命都得到很大提高，见表 7 – 15。

表 7 – 15　60Si2Mn 钢板簧形变热处理与普通热处理性能比较

热处理	机械性能							疲劳寿命
	σ_b (MPa)	σ_s (MPa)	δ_5 (%)	ψ (%)	α_k (J/cm^2)	HRC	σ_{-1} (MPa)	循环次数 (万次)
形变热处理与高温快速回火	2415	2280	7.7	40.4	68	56	950	145
普通淬火、回火	1520	1395	9.96	41.6	33.5	44	930	17.40
淬火及高温回火	1670	1500	7	44	59	46	930	48.33

中温形变热处理。是指在再结晶温度下、马氏体点以上进行的压力加工变形，然后迅速进行淬火与回火的一种工艺，它能使钢的强度、屈服强度和疲劳极限比采用高温形变热处理时有更大的提高。

四、低温碳氮共渗

采用回火与低温碳氮共渗（软氮化）相结合的工艺，能显著提高弹簧的疲劳寿命及耐蚀性，此工艺多用于卷簧。

第四节　弹簧件的质量检验、
热处理缺陷及对策

一、质量检验

1. 热处理前

（1）钢材的轧制表面往往就是制成弹簧后的表面，故不应有裂纹、折叠、斑疤、发纹、气泡、夹层和压入的氧化皮等。

（2）表面脱碳会显著降低弹簧的疲劳强度，应按表 7 - 16 的规定检验脱碳层的深度。

表 7 - 16　弹簧钢脱碳深度的规定

钢　组	公称直径或厚度（mm）	总脱碳层以深度不大于直径或厚度的百分数	
		一级	二级
硅弹簧钢	≤8	2.5	3.0
	>8~30	2.0	2.5
	>30	1.5	2.0
其他弹簧钢	≤8	2.0	2.5
	>8	1.5	2.0

2. 热处理后

（1）用肉眼或低倍放大镜观察，弹簧表面不应有裂纹、腐蚀麻点和严重的淬火变形。

（2）硬度及其均匀性应符合规定。大量生产时，允许用锉刀抽检硬度，但必须注意锉痕的位置，应不影响弹簧的最后精度。

（3）金相组织应是托氏体或托氏体和索氏体的混合组织。

（4）板簧装配后，通常还要进行工作载荷下的永久变形以及静载挠度试验。在专门生产弹簧的工厂中，还应定期抽取弹簧进行实物疲劳试验，以检验其寿命。

二、弹簧件的热处理缺陷及对策（表7－17）

表7－17 弹簧件的热处理缺陷及对策

缺陷名称	产生原因	对　　策
硬度不足弹性低	（1）淬火温度过高，残余奥氏体过多 （2）淬火加热表面脱碳 （3）回火或时效温度波动太大	（1）严格执行工艺，控制好淬火温度和保温时间 （2）盐炉要充分及时脱氧，或采用保护气氛或真空热处理 （3）提高回火或时效的控温精度和炉温均匀性
脆性大	（1）产生回火脆性 （2）过热	（1）用快速冷却消除回火脆性 （2）严格控制淬火温度和保温时间，过热可以用重新正火细化晶粒来挽救
变形	（1）内应力大，回火或放置时变形 （2）残余奥氏体过多	（1）用专用夹具进行定型回火；延长回火时间 （2）多次回火；采用冰冷处理或时效处理减少残余奥氏体
淬火开裂	（1）淬火加热速度过快，没有预热或预热不充分 （2）冷速过剧，淬火介质不当 （3）加热温度过高，保温时间过长	（1）充分预热或分段加热 （2）严格执行工艺，使用合适淬火介质 （3）严格控制加热温度和保温时间
表面脱碳或元素贫化	（1）原材料脱碳超标 （2）淬火加热的盐浴脱氧不充分 （3）真空热处理时真空度过高、过低，或者漏气率太高，保护气氛控制不当	（1）严格进行原材料复验 （2）盐浴炉应充分及时脱氧 （3）选择合适的真空热处理和保护气氛工艺参数

续表

缺陷名称	产生原因	对　策
表面腐蚀	（1）盐浴炉脱氧不良，或带硝盐 （2）没有及时清理残盐 （3）零件表面不洁净 （4）热处理后未及时钝化和烘干	（1）盐浴炉及时充分脱氧 （2）及时清理残盐 （3）零件热处理前表面清洗洁净 （4）热处理后及时钝化和烘干

第五节　典型工件的热处理

一、压缩螺旋弹簧的热处理

压缩螺旋弹簧示意图见图7－1。材料为50CrV钢。技术要求：43～50HRC，在规定的载荷内压缩弹簧的长度变化应符合技术要求。

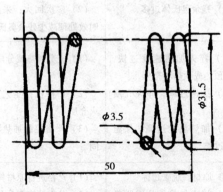

图7－1　压缩螺旋弹簧示意图

工艺过程：压缩螺旋弹簧均直径较小，采用冷卷成形，工艺流程如下：冷卷→定型处理→切断修正→淬火→矫正回火→检验修正→最后回火→检验、喷砂、表面处理。

压缩螺旋弹簧的热处理工艺见图 7 − 2。

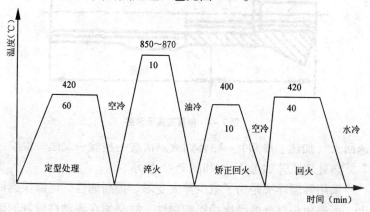

图 7 − 2 压缩螺旋弹簧的热处理工艺

（1）冷卷成形后要消除冷卷应力，稳定尺寸，减少淬火变形，需进行定型处理。

（2）淬火加热时要防止氧化、脱碳。为减少淬火变形，成形弹簧可套在心轴上加热淬火。弹簧在油中淬火后应该洗去油。

（3）矫正回火。通过回火减少淬火应力，以便于矫正弹簧。

（4）最后回火。将矫正后的弹簧装在夹具上回火。根据所要求的性能决定回火温度。回火后水冷，可提高疲劳强度。

二、弹簧夹头的热处理

弹簧夹头示意图见图 7 − 3。材料为 T12A 或 9SiCr 钢。技术要求：头部硬度 55 ~ 60HRC；尾部硬度 40 ~ 45HRC。

工艺过程：为了减少弹簧夹头在热处理时变形，要求机加工铣槽（头部）时不要铣到底；待热处理后再将槽用砂轮切割到底。

热处理工艺流程：整体淬火（预热、加热、等温）→尾部快

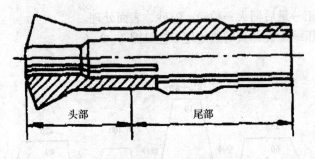

图 7 - 3　弹簧夹头示意图

速回火（加热、冷却）→整体回火→清洗→检验→发黑→检验。

热处理工艺如图 7 - 4 和图 7 - 5 所示。

采用等温淬火是为了减少淬火变形，提高韧性。尾部快速回火，可避免头部降低硬度而影响弹性，故必须在流动性较好的硝盐浴中进行，且操作中必须严格控制加热的深浅。

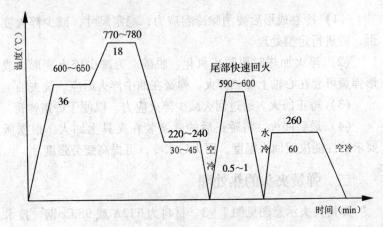

图 7 - 4　T12A 弹簧夹头的热处理工艺曲线

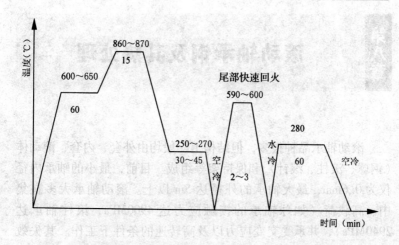

图 7 – 5　9SiCr 弹簧夹头的热处理工艺曲线

第八章 滚动轴承钢及其热处理

滚动轴承品种很多，但结构上一般均由外套、内套、滚动体（钢球、滚柱、滚针）和保持架等组成。目前，最小的轴承内径仅为 0.6mm，最大轴承的外径达 5m 以上。滚动轴承大多在集中、高载荷（如球轴承的接触应力达 4900MPa，滚柱轴承达 2940MPa），并承受交变应力以及高转速的条件下工作。其失效的主要形式是疲劳、磨损。因此，通常要求滚动轴承应具有：高的抗疲劳性能，高的耐磨性，良好的尺寸稳定性，最终表现为使用寿命长。对于在化工机械、航空机械、原子能工业、食品工业以及仪器、仪表等使用的滚动轴承，还需具有耐腐蚀、耐高温、抗辐射、防磁等特性。热处理对提高滚动轴承内在质量，延长使用寿命起着重要的作用。

根据最大切应力理论计算结果，切应力在接触表面下 0.786b 处达到最大（b 为滚动体和套圈接触带宽度）。在高应力下长时间运转，将在这个区域产生剧烈的塑性变形，显微组织由回火马氏体转变为回火索氏体，因而强度降低，比容减小，在这个区域周围引起附加张应力。若这些部位恰好存在非金属夹杂物或粗大碳化物，就成了疲劳裂纹的发源地。疲劳裂纹一般沿切应力方向发展，其扩展方向与表面成 45° 夹角，裂纹露出表面，就会引起表面剥落。表面下一定深度（1mm）内的非金属夹杂物和组织缺陷的危害最大，它将促使接触疲劳裂纹的形成和扩展。

第一节　常用滚动轴承钢

一、滚动轴承的工作条件及对性能的要求

用于制造滚动轴承套圈和滚动体的专用钢称为滚动轴承钢。滚动轴承钢除了制作滚动轴承外，还广泛用于制造各类工具和耐磨零件。轴承元件的工作条件非常复杂和苛刻，因此，对轴承钢的性能要求非常严格。

（1）很高的强度与硬度。轴承元件大多在点接触（滚珠与套圈）或线接触（滚柱与套圈）条件下工作，接触面积很小，在接触面上承受着极大的压应力，可达 1500 ~ 5000 MPa。因此，轴承钢必须具有非常高的抗压屈服强度和高而均匀的硬度，一般硬度应在 HRC62 ~ 64 之间。

（2）很高的接触疲劳强度。轴承在工作时，滚动体在套圈之中高速运转，应力交变次数每分钟可达数万次甚至更高，容易造成接触疲劳破坏，如产生麻点剥落等。因此，要求轴承钢必须具有很高的接触疲劳强度。

（3）很高的耐磨性。滚动轴承在高速运转时，不仅有滚动摩擦，还有滑动摩擦，因此，要求轴承钢应具有很高的耐磨性。

除了以上要求外，轴承钢还应具有足够的韧性和良好的淬透性，高的弹性极限，对大气和润滑油的腐蚀抗力，较好的尺寸稳定性等。

二、轴承钢的化学成分

通常所说的轴承钢是指高碳铬钢，其含碳量为 0.95% ~ 1.15%，这样高的含碳量是为了保证轴承具有高的硬度与耐磨性。经淬火低温回火后，组织为隐晶或细小回火马氏体和均匀分

布的细小颗粒残余碳化物。近年来，研究了马氏体含碳量、碳化物数量、碳化物颗粒大小对轴承疲劳寿命、耐磨性的影响，发现回火马氏体含碳量大于 0.5% 时变脆，含碳量小于 0.4% 时，由于自身强度较弱，使疲劳寿命降低。当回火马氏体含碳量大于 0.45% 时，轴承的疲劳寿命最高。

在轴承钢中加入的合金元素是 Cr、Mn、Si、V、Mo、稀土等。Cr 能提高淬透性和减少过热敏感性。铬与碳形成的合金渗碳体 $[(Fe，Cr)_3C]$ 在退火时集聚的倾向比无铬的渗碳体为小，所以，铬能使渗碳体细化。这种组织经过淬火低温回火后，使轴承钢具有较好的接触疲劳强度、耐磨性、弹性强度和屈服强度。铬还能提高轴承钢的防锈性能，磨削加工时可获得较高的表面光洁度。含铬量大于 1.65% 时会增加钢中的残余奥氏体量而影响钢的硬度、强度和尺寸稳定性，因此，轴承钢中含铬量以 0.5% ~ 1.65% 为宜。Si、Mn 在轴承钢中的主要作用是提高淬透性。硅还提高钢的回火稳定性，因此，它可以在较高的温度下进行回火，有利于消除应力。锰在高碳钢中会增加钢的过热敏感性，因此，含量不能太高，一般锰量应小于 1.5%。

V 能细化晶粒，V 的碳化物具有颗粒细小、硬度高、分布均匀等特点。在无铬轴承钢中加钒可减轻锰的过热敏感性，使锰的积极作用得到充分的发挥。

Mo 和 Si、Mn 同时加入，能显著提高钢的淬透性。Mo 还能提高钢的回火稳定性。含 Mo 的无铬轴承钢用于制造壁厚较大的轴承套圈。稀土元素对改善钢中夹杂物的形状与分布，细化晶粒，提高韧性等能起一定的作用。

轴承钢对材质的纯度要求很高，标准中规定含 S < 0.02%，P < 0.027%，非金属夹杂物（如硫化物、氧化物、硅酸盐）的含量和分布情况要限制在一定的级别范围之内，因为这些夹杂物的存在会大大降低钢的疲劳性能。常用轴承钢的化学成分见表 8 - 1。

表 8-1　常用轴承钢的化学成分

类别	钢号	C	Si	Mn	Cr	Ni	其他 (%)
铬轴承钢	GCr4	1.05~1.15	0.15~0.35	0.20~0.40	0.40~0.70	≤0.30	Cu≤0.25
	GCr9	1.00~1.10	0.15~0.35	0.20~0.40	0.90~1.20	≤0.30	Cu≤0.25
	GCr9SiMn	1.00~1.10	0.40~0.70	0.90~1.20	0.90~1.20	≤0.30	Cu≤0.25
	GCr15	0.95~1.05	0.15~0.35	0.20~0.40	1.35~1.65	≤0.30	Cu≤0.25
	GCr15SiMn	0.95~1.05	0.45~0.65	0.90~1.20	1.35~1.65	≤0.30	Cu≤0.25
不锈轴承钢	9Cr18	0.90~1.00	≤0.08	≤0.08	17.0~19.0		
	9Cr18Mo	1.00~1.10	≤0.08	≤0.05	16.0~18.0		Mo≤0.75
	1Cr18Ni9Ti	≤0.12	≤1.00	≤2.00	17.0~19.0	8.00~11.00	
	0Cr17Ni4Cu4Nb	≤0.09	≤1.00	≤1.00	16.0~18.0	6.50~7.50	Nb0.15~0.45 Cu3.00~5.00
	0Cr17Ni7Al	≤0.07	≤1.00	≤1.00	15.5~17.5	3.00~5.00	Al 0.75~1.50

三、轴承钢的冶金质量

由于轴承的接触疲劳性能对钢材的微小缺陷十分敏感，所以，非金属夹杂物对钢的使用寿命有很大的影响。非金属夹杂物的种类、尺寸及形状不同，影响的程度也不同。根据化学成分，非金属夹杂物可分为简单氧化物、复杂氧化物（包括尖晶石和钙的铝酸盐）、硅酸盐和硅酸盐玻璃、硫化物、氮化物等。危害最大的是氧化物，其次为硫化物和硅酸盐，它们的多少主要取决于冶炼质量及铸锭操作，因此，在冶炼和浇注时必须严格控制其数量。通常要求 S 的含量小于 0.02%，P 的含量小于 0.027%。近年来广泛应用真空高频熔炼、自耗电极真空电弧熔炼以及真空脱氧处理，取得了显著的效果。

在检验时，往往根据金相形态（热变形能力）来分类。可分为脆性夹杂物（如刚玉、尖晶石），沿轧制方向排列且点链状分布；塑性夹杂物，在热变形过程中有良好的塑性，沿轧向呈连续条状分布，属这类的有 MnS 和铁锰硅酸盐；球状不变形夹杂物，主要是钙的铝酸盐；半塑性夹杂物，主要是复相铝硅酸盐，含有 Al_2O_3 或尖晶石氧化物，轧后呈纺锤形。轴承钢按三项夹杂物评级，即脆性夹杂物、塑性夹杂物和球状不变形夹杂物。

轴承钢的接触疲劳寿命随钢中氧化物级别的增加而降低，氧化物主要是指刚玉和尖晶石，其尺寸越大，危害程度也越严重。实验表明，产生危害的临界尺寸为 6~8μm。夹杂物的类型对降低轴承的接触疲劳寿命有不同的影响，其危害程度按刚玉、尖晶石、球状不变形夹杂、半塑性铝硅酸盐、塑性硅酸盐、硫化物依次递减。非金属夹杂物可破坏基体的连续性，引起应力集中。特别是刚玉、尖晶石和钙的铝酸盐，它们的膨胀系数比钢小，淬火后周围基体承受附加张应力，并叠加在外力引起的应力集中造成的应力上，可达很高的数值。另外，上述三种硬的氧化物在钢变形时不能随之发生塑性变形，在钢发生热塑性流动时会划伤基体，造成夹杂物边缘上的裂口或空洞。塑性硅酸盐夹杂物在室温下不能变形，在基体受外力变形时它就与基体脱开，为裂纹形成创造条件。而硫化物在高温和室温都呈塑性，且膨胀系数大于基体，故其危害程度最小。若在一定含硫量下，硫化物与氧化物共存，并包覆于其外，将减少氧化物的有害作用。因此，钢中含硫量不要求越低越好。

钢中非金属夹杂物的主要来源是钢在冶炼时产生的脱氧产物，钢液凝固时氧和硫因在固态钢中的溶解度很低而析出氧化物和硫化物。另外，出钢过程中钢液与渣混出时残留在钢中的渣、冶炼和浇注时钢液对耐火材料的侵蚀、出钢时钢液的二次氧化等，也是夹杂物的来源。

四、轴承钢的碳化物不均匀性

高碳铬轴承钢的使用组织，是回火马氏体基体上分布有一定量细小而均匀分布的颗粒状碳化物及少量残留奥氏体。实验表明，马氏体中含碳量为 $0.45\% \sim 0.5\%$ 时，钢既有高硬度，又有一定的韧性，具有最高的接触疲劳寿命。碳化物的尺寸和分布对轴承的接触疲劳寿命也有很大的影响，大颗粒碳化物和密集的碳化物带都是极为有害的。上述碳化物的缺陷根据其产生条件可分为四类：一是碳化物液析，液析碳化物属于偏析引起的伪共晶碳化物；二是带状碳化物，带状碳化物属于二次碳化物偏析，这种碳化物偏析区沿轧向伸长呈带状分布，碳化物液析和带状碳化物都起因于钢锭结晶时产生的树枝状偏析；三是网状碳化物，高碳铬轴承钢为过共析钢，网状碳化物是由二次碳化物析出于奥氏体晶界所造成的；四是大颗粒碳化物，在正火消除网状碳化物时加热未溶解的碳化物颗粒，在正火保温和随后退火时继续长大而形成大颗粒。

消除液析碳化物可采用高温扩散退火。当加热到钢的共晶温度 (1130 ± 10)℃ 以上，一般为 1200℃ 时，进行扩散退火即可。

要消除带状碳化物偏析，则需要很长的退火时间。消除网状碳化物可采用控制轧制，终轧温度控制在 Ar_{cm} 和 Ar_1 之间，网状碳化物被破碎，得到未再结晶的奥氏体晶粒。冷却后得到细小的索氏体组织，为球化退火创造良好的原始组织。

五、常用轴承钢的用途与特点（表8-2）

表8-2 常用轴承钢的用途与特点

类别	钢号	性能特点	用途举例
高碳铬轴承钢	GCr4	低铬轴承钢，耐磨性比相同碳含量的碳素工具钢高，冷加工塑性变形和切削加工性能尚好，有回火脆性倾向	用作一般载荷不大、形状简单的机械转动轴上的钢球和滚子
	GCr9	耐磨性和淬透性较高，切削性及冷应变塑性中等，白点形成较敏感，焊接性差，有回火脆性倾向，主要在淬火并低温回火状态使用	用于制造传动轴上尺寸较小的钢球和滚子，一般条件下工作的大套圈及滚动体，是一种应用广泛的轴承钢，用于机床、电机及航空的微型轴承及一般轴承，也可制作弹性、耐磨、接触疲劳强度都要求较高的重要机械零件
	GCr15	高碳铬轴承钢的代表钢种，综合性能良好，淬火与回火后具有高而均匀的硬度，良好的耐磨性和高的接触疲劳寿命，热加工变形性能和切削加工性能均好，但焊接性差，对白点形成较敏感，有回火脆性倾向	用于制造壁厚小于等于12mm、外径小于等于250mm的各种轴承套圈，也用作尺寸范围较宽的滚动体，如钢球、圆锥滚子、圆柱滚子、球面滚子、滚针等；还用于制造模具、精密量具以及其他要求高耐磨性、高弹性极限和高接触疲劳强度的机械零件

续表

类别	钢号	性能特点	用途举例
高碳铬轴承钢	GCr15SiMn	在 GCr15 钢的基础上适当增加硅、锰含量，其淬透性、弹性极限、耐磨性均有明显提高，冷加工塑性中等，切削加工性能稍差，焊接性能不好，对白点形成较敏感，有回火脆性倾向	用于制造大尺寸的轴承套圈、钢球、圆锥滚子、圆柱滚子、球面滚子等，轴承零件的工作温度小于 180℃；还用于制造模具、量具、丝锥及其他要求硬度高且耐磨的零部件
	GCr15SiMo	在 GCr15 钢的基础上提高硅含量，并添加钼而开发的新型轴承钢。综合性能良好，淬透性高，耐磨性好，接触疲劳寿命高，其他性能与 GCr15SiMn 相近	用于制造大尺寸的轴承套圈、滚珠、滚柱，还用于制造模具、精密量具以及其他要求硬度高且耐磨的零部件
	GCr18Mo	相当于瑞典 SKF24 轴承钢。是在 GCr15 钢的基础上加入钼，并适当提高铬含量，从而提高了钢的淬透性。其他性能与 GCr15 钢相近	用于制造各种轴承套圈，壁厚从小于等于 16mm 增加到小于等于 20mm，扩大了使用范围；其他用途和 GCr15 钢基本相同
不锈轴承钢	9Cr18 9Cr18Mo	高碳马氏体型不锈钢，用于制造轴承，淬火后有较高的硬度和耐磨性，在大气、水以及某些酸类和盐类的水溶液中具有优良的不锈与耐蚀性能	用于制造在海水、河水、蒸馏水以及海洋性腐蚀介质中工作的轴承，工作温度可达 253～350℃；还可用作某些仪器、仪表上的微型轴承
	1Cr18Ni9Ti	奥氏体型不锈钢，用于制造轴承，具有优良的抗腐蚀性能，热加工和冷加工性能优良，焊接性能很好，过热敏感性也低	用于制造耐腐蚀套圈、钢球及保持器等，还可用作防磁轴承，经渗氮处理后，可用于高温、高真空、低载荷、高转速条件下工作的轴承

类别	钢号	性能特点	用途举例
渗碳轴承钢	G20CrMo	低合金渗碳钢，渗碳后表面硬度较高，耐磨性较好，而心部硬度低，韧性好，适于制作耐冲击载荷的轴承及零部件	常用作汽车、拖拉机的承受冲击载荷的滚子轴承，也用作汽车齿轮、活塞杆、螺栓等
	G20CrNiMo	有良好的塑性、韧性和强度，渗碳或碳氮共渗后表面有相当高的硬度，耐磨性好，接触疲劳寿命明显优于GCr15钢，而心部碳含量低，有足够的韧性承受冲击载荷	制作耐冲击载荷轴承的良好材料，用作承受冲击载荷的汽车轴承和中小型轴承，也用作汽车、拖拉机齿轮及牙轮钻头的牙爪和牙轮体
	G20CrNi2Mo	渗碳后表面硬度高，耐磨性好，具有中等表面硬化性，心部韧性好，可耐冲击载荷，钢的冷热加工塑性较好，能加工成棒、板、带及无缝钢管	用于承受较高冲击载荷的滚子轴承，如铁路货车轴承套圈和滚子，也用作汽车齿轮、活塞杆、万向节轴、圆头螺栓等
	G10CrNi3Mo	渗碳后表面碳含量高，具有高硬度，耐磨性好，而心部碳含量低，韧性好，可耐冲击载荷	用于承受冲击载荷较高的大型滚子轴承，如轧钢机轴承等

续表

类别	钢号	性能特点	用途举例
渗碳轴承钢	G20Cr2Ni4A	常用的渗碳结构钢，用于制作轴承。渗碳后表面有相当高的硬度、耐磨性和接触疲劳强度，而心部韧性好，可耐强烈冲击载荷，焊接性中等，有回火脆性倾向，对白点形成较敏感	制作耐冲击载荷的大型轴承，如轧钢机轴承等，也用作其他大型渗碳件，如大型齿轮、轴等，还可用于制造要求强韧性高的调质件
	G20Cr2Mn2MoA	渗碳后表面硬度高，而心部韧性好，可耐强烈冲击载荷。与 G20Cr2Ni4A 相比，渗碳速度快，渗碳层较易形成粗大碳化物，不易扩散消除	用于高冲击载荷条件下工作的特大型和大、中型轴承零件以及轴、齿轮等

第二节　滚动轴承钢的热处理

一、滚动轴承钢的预先热处理

为了改善轴承钢的加工性能和热处理工艺性能，为最终热处理提供良好的原始组织，滚动轴承零件在切削加工前需经过预备热处理。常用的工艺有正火和退火。

1. 正火

锻造后的轴承钢零件毛坯，其金相组织应为索氏体，允许有细小网状碳化物存在，此时不经正火就可进行球化退火。但如果锻造工艺掌握不当，形成粗大的网状或线条状碳化物时，必须在球化退火前进行一次清除网状的正火处理。正火处理的工艺根据正火目的和原始组织状态确定。GCr15、GCr15SiMn 轴承钢常用的正火工艺见表 8-3。

表 8 - 3　GCr15、GCr15SiMn 轴承钢常用的正火工艺

正火的目的	钢号	正火工艺		
		温度 （℃）	保温时间 （min）	冷却方法
消除和减少粗大网状碳化物	GCr15	930 ~ 950	40 ~ 60	根据零件的有效厚度和正火温度正确选择正火后的冷却条件，以免再次析出网状碳化物或使碳化物颗粒长大及产生裂纹等。一般冷却速度 > 50℃/min。冷却方法有：分散空冷；强制吹风；喷雾冷却；乳化液中（70 ~ 100℃）或油中循环冷却；70 ~ 80℃ 水中冷却
	GCr15SiMn	890 ~ 920		
消除较细网状碳化物，改善锻造后晶粒度以及消除粗片状珠光体	GCr15	900 ~ 920	40 ~ 60	
	GCr15SiMn	870 ~ 890		
细化组织和增加同一批零件退火组织的均匀性	GCr15	860 ~ 900	40 ~ 60	
	GCr15SiMn	840 ~ 860		
改善退火组织中粗大碳化物颗粒	GCr15	950 ~ 980	40 ~ 60	
	GCr15SiMn	940 ~ 960		

2. 退火

根据退火的不同目的，可采用不同的退火工艺方法。常用的工艺有球化退火、去应力退火、再结晶退火和双细化处理。

（1）球化退火的目的是获得在铁素体基体上均匀地分布着细粒状碳化物的珠光体组织，为淬火提供良好的原始组织，在淬火与回火后获得最佳力学性能。

轴承钢球化退火温度一般是：GCr15 钢为 780 ~ 810℃，GCr15SiMn 为 780 ~ 800℃。如果锻件经各种预备热处理，其退火温度应分别降低 10 ~ 20℃。球化退火分为一般球化退火、等温球化退火、快速球化退火等。

①一般球化退火。此种工艺可用箱式电炉、台车式电炉或煤炉、油炉、井式电炉和推杆式电炉等进行。退火的保温时间与退火炉型、零件大小、装炉量及装炉方法等因素有关。冷却速度的快慢主要影响粒状碳化物的形状、大小和分散程度。冷速越快，碳化物颗粒越细，并有可能出现索氏体组织，退火后硬度较高；冷却过慢，碳化物颗粒较粗大，钢的可加工性变坏。铬轴承钢的一般球化退火工艺曲线见图8－1。

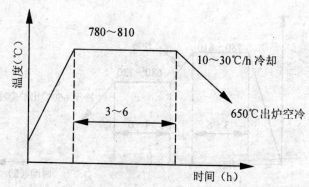

（a）用于箱式、井式或台车式炉

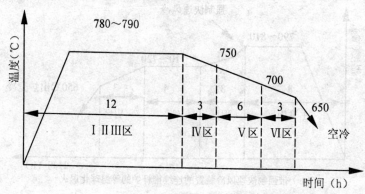

（b）用于推杆式或大型连续炉

图8-1 一般球化退火工艺曲线

②等温球化退火。此种工艺可缩短退火时间，提高生产率。等温温度对退火后的硬度有很大的影响，温度越低，硬度越高。例如，GCr15 钢等温温度为 720℃时，硬度为 210～215HBS；等温温度为 700℃时，硬度为 225～250HBS。此种工艺最好用双炉进行（即加热炉与等温炉），但亦可用在冷却区带有速冷（风或水冷）装置的推杆式连续退火炉，具体工艺见图 8-2。

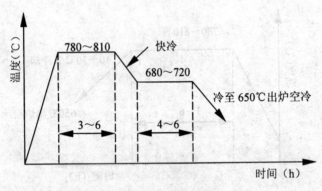

（a）双炉等温球化退火

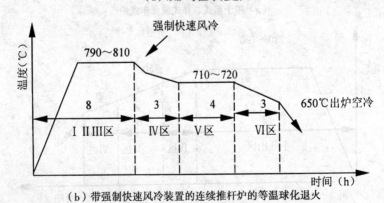

（b）带强制快速风冷装置的连续推杆炉的等温球化退火

图 8-2 等温球化退火工艺曲线

③快速球化退火。实质上是正火后再进行退火的工艺。零件正火后获得索氏体组织,然后选用 760～780℃ 加热退火,具体工艺见图 8－3。

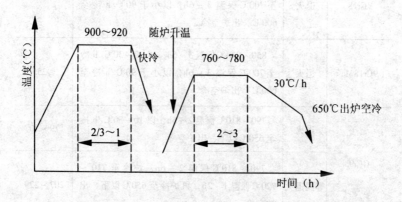

图 8－3 铬轴承钢正火－快速球化退火工艺

球化退火后的显微组织应为细小、均匀分布的球化组织,按 JB 1255—1991《高碳铬轴承钢滚动轴承零件热处理技术条件》第一级别图评定,2～4 级为合格组织,不允许有 1 级(欠热)、5 级(碳化物颗粒不均匀)和 6 级(过热)组织;碳化物网状组织按第三级别图评定,小于 2.5 级为合格。

(2)再结晶退火是用于消除因冷轧、冷拔和冷冲压所产生的加工硬化,使已破碎的晶粒得到回复再结晶。GCr15 钢的再结晶退火温度为 670～720℃,GCr15SiMn 钢为 650～700℃。保温时间一般为 2～8h,具体保温时间根据装炉量的多少确定。

(3)去应力退火的主要目的是消除切削加工或冷冲压产生的残余应力。其退火工艺是:随炉加热至 550～650℃,保温 3～5h 后炉冷。

轴承钢退火工艺规范见表 8－4。

表8-4 轴承钢退火工艺规范

钢 号	工艺名称	工艺要点	硬度(HBS)
9Cr18	退火	800~840℃保温3~6h，以10~30℃/h冷至700℃保温3~6h，以小于90℃/h冷至600℃，出炉空冷	
9Cr18Mo	退火	850~870℃保温3~6h，以10~30℃/h冷至700℃保温3~6h，以小于90℃/h冷至600℃，出炉空冷	≤255
GCr9	退火	790~810℃保温2~6h，以10~30℃/h冷至650℃以下，出炉空冷	179~207
	等温退火	790~810℃保温2~6h，炉冷至710~720℃保温1~2h，再炉冷至650℃以下，出炉空冷	207~229
GCr15	退火	790~810℃保温2~6h，以10~30℃/h冷至650℃以下，出炉空冷	170~207
	等温退火	790~810℃保温2~6h，炉冷至710~720℃保温1~2h，再炉冷至650℃以下，出炉空冷	207~229
GCr15SiMn	退火	790~810℃保温2~6h，以10~30℃/h冷至600℃以下，出炉空冷	179~207
	等温退火	790~810℃保温2~6h，炉冷至710~720℃保温1~2h，出炉空冷	207~229
G20Cr2Ni4A	退火	800~900℃，炉冷	≤269
	等温退火	680~700℃，空冷	≤321
G14Mo4V	退火	880~1000℃保温4~6h，以15~30℃/h冷至740℃，再以15~30℃/h冷至600℃保温2~5h，出炉空冷	197~241

(4) 双细化处理是一种使碳化物与晶粒均得到细化的预备热处理工艺。经双细化处理的锻件比原始晶粒细化 1.5 ~ 2.0 级，碳化物颗粒尺寸小于 $0.6\mu m$，同时，碳化物的均匀性得到改善。能提高抗弯强度和疲劳寿命；细化晶粒可以使淬火后获得均匀细小的马氏体组织，使硬度的均匀性、冲击韧度、耐磨性和接触疲劳寿命得到提高。

①锻造余热淬火加高温回火。该工艺是在 800 ~ 900℃ 停锻，在沸水中淬火，冷速为 25 ~ 30℃/s，400 ~ 450℃ 出水，空冷后（或直接）在 730 ~ 740℃ 保温 3 ~ 4h 出炉空冷。此工艺可以获得碳化物均匀分布的、硬度为 207 ~ 220HBS 的细粒状珠光体。

②锻造余热淬火加快速等温退火。将锻造余热沸水淬火的锻件，加热至略高于 Ac_1 温度，保温 60min，然后在 720 ~ 730℃ 等温 60min，炉冷到 650℃ 时出炉空冷，可获得均匀细小粒状、硬度为 187 ~ 207HBS 珠光体组织。

③亚温锻造后热处理细化。在 800 ~ 840℃ 进行热模锻或热滚压（停留时间 1 ~ 4h），随后在 680 ~ 720℃ 等温 2 ~ 3h，炉冷至 600℃ 出炉空冷。可细化组织，硬度符合标准要求，并可用于大批量生产。但锻压前钢材的碳化物网必须符合标准规定。

二、滚动轴承钢的最终热处理

滚动轴承零件的使用性能主要取决于最终热处理，最终热处理包括淬火、深冷处理和回火，其目的是为了提高钢的强度、硬度、耐磨性与抗疲劳性能。淬火、回火后的组织应是隐针或细针状回火马氏体及细小而均匀的碳化物和少量的残余奥氏体。

淬火加热温度是根据钢的化学成分、临界点、原始组织和冷却方法确定的。在正常的加热温度下，保温时间按零件的有效厚度确定。轴承钢的含碳量较高，所以，残余奥氏体量较多（一般为体积分数的 10% ~ 15%），深冷处理的主要目的是减少淬火组织中的残余奥氏体，增加尺寸稳定性，提高硬度。GCr15 钢制轴承的冷处理温度一般采用-20℃冷冻室内处理；高品质轴承采用-78℃（干冰酒精）或低温箱等其他深冷处理方法。深冷处理保持时间通常为1~1.5h。深冷处理应在淬火后立即进行，以免停留时间过长，造成残余奥氏体的陈化稳定。对形状复杂的轴承零件，为避免淬火后立即冷处理产生开裂，可先进行110~130℃保温30~40min的预回火，然后再进行深冷处理。深冷处理后应立即进行回火，停留时间一般不宜超过4h，以防开裂。

滚动轴承零件淬火后内应力很大，应及时回火，以防开裂，并提高力学性能。回火温度应比滚动轴承工作温度高30~50℃。一般滚动轴承工作温度为120℃以下，常规回火温度为150~180℃；载荷轻、尺寸小、稳定性要求高的滚动轴承，采用200~250℃回火；在高温下工作的滚动轴承，根据其工作温度，可分别采用200℃、250℃、300℃和400℃回火。

对于精密轴承零件，在表面磨削后，还需进行稳定化回火（补加回火），目的是消除磨削应力，进一步稳定组织，提高尺寸稳定性。补加回火温度比淬火后的回火温度应低20~30℃，一般为120~160℃，保温3~4h。

轴承钢淬火回火的工艺参数见表8-5，GCr15和GCr15SiMn钢在电炉和盐炉中加热时的保温时间见表8-6，轴承零件常用的淬火冷却方式与方法见表8-7，轴承零件回火规范见表8-8，轴承零件的稳定化处理工艺见表8-9，部分轴承钢热处理后的性能见表8-10。

表8-5　轴承钢淬火回火的工艺参数

钢　号	淬　火			回　火	
	加热温度	冷却介质	硬度（HRC）	回火方式	硬度（HRC）
9Cr18	800~850（预热）1060~1080	油		150~160℃，3h，空冷	≥60

续表

钢　号	淬　火			回　火	
	加热温度	冷却介质	硬度（HRC）	回火方式	硬度（HRC）
9Cr18Mn	800~850（预热）1050~1100	油		150~160℃，2~5h，空冷，回火4次	≥58
GCr9	815~830	油	≥63	150~170℃的油炉均热2~15h，空冷	62~65
GCr15	835~850	油	≥63	150~170℃的油炉均热2~5h，空冷	61~65
GCr9SiMn	800~840	油	≥63	150~180℃的油炉均热2~5h，空冷	≥62
GCr15SiMn	820~840	油	≥63	150~180℃的油炉均热2~5h，空冷	≥62
G20Cr2Ni4A	790~810	油		160~180℃的油炉均热6~12h，空冷	≥58
Cr14Mo4V	800~850（预热）1100~1120	油		500~525℃，2h，空冷，回火4次	61~63

表8-6　GCr15 和 GCr15SiMn 钢在电炉和盐炉中加热时的保温时间

钢　号	零件有效厚度（mm）	淬火加热温度（℃）	保温时间（min）	
			盐　炉	电　炉
GCr15	<3	835~840	3~5	6
	3~5	840~845	5~7	6~8
	5~8	845~850	7~9	8~12
	8~12	850~855	9~12	12~15
	>12	850~860	12~15	15~20

续表

钢　号	零件有效厚度 （mm）	淬火加热温度 （℃）	保温时间（min）	
			盐　炉	电　炉
GCr15SiMn	10 ~ 13	820 ~ 825	10 ~ 12	14 ~ 16
	13 ~ 16	825 ~ 830	12 ~ 15	16 ~ 18
	17 ~ 19	825 ~ 830	15 ~ 19	18 ~ 20
	19 ~ 23	830	19 ~ 22	20 ~ 24
	24 ~ 26	830	22 ~ 24	24 ~ 26
	26 ~ 30	835	24 ~ 26	26 ~ 28
	30 ~ 33	835	24 ~ 26	28 ~ 29
	34 ~ 36	835	—	29 ~ 31
	36 ~ 40	840	—	31 ~ 33
	40 ~ 42	840	—	32 ~ 33
	42 ~ 45	840	—	33 ~ 34
	45 ~ 50	840	—	34 ~ 36

表 8 - 7　轴承零件常用的淬火冷却方式与方法

零件名称	直径、壁厚（mm）	淬火冷却的方式与方法	淬火介质温度（℃）
滚动体	大中小型滚子和球	自动摇篮、滚筒、溜球斜板和振动导板等	油：30 ~ 60 水溶液：20 ~ 40
中小型套圈	小于 200	手甩、自动摇篮、强力搅动油、喷油冷却、振动淬火机等	油：30 ~ 60
大型套圈	200 ~ 400	手甩式旋转、淬火机和吊架甩动，同时喷油冷却	油：30 ~ 60
特大型套圈和滚子	>1000 薄壁套圈 φ40 ~ 1000 套圈滚子	吊架机动冷却，同时吹气搅油。旋转淬火机冷却，同时吹气搅油。吊架机动冷却，同时吹气搅油	油温 <70

续表

零件名称	直径、壁厚（mm）	淬火冷却的方式与方法	淬火介质温度（℃）
薄壁套圈	<8	在热油中冷却后，即放入低温油中冷却（马氏体分级淬火）	热油：130～170 低温油：30～80
超轻、特轻套圈	—	先在高温油中冷至油温后。放入压模中冷至30～40℃时脱模，或将加热与保温的套圈直接放入压模中进行油冷	低温油：30～60

表8-8 轴承零件回火规范

零件名称	轴承零件精度等级	回火温度和时间	备 注
中小型滚柱	0级、I级、II级、III级	150～180℃，2.5～3.5h	滚子直径≤28mm
大型滚柱	一般品 一般品	150～180℃，3～6h 150～180℃，6～12h	28mm<滚子直径≤50mm 滚子直径>50mm
钢 球	一般品 5、10、16级	150～180℃，3～3.5h 150～180℃，3～4h	钢球直径 <48.76mm
中小型套圈	一般品 C级、B级	150～180℃，2.5～4h 160～200℃，3～4h	
大型轴承套圈（GCr15SiMn 钢）	一般品	150～180℃，3.5～4h	
大型轴承套圈 关节轴承套圈 有枢轴的长圆滚柱	一般品 一般品 一般品	150～180℃，6～12h 200～250℃，2～3h 320～330℃，2～3h	

表8-9 稳定化处理工艺

名 称	轴承零件精度等级	稳定化处理温度与时间
中小型滚子	0级、I级	120~160℃，12h
	II级	120~160℃，3~4h
钢 球	5级，10级，16级	120~160℃，12h
大型钢球	20级，一般品	120~160℃，3~5h
中小型套圈	C级	粗磨后140~180℃，4~12h
	B级	细磨后120~160℃，3~24h
	D、E级	120~160℃，3~5h
	短圆柱滚子	120~160℃，3~5h
	F、G级	120~160℃，3~4h
大型、特大型套圈	D、E、F、G级	120~160℃，3~4h

表8-10 部分轴承钢热处理后的性能

钢 号	热处理	性 能		
		σ_b（MPa）	A_K（J）	HRC
9Cr18	860℃预热，1060~1080℃淬火加热，淬火后冷至室温，-78℃冷处理，温度回升至室温，160℃回火3h	1552	21	63
9Cr18Mo	860℃预热，1055~1065℃淬火加热，淬火后冷至室温，-78℃冷处理，温度回升至室温，160℃回火3h	1505	37	61
GCr15	850~860℃淬火加热，油冷，160℃回火2h	1617	28	61~64
GCr15A	850~860℃淬火加热，油冷，160℃回火2h	1902	26	63

钢　号	热处理	性　能		
		σ_b（MPa）	A_K（J）	HRC
GCr15SiMn	830～840℃淬火加热，油冷，160℃回火3h	1813	23	65
GCr15SiMnA	830～840℃淬火加热，油冷，160℃回火3h	1906	28	63
G20CrNiMo	920±10℃渗碳，直接淬油（810℃），190℃回火2h	1126	31	64
	810℃直接淬油，190℃回火2h	862	108	32

　　滚动轴承零件淬火加回火后的组织应为隐晶、细小针状马氏体和均匀分布的细小残余碳化物及少量残余奥氏体。根据马氏体的粗细程度、残余碳化物颗粒的大小和数量以及屈氏体的形状、大小和数量，按 JB 1255—1991《高碳铬轴承钢滚动轴承零件热处理技术条件》中第二级别图评定，一般微型轴承零件合格组织为1~3级，不允许有屈氏体存在。套圈壁厚和滚柱直径小于12mm，钢球直径小于25.4mm时，合格组织为1.7级。同时，在硬度合格的情况下，距滚道表面3mm以外的屈氏体不予控制。对于精密轴承，C级、B级套圈和5级钢球、I级滚柱，其合格组织分别为1级、2级、3级和大于6级小于7级。

　　铬轴承钢滚动轴承零件淬火、回火后的断口应为浅灰色细瓷状。按 JB 1255—1991《高碳铬轴承钢滚动轴承零件热处理技术条件》中的第四级别图评定，2级合格，不允许有1级（欠热）、3级（过热）和其他不正常的断口。

三、渗碳轴承钢及其热处理

铬轴承钢适用于制造普通轴承零件。对特殊工作条件下使用的轴承，分别采用具有适于其工作条件的钢制造。大型机械或承受强烈冲击载荷的轴承，要求轴承零件表面耐磨，心部具有足够的强度和韧度，因而采用渗碳钢制造。20、15Mn、20CrMnTi 与 20Cr 钢用于制造农用轴承、汽车万向节轴承等小型轴承；20Cr2Ni4A 及 20Cr2Mn2MoA 钢用于制造重型机械轴承、汽车方向盘轴承外套等耐高冲击载荷的轴承零件，同时还用于制造飞机起落架轴承；G20CrNiMoA 钢用于制造汽车制动鼓轴承。

中小型和特大型轴承零件对渗碳热处理的要求及工艺过程基本相似，而特大型轴承更具有代表性。现以 20Cr2Ni4A 钢制特大型轴承为例，讨论渗碳轴承的热处理。

1. 渗碳热处理技术条件

特大型渗碳轴承零件渗碳层深度的要求见表 8－11。

表 8－11　特大型渗碳轴承零件渗碳层深度的要求

内外套		滚动体（滚子）	
轴承外径（mm）	渗碳层深度（mm）	滚子直径	渗碳层深度
≤700	≥4.2	≤50	≥3.5
700～1000	≥4.7	50～80	≥4.0
>1000	≥5.0	>80	≥4.5

渗层表面碳浓度为 0.8%～1.05%，表面硬度为 60～64HRC，心部硬度为 35～45HRC，粗大碳化物深度≤0.5mm，网状碳化物＜3 级，渗层脱贫碳深度不大于零件的实际最小磨量。

2. 渗碳轴承的加工路线

20Cr2Ni4A 钢制渗碳特大型轴承零件的加工路线为：锻轧→正火加高温回火→车削加工→渗碳直接淬火→高温回火→二次淬

火→低温回火→粗磨→附加回火→精磨。

3. 渗碳热处理工艺

目前，特大型渗碳轴承采用滴注式井式炉气体渗碳，淬火和回火也采用井式电炉。20Cr2Ni4A 钢制轴承零件的渗碳热处理工艺曲线如图 8-4 所示。

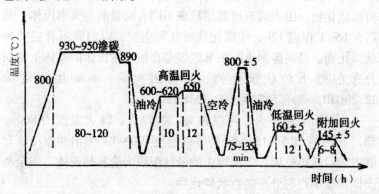

图 8-4　特大型渗碳轴承零件的渗碳热处理工艺曲线

特大型渗碳轴承零件的渗碳温度一般采用 930～950℃，渗碳剂用煤油或苯，渗碳时间 80～120h。检验合格后，随炉延时降温冷却至 890℃，然后出炉油冷。延时是为了防止产生裂纹，油冷则是为了防止渗碳层析出网状碳化物。淬油的渗层组织为粗针马氏体、大量的残余奥氏体和碳化物，不符合成品的组织要求，直接二次淬火也得不到良好的组织，故需在二次淬火前进行高温回火。

特大型渗碳轴承零件在一般无碳势控制的渗碳气氛中渗碳时，表面含碳量往往相当高，一般为 1.2%～1.5%，在晶界上形成大量的大块碳化物，严重的甚至成为封闭网状。在成品中不允许表层有这种粗大碳化物存在，更不能出现网状碳化物。为了消除渗层中的粗大碳化物，可采用增大加工余量的办法。磨削加工后，不但能消除表层粗大碳化物，而且表面含碳量也可达到成品的要求（0.8%～1.05%）。

渗碳后高温回火的目的在于使油冷得到的粗针状马氏体和残余奥氏体转变为均匀的细粒状索氏体，以便于机械加工，并为二次淬火准备良好的原始组织。高温回火分为两段，先在 600～620℃，保温 10h，使渗层中的马氏体和大量残余奥氏体分解和析出碳化物，由表面至过渡层形成不同含碳量的回火索氏体。然后在 650℃保温 12h，使碳化物溶断和集聚，以消除不合格的针状碳化物。经高温回火的正常组织是在回火索氏体的基体上均匀分布的细小粒状碳化物。高温回火后，渗碳层硬度为22.28HRC，心部硬度为 10～15HRC。

高温回火后淬火，习惯称为二次淬火。淬火温度为 800±5℃，油中冷却 5～15min，待零件冷至 100～130℃出油空冷，套圈出油后趁热整形。二次淬火的最佳组织为隐晶马氏体、残余奥氏体和细小均匀分布的粒状碳化物。

淬火后进行 160±5℃，12h 的低温回火。在磨削后，为消除磨削应力，还应进行附加回火，附加回火温度为 140±5℃，保温 6～8h。渗碳轴承零件成品二次淬火后表面硬度为 62～66HRC，回火后表面硬度为 60～64HRC，心部硬度不低于36HRC。

4. 质量检验及标准

按 ZBT 04001—1988（有效渗碳硬化层 < 2.5mm）和 ZBT 04001—1988（有效渗碳硬化层 > 2.5mm）进行检验。

（1）硬化层深度检验。特大型轴承用硬化层深度来检查渗碳层深度。所谓硬化层深度，是指渗碳零件淬火后硬度在60HRC 以上的深度。特大型渗碳轴承零件成品要求硬化层深度在 3.5m 以上，考虑磨削量和变形，实际要求硬化层深度大于5～7mm。

（2）表面碳浓度。表面含碳量应控制在 0.8%～1.05%。碳浓度过低，热处理后得不到必要的硬度和正常组织，过高则又形成粗大碳化物，并易在冷却时析出网状碳化物。渗碳轴承零件一般在无碳势控制条件下渗碳，表面含碳量很高，一般为 1.2% ~ 1.4%，最高可达 1.7% ~ 1.8%。在零件每边磨削 0.3 ~ 0.7mm 后，成品表面碳含量在 0.8% ~ 1.05% 范围内。

（3）硬度检验。渗碳热处理后表面硬度应为 60 ~ 64HRC，心部硬度 35 ~ 45HRC。

（4）粗大碳化物深度检验。轴承工作表面有粗大碳化物时，能增大脆性和降低接触疲劳寿命，因而是不允许的。标准规定粗大碳化物深度不得大于每边磨削量的 2/3。成品零件工作表面残留的粗大碳化物，应根据其大小、数量和分布，按标准的第一级别图评定，有效渗碳硬化层深度 >2.5mm 的轴承，不大于 3 级为合格，而硬化层深度 <2.5mm 的不大于 2 级为合格。

（5）金相组织检验。高温回火后的组织应是碳化物细小均匀、残余奥氏体少、针状碳化物少的索氏体。组织检验时应注意残余奥氏体、针状碳化物的多少，按标准的第二级别图评定，1 ~ 3 级为合格。二次淬火 + 回火后的金相组织应根据马氏体的粗细程度和残余奥氏体量来评定。有效渗碳硬化层深度 >2.5mm 的渗碳轴承，按标准第三级别图评定，1 ~ 4 级合格；硬化层深 <2.5mm 的渗碳直接淬火 + 回火的渗碳轴承按第三级别图评定，2 ~ 4 级合格；而硬化层深 <2.5mm，渗碳淬火 + 高温回火 + 二次淬火和回火的轴承按第四级别图评定，1 ~ 3（A·B）级合格。心部组织应是板条马氏体和贝氏体，允许有少量铁素体存在，铁素体的数量和分布按标准第五级别图评定，1 ~ 3 级合格。

（6）脱贫碳深度检验。经渗碳、淬火和回火处理后，脱贫碳深度不大于实际最小磨量。

（7）套圈变形检查。淬火及回火后的轴承套圈要进行变形检查，其椭圆度不得超过图纸规定的要求。

第三节　特殊用途轴承零件的热处理

一、耐腐蚀轴承零件的热处理

耐腐蚀轴承零件通常用不锈钢制造，所用钢号及用途见表8-12。

表8-12　各种不锈钢在轴承零件上的应用

钢　号	用　　途
9Cr18 9Cr18Mo	（1）制造在海水、河水、蒸馏水、硝酸、海洋性气候蒸汽等腐蚀介质中工作的轴承套圈和滚动体 （2）制造微型轴承套圈和钢球 （3）适于在高真空以及在-253～350℃范围内工作的轴承零件（套圈及滚动体）
0Cr18Ni9 1Cr18Ni9 1Cr18Ni9Ti	制造耐腐蚀轴承保持架、防尘盖、铆钉、套圈、钢球等
Cr17Ni2 1Cr13 2Cr13、3Cr13 4Cr13	制造高速耐腐蚀轴承保持架和钢球 制造940/00型滚针轴承的外套 制造关节轴承的内套 制造耐腐蚀滚针和套圈

1. 9Cr18钢制轴承零件的热处理

9Cr18钢为高碳高铬的马氏体不锈钢。该钢经热处理（淬火、深冷处理，回火）后，具有高的硬度、弹性、耐磨性以及优良的耐腐蚀性。主要制造在腐蚀介质中工作的轴承套圈和滚动体。

（1）锻造与退火。在锻造过程中，由于9Cr18钢的导热性差，钢中复合碳化物在高温下溶于奥氏体中的速度慢，因此，锻造加热速度不宜过快。又因该钢淬透性好，故锻后的冷却速度要慢，应在石灰、热砂或保温箱（炉）中冷却。锻件的组织不允许有过热、过烧、孪晶以及因停锻温度过高、冷却速度慢所产生的粗大碳化物网。正常的锻造组织应由马氏体、奥氏体和一次、二次碳化物所组成，钢的晶粒亦应细小。锻造加热与冷却工艺见图 8-5。锻造后球化退火。对于冷冲和半热冲球、淬火过热与欠热零件的返修及消除工件残余应力时，可采用低温球化退火，具体工艺为：加热温度 700~780℃，保温 4~6h，炉冷到 600℃后出炉空冷。对于热冲球和锻件毛坯，可采用一般球化退火，具体工艺为：加热温度 850~870℃，保温 3~6h，然后以小于90℃/h 的冷速冷至 600℃后出炉空冷。也可采用等温球化退火，具体工艺为：加热到 850~870℃，保温 3~6h 后炉冷到 730℃，再等温 3~6h，然后以小于 90℃/h 的冷速冷至 600℃后出炉空冷。零件裕量小时，需密封退火或用保护气氛电炉退火。退火后应按 JB 1460—1984 标准规定检查，对质量要求如下。

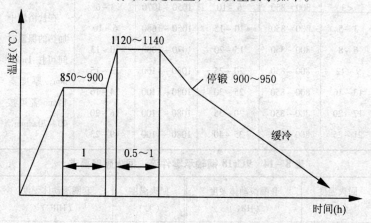

图 8-5 钢制套圈锻造加热冷却工艺

①硬度 197~241HB（压痕直径为 4.3~3.9mm）。

②显微组织不得有孪晶碳化物存在。

③脱碳层之深度不得超过淬火前每边最小加工余量的 2/3。

热冲钢球退火后，脱碳层的测量应在试件的垂直于环带横截面的磨面上进行。

（2）淬火、回火。淬火通常是在盐浴炉、真空炉或带有保护气氛的电炉中加热，以免脱碳。在盐浴炉中加热，要防止零件表面产生腐蚀麻点。淬火加热温度一般选用 1050～1100℃。在加热时需先在 800～850℃预热后再升温到淬火加热温度。预热时间一般为淬火加热保温时间的 2 倍，保温时间按零件的有效厚度计算。预热温度和加热温度以及加热时间可参考表 8 – 13。9Cr18 钢轴承零件真空热处理工艺曲线见图 8 – 6。9Cr18 钢轴承零件淬火、回火硬度要求见表 8 – 14。

表 8 – 13　9Cr18 钢轴承零件淬火加热温度和保温时间（箱式电阻炉）

有效厚度	预 热		加 热		备　注
（mm）	温度（℃）	时间（min）	温度（℃）	时间（min）	
< 3	800 ~ 850	6 ~ 10	1050 ~ 1070	3 ~ 6	在盐浴炉中加热的保温时间可按 1min/mm，厚度 > 14mm 者可按 40 ~ 70s/mm
3 ~ 5	800 ~ 850	10 ~ 15	1050 ~ 1680	6 ~ 10	
6 ~ 8	800 ~ 850	15 ~ 20	1070 ~ 1080	10 ~ 13	
9 ~ 12	800 ~ 850	20 ~ 25	1080 ~ 1100	13 ~ 15	
13 ~ 16	800 ~ 850	25 ~ 30	1080 ~ 1100	14 ~ 16	
17 ~ 20	800 ~ 850	30 ~ 35	1080 ~ 1100	16 ~ 20	
21 ~ 25	800 ~ 850	35 ~ 40	1080 ~ 1100	19 ~ 23	

表 8 – 14　9Cr18 钢轴承零件淬、回火硬度要求

回火温度 （℃）	套圈滚动体硬度 （HRC）	回火温度 （℃）	套圈滚动体硬度 （HRC）
150 ~ 160	≥58	250	≥54
200	≥56	300	≥53

零件淬火、回火后的表面脱碳、腐蚀坑、氧化皮等缺陷，必须在磨削加工过程中除净。对于在腐蚀介质内工作的轴承零件，

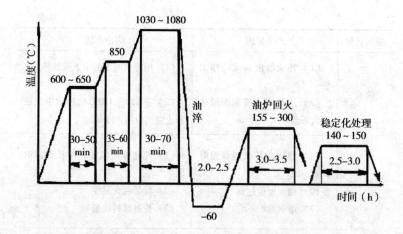

图 8 - 6 9Cr18 钢轴承零件真空热处理工艺

如有要求，则需进行耐腐蚀检查。此项检查一般用人造海水或稀硝酸水溶液来进行。对于在低温下工作的轴承套圈，尚需进行尺寸稳定的检查。检查时将装配前的套圈测定尺寸后，置于 -180 ~ -200℃的低温下停留 1 ~ 1.5 h，取出后再在室温测定其尺寸，尺寸变化应在合格范围内。

淬火、回火工序常见的缺陷及防止方法见表 8 - 15。

表 8 - 15 9Cr18 不锈钢淬火、回火工序常见的缺陷及防止办法

缺陷名称	产生原因	防止办法
欠 热	淬火温度低，保温时间短	提高淬火温度或适当延长保温时间
过 热	淬火温度超过上限且保温时间过长	降低淬火温度或适当缩短保温时间
孪晶碳化物	锻造温度过高，且加热时间长	严格控制加热温度和时间
一次碳化物沿晶界析出	停锻温度高，超过 1000℃	控制停锻温度在 900 ~ 950℃

缺陷名称	产生原因	防止办法
畸变	（1）淬火温度高或冷却太快 （2）加热不均或套圈加热摆放不当	（1）用淬火温度的中下限加热 （2）在 120～150℃ 的热油中或在静止空气中淬火冷却
硬度偏低	（1）淬火温度低或保温时间短 （2）回火温度过高 （3）退火组织不均	（1）提高淬火温度，增长保温时间 （2）降低回火温度 （3）控制材料质量
裂纹	（1）淬火温度高，冷却太快 （2）原材料（锻件）有裂纹或工件表面有缺陷 （3）淬火后工件未冷到室温就进行冷处理或冷处理后未及时回火	（1）严格执行工艺 （2）加强对材料和锻件表面的质量检查 （3）冷处理后及时回火
脱、贫碳	（1）在电炉中加热时间长，温度高 （2）工件在淬火前存在脱碳或贫碳层	（1）在保护气电炉、真空炉中加热 （2）控制淬火前工件的脱、贫碳层
腐蚀麻点	（1）工件未清洗干净便在盐炉中加热 （2）在盐炉中加热淬火后未及时除盐；盐炉脱氧捞渣不及时	（1）淬火前工件清洗干净 （2）尽量不用盐炉加热，如用则必须严格执行操作规程

2. 其他不锈钢轴承零件热处理

奥氏体不锈钢的固溶热处理工艺见表 8 - 16；1Cr13、2Cr13、3Cr13、4Cr13 和 Cr17Ni2 钢的退火工艺见表 8 - 17，淬火、回火工艺见表 8 - 18。

表 8 – 16　奥氏体不锈钢的固溶热处理工艺

钢 号	固 溶			时 效	备 注
	温度（℃）	冷 却	硬度（HB）		
0Cr18Ni9	1080 ~ 1100	（1）40℃的自来水（2）碳酸钠水溶液	< 170		（1）在盐浴炉中加热，按有效厚度 1 ~ 1.5min/mm 计算，在电炉中加热可适当延长保温时间（2）去应力退火 300 ~ 350℃, 4 ~ 6h
1Cr18Ni9	（1）1100 ~ 1150（2）1090 ~ 1100		137 ~ 179143 ~ 159		
1Cr18Ni9Ti	（1）1100 ~ 1150（2）1090 ~ 1100		143 ~ 159	850℃ ×2h 水冷或空冷	

表 8 – 17　1Cr13、2Cr13、3Cr13、4Cr13 和 Cr17Ni2 钢的退火热处理工艺

钢 号	温度（℃）	冷 却	硬度（HB）
1Cr13	700 ~ 800 3 ~ 6h	空冷	170 ~ 200
	840 ~ 900（常用 960）2 ~ 4h	以 ≤25℃/ h 炉冷到 600℃空冷	≤170
	850 ~ 880 2 ~ 4h	以 20 ~ 40℃/ h 炉冷到 600℃空冷	126 ~ 197
2Cr13	700 ~ 800 2 ~ 6h	空冷	200 ~ 230
	850 ~ 880 2 ~ 4h	以 20 ~ 40℃/ h 炉冷到 600℃空冷	126 ~ 197
	840 ~ 900（常用 860）2 ~ 4h	以 ≤25℃/ h 炉冷到 600℃空冷	≤170
3Cr13	同 2Cr13	同 2Cr13	200 ~ 230131 ~ 207≤217

续表

钢　号	温度（℃）	冷却	硬度（HB）
4Cr13	同 2Cr13	同 2Cr13	200～300
			143～229
			≤217
Cr17Ni2	780 2～6h	空冷	126～197
	650～670 10h	空冷	260～270
	850～880 2～4h	炉冷到 750℃空冷	≤250

表 8－18　1Cr13、2Cr13、3Cr13、4Cr13 和
Cr17Ni2 钢的淬火、回火热处理工艺

钢　号	淬　火			回　火		
	温度（℃）	冷却	硬度（HB）	温度（℃）	时间（h）	硬度（HB）
1Cr13	1000～1050	油、水或空冷	—	650～700	2	187～200
	925～1000	油	380～415	230～270	1～3	360～380
		油或空冷	380～415	230～270		360～380
				500	2	260～330
				600	2	215～250
				650	2	200～230
				700	2	195～220
2Cr13	1000～1050	油或水	—	—	—	—
	927～1010	油	380～415	330～370	1～3	360～380
	950～975	油	—	630～650	2	217～269
3Cr13	1000～1050	油	—	200～300		48HRC
	980～1070	油	530～560	150～370	—	48～53HRC
	1000～1050	油	485	200～300		≥48HRC
	975～1000	油	—	200～250		429～477

钢 号	淬 火			回 火		
	温度（℃）	冷却	硬度（HB）	温度（℃）	时间（h）	硬度（HB）
4Cr13	1050～1100	油	530～560	150～370	1～3	48～53HRC
	980～1070	油	530～560	—	—	—
Cr17Ni2	950～975	油	38～43HRC	300	2	≥35HRC
	950～970	油	38～43HRC	275～320	—	321～363
	950～970	油	38～43HRC	530～550	—	235～277

二、耐高温轴承零件的热处理

制造耐高温轴承零件的钢除要求在一定高温条件下保持硬度外，还必须具备耐磨损、耐疲劳、抗氧化、耐腐蚀、抗冲击、良好的尺寸稳定性以及较好的被加工性能等。常用的钢种及使用温度范围见表 8 - 19。

表 8 - 19 耐高温轴承钢的钢种和应用

钢 号	用 途
GCr15	制造工作温度＜200℃套圈和滚动体
GCrSiWV	制造工作温度≤250℃套圈和滚动体
Cr4Mo4V	制造工作温度≤315℃套圈和滚动体
Cr14Mo4V	制造高温腐蚀介质中工作的轴承套圈和滚动体，工作温度＜430℃
W9Cr4V2Mo	制造工作温度≤450℃套圈和滚动体
W18Cr4V	制造工作温度≤500℃套圈和滚动体

GCr15 钢制轴承零件的使用温度一般不超过 120℃。为使其能在≤200℃下工作，必须提高该钢的抗回火性能，对锻件毛坯要进行预备热处理，并采用最佳热处理工艺，见表 8 - 20。

表 8 – 20 套圈使用温度≤200℃轴承零件热处理工艺

钢号	毛坯的预先处理	淬火			清洗	回火	补加回火
		加热温度(℃)	保温时间(min)	冷却方式			
GCr15	正火:900~920℃,30~50min,空冷,喷雾冷却,油冷。退火:780±10℃,保温2~3h后按60~80℃/h冷却到650℃出炉空冷。退火后组织为点状或细粒状珠光体,按JB 1255—1981评定,2~3级为合格,退火后硬度187~229HB,碳化物网按JB 1255—1981评定,≤2级合格	套圈壁厚≤6mm,840±5	38~48	在30~80℃10号或20号机油中摇晃冷却	在3%~5% Na$_2$CO$_3$水中冷热清洗均可	根据使用温度选用225℃或250℃油炉回火3h	120~160℃ 2.5~5.0h
		套圈壁厚6~10mm,850±5	45~55	在30~80℃10号或20号机油中手动或淬火机冷却			
		套圈壁厚≥10mm,850±5	50~60	淬火机冷却			
GCr15SiMn	同GCr15	825±5	50~58	同GCr15	同GCr15	同GCr15	同GCr15

第四节　滚动轴承钢的热处理质量
检验、缺陷及防止办法

一、滚动轴承钢的热处理质量检验

　　质量检验的项目主要有：硬度、显微组织、脱碳层深度及回火稳定性等。GCr15 和 GCr15SiMn 钢轴承零件淬火、回火后的硬度见表 8－21。当套圈外径≤100mm、滚动体直径≤22mm 时，要求硬度均匀性小于 1HRC；尺寸大于前述值时，要求不大于 2HRC。

表 8－21　轴承零件淬火、回火后硬度要求

零件名称	钢　种	淬火硬度（HRC）	回火硬度（HRC）
套圈、滚子、滚针	GCr15	＞63	61～65
	GCr15SiMn	＞62	60～64
钢球	GCr15	＞64	62～64
	GCr15SiMn	＞62	60～66

　　退火后要在炉子不同温度区域料筐中的不同位置选取试样，按热处理检验标准的规定进行显微组织、硬度及脱碳层深度检查。

　　轴承零件淬火、回火后的显微组织按 JB 1255—1981 检验，为隐晶、细小针状马氏体和均匀分布的细小碳化物以及少量的残余奥氏体。断口形貌为浅灰色的细瓷状。

　　检验脱碳层深度时，要求轴承零件淬火、回火后的脱碳层深度（或表面软点）单边应小于表 8－22 的规定。

表 8 - 22 轴承零件淬火、回火后对脱碳层的要求

套圈外径（mm）		脱碳层深度（mm）	滚动体			
			钢 球		滚 柱	
>	≤	≤	直径（mm）	脱碳层深度（mm）	直径（mm）	脱碳层深度（mm）
	30	0.05	≤12.7	0.06	≤20	0.08
30	80	0.06	12.700 ~ 19.050	0.08	20 ~ 30	0.10
80	120	0.08	19.050 ~ 30.163	0.10	30 ~ 50	0.12
120	180	0.10	30.163 ~ 42.863	0.12	50 ~ 80	0.14
180	250	0.12	42.863 ~ 76.200	0.14		
250		0.20				

检查回火稳定性时的回火温度，GCr15 钢制零件为 155 ± 5℃，而 GCr15SiMn 钢制套圈为 175 ± 5℃，滚动体为 155 ± 5℃。回火保温时间为 4h。要求回火前后的硬度差不大于 1HRC。

二、滚动轴承件的热处理缺陷及防止办法

滚动轴承件在正火、退火及淬火热处理时，由于原材料、热加工工艺的制订、操作执行不当、考虑不周等诸多因素，会造成各种缺陷。铬轴承钢正火时常见缺陷及防止方法见表 8 - 23，退火缺陷产生原因及防止办法见表 8 - 24，淬火缺陷及防止办法见表 8 - 25。

表 8 - 23 铬轴承钢正火时常见缺陷及防止方法

缺陷名称	产生原因	防止方法
碳化物网大于标准规定级别	（1）原材料的碳化物网严重	（1）加强原材料检验
	（2）正火温度偏低或保温时间短	（2）正确选择正火温度和保温时间
	（3）正火后冷却速度太慢	（3）加快冷速，合理选择冷却方法

续表

缺陷名称	产生原因	防止方法
脱碳严重，超过机加工余量	（1）锻件本身脱碳严重 （2）在氧化气氛炉中加热 （3）正火温度高，装炉量多，保温时间长	（1）加强原材料脱碳检验，严格执行锻造加热规范 （2）调整加热炉的火焰为还原性的，或采用保护气氛加热 （3）正确选择正火加热温度与保温时间
裂纹	（1）锻造时遗留在锻件上 （2）冷速太快或出冷却介质时温度低	（1）加强对锻件正火前的裂纹检查 （2）严格执行正火工艺，出冷却介质温度不应低于 400～500℃，并及时进行退火或回火

表 8 – 24　退火缺陷产生原因及防止办法

缺陷名称	产生原因	防止措施	补救办法
脱碳层超过规定深度	原材料锻造或正火脱碳严重；炉子密封性差，或在氧化性气氛中加热，退火温度高，保温时间长，或重复正火、退火	加强对原材料和锻件的脱碳控制；正确执行工艺，防止跑温；尽可能不进行正火和不重复退火；提高炉子密封性，在中性火焰炉和保护气氛炉中加热	改其他型号或报废
点状珠光体加部分细片状珠光体	加热温度低或保温时间不足；原材料组织不均匀；装炉量多，炉子的均温性差或在正常工艺下，还有部分（局部位置）工件加热不足，或保温时间不够；加热温度偏高，冷却速度过快	合理制定工艺，严格执行工艺；改善炉温均匀性，装炉量要合理，放置要均匀；严格控制原材料及锻件质量；控制冷却速度不宜太快	根据不同缺陷调整工艺进行二次退火

续表

缺陷名称	产生原因	防止措施	补救办法
碳化物颗粒大小不一，分布不均匀，粒状珠光体加部分粗片状珠光体	加热温度过高，或在上限温度下保温时间过长；原材料组织不均匀；装炉量多，炉温均匀性差，或在正常工艺下，仍有部分工件加热温度过高，保温时间过长	合理制定工艺，严格执行工艺；改善炉温均匀性；装炉量要合理，摆放要均匀；严格控制原材料和锻件质量	先正火而后调整工艺，进行快速退火或正常退火
粗大颗粒碳化物	锻造组织有粗大片状珠光体；退火温度偏高，冷速慢；原材料碳化物不均匀（网状，带状）；重复退火	严格控制原材料和锻件质量；尽量不进行重复退火，更不能进行多次退火	先正火再进行第一次退火
网状碳化物超过规定级别	锻造组织有严重碳化物网、退火时无法消除；退火温度过高，冷却太慢	严格控制锻造组织；防止退火跑温和冷却太慢	先正火再进行第一次退火
超过标准（GCr15：170～207HB），太硬	组织不合格，组织欠热，有片状珠光体残留；冷速太快，产生密集点状珠光体	合理制定工艺，严格执行工艺；放置要均匀；控制冷却速度不宜太快	调整工艺，进行二次退火
低于标准（GCr15SiMn 179～217HBS），太软	组织过热；多次退火或冷速太慢		先正火然后退火

表 8 - 25 淬火缺陷及防止办法

缺陷名称	产生原因	防止办法
过热针状马氏体组织	淬火温度过高或在较高温度下保温时间过长；原材料碳化物带状严重；退火组织中碳化物大小分布不均匀或部分存在细片状珠光体	降低淬火温度；按材料标准控制碳化物不均匀程度；提高退火质量，使退火组织为均匀细粒状珠光体
>6~7 级托氏体组织	淬火温度偏低或淬火温度正常而保温时间不足；冷却太慢；原材料碳化物不均匀性严重和退火组织不均匀	提高淬火温度和延长保温时间；增加冷却能力，采用旋转淬火机等；按材料标准控制碳化物不均匀程度；提高退火组织的均匀性
局部区域有针状马氏体，同时还存在块状、网状和条状托氏体	退火组织极不均匀，有细片状珠光体，组织未球化；淬火温度偏高，保温时间长；原材料碳化物带状严重	降低淬火温度，适当延长保温时间；增加冷却能力；提高退火组织的均匀性
碳化物网状 >2.5 级	原材料的网状超过规定；锻造时停锻温度过高以及退火温度过高，冷却缓慢，形成网状	在盐炉或保护气氛炉中加热到 930~950℃正火，正火后低温退火，再进行淬火回火
残留粗大碳化物直径超过 4.2μm	反复退火；原材料碳化物严重不均匀	加强对原材料的控制，尽量避免反复退火
硬度偏低，显微组织合格	淬火保温时间太短；表面脱碳严重；淬火温度偏低；油冷慢，出油温度高	延长保温时间；适当提高淬火温度5~10℃；在保护气体炉中涂3%~5%硼酸酒精溶液加热

续表

缺陷名称	产生原因	防止办法
硬度偏低，显微组织出现块状或网状托氏体	淬火温度偏低或冷却不良	适当提高淬火温度或延长保温时间；强化冷却
欠热断口	淬火温度偏低	提高淬火温度
过热断口	淬火温度过高	降低淬火温度
颗粒状断口，显微组织合格	锻造过烧	控制锻造加热温度，不要超过1100℃
带小亮点的断口	网状碳化物严重	按标准控制碳化物网状
体积软点（40～55HRC）	锻造过程局部脱碳；淬火加热温度低，保温不够；冷却不良	提高淬火加热温度或适当延长保温时间以及增加冷却能力
表面软点（比正常硬度低2～3HRC）	碳酸钠水溶液配制不当，温度较高，碳酸钠水溶液上面有油	采用热配碳酸钠水溶液，温度小于35℃，或增大碳酸钠水溶液浓度15%～20%
氧化、脱碳、腐蚀坑严重	炉子密封性差；淬火前工件表面清洗不干净或有锈蚀；淬火温度高或保温时间长；锻件和棒料的脱碳严重	改进炉子密封性；淬火前工件表面清洗干净，在保护气氛炉中加热或涂3%～5%硼酸酒精溶液；不应有锈蚀；盐炉加热淬火后零件需清洗干净
畸变量超过规定	退火组织不均匀，切削应力分布不匀，淬火加热温度高；装炉量多，加热不均；冷却太快和不均；加热和冷却中机械碰撞	提高退火组织的均匀性；增加去应力退火工序；降低淬火加热温度；提高加热和冷却的均匀性；在热油中冷却或压模淬火；消除加热和冷却中的机械碰撞等；采用上述措施后畸变量仍超过规定，可采用整形方法

续表

缺陷名称	产生原因	防止办法
淬火裂纹	组织过热，淬火温度过高或在淬火温度上限保温时间过长；冷却太快，油温低，淬火油中的水分超过0.25%；应力集中，如圆锥内套油沟呈尖角。车加工套圈表面留有粗而深的刀痕以及套圈断面打字处；表面脱碳，返修中间未经退火；淬火后未及时回火	降低淬火温度；提高零件出油温度或提高淬火油的温度；降低车加工表面粗糙度；增加去应力工序；减少表面的脱碳、贫碳以及在设计和加工中避免零件产生应力集中

第五节　典型零件的热处理

滚动轴承的套圈和滚动体，一般按下列工艺流程加工制造。

套圈：备料→锻造→（正火→）球化退火→机械加工→淬火→深冷处理→低温回火→磨削加工→成品。

滚珠：备料→冷镦→软磨→淬火、低温回火→硬磨→附加回火→抛光。

滚柱多半用棒料直接车削而成，经淬火和低温回火后，精磨并抛光。如果原始组织不符合要求，应首先球化退火或高温回火加球化退火。

一、一般轴承套圈的热处理

材料为GCr15，套圈的有效厚度约10mm，外径100mm。

其技术要求是：硬度61~65HRC，同一零件的硬度差不得大于1HRC；显微组织为隐晶、细小针状马氏体，均匀分布的细小残余碳化物及少量残余奥氏体；淬火、回火后裂纹检查用磁力探伤仪进行，不允许有裂纹；脱碳层深度 <0.08mm（单边）。

1. 预备热处理

套圈锻造成形后，抽检金相组织，如果发现组织中存在粗大碳化物，用保护气氛箱式炉正火，正火温度取 950~980℃，保温时间 50min，吹风冷却。如不存在粗大碳化物，则无需正火。

退火一般为箱式炉、中性炉气，温度 780~810℃，保温 4h，炉冷（冷速 10~30℃/h）至 650℃出炉空冷。

2. 最终热处理

淬火用箱式炉加热，温度为 845~850℃，保温 13~15min，总加热时间 40~60min。在 30~60℃的 L-AN16 或 L-AN32 全损耗系统用油冷却。冷却时注意在冷却液中窜动，以防止产生软点。零件入炉前，经清洗后，用质量分数为3%~5%的硼酸酒精溶液涂保护涂料，以防脱碳。淬火冷却后，用质量分数为3%~5%的碳酸钠水溶液清洗。回火温度为 150~180℃，保温 2.5~3h。

二、一般钢球的热处理

材料为 GCr15，工件直径为 12.7mm。技术要求为：精度 1 级；硬度 62~66HRC；显微组织为隐晶、细小针状马氏体，均匀分布的细小残余碳化物及少量残余奥氏体；荧光探伤不允许有裂纹；脱碳层深≤0.06mm（单边）。

1. 预备热处理

球化退火在箱式、井式炉中进行，加热温度为 780~810℃，保温 4h，以 10~30℃/h 的冷却速度炉冷至 650℃出炉空冷。

2. 最终热处理

淬火用盐浴加热，温度 845~855℃，总加热时间 15~18min（保温时间 10~12min），在 30~80℃的 L-AN16 或 L-AN32 全损耗系统用油冷却（钢球散开、滚动）。

3. 深冷处理

-60 ~ -70℃，保持 1h。

4. 回火

温度 150 ~ 180℃，保温 2 ~ 3h。

5. 稳定化处理

研磨后进行，120 ~ 130℃，保温 4 ~ 5h。

材质为 GCr15 的不同尺寸的钢球，用盐炉（RYD - 100 - 8、RYD - 75 - 13）加热时的热处理工艺规范见表 8 - 26。用盐炉加热时应先预热再加热，对于"0 级"、"1 级"钢球，淬火后应进行 -70 ~ -60℃ 的冷处理，硬磨后要进行 120 ~ 130℃ 的补加回火。

表 8 - 26　不同尺寸的 GCr15 钢球热处理工艺规范

| 钢球尺寸 | 淬 火 | | | 回火（℃） |
	淬火温度（℃）	总加热时间（min）	冷却介质及冷却方法	
< 1/16″	830 ~ 840	5 ~ 8	30 ~ 80℃ 的 15 号或 32 号机油散开滚动冷却	150 ~ 180 2 ~ 4h
1/16″ ~ 3/16″	835 ~ 845	7 ~ 12	30 ~ 80℃ 的 15 号或 32 号机油散开滚动冷却	150 ~ 180 2 ~ 4h
3/16″ ~ 3/8″	840 ~ 850	9 ~ 15	30 ~ 80℃ 的 15 号或 32 号机油散开滚动冷却	150 ~ 180 2 ~ 4h
3/8″ ~ 5/8″	845 ~ 855	12 ~ 18	30 ~ 80℃ 的 15 号或 32 号机油散开滚动冷却	150 ~ 180 2 ~ 4h
5/8″ ~ 25/32″	830 ~ 835	15 ~ 12	波美度 22° Be，20 ~ 50℃盐水中滚动冷却	150 ~ 180 2 ~ 4h
25/32″ ~ 1″	830 ~ 835	18 ~ 23	波美度 22° Be，20 ~ 50℃盐水中滚动冷却	150 ~ 180 2 ~ 4h

三、一般滚子热处理

材质为 GCr15，直径 6mm 的滚子。技术要求为：精度 1 级；硬度 61 ~ 65HRC；显微组织为隐晶、细小针状马氏体，均匀分布的细小残余碳化物及少量残余奥氏体；荧光探伤不允许有裂纹；脱碳层深 ≤0.08mm（单边）。

淬火加热前用质量分数为 3% ~ 5% 的硼酸酒精溶液（防脱碳）涂保护涂料，随后在盐浴炉中加热到 835 ~ 845℃，保温 5 ~ 7min，在 30 ~ 80℃ 的 L - AN16 或 L - AN32 全损耗系统用油中，零件窜动或摇筐摇动冷却。-70 ~ -40℃ 深冷处理。150 ~ 180℃ 回火，2 ~ 2.5h。120 ~ 160℃，12h 稳定化处理。

材质为 GCr15，不同直径滚子的热处理规范见表 8 - 27。为防止脱碳，淬火前零件清洗干净后，涂 3% ~ 5% 的硼酸酒精溶液。对于"0 级"、"1 级"滚子，均在淬火后进行 -70 ~ -40℃ 的冷处理，粗磨后应进行 120 ~ 160℃，12 h 的补加回火。

表 8 - 27 不同直径 GCr15 滚子热处理工艺规范

常用的主要设备	淬 火			清 洗	回 火
	滚子直径（mm）	淬火温度（℃）	总加热时间（min）		
G - 30 回转式电炉	≤5	830 ~ 850	18 ~ 22	在 3% ~ 5% 的苏打水溶液中清洗	150 ~ 180℃ 2.5 ~ 3.5h
	5 ~ 8		20 ~ 24		
	8 ~ 10	830 ~ 850	22 ~ 26		
	10 ~ 14		24 ~ 30		
G - 70 回转式电炉	6 ~ 10		29 ~ 35	在 3% ~ 5% 的苏打水溶液中清洗	150 ~ 180℃ 2.5 ~ 3.5h
	10 ~ 15	830 ~ 860	35 ~ 37		
	15 ~ 22		37 ~ 40		
RJX - 45 - 9 箱式电炉	<6	835 ~ 840	保温时间 6 ~ 8	在 3% ~ 5% 的苏打水溶液中清洗	150 ~ 180℃ 2.5 ~ 3.5h
	6 ~ 11	845 ± 5	保温时间 8 ~ 10		
	11 ~ 16	850 ± 5	10 ~ 14		
	16 ~ 22	855 ± 5	14 ~ 18		

铸钢热处理

通常将铸钢产品称为铸钢件，所用的原材料称为铸钢。一般工程用铸造碳钢即铸造碳素钢，除加入硅、锰、铝等脱氧剂外，不特别添加合金元素。铸钢可铸成所要求的各种几何形状和大小的铸钢件，以及几乎所有可熔化的金属材料都能铸造，虽然铸钢的熔点比铸铁、有色金属及合金的熔点高，熔炼设备和燃料方面的费用较贵，铸型材料和造型等有特殊的要求等，但是，由于铸钢件的强度和韧性比铸铁件和有色金属铸件优越，而且精密铸造的产品，不经加工就可使用，具有少切削和无切削加工的特点，所以，有广泛的应用。

铸钢件的铸态组织决定于其化学成分和凝固结晶过程。一般来说，铸钢件易产生较严重的枝晶偏析，所得组织极不均匀，尤以高合金铸钢件更为明显。此外，由于铸钢件结构和壁厚的差异，同一铸件的各部位往往有不同的组织结构，并残留相当大的内应力。因此，铸钢件（尤其是合金铸钢件）一般都以热处理状态交货。

由于铸造组织的特点，铸钢件的热处理往往与化学成分类同的锻钢件或轧材件不尽相同。

第一节　铸钢的牌号、成分、特性及用途

一、铸钢牌号的表示方法

根据铸钢的化学成分、用途，可将铸钢分为铸造碳钢、低合

金铸钢、合金铸钢、特殊性能高合金铸钢等。铸钢牌号的表示方法（GB/T 5613—1995）为：铸钢的代号用铸钢汉语拼音的第一个大写正体字母 ZG 表示，钢中主要合金元素符号用国际化学元素符号表示，名义含量及力学性能用阿拉伯数字表示。以强度表示铸钢的牌号时，在牌号中 ZG 后面的两组数字表示力学性能，第一组数字表示该牌号铸钢的屈服强度最低值，第二组数字表示其抗拉强度最低值，两组数字间用"-"隔开。以化学成分表示铸钢的牌号时，在牌号中 ZG 后面的第一组数字表示铸钢的名义碳含量。平均碳含量大于1%的铸钢，在牌号中则不表其名义含量；平均碳含量小于0.1%的铸钢，其第一位数字为"0"；只给出碳含量上限，未给出下限的铸钢，牌号中碳的名义含量用上限表示。在碳的名义含量后面排列各主要合金元素符号，每个元素符号后面用整数标出名义百分含量。锰元素的平均含量小于0.9%时，在牌号中不标元素符号；平均含量为0.9%~1.4%时，只标出符号不标含量。其他合金化元素平均含量为0.9%~1.4%时，在该元素符号后面标注数字。钼元素的平均含量小于0.15%，其他元素平均含量小于0.5%时，在牌号中不标元素符号；钼元素的平均含量大于0.15%，小于0.9时，在牌号中只标出元素符号不标含量。当钛、钒元素平均含量小于0.9%，铌、硼、氮、稀土等微量合金化元素的平均含量小于0.5%时，在牌号中标注其元素符号，但不标含量。

二、一般工程用铸造碳钢的化学成分、力学性能和用途（表9-1~表9-3）

表9-1 一般工程用铸造碳钢的化学成分

牌号	元素最高含量（%）					
	C	Si	Mn	S	P	残余元素
ZG200-400	0.20	0.50	0.80	0.40	0.40	Ni 0.30
ZG230-450	0.30		0.90			Cr 0.35

续表

牌号	元素最高含量（%）					
	C	Si	Mn	S	P	残余元素
ZG270 – 550	0.40	0.50				Cu 0.30
ZG310 – 570	0.50	0.60	0.90	0.40	0.40	Mo 0.20
ZG340 – 640	0.60					V 0.50

表 9 – 2　一般工程用铸造碳钢件的力学性能

牌号	最小值					
	σ_s 或 $\sigma_{0.2}$ （MPa）	σ_b （MPa）	δ （%）	根据合同选择		
				ψ（%）	A_{kv}（J）	α_k（kgf·m/cm²）
ZG200 – 400	200	400	25	40	30	6.0
ZG230 – 450	230	450	22	32	25	4.5
ZG270 – 550	270	550	18	25	22	3.5
ZG310 – 570	310	570	15	21	15	3.0
ZG340 – 640	340	640	10	18	10	2.0

注：（1）表中 A_{kv} 为冲击吸收功（V 形）；α_k 为冲击韧性（U 形）。

（2）表中所列各牌号的性能，适应于厚度为 100mm 以下的铸件。当铸件厚度超过 100mm 时，表中规定的 $\sigma_{0.2}$ 屈服强度供设计使用。

（3）表中断面收缩率和冲击韧性如需方无要求时，由供方选择其一。

表 9 – 3　一般工程用铸造碳钢的特性和用途

牌号	特　性	用　途
ZG200 – 400	有良好的塑性、韧性和焊接性能	用于受力不大、要求韧性的各种机械零件，如机座、变速箱壳体等
ZG230 – 450	有一定的强度和较好的塑性、韧性，良好的焊接性能，被切削性尚好	用于受力不大，要求韧性的各种机械零件，如钻座、轴承盖、外壳、犁柱、底板、阀体等
ZG270 – 550	有较好的塑性和强度，良好的铸造性能，焊接性能尚好	应用广泛，用作轧钢机机架、轴承座、连杆、箱体、横梁、曲臂、缸体等

续表

牌号	特性	用途
ZG310 –570	强度和被切削性良好、制造较大负荷的耐磨零件	一般用作轧辊、辊子、缸体、制动轮、大齿轮、斜齿轮等
ZG340 –640	有较高的强度、硬度和耐磨性，被切削性中等，焊接性较差，流动性好，裂纹敏感性大	用作齿轮、棘轮、叉头等

三、低合金铸钢的特性及用途（表9–4）

表9–4　低合金铸钢的特性及用途

钢　号	特性和用途
ZG30Mn	断面较大的调质零件
ZG40Mn	齿轮等
ZG40Mn2	耐磨性比40Mn 好，可代替30CrMnSi
ZG30SiMn	齿轮、滑板等
ZG50SiMn	齿轮、车轮等
ZG20MnMo	大转炉法兰支块
ZG20CrMo	长期工作于400～500℃的零件，如汽轮机、汽缸、隔板等
ZG30CrMnSi、ZG35CrMnSi	受冲击及磨损零件，如齿轮、滚轮等
ZG35CrMo	链轮、电铲支轮、轴套等
ZG40Cr、ZG42MnMoV、ZG35SiMnMoV	可代铬及铬钼钢，用于电铲主动轮，脱模吊套筒、齿轮等
ZG5CrMnMo	锻造胎模

四、耐热铸钢、不锈耐酸钢铸件的性能和用途（表9–5、表9–6）

表9–5 耐热铸钢的特性及用途（GB/T 8492—1987（参考件））

钢 号	最高使用温度（℃）	特性及用途
ZG40Cr9Si2	800	高温强度低，抗氧化最高至800℃，长期工作的受载件的工作温度低于700℃。用于坩埚炉门、底板等构件
ZG30Cr18Mn12Si2N	950	高温强度和抗热疲劳性较好。用于炉罐、炉底板、料筐、传送带导轨、支承架、吊架等炉用构件
ZG35Cr24Ni7SiN	1100	抗氧化性好。用于炉罐、炉辊、通风机叶片、热滑轨、炉底板、玻璃水泥窑及搪瓷窑等构件
ZG30Cr26Ni5	1050	承载时使用温度可达650℃；轻负荷时可达1050℃，在650~870℃之间易析出σ相，可用于矿石焙烧炉，也可用于不需要高温强度的高硫环境下工作的炉用构件
ZG30Cr20Ni10	900	基本上不形成σ相。可用于炼油厂加热炉、水泥干燥窑、矿石焙烧炉和热处理炉构件
ZG35Cr26Ni12	1100	高温强度高，抗氧化性能好，在规定范围内调整其成分，可使组织内含有一些铁素体，也可为单相奥氏体。多用于许多类型的炉子构件，但不宜用于温度急剧变化的地方
ZG35Cr28Ni16	1150	机械性能同单相ZG40Cr25Ni12，具有较高温度的抗氧化性能，用途同ZG40Cr25Ni12、ZG40Cr25Ni20

钢 号	最高使用温度（℃）	特性及用途
ZG40Cr25Ni20	1150	具有较高的蠕变和持久强度，抗高温气体腐蚀能力强，常用于作炉辊、辐射管、钢坯滑板、处理炉炉辊、管支架、制氢转化管以及需要较高蠕变强度的零件
ZG40Cr30Ni20	1150	在高温含硫气体中耐蚀性好。用于气体分离装置、焙烧炉衬板
ZG35Ni24Cr18Si2	1100	加热炉传送带、螺杆、紧固件等高温承载零件
ZG30Ni35Cr15	1150	抗热疲劳性好，用于渗碳炉构件、热处理炉板、导轨、轮子、铜焊夹具、蒸馏器、辐射管、玻璃轧辊、搪瓷窑构件以及周期加热的紧固件
ZG45Ni35Cr26	1150	抗氧化及抗渗碳性良好，高温强度高，用于辐射管、弯管、接头、管支架、炉辊及热处理用夹具等
ZGCr28	1050	抗氧化性能好，用于无强度要求的炉用构件以及含有硫化物、重金属蒸汽的焙烧炉构件等

表 9 - 6　不锈耐酸钢铸件的特性及用途（GB 2100—1980（附录））

组织类型	牌　号	代号	基本性能与应用举例
马氏体型	ZG1Cr13	101	铸造性能较好，具有良好的机械性能。在大气、水和弱腐蚀介质（加盐水溶液、稀硝酸及某些浓度不高的有机酸）及温度不高的情况下，均有良好的耐蚀性。可用于承受冲击负荷，要求韧性高的铸件，如泵壳、阀、叶轮、水轮机转轮或叶片、螺旋桨等

组织类型	牌　号	代号	基本性能与应用举例
马氏体型	ZG2Cr13	102	基本性能与 ZG1Cr13 相似，由于含碳量比 ZG1Cr13 高，故具有更高的硬度。但耐蚀性较低，焊接性能较差，用途也与 ZG1Cr13 相似，可用作较高硬度的铸件，如热油油泵、阀门等
铁素体型	ZG1Cr17	201	铸造性能较差，晶粒易粗大，韧性较低，但在氧化性酸中具有良好的耐蚀性，用在温度不太高的工业用稀硝酸、大部分有机酸（醋酸、蚁酸、乳酸）及有机酸盐水溶液。在草酸中不耐蚀。主要用于制造硝酸生产上的化工设备，也可制造食品和人造纤维工业用的设备，但一般在退火后使用，不宜用于 0.3MPa 以上或受冲击的零件
	ZG1Cr19Mo2	202	铸造工艺性能与 ZG1Cr17 相似，晶粒易粗大，韧性较低。在磷酸与沸腾的醋酸等还原性介质中具有良好的耐蚀性。主要用于沸腾温度下的各种浓度的醋酸介质中不受冲击的维尼纶、电影胶片以及造纸漂液工段用的铸件，代替 Cr18Ni12Mo2Ti 和 ZGCr28
	ZGCr28	203	铸造性能差，热裂倾向大，韧性低。但在浓硝酸介质中具有很好的耐蚀性，在 1100℃ 的高温下仍有很好的抗氧化性。主要用于不受冲击负荷的高温硝酸浓缩设备的铸件，如泵、阀等。也可用于制造次氯酸钠及磷酸设备和高温抗氧化耐热零件

续表

组织类型	牌　号	代号	基本性能与应用举例
奥氏体型	ZG00Cr18Ni10	301	为超低碳不锈钢，冶炼要求高。在氧化性介质（如硝酸）中具有良好的耐蚀性及抗晶间腐蚀性能，焊后不出现刀口腐蚀。主要用于化学、化肥、化纤及国防工业重要的耐蚀铸件和铸焊结构件等
	ZG0Cr18Ni9	302	是典型的不锈耐酸钢，铸造性能比含钛的同类型不锈耐酸钢好，在硝酸、有机酸等介质中具有良好的耐蚀性，固溶处理后具有良好的抗晶间腐蚀性能，但敏化状态下的抗晶间腐蚀性能会显著下降。低温冲击性能好。主要用于硝酸、有机酸、化工石油等工业用泵、阀等铸件
	ZG1Cr18Ni9	303	是典型的不锈耐酸钢，与 ZG0Cr18Ni9 相似，由于含碳量比 ZG0Cr18Ni9 高，故其耐蚀性和抗晶间腐蚀性能较低。用途与 ZG0Cr18Ni9 相同
	ZG0Cr18Ni9Ti	304	含有稳定化元素钛，提高了抗晶间腐蚀的能力。但铸造性能比 ZG0Cr18Ni9 差，易使铸件产生夹杂、缩松、冷隔等铸造缺陷。主要用于硝酸、有机酸等化工、石油、原子能工业的泵、阀、离心机铸件
	ZG1Cr18Ni9Ti	305	与 ZG01Cr18Ni9Ti 相似。由于含碳量较高，故抗晶间腐蚀性能比 ZG0Cr18Ni9Ti 稍低，基本性能与用途同 ZG1Cr18Ni9Ti
	ZG0Cr18Ni12Mo2Ti	306	铸造性能与 ZG1Cr18Ni9Ti 相似。由于含 Mo，明显提高了对还原性介质和各种有机酸、碱、盐类的耐蚀性。主要制造常温硫酸、较低浓度的沸腾磷酸、蚁酸、醋酸介质中用的铸件

续表

组织类型	牌　号	代号	基本性能与应用举例
奥氏体型	ZG1Cr18Ni12Mo2Ti	307	同 ZG0Cr18Ni12MoTi，但由于含碳量较高，故其耐蚀性较差
	ZG1Cr24Ni20Mo2Cu3	308	具有良好的铸造性能、机械性能和加工性能。在60℃以下各种浓度硫酸介质和某些有机酸、磷酸、硝酸混酸中均具有很好的耐蚀性。主要用于硫酸、硫铵、磷酸、硝酸混酸等工业制作泵、叶轮等铸件
	ZG1Cr18Mn8Ni4N	309	是节镍的铬锰氮不锈耐酸铸钢，铸造工艺较稳定，机械性能好，在硝酸及若干有机酸中具有良好的耐蚀性，可部分代替 ZG1Cr18Ni9 及 ZG1Cr18Ni9Ti 的铸件
奥氏体 – 铁素体型	ZG1Cr17Mn9 Ni4Mo3CuN	401	是节镍的铬锰氮不锈耐酸铸钢，其耐蚀性与 ZG1Cr18Ni12Mo2Ti 基本相同，而在硫酸和含氯离子的介质中，具有比 ZG1Cr18Ni12Mo2Ti 更好的耐蚀和抗点蚀性能，抗晶间腐蚀较好，有良好的冶炼、铸造及焊接性能。主要用于代替 ZG1Cr18Ni12Mo2Ti，在硫酸、硫铵、漂白粉、维尼纶、聚丙烯腈介质中的泵、阀、离心机铸件
	ZG1Cr18Mn13Mo2CuN	402	是无镍的不锈耐酸铸钢，在大多数化工介质中的耐蚀性能相当或优于 ZG1Cr18Ni9Ti，尤其是在腐蚀与磨损兼存的条件下，比 ZG1Cr18Ni9Ti 更优，机械性能和铸造性能好，但气孔敏感性比 ZG1Cr18Ni9Ti 大。主要用于代替 ZG1Cr18Ni9Ti 在硝酸、硝铵、有机酸等化工工业中的泵、阀、离心机等铸件
沉淀硬化型	ZG0Cr17Ni4Cu4Nb	501	在40%以下的硝酸、10%盐酸（30℃）和浓缩醋酸介质中具有良好的耐蚀性，是强度高、韧性好、较耐磨的沉淀型马氏体不锈钢，主要用于化工、造船、航空等具有一定耐蚀性的耐磨和高强度的铸件

第二节　铸钢的热处理

一、铸钢件热处理的特点

铸钢件的铸态组织中，常有粗大的枝晶及偏析，热处理时，其加热温度应稍高于类同化学成分的锻钢件，其奥氏体化保温时间也要适当延长。某些合金钢铸件的铸态组织偏析严重，为消除其对铸钢件最终热处理的影响，需予以均匀化处理。铸钢件形状复杂、壁厚相差较大、必须考虑截面效应所导致的试样与实际铸件在组织与性能上的差异。铸件热处理时，必须根据其结构特点合理堆放，尽量避免铸件变形。

二、铸钢件热处理的主要工艺要素

铸钢件的热处理也是由加热、保温和冷却三个阶段组成的。其工艺参数的确定，均以保证产品质量和节能为依据。

1. 加热

加热是热处理过程中能耗最大的工序。加热过程中的主要技术要素是选择适当的加热方式、加热速率和装炉方式。

2. 加热速率

对一般铸钢件，可采用炉子的最大功率加热。过分限制加热速率，实际上是毫无必要的。即使对合金钢铸件或厚截面铸件，由于其导热率的变化不大，其心部温度和表面温度也无显著的滞后。采用热炉装炉可极大地缩短加热时间，而且在快速加热的条件下，当铸件表面达到一定的温度时，其心部温度也无显著的滞后。反之，缓慢加热将导致炉子生产率降低、能耗增大以及使铸件处于高温的时间延长，造成铸件表面严重氧化脱碳。但对一些形状结构复杂，壁厚尺寸变化较大，在加热中易产生较大热应力而导致变形或开裂的铸件，则应当控制加热速率，即在开始加热阶段（600℃以下），选用较低的加热速率（10~30℃/h），或选用低、中温停留一次或两次的预热工艺，即阶梯加热，为以后快速升温准备条件。

3. 装料方式

热处理时，铸件在炉中的堆放方式应予以足够的重视。既要充分利用炉底的面积，又要使铸件有较好的均匀受热条件，同时还要防止铸件变形。

4. 保温

铸钢件奥氏体化保温温度一般比类同成分的锻钢件略高些（20℃左右）。对亚共析铸钢，以碳化物能较快地溶入奥氏体并兼顾奥氏体能保持细晶粒为原则，一般在 Ac_3 以上 20~50℃。正火的温度比退火或淬火的稍高些。过共析铸钢正火时应加热到 Ac_{cm} 以上，淬火时应在 Ac_{cm} 以下和 Ac_1 以上，以免残余奥氏体量过多。晶粒长大倾向显著的锰钢，其淬火保温温度宜取较低的值。

铸钢件热处理保温时间的确定，应考虑两个方面，其一是使铸钢件表面与心部温度均匀一致；其二则是组织均匀化，故保温停留时间取决于铸钢的导热性能、铸件的断面厚度以及是否含有合金元素等因素。一般说来，合金铸钢件比碳钢铸钢件需要较长的保温时间。铸件壁厚通常是估计保温时间的主要依据，根据经验，每25mm壁厚保温30~60min，大于25mm者，每增加25mm延长保温时间30min。对于回火处理、时效处理时的保温时间，由于钢在该温度的扩散速度比在临界点以上高温区要慢得多，所以，保温时间也就相应地长些。

5. 冷却

铸钢件在保温后可采用不同的冷速冷却，完成钢中相的转变，以获得所要求的组织并达到规定的性能指标。一般说来，加大冷却速率有利于获得良好的组织状态和使晶粒细化，从而提高钢的性能，但容易使铸件产生较大的应力而导致结构复杂的铸件变形或开裂。就回火后的冷却方式而言，一般并无严格的要求，只是对一些有回火脆性敏感的低合金铸钢，回火保温后的冷却特别重要，宜采用快冷方式，以便尽快通过回火脆性区，避免降低铸钢的韧性。铸钢件热处理常用的冷却介质有空气、油、水和盐水等。

三、铸钢件热处理状态名称、代号和定义（表9-7）

表9-7 铸钢件热处理状态名称、代号和定义（GB/T 5615—1985）

名　称	代号	定　义
铸态	Z	铸件未经任何热处理的状态
退火态	T	根据不同钢种与目的，将铸件加热到临界点 Ac_3 以上，或者 $Ac_1 \sim Ac_3$ 之间，或者 Ac_1 以下的适当温度，经过保温，然后缓慢冷却，以获得接近平衡状态的组织
去除应力退火态	Q	为了去除铸造、焊接和其他加工等造成的应力，将铸件加热到一定的温度，保温适当时间，然后缓慢冷却
均匀化退火态	J	铸件加热到低于固相线适当的温度，长时间保温，然后缓慢冷却，以便达到化学成分均匀的目的
稳定化处理态	W	含钛、铌的奥氏体不锈钢铸件加热到低于完全退火的某一适当温度，经过保温，使钢中的碳充分地与钛、铌化合，形成稳定的碳化物
正火态	Zh	根据不同钢种，将铸件加热到临界点（亚共析钢为 Ac_3，过共析钢为 Ac_1）以上适当的温度，经过保温使钢奥氏体化，然后空冷，以便调整组织，改善力学性能
淬火态	C	根据不同的钢种，将铸件加热到临界点（亚共析钢为 Ac_3，过共析钢为 Ac_1）以上适当的温度，经过保温，然后快速冷却，获得不稳定组织，一般为马氏体
回火态	H	淬火或正火后的铸件加热到 Ac_1 以下（个别钢种在 Ac_1 以上）适当的温度，经过保温，然后以适当的速度冷却
沉淀硬化态	Ch	由过饱和固溶体中析出的溶质偏聚区，或者由之析出第二相微粒弥散分布于基体中而导致硬化
固溶热处理态	G	铸件加热到高温单相区，经过保温，使过剩相充分溶入固溶体中，形成单相固溶体，然后快速冷却，使这些溶入的组分保持在固溶体中

四、一般工程用铸造碳钢及合金铸钢的热处理

铸钢件的铸态组织中一般会出现粗大的晶粒，并有严重的魏氏组织，所以，塑性和韧性低。由于铸件壁厚不一，凝固和冷却不均匀，在铸件中会产生很大的内应力，使力学性能降低，导致变形、开裂。因此，铸钢件一般都需通过热处理来改善铸态组织，消除铸造应力，提高力学性能。

碳钢铸件通常采用的热处理方式为退火、正火或正火＋回火。经正火处理的铸钢件，其力学性能较退火的略高些。由于组织转变时的过冷度较大，硬度也略高些，切削性能因而也较好。目前，生产中采用正火处理者居多。

含碳量较高且形状较复杂的碳钢铸件，为消除残余应力和改善韧性，可在正火后予以回火处理。回火温度以 550～650℃ 为宜，然后在静止空气中冷却。

含碳量在 0.35% 以上的碳钢铸件也可采用调质处理，以改善其综合力学性能。小型碳钢铸件可由铸态直接调质处理，大型或形状复杂碳钢铸件则宜在正火处理后再进行调质处理。

中低合金钢铸件大多用于汽车、拖拉机等机械工业中要求有良好强度和韧性的重要零件，一般来说，对于要求抗拉强度小于650MPa 者，热处理工艺可采用正火＋回火；而对于要求大于650MPa 者，则采用淬火＋回火，处理后的组织为索氏体。但当铸钢件形状及尺寸不宜淬火时，则宜采用正火＋回火来取代调质处理，而所得的力学性能也略低。

中低合金钢铸件在调质热处理前，最好进行一次正火＋回火的预处理，以细化晶粒，均匀组织，提高最终调质处理的效果，也有利于减少铸态组织对调质后铸钢的性能的影响，以避免因铸件内部铸造应力而导致铸钢件淬火时变形或开裂的可能性。对于含碳量小于 0.2% 的低碳合金钢铸件，调质前可采用正火预处理。

中、低合金钢铸件的淬火处理要求尽可能得到完全马氏体组织，为此，应根据铸钢的牌号、淬透性和铸件壁厚、形状等来选择淬火温度和冷却介质。

中、低合金钢铸件，淬火后应立即回火，调整铸钢的淬火组织，以达到所需要的综合力学性能要求，同时消除淬火应力，防止淬火铸件变形或开裂。

1. 退火

退火的目的是为了消除铸造组织中的柱状晶、粗等轴晶、魏氏组织和树枝状偏析，以改善铸钢件的性能。退火后的组织：亚共析铸钢为铁素体和珠光体；共析铸钢为珠光体；过共析铸钢为珠光体和碳化物。

（1）完全退火。加热至 Ac_3 以上 30～50℃，保温后炉冷的退火处理，可以使铸件的晶粒细化，消除魏氏组织和内应力，改善铸件的力学性能。完全退火是碳素铸钢和合金钢铸件常用的热处理工艺。铸钢的退火类型及应用见表 9－8，铸造碳钢和合金钢铸件完全退火工艺见表 9－9，铸造碳钢完全退火温度及退火后的硬度见表 9－10，合金铸钢完全退火加热温度见表 9－11。

表 9－8 铸钢的退火类型及应用

类别	主要目的	规范	应用范围
完全退火	细化组织，软化铸态组织，消除铸件内应力	加热到 Ac_3 以上 30～50℃，保温，炉冷至 <500℃ 空冷	一般工程用钢及低合金铸件
均匀化处理（扩散退火）	消除晶内偏析和枝晶偏析，使铸钢成分和组织均匀化	加热到 Ac_3 以上 120～200℃，一般为 1050～1250℃，保温足够长时间后，空冷	因所需时间长，热耗量大，成本高，易表面氧化脱碳，合金铸钢只有在必要时才使用
低温退火（消除应力退火）	消除内应力，使之达到稳定状态	加热到 Ac_3 以下 100～200℃，保温后空冷或炉冷	一般铸钢常用

表 9 – 9　铸造碳钢和合金钢铸件完全退火工艺

牌号	截面厚度 (mm)	装炉温度 (℃)	保温 (h)	加热 (℃/h)	保温 (h)	加热 (℃/h)	退火温度（表9-10、表9-11） 保温 (h)	冷却	出炉温度 (℃)
ZG230 – 450	<200	≤650	—	—	2	≤120	1~2	空冷	450
ZG270 – 500	201~500	400~500	2	≤70	3	≤100	2~5		400
	501~800	300~350	3	≤60	4	≤80	5~8		350
	801~1200	250~300	4	≤40	5	≤60	8~12		300
	1201~1500	≤200	5	≤30	6	≤50	12~15		250
ZG310 – 570								炉冷	
ZG340 – 640									
ZG40Mn	<200	400~500	2	80	3	100	2~3		350
ZG40Mn2									
ZG50Mn2									

温度 (℃)

装炉

650~660

退火温度

续表

牌号	截面厚度 (mm)	装炉温度 (℃)	保温 (h)	加热 (℃/h)	保温 (h)	加热 (℃/h)	保温 (h)	冷却	出炉温度 (℃)
ZG20SiMn	201~500	250~350	3	60	4	80	3~6	炉冷	350
ZG35SiMnMo									
ZG35CrMnSi									
ZG20MnMo									
ZG40Cr									
ZG34CrNiMo									
ZG20CrMo	501~800	200~300	4	50	5	60	6~9		300
ZG35CrMo									
ZG42CrMo									
ZG50CrMo									
ZG65Mn									
ZG5CrMnMo	<500	250~300	2	40	2~4	70	2~5		200
	500~1000	≤200	4	30	5~8	50	5~10		200

注: (1) 保温前需目测铸件温度是否均匀，时间要从铸件温度均匀后算起。
(2) 炉冷时可先停火关闸板炉冷，再停火开闸板炉冷。

表 9 – 10　铸造碳钢完全退火温度及退火后的硬度

含碳量	退火温度	保温		冷却方式	硬度
（%）	（℃）	壁厚（mm）	时间（h）		（HBS）
0.10 ~ 0.20	910 ~ 880	<30	1	冷至 620℃ 后出炉	115 ~ 143
0.20 ~ 0.30	880 ~ 850				133 ~ 156
0.30 ~ 0.40	850 ~ 820	>30	每增加 30mm 增加 1h		143 ~ 187
0.40 ~ 0.50	820 ~ 800				156 ~ 217
0.50 ~ 0.60	800 ~ 780				187 ~ 230

表 9 – 11　合金铸钢完全退火加热温度

牌号	退火温度（℃）	牌号	退火温度（℃）
ZG40Mn	860 ~ 880	ZG5CrMnMo	830 ~ 850
ZG40Mn2	850 ~ 870	ZG40Cr	850 ~ 870
ZG50Mn2	840 ~ 860	ZG34CrNiMo	900 ~ 920
ZG20SiMn	900 ~ 930	ZG20CrMo	880 ~ 900
ZG35SiMn	870 ~ 890	ZG35CrMo	860 ~ 880
ZG35SiMnMo	870 ~ 890	ZG42CrMo	850 ~ 870
ZG35CrMnSi	880 ~ 900	ZG50CrMo	850 ~ 870
ZG20MnMo	900 ~ 920	ZG65Mn	840 ~ 860

（2）不完全退火。加热至 Ac_1 和 Ac_3 之间的某温度，长期保温后缓冷。这种处理工艺可以改善亚共析钢的切削加工性，但不能完全改善力学性能，所以，一般很少应用，而过共析钢则多用不完全退火。

（3）等温退火。加热至 Ac_3 以上 30 ~ 50℃，保温后冷至珠光体转变区等温，完成等温转变后出炉空冷。等温退火的作用与完全退火相同，但可以缩短时间。

（4）消除内应力退火。如果铸钢件没有力学性能要求，则不需改变钢的显微组织，只进行消除内应力的低温退火。此时也可使工件的形状和尺寸得到稳定。消除内应力退火工艺曲线见图

9－1。经过气割补焊后的铸钢也需进行低温退火，以消除焊后应力。

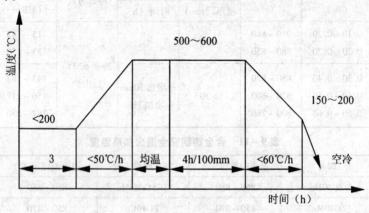

图 9－1　铸钢件消除内应力退火工艺曲线

2. 正火＋回火处理

正火与退火工艺的区别有两个：其一是正火加热温度偏高些；其二是在静止的空气中冷却。正火的目的是消除魏氏组织，得到比退火更细的组织，从而可以进一步提高铸件的力学性能；正火可以消除共析铸钢和过共析铸钢件中的网状碳化物，以利于球化退火。经正火的铸钢强度稍高于退火铸钢，其珠光体组织也较细。正火可作为中碳铸钢以及合金结构铸钢淬火前的预先热处理，以细化晶粒和均匀组织。从而减少铸件在淬火时产生的缺陷。正火后的回火可以消除应力和增强韧性，使其具有所需的力学性能，也可作为后续热处理的预备处理。正火＋回火是铸钢件常用的热处理工艺。

一般对于有力学性能要求、重量小于 1t、截面小于 150mm、外形简单、轮廓尺寸在 1.2m 以内的小型碳素铸钢件，可以只正火而不进行回火。重量在 10t 以下、轮廓尺寸的宽度小于 2.5m 的中型铸钢件以及轮廓尺寸大于 2.5m、重量在 10t 以上的大型铸钢件，一般采用正火＋回火处理。

正火温度一般在 $Ac_3 +$（30～50）℃，但对铝脱氧的细晶粒钢，即使正火温度提高到 $Ac_3 +$（60～90）℃也不会过热。铸造碳钢的正火、回火工艺规范及硬度见表9－12，合金铸钢的正火与回火温度及硬度见表9－13，铸造碳钢和合金铸钢的正火工艺见表9－14，铸造碳钢和合金铸钢正火后的回火工艺见表9－15。

表9－12 铸造碳钢的正火、回火工艺规范及硬度

牌号	正火温度（℃）	回火		硬度（HBS）
		温度（℃）	冷却方式	
ZG200－400	930～900	—		126～149
ZG230－450	900～870	—		139～169
ZG270－500	870～840	550～650	空冷	149～187
ZG310－570	840～820	550～650	空冷	163～217
ZG340－640	820～800	550～650	空冷	187～228

表9－13 合金铸钢的正火与回火温度及硬度

牌号	正火温度（℃）	回火温度（℃）	硬度（HBS）
ZG40Mn	850～870	550～620	≥163
ZG40Mn2	850～870	550～600	≥197
ZG50Mn2	820～870	590～650	—
ZG20SiMn	900～930	580～600	≥156
ZG35SiMn	860～880	600～620	—
ZG35SiMnMo	880～900	550～650	—
ZG35CrSiMn	880～900	550～650	≥271
ZG5CrMnMo	900～920	550～600	156
ZG40Cr	830～860	520～680	≤212
ZG34CrNiMo	860～920	500～650	—
ZG20CrMo	880～900	600～650	135
ZG35CrMo	870～900	550～600	—
ZG42CrMo	850～900	550～600	—
ZG50CrMo	840～890	550～600	—
ZG65Mn	840～860	600～650	187～241

表 9 - 14　铸造碳钢和合金铸钢的正火工艺

牌号	截面厚度 (mm)	装炉温度 (℃)	装炉 保温 (h)	加热 (℃/h)	650~660 保温 (h)	加热 (℃/h)	正火温度 (表9-12、表9-13) 保温 (h)	空冷 300~350
ZG200－400	<200	≤650	—	—	2	≤120	1 ~2	
ZG230－450	201 ~500	400 ~500	2	≤70	3	≤100	2 ~5	
ZG270－500	501 ~800	300 ~350	3	≤60	4	≤80	5 ~8	
	801 ~1200	250 ~300	4	≤40	5	≤60	8 ~12	
	1201 ~1500	≤200	5	≤30	6	≤50	12 ~15	
ZG40Mn ZG40Mn2 ZG50Mn2 ZG20SiMn ZG35SiMn	<200	400 ~500	2	80	3	100	2 ~3	

续表

牌号	截面厚度 (mm)	装炉温度 (℃)	保温 (h)	加热 (℃/h)	保温 (h)	加热 (℃/h)	保温 (h)
ZG35SiMnMo							
ZG35CrMnSi							
ZG20MnMo	201~500	250~350	3	60	4	80	3~6
ZG5CrMnMo							
ZG40Cr							
ZG34CrNiMo							
ZG20CrMo							
ZG35CrMo	501~800	200~300	4	50	5	60	6~9
ZG42CrMo							
ZG50CrMo							
ZG65Mn							
ZG5CrMnMo	<500	250~300	2	40	2~4	70	2~5
	500~1000	≤200	4	30	5~8	50	5~10

表 9 - 15 铸造碳钢和合金铸钢正火后的回火工艺

温度(℃) 装炉 300~400 回火温度(表 9-12、表 9-13) 450

牌号	截面厚度 (mm)	保温 (h)	加热 (℃/h)	保温* (h)	冷却 (℃/h)	冷却 (℃/h)	出炉温度 (℃)
ZG200－400	＜200	—	80	2～3	停火关闸板炉冷	停火开闸板炉冷	450
ZG230－450	201～500	—	70	3～8			400
ZG270－500	501～800	2	60	8～12	停火关闸板炉冷	停火开闸板炉冷	350
	801～1200	3	40	12～18	50	30	300
	1201～1500	3	30	18～24	40	30	250
ZG40Mn							
ZG40Mn2							
ZG50Mn2	＜200	1	80	2～3	停火开闸板炉冷		350
ZG20SiMn							
ZG35SiMn							

续表

牌号	截面厚度 (mm)	保温 (h)	加热 (℃/h)	保温* (h)	冷却 (℃/h)	冷却 (℃/h)	出炉温度 (℃)
ZG35SiMnMo	201~500	2	70	3~8	50	30	350
ZG35CrMnSi							
ZG20MnMo							
ZG5CrMnMo							
ZG40Cr							
ZG34CrNiMo							
ZG20CrMo	501~800	3	60	8~12	50	30	300
ZG35CrMo							
ZG42CrMo							
ZG50CrMo							
ZG65Mn	<500	250~300	40	630~650	50	30	200
ZG5CrMnMo	500~1000	2	30	4~10	40	20	200

* 加热至正火或回火温度后，需目测铸件是否均温，均温后再开始计算保温时间。

3. 调质

退火或正火的铸钢件强度和韧性不足时，则采用调质处理。主要用于齿轮、齿圈等零件。铸钢件的调质有两种情况：一种是铸后直接调质，用温水（40~50℃）断续冷却，适用于ZG270-500、ZG310-570、ZG50Mn2等铸件。另一种是经过预备热处理（正火、回火或退火）后，再进行调质处理，适用于ZG35SiMnMo、ZG35CrMo等铸件。铸造碳钢淬火及不同温度回火后的硬度见表9-16，合金铸钢的淬火、回火温度见表9-17，部分合金铸钢淬火回火后的硬度见表9-18。合金铸钢也会产生回火脆性，因此，也需避免在400~550℃回火。工件铸造后的直接调质工艺（淬火）规范见表9-19，直接调质工艺（回火）规范见表9-20，经预备热处理后的淬火工艺见表9-21，铸钢件经预备热处理淬火、回火后的工艺见表9-22。

表9-16　铸造碳钢淬火及不同温度回火后的硬度

牌号	淬火温度（℃）	回火温度（℃）	回火后硬度（HBS）
ZG270-500	830~850（水淬）	300~400	364~444
		400~450	321~415
		510~550	240~286
		540~580	228~269
		580~640	192~228
ZG310-570	810~830（水淬）	550~630	220~240
		450	≈269
		550	≈248
		650	≈228

表 9 – 17 合金铸钢的淬火、回火温度

牌号	淬火温度（℃）	回火温度（℃）
ZG35Mn	850 ~ 860	600 ~ 650
ZG40Mn	840 ~ 860	540 ~ 590
ZG40Mn2	830 ~ 850	550 ~ 600
ZG50Mn2	810 ~ 830	530 ~ 600
ZG35SiMn	870 ~ 890	580 ~ 600
ZG35SiMnMo	880 ~ 920	550 ~ 650
ZG35CrSiMn	870 ~ 890	550 ~ 650
ZG5CrMnMo	840 ~ 860	600 ~ 650
ZG40Cr	840 ~ 860	590 ~ 620
ZG40CrNi	850 ~ 860	570 ~ 600
ZG34CrNiMo	840 ~ 860	600 ~ 650
ZG35CrMo	850 ~ 880	590 ~ 610
ZG42CrMo	840 ~ 860	560 ~ 600
ZG50CrMo	830 ~ 860	560 ~ 600
ZG65Mn	830 ~ 850	530 ~ 550
ZG40CrNiMo	860 ~ 880	600 ~ 650

表 9-18　部分合金铸钢淬火回火后的硬度

回火温度(℃) 硬度(HBS) 钢号	179~207	197~228	207~241	217~255	228~269	241~286
ZG40Mn	590±10	540±10				
ZG35CrMo ZG40Cr	630±10	620±10	610±10	600±10	590±10	
ZG35SiMn		590±10	580±10	570±10	560±10	
ZG50Mn2			610±10	600±10	590±10	580±10
ZG35CrMnSi				610±10	600±10	590±10

表 9-19　铸造后的直接调质工艺（淬火）规范

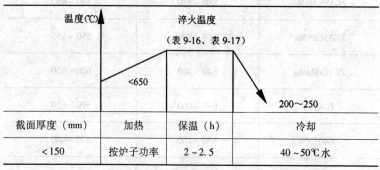

截面厚度（mm）	加热	保温（h）	冷却
<150	按炉子功率	2~2.5	40~50℃水

表 9-20　铸造后的直接调质工艺（回火）规范

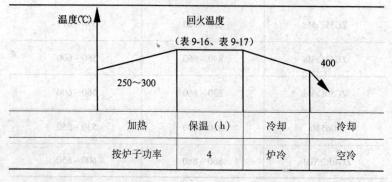

加热	保温（h）	冷却	冷却
按炉子功率	4	炉冷	空冷

表 9-21　铸钢件经预备热处理后淬火的工艺

温度（℃）　装炉温度　600~700　淬火温度（表 9-16、表 9-17）　冷却

牌号	截面厚度 (mm)	装炉温度 (℃)	保温 (h)	加热 (℃/h)	保温 (h)	加热 (℃/h)	保温 (h/100mm)
ZG200-400	≤300	<850	—	按炉子功率	—	按炉子功率	0.75
ZG230-450	301~500	<850	—	≤100	1~2	—	
ZG270-500	501~800	<650	1~2	≤80	2~4	—	
ZG310-570	≤300	<650	—	≤70	—	—	1
ZG340-640	301~500	<650	2	≤60	2	≤80	
ZG40Mn	501~800	<450	3	≤50	2~4	≤80	
ZG35SiMnMo							
ZG35CrMo							
ZG40Cr							
ZG50Mn2							
ZG35CrMnSi							

表 9 – 22　铸钢件经预备热处理淬火、回火后的工艺

牌号	截面厚度 （mm）	装炉温度 （℃）	保温 （h）	加热 （℃/h）	保温 （h/100mm）	冷却
ZG200 – 400 ZG230 – 450	≤300	<600	—	按炉子 功率	1.5	空冷
ZG270 – 500	301～500	<450	1	≤80		空冷
ZG310 – 570	501～800	<450	2	≤60		空冷
ZG340 – 640 ZG40Mn	≤300	<450	1	≤60		空冷
ZG35SiMnMo ZG35CrMo	301～500	<350	2	≤60	2	空冷
ZG40Cr ZG50Mn2 ZG35CrMnSi	501～800	<350	3	≤50		炉冷至 400℃ 空冷

注：（1）加热至淬火温度后，目测铸件是否均温，铸件均温后开始计算淬火保温时间。

（2）截面小于 100mm，形状简单的碳素铸钢件用水淬；形状复杂及截面大于 100mm 者，采用水淬油冷。

（3）合金钢铸件采用油冷。

（4）淬火表面终冷温度如下。对于碳素铸钢：截面厚度小于 250mm 时，表面终冷温度为 100～150℃；截面厚度为 250～450mm 时，表面终冷温度为 150～200℃；截面厚度大于 450mm 时，表面终冷温度为 200～500℃。对于合金铸钢：截面厚度小于 250mm 时，表面终冷温度为 150～200℃；截面厚度为 250～450mm 时，表面终冷温度为 200～250℃；截面厚度大于 450 mm 时，表面终冷温度为 200～500℃。

（5）冷却时间计算公式

油冷　$\tau = 9～12 \text{s/mm} \times \delta$；水冷　$\tau = 1.5～2 \text{s/mm} \times \delta$。

水淬油冷　水　$\tau = 9～12 \text{s/mm} \times \delta$；油　$\tau = 7～9 \text{s/mm} \times \delta$。

式中，τ 为冷却时间（s）；δ 为有效截面厚度（mm）。

五、不锈耐酸铸钢件的热处理制度及力学性能（表 9－23）

表 9－23　不锈耐酸铸钢件的热处理制度及力学性能

代号	热处理规范			力学性能（不小于）				
	类型	加热温度	冷却介质	σ_b (MPa)	σ_s (MPa)	δ (%)	ψ (%)	α_k (kgf·m/cm²)
101	退火 淬火 回火	950 1050 750	— 水 空气	549	392	20	50	8
102	退火 淬火 回火	950 1050 750～800	— 油 空气	617.8	411	16	40	6
201	退火	750～800	—	392	245	20	30	—
202	退火	800	—	392	—	—	—	—
203	退火	850	—	343	—	—	—	—
301	淬火	1050～1100	水	392	176.5	25	32	10
302	淬火	1080～1130	水	411	196	25	32	10
303	淬火	1050～1100	水	411	196	25	32	10
304	淬火	950～1050	水	411	196	25	32	10
305	淬火	950～1050	水	411	196	25	32	10
306	淬火	1100～1150	水	490	218.5	30	30	10
307	淬火	1100～1150	水	490	218.5	30	30	10
308	淬火	1100～1150	水	411	245	20	32	10
309	淬火	1100～1150	水	588	245	40	50	15
401	淬火	1150～1180	水	588	392	25	35	10
402	淬火	1100～1150	水	588	392	30	40	10
501	淬火 时效	1020～1100 485～570	水、空气 空气	980.7	785	5	10	HB≥337

第三节 具体铸钢件的热处理工艺

一、铰链梁的调质工艺

铰链梁材料为 ZG35CrMo；重量为 5200kg；技术条件为 HB217～269。

工艺曲线见图9-2。

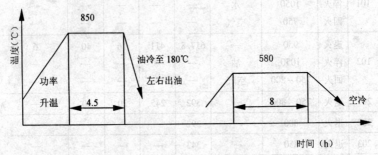

图9-2 铰链梁的调质工艺曲线

检验结果：HB254～266。

二、大齿轮调质工艺

材料为 ZG45；尺寸为 ϕ772mm×ϕ176mm×270mm，有效截面为 45mm；重量为 400kg；技术条件为 HB240～270。

热处理工艺曲线见图9-3。

检验结果：HB240～270。

三、右螺旋管粗加工后的调质工艺

右螺旋管材料为 ZG35CrMo；轮廓尺寸为 ϕ1606.5 mm/ϕ1474mm×1040mm；重量为 2180kg；技术条件为 HB241～286；工件应标识清晰，且无裂纹、重皮、砂眼等缺陷。装炉平放、垫

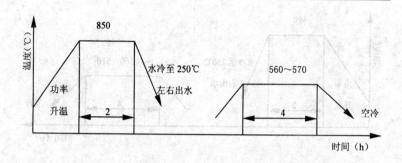

图9-3　大齿轮调质工艺曲线

实，加热要均匀。

热处理工艺曲线见图9-4。

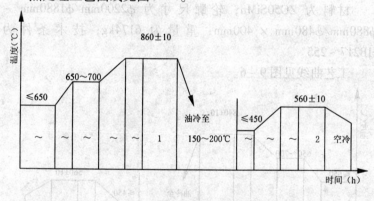

图9-4　右螺旋管热处理工艺曲线

四、左、右旋齿轮调质工艺

材料为 ZG45；尺寸为 φ523mm × φ120mm × 88mm，有效截面为 40mm；重量为 55kg；技术条件为 HB240 ~ 270。

工艺曲线见图9-5。

检验结果：HB240 ~ 270。

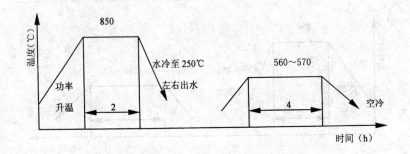

图 9-5 左、右旋齿轮调质工艺曲线

五、大齿轮粗加工后的调质工艺

材料为 ZG50SiMn，轮廓尺寸为 $\phi2200mm/\phi1880mm \sim \phi880mm/\phi480mm \times 400mm$；重量为 6174kg；技术条件为 HB217~255。

工艺曲线见图 9-6。

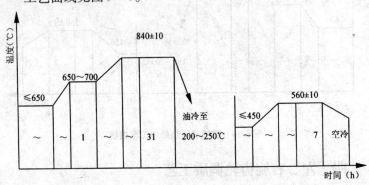

图 9-6 大齿轮粗加工后的调质工艺曲线

六、刹车毂调质工艺

材料为 ZG40CrMnMo；尺寸为 $\phi1120mm \times \phi1035mm \times 277$

mm；重量为 301kg；技术条件为 HB250~280。

工艺曲线见图 9-7。

检验结果：HB250~280。

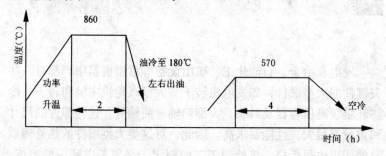

图 9-7 刹车毂调质工艺曲线

七、导向连杆粗加工后的调质工艺

导向连杆材料为 ZG20SiMn，轮廓尺寸为 1125mm × 500mm × 210mm；重量为 390kg；技术条件为 HB150~190。

工艺曲线见图 9-8。

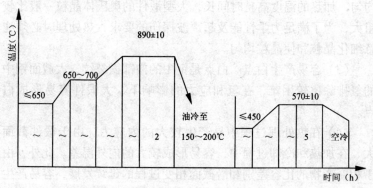

图 9-8 导向连杆粗加工后的调质工艺曲线

第十章 大型锻件热处理

发电、冶金、石油化工、矿山设备等重型机器中，都有一些关键性的大型锻件，如发电机转子、大型汽轮机主轴和转子、冷热轧辊、高压容器及封头、大型船轴、曲轴等。这些零件的尺寸和重量都很大，性能要求高。因此，对这类大型锻件的热处理质量的要求也很严格。热处理工艺的制定，必须考虑到钢的冶炼、浇注、锻造等工艺因素。大型锻件的热处理工艺与一般中小型锻件相比，有以下特点。

（1）锻件的化学成分与组织不均匀。大型钢锭中存在多种冶金缺陷，偏析、气体与夹杂比较严重，锻造后一些冶金缺陷将在锻件中保留下来，造成锻件的宏观与微观组织的不均匀性。

（2）锻件晶粒粗大和不均匀。由于锻造比不可能大，变形不均匀，加热的温度高且时间长，大型锻件的奥氏体晶粒一般比较粗大，为了满足力学性能及超声波探伤的要求，热处理时必须注意细化晶粒和使晶粒均匀。

（3）容易产生白点。白点是钢中的内部微裂纹，大截面钢中的氢排除比较困难，在氢和应力的影响下，大锻件容易形成白点。

（4）在热处理过程中易产生较大的内应力。由于锻件截面大，在加热和冷却过程中，容易形成较大的内外温差。此外，由于相变产物的比容差别和沿截面相变过程的延续发展，容易产生较大的热应力和组织应力，使得在热处理之后的大锻件中残留有较大的残余应力。由于某些钢所具有的回火脆性以及钢中的内部缺陷，在这些应力作用下易于发生开裂。所以，大锻件的加热和冷却必须格外谨慎。

大型锻件锻造后的毛坯热处理和在锻造过程中进行的中间热处理，一般称锻后热处理、第一热处理或预备处理。锻件在粗加工后，为保证获得必要的力学性能而进行的调质热处理，称最终热处理或第二热处理。

第一节　大型锻件的锻后热处理

大型锻件的锻后热处理，又称第一热处理或预备热处理，通常是在锻造过程完成之后进行的。其主要目的如下。

（1）消除锻造应力，降低锻件的表面硬度，提高其切削加工性能，这是锻后热处理最直接和最初级的目的。

（2）对于不再进行最终热处理（或产品热处理）的工件，通过锻后热处理还应使锻件达到产品技术条件所要求的各种性能指标。这类工件大多属于由碳钢或低合金钢制成的锻件。

（3）调整与改善大型锻件在锻造过程中所形成的过热与粗大组织，降低大型锻件内部化学成分与金相组织的不均匀性，细化钢的奥氏体晶粒；提高锻件的超声波探伤性能，消除草状波，使得锻件中的各种内部缺陷都能够较清晰地显示出来，以杜绝不合格锻件向下道工序的转移。

（4）对于各类重要大型锻件来说，在制定锻后热处理工艺时，首先必须考虑的是防止和消除白点。为保证锻件中不出现白点缺陷所必须的去氢退火时间，在锻后热处理工艺过程中应给予安排。这是在制定大型锻件锻后热处理工艺时最为重要和必须首先解决的问题，以免因出现白点而使锻件报废。

锻造过程中的中间退火，能使钢中的硫化物夹杂球形化及分散化，对改善大型锻件的横向性能（主要是冲击韧性）是有利的。

一、锻件中的白点与氢脆

白点是钢中的内部微裂纹，在浸蚀后的横向试片上，可以观察到不同长度的裂纹。若从与裂纹垂直的方向折断，在断口上能看到呈银白色的圆形或椭圆形的斑点。

白点的存在使钢的力学性能，特别是横向的塑性与韧性显著降低，严重影响零件的使用性能和寿命，所以，发现白点的锻件必须报废。

白点是钢中的氢与应力联合作用产生的。锻件在锻后冷却较快时，由于热应力、组织应力以及分子氢压力的作用，在较低温度下，当钢的塑性降低时形成白点。形成白点的温度范围与钢中的含氢量、合金成分以及锻件的冷却速度有关，约为200℃到室温。在高合金钢中，奥氏体在较低的温度下转变，如含氢量适中，白点形成的温度可能降低到室温，或在室温下长期放置时才形成白点。

减少钢中的含氢量主要通过两种途径，一是对钢液进行真空处理或采用真空浇铸的方法；二是通过锻后热处理（退火或正火）使钢中的氢扩散出来。

不同钢种的锻件对白点的敏感程度不同。影响锻件白点敏感性的因素主要是钢中的含氢量和钢的化学成分。钢中的含氢量越高，白点敏感性越大。钢中的氢可以呈原子状态、分子状态或化合物状态存在，对形成白点有决定作用的是原子氢。所以，要防止产生白点，必须降低钢中氢的含量。

含碳量小于0.30%的低碳钢的白点敏感性极低。随着含碳量的增加，钢的白点敏感性增加。镍与锰增加结构钢的白点敏感性。含铬量增加（在4%以下）能提高钢的白点敏感性。钨在2%以下对钢的白点敏感性无影响。钼可降低铬钢或铬镍钢的白点敏感性。钒、钛、铌也有降低钢的白点敏感性的作用。锻件锻后冷却速度越快，白点敏感性越大。

根据对白点的敏感性，可将钢种分为：

（1）不产生白点的钢：如奥氏体钢、铁素体钢、奥氏体 - 铁素体钢、莱氏体钢。一般正常生产条件下的、含碳量小于0.30%、含锰量小于0.6%的碳素钢也不会形成白点；

（2）对白点敏感的钢：珠光体钢白点敏感性较小，马氏体 - 珠光体钢白点敏感性较大，马氏体钢白点敏感性最大。

按照白点敏感性的大小，可将生产中常用的钢号分为以下四组。

第一组（Ⅰ）：15、20、35、40、45、50、55、40Mn、50Mn 等。

第二组（Ⅱ）：15CrMo、20CrMo、20Cr、35CrMo、40Cr、40CrMo、50Cr、34CrMoAl 等。

第三组（Ⅲ）：24CrMoV、34CrNiMo、35CrNiW、27SiMnMoV、5CrNiMo、5CrNiW、60CrMnMo 等。

第四组（Ⅳ）：34CrNi2Mo、34CrNi3Mo、20Cr2Ni4MoA、18Cr2Ni4W、18CrNiW 等。

在冷却过程中，锻件表面的氢容易扩散逸出，心部的氢则不易排出，所以，锻件截面越大，越容易产生白点。随着锻件截面的增大，钢的偏析程度也越严重，更易促使白点的形成。此外，锻件的表面积越大，氢的析出越容易，所以，空心锻件比实心锻件的白点敏感性小。

二、锻后热处理（第一热处理）

锻件锻完后，根据其截面尺寸、钢种对白点的敏感性、钢中原始含氧量以及第一热处理后有无力学性能要求等，分别采取在空气中自然冷却、在坑中缓慢冷却或按一定的工艺规范进行锻后热处理。

1. 制定锻后热处理工艺的原则

根据钢的奥氏体等温转变曲线，制定钢的锻后处理工艺。根据不同钢种的奥氏体等温转变曲线的特征，可使钢处在氢的溶解度小而扩散速度较大的组织状态下施行扩散去氢处理。碳钢和低合金结构钢的 C 曲线只有一个"鼻子"，为了使奥氏体能在最短的时间内转变为珠光体，可在曲线上"鼻子"附近的温度保温去氢。对 C 曲线上有两个"鼻子"的钢，在珠光体转变区奥氏体很稳定，需要长时间保温，才能使奥氏体完全转变为珠光体，而在贝氏体转变区，奥氏体能较快地发生转变。使奥氏体过冷到 280~300℃，可排除锻件表面的一部分氢，更主要的是可促使锻件表面和心部发生贝氏体转变。此后升高到 α 相存在的最高温度，以便提高氢在 α 相中的扩散能力，有利于氢的析出。

对于高合金钢，采取一次重结晶加热是十分必要的。不同截面的锻造温度变化很大，变形程度也不一致，还可能有局部过热现象，使锻件中产生粗晶组织和较大锻造残余应力。由于锻件各部分晶粒大小不一致，过冷奥氏体的稳定性也不一样，所以，当过冷到 260~320℃ 时，各部分奥氏体转变不一致，导致较大的组织应力。这个组织应力和锻造残余应力以及氢析出过程中产生的应力，其综合作用就可能导致形成白点。重结晶加热可以减小锻件的残余应力，细化晶粒，减小过冷奥氏体的稳定性，使氢在整个截面上分布均匀，促使过冷奥氏体迅速转变，因而也可以降低锻件对白点的敏感性。

需要采取重结晶加热的锻件有：

（1）无力学性能要求，但截面尺寸较大的锻件和要求力学性能的碳钢锻件；

（2）要求调质处理的重要碳钢锻件，如曲轴、电机轴等，要求调质处理的 40Cr、35CrMo 钢等重要锻件，以及截面尺寸 ≥300mm 的低合金钢锻件和其他合金结构钢锻件；

（3）含碳量高的工具钢、轴承钢、轧辊钢，需要结合球化处理工艺进行重结晶加热的锻件；

（4）要求表面淬火、不需调质处理的碳钢锻件；

（5）需要进行电渣焊接的锻件；

（6）有过热情况的锻件。

2. 锻后热处理工艺

（1）保温及过冷。通常锻件趁热装入热处理炉中，在500~700℃范围内待料，待料温度应选在过冷奥氏体分解最快的温度。如待料温度不能保证奥氏体分解，待料后将进行一次过冷。保温及过冷过程中，使锻件尽快充分地分解成铁素体与碳化物的混合组织，有利于氢的脱溶与扩散，同时有利于晶粒的调整与细化，为随后的重结晶作组织准备。

碳钢和低合金钢的过冷温度多选用550~600℃，为了使锻件心部也能较快地过冷到奥氏体分解最快的温度，也常采用400~450℃的过冷温度。高合金钢锻件的过冷温度一般选在马氏体转变点附近（300~350℃）。

（2）重结晶。重结晶的目的是改善锻件的组织均匀性，细化晶粒。对于多数碳钢锻件和部分低合金钢锻件，锻后热处理就是最热终处理，因此，在锻后热处理中均需安排一次正火和回火，以使其获得必要的组织与性能。对于合金元素较多、性能要求较高的锻件，尽管还要进行最终热处理，锻后也要进行一次甚至多次重结晶，以便改善锻件的组织和性能，为最终热处理做好组织准备和提高锻件的超声波探伤性能。

重结晶时，锻件的正火或退火温度一般选取 Ac_1 + （40~80℃）。对于尺寸较大或合金元素较多的锻件，加热时可在650℃左右进行一次保温，以减小锻件的内外温差和内应力。正火后进行一次过冷，过冷温度应保证奥氏体能够较快和完全分解。第Ⅰ组钢的过冷温度为400~500℃，第Ⅱ组为350~400℃，第Ⅲ和第Ⅳ组为280~320℃。

（3）等温。等温扩氢温度一般略低于 A_1 点（580~660℃）。等温时间要保证锻件中的氢降至极限含氢量以下并使其分布均匀，以免除白点、氢脆的危害。因等温温度与高温回火温度相近，故有时将它们列在一起。Ⅰ、Ⅱ组钢典型的锻后热处理工艺见表 10 - 1，Ⅲ、Ⅳ组钢典型的锻后热处理工艺见表 10 - 2。

表 10 - 1　Ⅰ、Ⅱ组钢典型的锻后热处理工艺

钢组	截面(mm)	待料	保温(h)	升温(℃/h)	均温	保温(h)	冷却	保温(h)	升温(℃/h)	均温	保温(h)	冷却(℃/h)	冷却(℃/h)	出炉温度(℃)
Ⅰ	<250	—	1	按功率	—	1~2	空冷至 350~400℃	2	按功率	—	8~12	空	空	
	251~500	—	2		—	2~4		5		—	12~20	空	空	
	501~800	—	3		—	5~7		10		—	20~32	≤50	≤30	350
	801~1000	—	4		—	8~10		15		—	32~40	≤50	≤30	300
	1001~1300	—	5		—	11~14		20		—	40~60	≤40	≤20	250
Ⅱ	<250	—	2	按功率	—	1~2	空冷至 300~350℃	2	按功率	—	10~15	≤60	—	400
	251~500	—	3~5		—	2~4		5		—	15~30	≤50	≤30	350
	501~800	—	5~7		—	5~7		10		—	30~48	≤50	≤30	300
	801~1000	—	7~10		—	8~10		15		—	50~60	≤40	≤20	250
	1001~1300	—	10~13		—	11~14		20		—	70~90	≤30	≤15	200

表 10 - 2　III、IV组钢典型的锻后热处理工艺

温度(℃)　500~600　300~350　670±20　正火温度　280~320　620~650　时间(h)

钢组	截面(mm)	待料(h)	保温(h)	冷却	保温(h)	加热(℃/h)	保温(h)	升温(℃/h)	均温	保温(h)	冷却	保温(h)	升温(℃/h)	均温	保温(h)	冷却(℃/h)	冷却(℃/h)	出炉温度(≤℃)
III	<300	2		炉冷	2	—	—	功率		2~3	空冷至300~350℃	4	功率		25	炉冷	炉冷	250
III	301~500	3~4		炉冷	4~6	≤80	3	≤100		3~5	空冷至300~350℃	6~10	≤80		30~40	≤40	≤20	200
III	501~700	4~5		炉冷	6~9	≤70	4	≤80		5~7	空冷至300~350℃	10~16	≤60		50~70	≤30	≤15	150
III	701~1000	5~6		炉冷	9~12	≤60	5	≤70		7~10	空冷至300~350℃	16~25	≤50		80~110	≤20	≤10	120
IV	<300	2		炉冷	2	—	—	功率		2~3	空冷至300~350℃	4	功率		27	炉冷	炉冷	≤250
IV	301~500	3~4		炉冷	4~6	≤80	3	≤100		3~5	空冷至300~350℃	6~10	≤80		27~35	≤40	≤20	≤250
IV	501~700	4~5		炉冷	6~9	≤70	4	≤80		5~7	空冷至300~350℃	10~16	≤60		45~63	≤30	≤15	≤200
IV	701~1000	5~6		炉冷	9~12	≤60	5	≤70		7~10	空冷至300~350℃	16~25	≤50		63~90	≤20	≤10	≤150

第二节　大型锻件的最终热处理（第二热处理）

　　大型锻件经粗加工后进行最终热处理，采用淬火或正火及随后高温回火等热处理工艺，其目的是获得所要求的组织和性能。

一、大型锻件淬火、正火时的加热

1. 加热温度

为使大锻件负偏析区达到淬火或正火温度，以适应由偏析引起各部位不同的转变特性，大锻件的淬火或正火温度应比小件稍高。大锻件淬火、正火温度应取规定温度的上限，而对于碳偏析比较严重的大型锻件，可根据上下端不同的含碳量，采用不同的淬火或正火加热温度。常用大锻件用钢的正火加热温度见表10-3，淬火加热温度见表10-4。

表10-3　大锻件用钢的正火（退火）、高温回火温度

钢号	正火或退火温度（℃）		高温回火温度（℃）	
	单独生产	配炉	单独去氢	考虑性能
15	900~920	880~920	620~660	580~660
25	870~890	870~900	620~660	580~660
35	860~880	850~870	620~660	580~660
45	830~860	820~850	620~660	580~660
55	810~830	810~840	820~660	580~660
40Mn	840~860	—	580~620	560~640
50Mn	820~840	—	580~620	560~640
20SiMn	910~930	900~930	630~660	560~660
35SiMn	880~900	880~920	630~660	560~660
35SiMnMo	880~900	880~920	630~660	560~660
60SiMnMo	820~840	810~840	630~660	—
37SiMn2MoV	880~900	880~920	630~660	560~660
20MnMo	880~900	870~900	630~660	560~660
18MnMNb	920~940	900~950	640~660	—
42MnMoV	870~890	870~900	640~670	—
30CrMnSi	880~900	870~920	630~660	560~600
18CrMnTi	880~900	—	620~660	—
15CrMo	900~920	890~920	630~660	560~660
20CrMo	890~910	880~910	630~660	560~660

钢号	正火或退火温度（℃）		高温回火温度（℃）	
	单独生产	配炉	单独去氢	考虑性能
30CrMo	870～890	850～900	630～660	560～600
34CrMo1A	860～880	850～900	630～660	560～660
35CrMo	880～900	—	630～660	560～660
42CrMo	850～870	—	640～660	—
18CrMnMoB	880～900		680～710	
20Cr2Mn2MA	870～890	—	—	—
60CrMnMo	830～850	820～860	630～660	
24CrMoV	880～900	870～920	630～660	
30Cr2MoV	940～960	—	690～720	
35CrMoVA	710～920	—	630～660	
20Cr	880～900	870～920	630～660	560～660
40Cr	850～870	840～880	630～660	560～660
55Cr	820～840	820～850	630～660	—
34CrNiMo	860～880	850～920	630～660	560～660
34CrNi2Mo	860～880	850～920	630～660	560～660
34CrNi3Mo	860～880	850～920	630～660	560～660
18Cr2Ni4WA	700～920	890～920	630～660	
20Cr2Ni4A	870～890		610～650	
35CrNiW	860～880	850～900	630～660	560～660
6CrW2Si	780～800（退火）	—	—	—
5CrMnMo	840～860	830～860	620～660	—
5CrNiMo	840～860	830～860	620～660	
5CrNiW	840～860	830～860	620～660	
5CrSiMnMoV	870～890	—	640～660	
2Cr13	1000～1050	—	—	
3Cr13	1000～1050	—	—	
GCr15	790～810（退火）	—	—	
GCr15SiMn	790～810（退火）	—	—	—
Cr5Mo	1000～1050	1000～1050	—	730～750

表 10 - 4　淬火加热温度

钢号	温度（℃）	钢号	温度（℃）	钢号	温度（℃）
		35CrMnSi	850~870	34CrNi2Mo	850~870
25	850~880	18CrMnTi	800~870	34CrNi3Mo	850~870
35	850~870	15CrMo	890~910	18Cr2Ni4WA	890~910
45	830~850	20CrMo	880~900	20Cr2Ni4A	870~890
					800~820
55	800~830	30CrMo	860~880	30Cr2Ni2Mo	860~880
50Mn	800~820	34CrMo1A	850~870	35CrNiW	850~870
60Mn	800~820	35CrMo	850~870	45CrNiMoV	850~870
65Mn	800~820	42CrMo	840~860	9Cr2	840~860
35Mn2	800~850	18CrMnMoB	870~890	9Cr2W	860~880
45Mn2	810~840	20Cr2Mn2MoA	870~890	9SiCr	840~860
			800~820		
50Mn2	810~840	34Cr3WMoV	850~860	4CrW2Si	910~930
20SiMn	880~900	30CrMn2MoB	870~890	6CrW2Si	850~900
35SiMn	860~880	32Cr2MnMo	870~890	Cr12MoV	1020~1040
					1130~1150
42SiMn	840~860	35CrMnMo	850~870	5CrMnMo	830~860
50SiMn	820~840	38CrMnNi	850~870	5CrNiMo	830~860
55Si2Mn	860~880	40CrMnMo	850~870	5CrNiW	830~860
60Si2MnA	850~870	60CrMnMo	830~850	5CrSiMnMoV	850~870
70Si3MnA	850~870			5SiMn2W	860~890
35SiMnMo	870~890	24CrMoV	870~890	3Cr2W8	1040~1060
42SiMnMo	850~870	30CrMoV9	850~870	3Cr2W8V	1040~1060
60SiMnMo	830~850	30Cr2MoV	840~850	4CrWMo	850~870
37SiMn2MoV	850~870	35CrMoVA	890~910	4SiMnMoV	900~920
42SiMnMoV	860~880	60CrMoV	840~860	2Cr13	980~1000
55Si2MnV	850~870	20Cr	800~820	3Cr13	1000~1050
20MnMo	890~910	40Cr	840~860	GCr15	820~860
18MnMoNb	910~930	55Cr	820~840	GCr15SiMn	820~840
32MnMoVB	850~870	40CrNi	840~860	1Cr18Ni9Ti	1100~1150
42MnMoV	860~880	45CrNi	830~850	Cr5Mo	1000~1050
24CrMnN	870~890				
30CrMnSi	850~870	34CrNiMo	850~870		

2. 加热方式

大型锻件加热时，应避免产生过大的温差热应力，锻件表面与中心的最大温差很高，且出现最大温差时工件心部温度可低于200℃，钢仍处于冷硬状态，易因巨大的温度应力而产生内部裂纹。在热应力作用下，一些原有的钢材内部缺陷，如小裂纹、夹杂及疏松等会进一步扩大。因此，大锻件加热时，为避免过大的热应力，应控制装炉温度和加热速度。一般规定炉温小于450℃时装炉。截面大、合金元素含量高的重要锻件，多采用阶梯式加热，可显著减小锻件表面和心部的最大温差，降低开裂的危险。即在低温装炉后按规定速度加热，并在升温过程中进行一次或两次中间保温，一般在600~650℃保温一定时间，当锻件尺寸很大时，可在400℃左右等温一段时间。有些锻件也采用控制较低的加热速度而不进行中间保温的。只有一些截面较小、形状简单、处理前残余应力较小的碳钢及低合金结构钢锻件，才允许高温装炉，不限制加热速度，或在低温装炉后按加热炉最大功率升温。

3. 升温速度

锻件在低温下加热时，升温速度要控制在30~70℃/h。经中间保温后，整个截面上塑性较好，升温速度可以稍快一些，一般取50~100℃/h。

4. 均温与保温

当加热炉主要测温仪表（一般台车式炉指炉顶测温仪表，井式炉指各段炉壁仪表）指示炉温达到规定温度时，即为均温开始，至目测工件火色均匀并与炉墙颜色一致时为均温终了。

为使工件心部达到淬火或正火温度，完成奥氏体转变并使其均匀化，工件均温后需进行保温。保温时间根据工件的有效截面确定。对碳素结构钢与低合金结构钢锻件，保温时间按0.6~0.8h/100mm计算；对中高合金钢锻件，按0.8~1h/100mm计算。各种形状锻件有效截面计算方式见表10-5。

表 10 – 5　各种形状锻件有效截面计算方法

锻件形状	尺寸关系	有效截面
	$d < D$	d_1
	(1) $H < B \leqslant 1.5H$ (2) $1.5H < B \leqslant 3H$ (3) $B > 3H$	(1) H (2) $(1 \sim 1.5)H$ (3) $1.5H$
	$3H < D$	$1.5H$
	(1) $1.5H < D \leqslant 3H$ (2) $H < D \leqslant 1.5H$	(1) $(1 \sim 1.5)H$ (2) H
	(1) $d > B$ (2) $d < B$	(1) $1.5B$ (2) $(1.5 \sim 2)B$
	(1) $d < B \begin{cases} B < H < 1.5B \\ 1.5B < H \end{cases}$ (2) $d > B \begin{cases} B < H < 1.5B \\ 1.5B < H \end{cases}$	(1) $\begin{cases} (1 \sim 1.5)B \\ (1.5 \sim 2)B \end{cases}$ (2) $\begin{cases} B \\ (1 \sim 1.5)B \end{cases}$
	(1) $H < B \leqslant 1.5H$ (2) $B \geqslant 1.5H$	(1) $(1 \sim 1.5)H$ (2) $1.5H$
	$D < L$	D
	$D < L$	D
	$d < L < D$ $L < d < D$	L d

二、大型锻件淬火、正火时的冷却

大锻件的淬火应得到较深的淬硬层和均匀的力学性能，这样才能充分发挥材料的性能潜力，又不致产生过大的内应力，避免原有缺陷扩大。

高合金钢大型锻件的冷却速度要保证使心部奥氏体能过冷到贝氏体转变终了点（Mz）与马氏体转变开始点（Ms）之间的温度，并使锻件心部充分转变为下贝氏体组织（要求高温力学性能者除外）。这个过冷温度一般在 200~350℃，对中合金钢，心部一般可冷却至 300~400℃。

按照锻件的冷却曲线和所用钢材的过冷奥氏体连续冷却转变曲线综合分析，可获得锻件尺寸、冷却速度、冷却时间、终冷温度以及转变产物与性能之间关系的完整概念。

对于大型碳钢及低合金钢锻件，要求冷却后获得下贝氏体有时也有困难，为了不致影响锻件的性能，应使心部奥氏体过冷到防止出现粗大珠光体和铁素体组织的温度。一般低合金钢心部冷至 450℃左右，碳钢冷至 550℃左右。

1. 冷却方式

大锻件常用的冷却方式有静止空气冷却、鼓风冷却、喷雾冷却、油冷、水冷、喷水冷却等。为调节整个冷却过程中的冷却速度，在实际生产中还采用水淬油冷、空气—油冷却（延迟淬火）、水—空气及油—空气—油（间歇冷却）等各种冷却方式。这些冷却方式并不能完全满足大锻件冷却的要求，还有待于寻求新的冷却介质和冷却方式。对形状复杂、截面变化较大的工件，为使冷却均匀和减小淬火应力，有时采用工件在炉内稍降低温度后再出炉淬火的方法。

（1）水冷。水冷工件经高温回火后的强度、塑性、韧性和脆性转变温度等力学性能都比油冷好（特别是心部性能）。因此，在不引起缺陷扩大的前提下，应采用水冷。但是，这时工件截面上的最大温差可达 750 ~ 800℃，如锻件冶金质量不好，巨大的热应力容易产生裂纹甚至开裂。

判断锻件淬火时能否采用水冷，可通过计算锻件的碳当量来确定。碳当量（RE）可通过下式来计算：

$$RE = w（C）\% + \frac{w（Mn）\%}{20} + \frac{w（Ni）\%}{15} +$$

$$\frac{w（Cr）\% + w（Mo）\% + w（V）\%}{10}$$

当锻件中正偏析区的碳当量 RE≤0.75%，正偏析区的含碳质量分数≤0.31%时，可以采用水淬；当锻件中正偏析区的碳当量 RE≥0.88%，正偏析区的含碳质量分数≥0.36%时，一般禁止水淬；中间区域也可采用水淬，但要特别小心。

（2）油冷。锻件油冷的截面温差比水冷小，一般不超过500℃。若采用空气—油冷却（延迟淬火），则截面温差更小，可显著降低锻件产生裂纹的倾向。

（3）空冷。空冷或鼓风冷的冷却能力比水冷、油冷小得多，故在一定程度内可避免锻件内部缺陷的进一步扩大，但空冷时锻件的性能潜力不能充分发挥。

（4）间歇冷却。水—空气—水、油—空气—油间歇冷却方式，可使心部热量向外层传递，以减小锻件截面上的温差，使冷却比较均匀，降低淬火应力。如直径为 870mm 的 34CrMoA 钢转子锻件 900℃ 左右出炉后，在空气中预冷 12min 后，随即在水中2min、空冷 3min，再交替冷却 35min 后空冷。

当采用油—空气间歇冷却时，第一次的油冷时间必须保证工件从油中提出时不致引起着火。第一次油冷的时间过短和在空气中停留时间过长，都会降低淬火效果。

（5）喷雾、喷水冷却。喷雾冷却是利用压缩空气或鼓风机与压力水的共同作用，使水成细雾状向工件表面喷射的冷却方法。喷水冷却是用高压水直接喷射成细水滴状向工件表面喷射的冷却方法。在喷射冷却时，工件要加以旋转，以使冷却均匀。这种冷却方式的优点是在冷却过程中可以改变风量、水量及水压，以达到调节冷却速度的效果，使在不同冷却阶段得到不同的冷却速度。对有阶梯的工件，在不同截面部位上还可以调节得到不同的冷却能力以达到相同的冷却速度。喷水冷却的冷却能力很强，高压水还可以猛烈冲刷工件加热时表面形成的氧化皮。

2. 冷却时间的确定

冷却时间是指工件在冷却介质中停留的时间。在此时间内使工件表面和心部冷却到规定的温度，以达到预期的性能。冷却时间过短，会达不到要求的性能，而冷却时间过长、终冷温度过低，会增大淬裂的危险性。所以，确定适当的冷却时间及终冷温度，是大锻件热处理工艺中的一个重要问题。

生产中的淬火冷却主要是控制冷却时间，而工件表面的终冷温度仅作为参考。冷却时间一般根据实测的各种冷却曲线，通过理论计算以及长期生产经验来确定。必须注意，即使相同截面的工件，在相同的冷却介质及冷却时间内冷却，也会由于冷却设备容量、冷却介质的温度、介质循环条件及工件在介质中的移动方式等情况的不同，造成工件心部温度的显著差别。所以，在规定冷却时间的同时，还要严格控制冷却条件。

由于工件形状、材质不同，生产条件的差异，在制定具体冷却工艺时，应结合生产实际来确定。也可采用下式来估计冷却时间：

$$\tau = \alpha \times D$$

式中，τ 为冷却时间（s）；

α 为系数（s/mm）；

D 为工件有效截面（mm）。

油冷时，$\alpha = 9 \sim 13$（s/mm）；水冷时，$\alpha = 1.5 \sim 2$（s/mm）；水淬油冷时，水淬，$\alpha = 0.8 \sim 1$（s/mm），油冷，$\alpha = 7 \sim 9$（s/mm）。

工件正火时，一般规定表面终冷温度为：碳素结构钢、低合金结构钢不高于 250～400℃；高、中合金结构钢模具钢不高于 200～350℃。具体冷却工艺可参考表 10-6。

表 10-6 具体冷却工艺举例

冷却 \ 截面/mm		<100	101~250	251~400	401~600	601~800	801~1000
油冷	淬火介质	油	油	油	油	油	油
	冷却时间（min）	20	20~50	45~80	70~120	110~160	150~220
水淬油冷	淬火介质	水　油	水　油	水　油	水　油		
	冷却时间（min）	1~2　5~15	1~3　15~30	2~5　25~60	3~6　50~100		
水冷	淬火介质	水	水	水			
	冷却时间（min）	1~3	3~10	10~16			
间歇冷却	淬火介质		水　空　水	水　空　水		油　空　油	油　空　油
	冷却时间（min）		1~3　2~3　3~6	4~8　3~5　6~8		80~100　5~10　30~60	100~140　10~15　50~80

注：（1）碳钢及低合金钢冷却时间采用下限，中合金钢采用上限。

（2）截面 401~600mm"水-油"冷却仅适用于碳素结构钢及低合金结构钢。

（3）工件装在垫板上淬冷时，应适当延长冷却时间。

（4）淬冷前油温不大于 80℃，水温为 15~35℃。

三、大型锻件的回火

大锻件回火的目的是消除或降低工件淬火或正火冷却时产生的内应力，得到稳定的回火组织，以满足综合性能要求。在回火过程中还可继续去氢和使氢分布均匀，有利于降低或去除氢脆的影响，消除氢脆现象。大锻件淬火后，由于内应力很大，故应及时回火。一般规定间隔时间如下。

（1）碳素结构钢、低合金结构钢锻件直径不大于 700mm 者，小于 3h；直径大于 700mm 者小于 2h。

（2）中、高合金结构钢，不超过 2h。

（3）水淬、水淬油冷工件，模具钢、轧辊钢及其他重要锻件，均应立即回火。

1. 回火加热与冷却

（1）回火加热。

①入炉温度及保温时间。高合金钢大锻件淬火终了时，其心部尚有未充分转变的过冷奥氏体，在回火入炉温度下保温时，表面温度升高，而心部温度则继续降低，使心部未转变的过冷奥氏体继续分解。在回火入炉的低温下长时间保温，实际上是心部继续冷却的阶段。所以，回火入炉温度应根据钢的 C 曲线来确定，一般选择在 Ms 点附近，保温时间应使过冷奥氏体得到充分的转变。对于碳钢和低合金钢锻件，在淬火冷却过程中，过冷奥氏体转变已基本完成，故回火入炉保温只是为了减少锻件内外温差，以降低内应力，回火时的入炉温度一般选择在 350～400℃。

②升温、均温和回火保温。回火加热时所产生的热应力与淬火后的残余应力叠加，可能使工件中的缺陷扩大，所以，回火加热速度应比淬火加热速度低一些，大锻件回火时的升温速度一般控制在 30～100℃/h。

高温回火时，升温到仪表指示的回火温度后即为均温开始，当锻件表面火色均匀且与炉膛颜色一致时即为均温终了。低温回火则根据实际经验，选择足够长的回火时间。均温结束即开始保温。实际上，保温过程中，心部继续升温到回火温度，并完成回火转变过程。淬火后的回火保温时间可选 2h/100mm 左右，而正火后的回火约为 1.5h/100mm。

（2）回火后冷却。大锻件从回火温度快冷，会引起大的残余应力。对回火脆性敏感的钢，回火后缓冷将显著降低其冲击韧性，因此，应尽量降低在高温阶段的冷却速度，回火后的冷却速度应根据不同钢种加以控制。

大型锻件经回火后快速冷却时，其表面与心部的温差造成的应力是影响残余应力值的主要因素。为减小残余应力，应尽量降低工件在此温度区域的冷却速度。为了缩短回火冷却时间，提高生产效率，锻件在弹－塑性转变温度（碳钢和低合金钢为 400 ～ 450℃，合金钢为 450 ～ 550℃）以下区域的冷却速度可相对地快些。为了更有效地降低残余应力，可采用在 400 ～ 450℃ 或 500 ～ 600℃ 等温保温的方法，以减少工件截面上的温差。

回火后在低温范围的冷却速度可稍大些，因此，某些截面较大的锻件冷至 400℃ 以后，允许出炉空冷。

用对回火脆性敏感的钢材制造大型锻件时，为消除回火脆性，得到较高的冲击韧性，需从回火温度快冷，但这将引起大的残余应力。在不引起回火脆性的温度下（450℃）再进行补充回火，可使残余应力降低 50% 左右。为了保证冲击韧性符合要求而残余应力又较小，大锻件应采用对回火脆性不敏感的碳钢或添加钼或钨的合金钢来制造，并尽量降低钢中磷和锡等杂质的含量。

采用合金化的方法来消除大锻件用钢的第二类回火脆性，是有局限性的。钼有向钢锭偏析带集聚的趋势，容易形成偏析。当钢水含钼量为 0.5% 时，钼的偏析倍数可以 1.5 ～ 3.5 估计，则偏析带中钼的含量可高达 1%，因此，会引起偏析带的脆性。在偏析带内，磷、锡等元素的集聚，会加剧偏析带的脆化。

2. 回火温度的选择

由于结晶特点，大型钢锭的冒口端比底部含碳量高。为了使钢锭底部获得最低要求的屈服强度值，应选用较低的回火温度。但是，这又会降低冒口端心部的断裂韧性。因此，为使大锻件回火后得到比较均匀的力学性能，根据具体的含碳量，分段采用相应的回火温度是十分必要的。

大锻件的回火温度应根据锻件性能、组织、每个锻件的具体情况和实际生产经验来确定。必须指出，由于各厂的实际生产条件不同，同一钢号锻件的回火温度也是会有所差别的。表 10 – 7 是各种大锻件用钢的表面硬度与回火温度的关系，可作为选择回火温度的依据。

表 10 – 7　各种大锻件用钢的表面硬度与回火温度的关系

回火温度(℃)／钢号	HB 160~220	HB 180~220	HB 197~241	HB 217~255	HB 229~269	HB 241~285	HB 269~302	HB 280~320	HB 320~340	HS 50~70	HS 60~80	HS ≥75
35	640	570	510①									
45		590	550~590①	530~560①	530①	510①						
55				590	570							
65Mn							540					
40Cr			590	560~610①	530~590①	510~560①	540①					
55Cr					600	570						
35SiMn				580								
20CrMo	660											
20CrMo9		650										
34CrMo1		670	640	620	590	550~620①	520					
35CrMo		660	610	580	560	530~580①	560①					
24CrMo10		680										
40CrNi		660	570									
35CrMnMo				610	580							
40CrMnMo				620	600	570						
60CrMnMo			650③		630				570			
32Cr2MnMo						610	590	580				
30CrMnSi				610	580							
34CrNiMo				630								
34CrNi2Mo					620							

续表

回火温度(℃)／钢号＼硬度	HB 160~220	HB 180~220	HB 197~241	HB 217~255	HB 229~269	HB 241~285	HB 269~302	HB 280~320	HB 320~340	HS 50~70	HS 60~80	HS ≥75
34CrNi3Mo				630④	620	590	560	550	530			
30Cr2Ni2Mo				640		590~620②	600	560②				
30Cr2Ni3Mo					640②							
24CrMoV						660						
35CrMoV					590	560						
30CrMoV9						620						
30Cr2MoV				690④		680						
35CrNiW				630	600	580~630①						
18MnMoNb					610							
18CrMnMoB						580						
30CrMn2MoB							580					
50SiMnMoB						630						
9Cr2								640				320①
9CrV							590③	560③			350①	
9Cr2W				690							350①	
9Cr2Mo										390	320	
5CrMnMo						640		560				
5CrNiMo						570					460	
6CrW2Si					670							
2Cr13					630	600						
3Cr13			670③			600③						
Cr5Mo		640										

注：（1）回火温度误差为 ±10℃。
　　（2）淬火、正火冷却方式：①水淬油冷，②水淬，③空冷，④鼓风冷却。
　　（3）无标注者为油冷。

第三节　大型锻件的其他热处理工艺

一般锻件的消除应力处理工艺见表 10 - 8。细长比大于 10 的轴类及板类锻件的消除应力处理工艺见表 10 - 9。对于有硬度及力学性能要求的零件，消除应力温度应比最后热处理回火温度低 20 ~ 30℃；对于有回火脆性的钢消除应力温度宜采用 400 ~ 450℃，但保温时间应适当加长。

表 10 - 8　一般锻件粗加工后消除应力处理工艺

截面（mm）	装炉温度（℃）	保温时间（h）	升温≤（℃/h）	保温（h）	冷却（℃/h）	出炉温度（℃）
≤250	<400	—	100	6 ~ 8	停火炉冷	<350
251 ~ 500	<350	1 ~ 2	80	8 ~ 12	60	<250
>500	<200	2 ~ 3	60	12 ~ 14	40	<200

表 10 - 9　细长比大于 10 的轴类及板类锻件的消除应力处理工艺

截面（mm）	装炉温度（℃）	保温时间（h）	升温≤（℃/h）	保温（h）	冷却（℃/h）	出炉温度（℃）
≤250	<300	1	80	6 ~ 8	60	<200
251 ~ 500	<350	2	70	8 ~ 10	50	<150

　　筒体或其他零件电渣焊接后需进行热处理，以改善焊缝及热影响区的显微组织，消除焊接应力，获得良好的力学性能。35钢、20MnMo 钢电渣焊接热处理工艺可参考表 10-10。焊接件消除应力处理工艺见表 10-11。

表 10-10　电渣焊接件热处理工艺

焊接厚度 (mm)	装炉温度 (℃)	升温/ (℃/h)	保温 (h)	升温 (℃/h)	均温 (h)	保温 (h)	冷却	装炉温度 (℃)	升温/ (℃/h)	均温 (h)	保温 (h)	冷却 (℃/h)	出炉温度 (℃)
≤100	≤450	≤70	2	≤120		2		300~350	≤80		4	炉冷	≤400
101~106	≤400	≤60	2	≤100	目测	3	冷却至300~350℃入炉回火	300~350	≤80	目测	6	炉冷	≤400
161~220	≤350	≤60	3	≤100		4		300~350	≤70		8	≤60	≤350
221~300	≤350	≤50	3	≤80		5		300~350	≤70		10	≤50	≤350

温度曲线标注：600~650；35,850~870；20MnMo,870~890；590~610

表 10-11　焊接件消除应力处理工艺

装炉温度 (℃)	保温时间 (h)	升温 (℃/h)	保温 (h)	冷却 (℃/h)	出炉温度 (℃)	备　注
≤300	2	60	6~8	40	<250	适用于形状复杂、容易产生变形的焊接件
≤350	—	80	3~4	停火炉冷	<350	适用于形状简单、不易产生变形的焊接件

温度曲线标注：500~550

第四节 大型锻件热处理工艺举例

一、冷轧辊的热处理

轧辊是金属轧机上的重要零件。在轧制过程中，轧辊承受轧制力、磨损及变化幅度较大的温度的影响。

冷轧辊分工作辊与支承辊。支承辊又分整锻支承辊和组合支承辊。组合支承辊是由一个锻造辊轴和热装在它上面的辊套组成的。冷轧辊的工作条件很繁重。由于轧制速度很高和强大的轧制力，使轧辊承受很大的静载荷及动载荷。工作辊表面受轧材的激烈磨损，中心孔及表面易产生疲劳裂纹，或由于辊身表面局部过热而产生热裂纹等，都影响其使用寿命。因此，冷轧工作辊不仅应具有高而均匀的表面硬度及足够深的淬硬层，还要有良好的耐磨性和耐热裂性。

为使锻钢冷轧辊获得高的硬度和深的淬硬层，普遍采用高碳铬钢制造。在高碳铬钢的基础上加入钼、钨、钒、硅等元素，对特殊用途的轧辊还加入钴，可使轧辊的性能得到进一步改善。轧辊用钢应根据其用途合理地选择，常用冷轧辊用钢的化学成分及用途见表10-12。

轧辊表面硬度和有效淬硬深度要求见表10-13，辊身两端软带允许宽度见表10-14。

表 10-12 常用冷轧辊用钢的化学成分及用途

钢号	化学成分（%）								用 途
	C	Si	Mn	Cr	Ni	其他	S	P	
9Cr	0.85 ~ 0.95	0.25 ~ 0.45	0.20 ~ 0.35	1.40 ~ 1.70	≤ 0.30	—	≤ 0.030	≤ 0.030	用于直径 ≤ 300mm 的冷轧工作辊和支承辊
9Cr2	0.85 ~ 0.95	0.25 ~ 0.45	0.20 ~ 0.35	1.40 ~ 1.70	≤ 0.30	—	≤ 0.030	≤ 0.030	用于直径 ≤ 400mm 的冷轧工作辊

续表

钢号	化学成分（%）								用途
	C	Si	Mn	Cr	Ni	其他	S	P	
9CV	0.85 ~ 0.95	0.20 ~ 0.40	0.20 ~ 0.45	1.40 ~ 1.70	≤0.30	V 0.10 ~ 0.25	≤ 0.030	≤ 0.030	用于直径≤300mm 的冷轧工作辊和直径 1400mm 带装配辊身的支承辊外套
9Cr2W	0.85 ~ 0.95	0.25 ~ 0.45	0.20 ~ 0.35	1.40 ~ 1.70	≤0.30	W 0.30 ~ 0.60	≤ 0.030	≤ 0.030	用于直径 > 500mm 的冷轧工作辊
9Cr2Mo	0.85 ~ 0.95	0.25 ~ 0.45	0.20 ~ 0.35	1.40 ~ 1.70	≤ 0.30	Mo 0.20 ~ 0.40	≤ 0.030	≤ 0.030	同 9Cr2W
60CrMoV	0.55 ~ 0.65	0.17 ~ 0.37	0.50 ~ 0.80	0.90 ~ 1.20	V 0.15 ~ 0.35	Mo 0.30 ~ 0.40	≤ 0.040	≤ 0.040	代 12CrNi3A 作直径 > 50mm 的钢板矫正机矫正辊等细长辊
8CrMoV	0.75 ~ 0.85	0.20 ~ 0.40	0.20 ~ 0.40	0.80 ~ 1.10	V 0.06 ~ 0.12	Mo 0.55 ~ 0.70	≤ 0.030	≤ 0.030	代 9Cr2Mo 作支承辊及辊套，也可作齿圈

表 10 – 13　冷轧工作辊表面硬度和有效淬硬深度

级别	辊身表面硬度（HS）	辊身有效淬硬深度（mm）			辊颈表面硬度（HS）
		直径≤300	直径 301 ~ 600	直径 601 ~ 900	
I	≥95	6	10	8	35 ~ 50
II	90 ~ 98	810	12	10	
III	80 ~ 90		15	12	

注：辊身表面除两端软带外，硬度不均匀性不大于 ±1.5HS。

表 10 – 14　辊身两端软带允许宽度

辊身长度（mm）	≤600	601 ~ 1000	1001 ~ 2000	≥2000
允许软带宽度（mm）	≤40	≤50	≤60	≤70

轧辊表面不允许有肉眼能见的裂纹、重皮、折痕、凹陷、深的刀痕及非金属夹杂物。这些缺陷往往成为轧辊产生剥落的起点。轧辊内部偏析显著，钢中含氢量大，存在较大的内应力和裂纹、疏松等缺陷，是造成轧辊断裂的主要原因。

1. 冷轧工作辊的预备热处理

冷轧工作辊的预备热处理包括锻后热处理和粗加工后的调质热处理。锻后热处理的目的在于排除氢气，防止形成白点，降低硬度，消除锻造应力，改善锻件组织。去氢温度以 650～700℃ 为宜，此时还能使片状珠光体部分球化，保温时间与锻件截面大小和钢中的氢含量有关。

去氢退火前，采用较低的正火温度进行正火，可以起细化晶粒并消除部分网状碳化物的作用，未溶解的碳化物可作为以后碳化物集聚的核心，从而加强在 650～700℃ 保温时的球化效果。冷轧工作辊的锻后热处理工艺规范见表 10-15。

表 10-15　冷轧工作辊的锻后热处理工艺规范

辊身直径(mm)	待料	均温(h)	升温(℃/h)	均温(h)	保温(h)	降温	升温(℃/h)	均温(h)	保温(h)	冷却≤(℃/h)	冷却≤(℃/h)	出炉温度(℃)
300～400		5	90	目测	2h/100mm	炉冷	90	目测	10h/100mm	20	10	≤200
401～500		6	80				80					≤200
501～600		7	80				80					≤200
601～700		8	70				70					≤150
701～800		9	70				70					≤150
801～900		10	60				60					≤100

（温度曲线标注：400～450、790～810、350～400、650～670、400）

　　经锻后热处理的轧辊锻件，在粗加工后进行调质热处理。作用在于消除网状碳化物，细化碳化物并使片状珠光体球化，为最后热处理作组织准备，同时改善轧辊心部组织，使其得到良好的力学性能。

　　不同的原始组织对淬火加热时的相变特点、晶粒的过热倾向、奥氏体晶粒的均匀性、马氏体针的粗化程度和硬化的均匀性都有很大的影响。球状珠光体组织比片状珠光体组织在上述诸方面都表现出较好的特性，如淬裂敏感性低、晶粒长大倾向性小、晶粒度均匀、淬火后可得到细针状马氏体组织及少量的残余奥氏体等。对轧辊心部来说，球状珠光体组织比片状珠光体组织具有较好的综合力学性能。

　　网状碳化物的存在，不仅使轧辊在最终热处理时容易淬裂，且影响其疲劳性能和韧性。锻件中严重的网状碳化物，虽经锻后热处理，也往往不能彻底消除，并使部分片状珠光体保留下来。采用调质热处理可进一步改善组织，获得没有网状碳化物的球状珠光体组织。

　　调质淬火加热温度低于 875℃，保留着大量未溶解的碳化物；高于 920℃ 加热，碳化物虽已全部溶解，但会发生晶粒长大，淬火后获得粗针状马氏体组织，在淬火时易造成较大的应力，容易开裂。所以，适宜的淬火加热温度应为 880～900℃，淬火后可以得到细针状马氏体和少量未溶解的碳化物。

　　为避免产生过大的淬火应力，直径较大的轧辊选用油冷或间歇油冷方式，辊身表面应冷却至 180～250℃。

　　采用高温回火的目的是为了获得粒状珠光体组织。工具钢的球化温度范围一般有 640～660℃、690～710℃ 和 780～790℃ 三种。生产中多选用 690～710℃ 作为冷轧工作辊的调质球化温度。

　　中、小直径工作辊的调质工艺见表 10 - 16，大直径工作辊的调质工艺见表 10 - 17。

表 10-16　中、小直径工作辊的调质工艺

辊身直径(mm)	装炉温度(℃)	保温(h)	升温≤(℃/h)	保温(h)	升温≤(℃/h)	均温	保温	冷却(min)	装炉温度(℃)	保温(h)	升温≤(℃/h)	保温	冷却(min)	出炉温度(℃)
≤200	500	1	60	1	80	目测	1h/100mm	25~30	450	1	60	3~4h/100mm	30	400
201~300	450	2	60	2	80			30~40	400	2	60		30	400
301~400	400	2	60	2	80			45~55	350	2	50		30	350
401~500	350	3	50	3	70			60~70	300	2.5	50		25	300
550	300	3	50	3	70			70~80	250	3	50		25	300

表 10-17　大直径工作辊的调质工艺

辊身直径(mm)	保温(h)	升温≥(℃/h)	保温(h)	升温≥(℃/h)	均温(h)	保温	冷却(min)	保温(h)	升温≥(℃/h)	均温(h)	保温	冷却≤(℃/h)	出炉温度(℃)
500~600	3	50	3~4	70	目测	3~4h/100mm	75~90	3~4	50	目测	3~4h/100mm	25	300
601~700	3	50	4~5	70			85~105	4~5	40			25	250
701~800	3	50	4~5	70			95~135	4~5	40			25	250
801~900	4	50	5~6	70			115~155	5~6	40			20	200

2. 冷轧工作辊预备热处理工艺的改进

　　冷轧工作辊的预备热处理，一般均由上述锻后热处理及调质热处理两个工序组成。为缩短预备热处理生产周期，降低成本，曾有过许多试验，提出采用正火（一次或二次正火）及等温球化退火的锻后热处理工艺代替原有的两段工艺。至今认为，球状珠光体组织是预备热处理工艺所应获得的最终组织。但球状珠光体也可用退火处理来获得。有的试验证明，采用一次预备热处理工艺生产的轧辊，经感应加热淬火后，过渡区内的硬度分布比较平稳，这对提高抗裂性、耐磨性以及延长轧辊的使用寿命，均有良好的作用。

3. 冷轧工作辊的最终热处理

高硬冷轧工作辊的最终热处理为淬火和低温回火。轧辊经最终热处理后得到所要求的辊身表面硬度和必要的淬硬层深度。淬火方法有整体加热淬火和感应加热淬火两种。

（1）冷轧工作辊的整体淬火。为保证整体加热淬火轧辊的辊身、辊颈得到不同的硬度值，并使辊身得到必要深度的淬硬层及降低淬火应力，在淬火前、装吊具之后，要进行辊颈绝热，安装内孔冷却导水管，辊身表面涂石墨油以防止氧化脱碳等准备工作。虽然多数企业现已采用感应加热淬火方式，但整体淬火轧辊的淬硬层过渡平缓，仍不失为一种可靠的工艺方法。

大型冷轧辊整体淬火加热采用分段快速加热方式，即利用两台井式炉，先在一台中温炉中预热，再迅速转入高温炉中进行快速加热。小直径轧辊采用盐浴炉加热。快速加热不仅可提高生产率，更重要的是可减少轧辊心部的蓄热量，加速轧辊的淬火冷却，以增加淬硬层深度，提高表面硬度，并减小淬火应力。

为保证轧辊在最终热处理后，表层获得高的硬度及耐磨性，应合理地选择加热温度及保温时间，使轧辊在表面下一定深度内（50～100mm）的碳化物充分溶于奥氏体，但又不致引起晶粒粗大及残余奥氏体量增多。

生产实践证明，采用850～870℃的加热温度是比较适宜的，含钒的冷轧辊钢加热温度可稍高一些。在淬火温度下的保温时间对钢的淬透性影响较大，随着保温时间的增加，钢的淬硬层深度增加。具体保温时间根据生产实际确定。

为使冷轧工作辊获得高的表面硬度和深的淬硬层及极少的残余奥氏体，必须采用最激烈的高压水进行喷射循环冷却淬火。生产中应用的水压为0.15~0.20MPa，水温为5~25℃。轧辊淬火时，向中心孔通水冷却，可降低淬火应力并改善应力的分布状况，减小淬裂的危险性，同时可增加辊身的冷却能力，因而提高淬硬层深度。由于辊颈处敷绝热材料，外表面淬不上火，当中心孔的辊颈内表面冷却较快时，辊颈外表面切向拉应力很大，易引起辊颈处纵裂。因此，要考虑辊颈内壁的绝热措施。

根据轧辊不同的硬度要求，应在水中冷却到辊身表面温度达50~100℃。在水中的终冷温度过高，会降低轧辊淬硬层深度；终冷温度过低，容易使轧辊开裂。轧辊在水中停留的时间 T，可按下列经验公式来决定：

$$T = (0.55 \sim 0.8) \, D \, (\text{min})$$

式中，D 为辊身直径（cm）。

截面大及合金元素含量高的轧辊，可选择系数的上限。中心孔采用间歇冷却方式。通水冷却总时间可采取在水中冷却时间的1/3。通水和停水时间可参照表10-18选定。

表10-18 冷轧工作辊中心孔冷却时间

辊身直径（mm）	内孔通水制度	说　明
200	2/3, 3/X	
250	2/3, 4/X	
300	2/4, 3/3, 3/X	
400	3/6, 4/5, 4/X	分子为通水时间
500	3/5, 3/4, 4/3, 3/X	分母为停止通水时间
501~600	3/5, 4/4, 5/3, 5/X	X 为停水后不再通水
601~700	3/6, 4/5, 5/3, 6/X	
701~800	3/5, 4/6, 5/5, 4/X	

　　淬火后的冷轧辊应立即进行低温回火。轧辊回火温度可根据要求的表面硬度来确定。要求表面硬度大于 90HS 的轧辊在140 ~ 150℃回火，要求硬度为 70 ~ 85HS 的轧辊在 310 ~ 330℃回火。低温回火对提高轧辊钢的冲击韧性的作用是很小的。在200℃以下回火，残余奥氏体几乎不分解。

　　冷轧工作辊整体淬火工艺规范见表 10 – 19。冷轧辊淬火后回火工艺规范见表 10 – 20。辊身硬度 HS≥90 的工作辊，磨削后尚需按表 10 – 21 的工艺进行第二次回火。

表 10 – 19　冷轧工作辊整体淬火工艺规范

辊身直径(mm)	保持(h)	升温(℃/h)	保持(h)	转入高温炉加热	空炉保温(h)	(min)	保持(min)	压力水激冷
200 ~ 400	2	50	2 ~ 4		2 ~ 4	20 ~ 30	20 ~ 40	5.5 ~ 8min/100mm 中心孔冷却见相应的标准
400 ~ 600	3	40	4 ~ 6		2 ~ 4	30 ~ 50	40 ~ 60	
600 ~ 800	4	30	6 ~ 8		2 ~ 4	50 ~ 70	60 ~ 80	

注：虚线为辊身表面温度，即表面加热到 850 ~ 860℃时应立即降低炉温。

表 10 – 20　冷轧辊淬火后回火工艺规范

辊身直径(mm)	保温（h）	升温≤（℃/h）	保温	冷却
200 ~ 400	2	10	SH≥90，24h/100mm	断电随炉冷却
400 ~ 600	3	10		
600 ~ 800	4	10	SH75 ~ 85，10 h/100mm	

表 10 – 21　冷轧辊磨削后回火工艺规范

辊身直径 （mm）	保温（h）	升温 ≤（℃/h）	保温	冷却
200 ~ 400	2	10		
400 ~ 600	3	10	10h/100mm	断电随炉冷却
600 ~ 800	4	10		

（2）感应加热淬火。感应加热淬火分工频淬火和双频淬火。冷轧辊工频淬火的优点是：可以得到较高的轧辊表面硬度，操作方便，生产周期短。但其硬化层的硬度变化不如整体淬火者平缓，在使用中，辊身比较容易产生裂纹及剥落。随着工艺方法的不断改进，轧辊淬火后的质量逐步提高，这些缺点也可得到克服。工频感应加热淬火前要进行预热，可在加热炉内进行整体预热，工艺规范为：350 ~ 400℃保温 2 ~ 3h，然后以 < 40℃/h 升温至 450 ~ 550℃，保温时间按 1 ~ 1.5h/100mm 计算；也可在淬火机床上用连续感应加热预热。

淬火加热温度及沿轧辊截面的温度分布，对轧辊淬火后的质量有决定性的作用。冷轧工作辊工频淬火加热温度以 900 ~ 940℃为宜。加热温度过高，可能得到粗针状马氏体，并增加残余奥氏体量。感应器确定后，主要靠调节感应器的单位功率和移动速度来控制加热温度。工频感应加热淬火基本规范见表 10 – 22。

表 10 – 22　冷轧工作辊工频连续感应淬火基本规范

淬火加热温度（℃）	900 ~ 940
感应器比功率（kW/cm²）	0.1 ~ 0.2
感应器上升速度（mm/s）	0.8 ~ 1.2
淬火用水温度（℃）	≤25
淬火用水水压（MPa）	0.1 ~ 0.3

淬火用水消耗量（m³/h）	5（指每100mm辊径）
淬火续冷时间（min）	5（指每100mm辊径）
淬火终冷温度（℃）	≤80

（3）双频感应加热淬火是由工频和中频组合的感应加热淬火，工频感应器用于轧辊预热，中频感应器用于调整淬火温度及其分布。中频感应器的高度一般为 150～250mm，功率为工频感应器的 1/2～1/4，两感应器之间的间距为 90～120mm，感应器上升速度为 0.6mm/s。双频感应加热的加热层较深，温度梯度较小，所以，轧辊的淬硬层较深，残余应力分布较理想，因而可以提高轧辊的使用寿命。

（4）深冷处理的目的是将残余奥氏体含量降低至一定数值，提高冷轧辊表面硬度和有效淬硬层深度，中、小型冷轧工作辊一般用干冰加酒精进行。双频感应加热淬火是由工频和中频组合的感应加热淬火，双频淬火轧辊的淬硬层较深，残余应力分布较理想，因而可以提高轧辊的使用寿命。大型冷轧辊的深冷处理则用液氮或液态空气。当冷轧辊温度降至深冷处理介质的温度后，即取出空冷。

（5）回火。经淬火后的冷轧工作辊，应立即回火。回火工艺与整体淬火轧辊回火工艺相同。冷轧工作辊最终热处理缺陷及防止措施见表 10－23。

表 10－23 最终热处理缺陷及防止措施

缺陷名称	产生原因	防止措施
硬度低	（1）淬火温度低 （2）淬冷水压低、水量不够	（1）通过调整电压或机械参数提高淬火温度 （2）增大水压或水量
硬度不均匀	（1）喷水器反水 （2）感应器、喷水器不正	（1）降低水压，改变喷水角度 （2）调整好感应器、喷水器

缺陷名称	产生原因	防止措施
辊身下端软带过宽	(1) 感应器起步位置太高 (2) 供水过迟	(1) 降低起步位置 (2) 提前喷水
辊身上端软带过宽	(1) 感应器停电过早 (2) 感应器停止位置过低	(1) 提高感应器停电位置 (2) 提高感应器停止位置
辊身上端边缘脱落（掉边）	(1) 感应器停电过晚 (2) 感应器停止位置过高	(1) 降低感应器停电位置 (2) 降低感应器停止位置 (3) 加保护环（外径与辊身直径相同）

4. 冷轧支承辊的热处理

支承辊的尺寸比工作辊大得多，在结构上有整锻和组合两种区分，整锻支承辊又有带中心孔或加腹孔以及不带中心孔的。由于轧机种类不同，各类支承辊的结构、尺寸各不相同，支承辊辊身表面硬度的要求也不同。支承辊常用钢种有 9Cr2Mo、70Cr3Mo、42CrMo、35CrMo 等。

支承辊热处理各项技术要求列于表 10 – 24 ～ 表 10 – 26。整锻支承辊锻后热处理工艺规范列于表 10 – 27。

表 10 – 24　支承辊表面硬度（HS）

	辊　身			辊　颈
	一　级	二　级	三　级	
热轧	60 ~ 70	50 ~ 60	40 ~ 50	35 ~ 50
冷轧	65 ~ 75	60 ~ 70	55 ~ 65	

表 10 – 25　辊身有效淬硬层深度

辊身表面硬度（HS）	50 ~ 60	55 ~ 65	60 ~ 70	65 ~ 75
有效淬硬层深度（mm）	≥55	≥50	≥45	≥40

表 10 – 26　辊身两端允许软带宽度

辊身长度（mm）	<1500	1500 ~ 2000	>2000
允许软带宽度（mm）	≤60	≤80	≤100

表 10-27 整锻支承辊锻后热处理工艺规范

温度（℃）

工艺曲线上的温度节点：600~650、940~960、500、350~400、690~710、400

辊身直径 (mm)	待料	均温 (h)	升温≤ (℃/h)	均温	保温	冷却	冷却	升温≤ (℃/h)	均温	保温 (h)	冷却≤ (℃/h)	冷却≤ (℃/h)	出炉温度 (℃/h)
250~500	一	3	60	目测	1.0h/100mm	抽出台车空冷	炉冷 2.0h/100mm	60	目测	20~35	20	10	200
501~750		5						50		35~60			150
751~1000		7						50		60~90			150
1001~1200		9						40		90~120			100
1201~1300		10						40		120~150			100

　　预备热处理在粗加工后进行，为最终热处理作好组织准备，满足辊颈的硬度要求，其工艺规范见表 10 - 28。

　　对于辊身表面硬度要求为 40～50HS 的 9Cr2Mo 钢整锻支承辊，其最终热处理为正火＋回火，其工艺规范可参考表 10 - 28。但回火温度要降至 600～650℃。对于辊身硬度要求大于 50HS 的 9Cr2Mo 整锻支承辊，采用工频连续感应加热淬火和回火。感应器比功率为 0.07～0.10kW/cm²，上升速度为 0.6～1.0mm/s，淬火续冷时间为 35～45min。回火工艺规范如图 10 - 1 所示，随回火温度的升高，硬度降低，回火后的表面硬度与回火温度的关系见图 10 - 2。整锻支承辊淬火回火工艺见表 10 - 29。

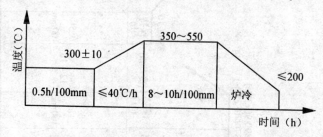

图 10 - 1　回火工艺规范

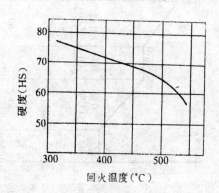

图 10 - 2　回火后的表面硬度与回火温度的关系

表 10 – 28　支承辊预备热处理工艺规范

辊身直径(mm)	保持(h)	升温(℃/h)	保持(h)	升温(℃/h)	均温	保温(h)	冷却(h)	保持(h)	升温(℃/h)	保温(h)	降温
	300^{+50}	650~670			870~890(9Cr2Mo) 850~870(70Cr3Mo)		350±10		700~720(9Cr2Mo) 560~600(70Cr3Mo)		≤200
1200~1600	0.5h/100mm	40	1h/100mm	60	目测均温	1h/100mm	12~18	0.5h/100mm	40	4~5h/100mm	炉冷

空冷

表 10－29　整锻支承辊淬火回火工艺

辊身直径	保温 (h)	升温≤ (℃/h)	升温≤ (℃/h)	均温	保温	冷却	保温 (h)	升温≤ (℃/h)	保温	冷却≤ (℃/h)	出炉温度 (℃)
	200~300	650~700	850~870				250~300		500~520		HS=45~69
250~500				目测	0.8h/100mm	油冷 40~70	3	60	0.8h/100mm	25	300
501~750						油冷 60~90	4	50			250
751~1000						油冷 80~100，空冷 8，油冷 40~60	5	40			200

二、热轧辊的热处理

在钢材热轧作业中，在开坯、型钢、线材、板材、带钢等轧机上，都使用热轧辊。热轧辊承受强大的轧制力，辊身表面又受轧材的磨损，由于轧辊反复被轧材加热及冷却水冷却，因而还经受温度变化幅度较大的热疲劳作用。热轧辊应具有较高的强度、韧性和耐热裂性能。辊身表面硬度应均匀，孔槽内外硬度差别应较小。

锻造热轧辊大多用中碳钢及中碳合金钢制造，常用钢号及力学性能列于表 10 – 30。

表 10 – 30　常用钢号及力学性能

钢　号	表面硬度 (HB)	力学性能（≥）				
		σ_b（MPa）	σ_s（MPa）	δ（%）	ψ（%）	A_k（J）
60CrMnMo	229～302	932	490	9	25	24.5
50CrNiMo	217～268	755	—	—	—	—
50CrMnMo	229～302	785	441	9	25	24.5

热轧辊的热处理分锻后热处理和调质热处理，主要目的是防止白点形成，消除锻造应力，细化晶粒和使轧辊表层获得细珠体或索氏体，达到规定的硬度和力学性能。热轧辊锻后热处理工艺规范见表 10 – 31，热轧辊调质处理工艺规范见表 10 – 32。

三、大锻件热处理的典型工艺

1. 主轴调质工艺

主轴材料为 34CrNi3Mo；尺寸为 $\phi260mm \times 4350mm$；重量为 1800kg；技术条件为 HB269～302。

工艺曲线见图 10 – 3。

检验结果：HB270～289。

2. 套环调质工艺

套环材料为 60CrMnMo；尺寸为 $\phi1505mm \times \phi1235mm \times 630mm$；重量为 2854kg；技术条件为 HB250～280。

表 10－31 热轧辊锻后热处理工艺规范

辊身直径 (mm)	保持 (h)	升温 (℃/h)	均温	保温 (h)	保温 (h)	升温 (℃/h)	均温	保温 (h)	降温 (℃/h)	降温 (℃/h)	出炉温度 (℃)
≤60	4~5	120	目测均温	4~6	4~6	100	目测均温	30~50	60	30	300
601~800	5~7	100		6~7	6~9	90		50~80	50	25	300
801~1000	7~9	90		7~8	9~12	80		80~110	40	20	250
1001~1200	9~11	80		8~10	12~14	70		110~140	30	15	250
1201~1400	11~13	80		10~12	14~16	60		140~170	30	15	200

温度(℃)：600+50，850~870，300+50，640~660，400

待料　空冷

表 10-32　热轧辊调质处理工艺规范

辊身直径(mm)	350^{+50} 保持(h)	升温(℃/h)	650±10 保持(h)	升温(℃/h)	均温	820~850 保温(h)	350^{+50} 保持(h)	升温(℃/h)	均温	600~650 保温(h)	出炉温度(℃)
≤600			2~3	120	目测均温	0.8~1.0h/100mm（油冷 20min/100mm）	2~3	80	目测均温	2.5~3h/100mm（炉冷）	350
601~800	2~3	80	3~4	100			3~4	70			350
801~1000	3~4	70	4~5	90			4~5	70			300
1001~1200	4~5	60	5~6	80			5~6	60			300
1201~1400	5~6	60	6~7	80			6~7	60			250

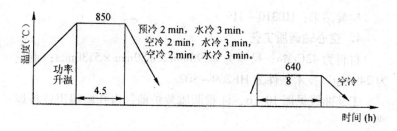

图 10 – 3 主轴调质工艺

工艺曲线见图 10 – 4。

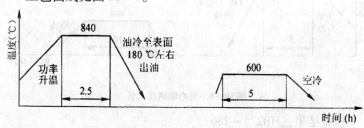

图 10 – 4 套环调质工艺

检验结果：HB269。

3. 蜗杆调质工艺

蜗杆材料为 42CrMo；尺寸为齿部 $\phi320mm \times 500mm$，轴径 $\phi250mm \times 1520mm$；重量为 873kg；技术条件为 HB286 ~ 321。

工艺曲线见图 10 – 5。

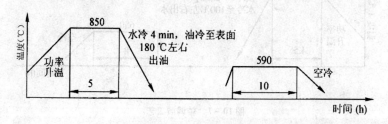

图 10 – 5 蜗杆调质工艺

检验结果：HB310～319。

4. 空心轴调质工艺

材料为 42CrMo；尺寸为 φ390mm × φ80mm × 5130mm；重量为 2494kg；技术条件为 HB269～302。

工艺曲线见图 10－6，注意调质装炉前，内孔两端用铁板焊严。

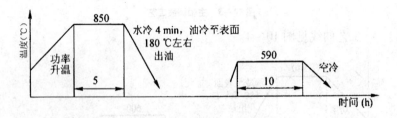

图 10－6 空心轴调质工艺

检验结果：HB275～286。

5. 轴的调质工艺

材料为 25Cr2Ni4MoV；尺寸为 φ260mm × 2600mm；重量为 1742kg；技术条件为 $\sigma_b \geqslant 1670\text{N/mm}^2$，$\sigma_s \geqslant 590 \sim 690\text{N/mm}^2$，$\delta_4 \geqslant 18\%$，$\psi \geqslant 55\%$，$A_{KV} \geqslant 100\text{J}$，HB220～260。

工艺曲线见图 10－7。

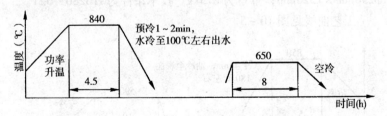

图 10－7 轴调质工艺

检验结果：$\sigma_b = 805\text{N/mm}^2$，$\sigma_s = 685\text{N/mm}^2$，$\delta_4 = 25\%$，$\psi = 74\%$，$A_{KV} = 208\text{J}$，HB250。

第五节　重要电站锻件用钢及其热处理

重要电站锻件通常指汽轮发电机组和水轮发电机组中的大型锻件，是机组的关键零部件。如大型汽轮发电机转子、护环，汽轮机高、中、低压转子、叶轮、各种环件，水轮发电机大轴、主轴、镜板等。

一、概　述

电站锻件按所用能源分，有火电、水电、核电锻件；按转子结构分，有整体、套装、半整体半套装、焊接转子；按使用材料分，有碳素钢、合金钢锻件。而合金钢锻件又按所含元素分类，有 Cr – Mo、Cr – Mo – V、Cr – Ni – Mo – V、Si – Mn、Mn – Mo – Nb 等钢种锻件。

汽轮机转子和汽轮发电机转子在 3000（两极，50Hz）～ 3600（两极，60Hz）r/min（超速试验时达 3600～4320r/min）高速下运行，汽轮机高压、中压转子还承受 400～560℃ 的高温。汽轮机低压转子和发电机转子截面巨大，因此，转子在高速旋转时，要承受巨大的离心力，离心力与转速及直径的平方成正比，故转子越大，离心力越高。转子还要传递扭矩，承受因自重引起的弯矩。此外，还要承受因旋转振动引起的频率很高的附加应力，中心孔壁的应力集中，开机、停机及其他原因造成的瞬时冲击振动和扭应力等。

所以，对于汽轮机高压、中压转子材料，要有高的室温和高温强度，塑性和韧性好，蠕变强度高，脆性转变温度低。对汽轮机低压转子和汽轮发电机转子材料，要有高的强度和塑性，优越的韧性，低的脆性转变温度。发电机转子还要有良好的导磁性，而护环除要求高强度和塑性外，还要求无磁性。

二、发电机转子和汽轮机低压转子的力学性能要求及热处理

1. 力学性能要求

转子是汽轮发电机转动部分的核心，转速高，承受应力大，从设计要求出发，为了保证长期安全运行，对转子材料有一定的要求。

（1）应有足够的强度和可能高的塑性与韧性。转子强度计算所得的应力，不应超过材料的许用应力、材料的屈服点，并应与抗拉强度有一定的差距，也就是应有一定的屈强比，屈服点、抗拉强度和安全系数是保证构件不产生塑性断裂的数据。所以，转子材料必须有足够的强度。

材料的塑性（伸长率和断面收缩率）和韧性（冲击韧性）是防止构件脆性断裂的依据。因为有时构件的工作应力并未超过许用应力，由于材料存在不可避免的缺陷，也会发生破断，即脆性断裂，所以，转子要有足够的塑性和韧性。

（2）力学性能均匀性。转子在长度和圆周方向保持最大的力学性能均匀性是很重要的。JB 1267—1985 标准规定，各方向 $\sigma_{0.2}$、σ_b 的波动值不大于 69MPa。300MW 转子不大于 41MPa。转子热处理后要求检查硬度均匀性，规定沿纵向硬度差不得大于 40HB，沿周向硬度差不得大于 30HB。

（3）较高的断裂韧性。材料的断裂韧性 K_{Ic} 在脆性检测上，比材料的塑性与冲击韧性更为重要。根据断裂判据得知，裂纹临界尺寸（a_c）与断裂韧性的平方成正比。对于存在有脆性倾向的结构，提高材料的断裂韧性，远比提高其他力学性能更为重要。所以，断裂韧性应作为设计上对材料的重要要求指标，这对不可避免地存在冶金缺陷的转子锻件尤为重要。

（4）残余应力。残余应力削弱转子的安全系数。残余应力过大，会导致转子变形，使转子弯曲，所以，要求转子进行消除应

力处理。一般要求残余应力值不超过切向实际屈服强度的 8% ~ 10%。这对实际 $\sigma_{0.2}$ 很高的转子，残余应力的允许值很大，会导致转子变形。因此，近年来，在上述规定的同时，还规定其值不得超过 39MPa 或 49MPa。

（5）材料的均匀性。它是保证材料长期安全可靠运行的重要条件。缺陷破坏了材料的连续性，在一定条件下会导致脆性断裂。现在还没有单一的检验方法，可以确切判断转子锻件的质量，仍需采用多种试验，如外圆与中心孔的超声波探伤，中心孔潜望镜和磁粉检查，低倍检查等。其判废标准是用多年来安全可靠运行的经验制定的。

（6）细小均匀的晶粒度。晶粒度的大小影响冲击韧性、FATT、超声波的穿透性及导磁性。转子锻件要求超声波探伤的起始灵敏度很高，一般为声 2 或声 1.6。晶粒粗大与不均匀将形成草状波，降低材料的超声波穿透性，增加底波损失和衰减系数，较小的缺陷会被掩盖，以致发现不了，严重时无法按规定的灵敏度探伤。晶粒粗大会降低冲击韧性，严重时不能满足技术要求。因此，对晶粒度的要求也列入标准，如 JB1267—1985 规定要做晶粒度检查。

（7）一定的导磁性能。发电机转子是一个产生磁场的部件，其导磁性能是设计所需的重要性能数据，锻件导磁性能应符合 JB 1267—1985 规定的要求。

（8）高疲劳强度。转子由于自重，在各部产生弯矩与弯应力。由于转子运行时旋转，弯应力是对称循环的交变应力。转子的最大弯应力应为自重产生的弯曲应力与强迫振动产生的应力之和。振动应力以通过临界转速时为最大。振动应力相对于自重产生的应力要小得多，在转子强度计算时，可忽略不计。在长期运转时，要有一定的疲劳强度，200MW 发电机转子要求 $\sigma_{-1} \geqslant$ 235MPa，300MW 转子要求 $\sigma_{-1} \geqslant$ 295MPa。

2. 发电机转子和汽轮机低压转子用钢及其合金化原理

直径达 1m 以上的锻件，为使其淬火后得到马氏体与下贝氏体组织，特别是心部也得到贝氏体组织，或至少避免析出铁素体组织，除采用激冷、深冷淬火外，还必须采用含有镍、铬、钼、钒等元素的高淬透性钢种。

铬在钢中部分形成碳化物，大部分溶入铁素体。它使共析点左移和上升，使钢的等温分解曲线向右移。加入少量的铬可使珠光体转变温度范围上升，贝氏体转变温度范围下降，因而出现中间稳定区域，形成两个鼻子尖。

镍不形成碳化物，在平衡条件下几乎完全溶入铁素体。镍使共析成分的碳含量减少，使共析温度下降，降低马氏体点。镍使钢的奥氏体等温转变曲线向右移，但影响较弱，只有在含量较多时（3%~5%）才有显著的影响。镍对塑性、韧性有良好的影响，尤其提高低温冲击韧性值。

在钢中同时加入铬和镍，除了铬的强化作用外，还可保持镍的良好作用，从而得到良好的综合力学性能。同时，由于铬、镍的相互作用，使钢的淬透性提高很多，远远超过单个元素的作用。根据试验结果，在调质用铬镍钢中，铬、镍的比例在 1：3 时，效果最好，34CrNi3Mo 钢即是这种配比。其特点是既强烈提高淬透性，又提高强度、塑性和韧性，这对力学性能要求高且要求均匀的大锻件特别有用。

铬镍钢有回火脆性，加入少量的钼（0.2%~0.4%）可有效地减弱回火脆性倾向，且可进一步提高强度及淬透性。钒起细化晶粒和提高回火抗力的作用。

我国原来沿用苏联的钢种 34CrMo1A、34CrNi1Mo、34CrNi3Mo 等，制造发电机转子和汽轮机低压转子。目前，为适应激冷、深冷淬火的需要，引进、研制和开发了一些新的低碳加钒的钢种，如 25CrNi1MoV、25CrNi3MoV、26Cr2Ni4MoV 等。大型转子锻件，则采用 26Cr2Ni4MoV 或 30Cr2Ni4MoV 钢制造。

3. 发电机转子、汽轮机低压转子的预备热处理

目前，电站转子锻件用钢已陆续采用真空浇注、真空碳脱氧、出钢除气等多种方式的真空处理。自钢包精炼炉投产以来，大型电站转子用钢进一步采用了两次真空处理，钢中氢含量降低到 2ppm 以下。转子锻件预备热处理的主要目的，已由过去的去氢防止白点，变为调整组织，细化晶粒，为调质处理及超声波探伤作组织准备，因此，热处理工艺过程简化，周期大大缩短。

（1）转子锻件的预备热处理工艺。34CrMo1A 钢合金元素含量不高，奥氏体组织不大稳定，采用一次重结晶和一次过冷的工艺（图 10 - 8）。34CrNi1Mo、34CrNi3Mo、25CrNi3MoV、25Cr2NiMoV 等钢因奥氏体组织稳定，贝氏体转变温度较低，采用一次重结晶和两次过冷的工艺（图 10 - 9）。26Cr2Ni4MoV 和 30Cr2Ni4MoV 钢合金元素含量很高，奥氏体极为稳定，且有组织遗传现象，需采用 2～3 次重结晶、3～4 次过冷，且过冷温度尽可能低的工艺方式。26Cr2Ni4MoV 钢发电机转子预备热处理工艺见图 10 - 10。

（2）细化晶粒与组织遗传。含有较多合金元素镍、铬、钼、钒的 26Cr2Ni4MoV、30Cr2Ni4MoV 钢，具有明显的组织遗传性。该钢在正火或淬火后得到马氏体或下贝氏体组织，称为非平衡组织。这种组织再加热时，在缓慢通过相变区域（$Ac_1 \sim Ac_3$）的低

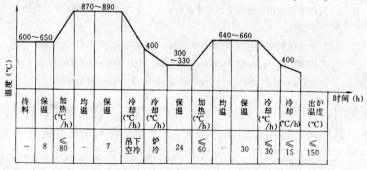

图 10 - 8　34CrMo1A 钢汽轮机发电机转子预备热处理工艺

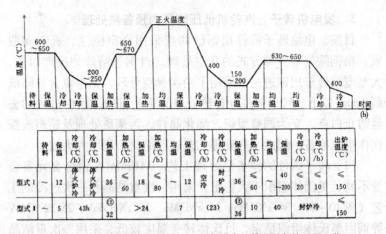

图 10－9 34CrNi1Mo、34CrNi3Mo 钢发电机转子预备热处理工艺

〇为转子锻件轴身所设热电偶到温后的时间，（ ）时间仅供参考

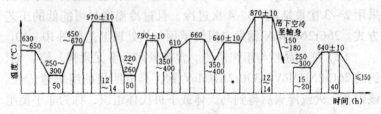

图 10－10 26Cr2Ni4MoV 钢发电机转子预备热处理工艺

注：（1）此工艺适用于碱性平炉真空碳脱氧工艺生产的 200、300MW 发电机转子锻件。

（2）＊处保温时间按实际氢含量计算：200MW 转子［H］≤2ppm 时为 100h；2～3ppm 时为 300h；3～4ppm 时为 500h；300MW 转子［H］≤2ppm 时为 150h；2～3ppm 时为 350h；3～4ppm 时为 600h。

温侧时，在原有马氏体或下贝氏体的针之间，首先形成针状奥氏体，其位向与母相 α 组织保持 K－S 关系，并与未转变的 α 相组织形成层片相间结构。这种针状奥氏体称为恢复奥氏体，其尺寸与马氏体板条尺寸相同，在同一奥氏体内形成的针状奥氏体具有相同的空间取向。继续加热时，恢复奥氏体相互合并长大。完全奥氏体化后，又恢复原有的粗大奥氏体晶粒，这种现象称为组织遗传现象。

切断组织遗传，才能细化晶粒，其途径有奥氏体相变再结晶和珠光体化等。

奥氏体相变再结晶是指将钢加热到奥氏体化温度以上的某一温度时，晶粒突然变得细小，这个温度称为奥氏体再结晶温度。这种现象是因为非平衡组织在加热到奥氏体化初期（810℃），不仅在晶界上有个别细小的奥氏体晶粒，而且有大量的片状奥氏体，并明显保留着旧奥氏体晶界。继续加热时，奥氏体不断合并长大，当到达某一温度时，因奥氏体→马氏体→奥氏体两次切变型相变引起的相变应力，使低温形成的针状奥氏体中堆集了高密度的位错。随着温度的升高，这些针状奥氏体就像冷加工变形引起的再结晶一样，在位错塞积处，通过可移动的新的大角度晶界的形成及随后的移动，形成无应变的新晶粒，即发生了相变再结晶，它所引起的晶粒细化和晶粒形状的改变，是由于形成了再结晶新晶粒的结果。这与新晶粒靠界面能下降而自发长大的规律并不矛盾。所以，奥氏体晶粒的形成与长大，不仅受界面能的影响，还受相变硬化引起的畸变能的影响。相变再结晶形成的新晶粒，使得针状奥氏体变成粒状奥氏体，破坏了针状奥氏体与母体保持的位向，消除了组织遗传。

对大锻件，当加热速度一定时，随奥氏体温度的升高，再结晶时间可缩短，锻件直径加大，所需时间加长。

另一种切断组织遗传的方法是奥氏体冷却时在珠光体温度区域长时间保温，或反复在这个区域波动，使其转变为珠光体，再加热时，由珠光体再转变为奥氏体，此时只能形成粒状奥氏体，使其失去了原有的位向，冷却下来后可得到细小的晶粒。这种工艺一般先加热到790~810℃，即 Ac_3 温度，使其保存较多的碳化物质点，冷却下来成为珠光体的核心，促使珠光体迅速形成。大锻件化学成分偏析较大，对 C 曲线上鼻子尖的左右、高低都有影响。为使其转变速度加快，转变量增大，在其鼻子尖温度范围（660～640℃）反复波动是有好处的。但这种钢的奥氏体很稳定，珠光体转变不易完全。珠光体化后生成的超细晶粒，有的可达十级以上，但它存在着织构现象，再加热时，容易迅速长大而成为粗大晶粒。

（3）多次正火细化晶粒。多次正火＋回火是较普遍应用的细化晶粒的工艺形式。一般是采取两次或两次以上奥氏体化，第一次温度高些，第二次温度低些，以后更低。将转子锻件充分过冷，将过冷温度降到极低（150～250℃），并在低温下保持足够长的时间，保证转子心部也降到 Bf 点以下，以完成组织转变。通过两次或三次奥氏体化，也可将晶粒细化。对 30Cr2Ni4MoV 钢，900℃＋870℃ 两次正火效果最好。用 900℃、870℃ 两次正火或 900℃、870℃、870℃ 三次正火处理的 300MW 低压整体转子，径向晶粒度可达 5～7 级，中心可达 4～5 级。但在轴身中心部位有时发现极少数量的 3～3.5 级的晶粒，这可能与偏析和锻造条件有关，有待进一步研究。

4. 发电机转子、汽轮机低压转子的调质处理工艺及性能

发电机转子、低压转子的调质处理工艺见图 10－11，300MW 低压整体转子的调质处理工艺见图 10－12。转子锻件性能力学性能见表 10－33，300MW 低压转子实际力学性能见表 10－34。

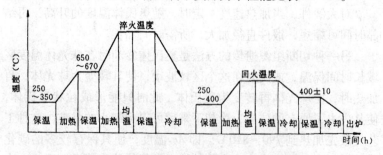

图 10－11　发电机转子、低压转子的调质处理工艺

转子规格	加热(℃/h)	保温	加热(℃/h)	均温	保温	冷却	保温	加热(℃/h)	均温	保温	冷却(℃/h)	保温	冷却(℃/h)	出炉温度(℃)
12MW 34CrMo1A φ750×6470	—	4	≤100	~	8	油150min	3	≤80	~	27	≤30	10	封炉冷	≤200
25MW 34CrNi1Mo φ846×8136	4	6	≤60	~	9	油215min	5	≤40	~	20	≤30	9	≤15	≤200
60MW 34CrNi3Mo φ922	5	6	≤60	~	9	油215min	5	≤40	~	28	≤30	10	≤15	200
100MW 25CrNi3MoV φ955×9710	6	7	功率	~	9	水190min	5	≤30	~	30	≤30	10	炉冷	≤200
125MW 25Cr2NiMoV φ1335(轴端头)	4	5	≤80	~	7	空/水 5min/70min 3min/30min	5	≤40	~	28	≤30	—	封炉冷	≤200
300MW 26Cr2Ni4MoV φ1140×13730	8	20	功率	~	12	水360min	8	≤30	~	40	≤20	15	≤15	≤200

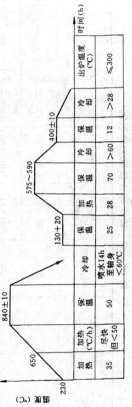

图 10 - 12 300MW 低压整体转子的调质处理工艺

表 10 – 33　转子锻件性能力学性能

检号	钢种	规格 (MW)	部位、方向	$\sigma_{0.2}$ (MPa)	σ_b (MPa)	δ (%)	ψ (%)	α_k (J/cm²)	FATT$_{50}$ (℃)
96	34CrMo1A	12	纵向	480~550	620~710	17~22.5	58.5~64.5	U78~104	
			切向	490~510	640~650	19.5~20	59	U177~215	
23	34CrNi1Mo	25	纵向	540~566	725~745	18~22	61~64.5	U91~154	
			切向	501~560	706~714	20~21	58.5~61	U88~118	
			径向	498	684~696	19	57.5	—	
48	34CrNi3Mo	60	纵向	690~732	825~839	18~19	71.5~73	U143~243	
			切向	660~730	810~850	20.5~23	63~71	U217~245	
			径向	630~750	800~870	19~25	66~69	—	

续表

检号	钢种	规格 (MW)	部位、方向	$\sigma_{0.2}$ (MPa)	σ_b (MPa)	δ (%)	ψ (%)	α_k (J/cm²)	FATT$_{50}$ (℃)
116	25CrNi3MoV	100	纵向	660~680	760~770	20~22.5	72~75	U246~315	
			切向	690~700	780~810	18~20	70~73	U237~280	
			径向	660~690	760~770	18~20	75	—	
			中心纵	650~680	770~800	18~20	64.5~72	—	
232	26Cr2Ni4MoV	300	纵向	680~696	787~792	δ_4 24~26	74~74.5	V210~232	
			切向	665~702	776~815	23.5~27	69~74	V199~209	
			径向	688	794	20.5	76	—	<-80
			中心纵	666~685	790~802	25.5~26	69~72.5	—	-62
94	25Cr2NiMoV	125 轴头	纵向	644	771	22	75.5	V282~237	
			切向	620	745	23.5	75.5	V278~288	-51

表 10 – 34   300MW 低压转子实际力学性能

取样部位 方向		$\sigma_{0.2}$ (MPa)	σ_b (MPa)	δ_4 (%)	ψ (%)	α_{KV} (J)	FATT$_{50}$ (℃)	上平台能量 水平（J）
冒口纵向		816	917	23	72.5	195		
水口纵向		813	911	23	73	216 199		
径向	× – 1	870	950	21.5	70.5	193	– 99	162
	× – 2	803	902	21	65.5	170	– 35	165
	× – 3	854	936	22	66	192	– 100	184
中心孔纵向	BB_1	818	920	21.5	65.5	114 120		153
	BB_2	818 820	923 922	20 21	64.5 62.5	86 横向 109	– 13 – 5 横向 – 7	150
	BB_3	806	906	22	66	157 153		152

5. 消除应力处理

20 世纪 80 年代以来，电站锻件的技术条件要求贯彻国际标准，1985 年公布的电站大锻件技术条件是等效采用美国 ASTM 的标准，300MW 发电机转子和低压整体转子的技术条件等效采用美国西屋电气公司的标准，这些标准都有消除应力处理的要求。即转子打中心孔后，外圆和中心孔均加工到留有很少余量（5~6mm）的尺寸，进炉进行消除应力处理，工艺见图 10 – 13。消除应力的处理温度，一般比回火温度低 28 ~ 56℃，对于 300MW 低压转子还要求不低于 536℃，并随后缓冷。

三、汽轮机高中压转子的材料及热处理

1. 汽轮机高中压转子的受力情况

高中压转子和主轴、叶轮是汽轮机的主要部件。它们要在高温（400~565℃）、高压（9~17MPa）的过热蒸汽中长期工作。

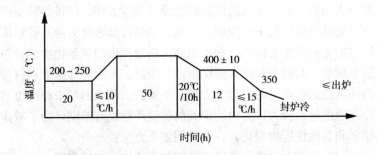

图 10 - 13　300MW 低压转子消除应力回火工艺

转子和主轴要承受扭转应力、弯曲应力和沿轴向温度梯度引起的热应力的复杂作用，同时，由于振动还会引起附加应力，当电机突然短路时，转子还承受瞬时产生的巨大扭应力和冲击负荷。因此，转子和主轴应具有：

（1）适宜的综合力学性能，沿轴向和径向性能要求均匀一致；

（2）足够的热强性和持久塑性，还要求有足够高的抗热疲劳性能；

（3）在高温长期应力作用下有良好的组织稳定性；

（4）有良好的淬透性和工艺性能。

2. 高温性能与组织的关系

由于高中压转子（主轴）在高温的条件下工作，所以，获得优越的高温性能是高中压转子热处理的中心问题。随着转子容量的增大和蒸汽温度与压力的提高，对转子高温性能的要求也越来越高。

英国电气公司中央冶金试验室用了 9 年多的时间，完成了 Cr1MoV 钢大型汽轮机转子锻件蠕变和持久性能的改进试验，提出了最佳的化学成分和金相组织。该公司研究了 Cr1MoV 钢转子锻件淬火后所得转变产物的影响。一般认为，这类钢的理想转变产物是上贝氏体，这种组织在回火后所产生的细钒碳化物的分布最令人满意。如果从奥氏体化温度冷却速度太快,获得的转变产物是更具针状性的下贝氏体。相反,如果冷却速度太慢,可形成过量的先共析铁素体。这种组织回火后所产生的钒碳化物的分布很不理想,其蠕变和持久强度很差。所以,控制冷却速度和材料的淬透性是很重要的。对于大型转子锻件,其表面和中心部位的冷却速度差别较大,淬火后得到的转变产物也有差别,为了减少拉深和其他性能的变化,一般采用如下方法:

(1)调整合金成分来保证适当的淬透性,如增加碳、铬、钼和锰的含量;

(2)调质前开出锻件轮盘之间的沟槽,以便减小有效直径;

(3)选择适当的淬火介质来减少冷却速度之差别。

如果冷却速度过慢,转子锻件心部将为上贝氏体回火产物和铁素体的双相组织,此时,在贝氏体组织中含有渗碳体型合金碳化物沉淀,在其间有细的 V_4C_3 弥散沉淀,常发现沿原奥氏体晶界沉淀出相类似的不连续的合金碳化物;但铁素体区域只含有一般分布的 V_4C_3 沉淀。在铁素体比例较小的情况下(即为15%或低于15%),V_4C_3 沉淀相的大小(虽然比较连续)与贝氏体的情况相似。但铁素体比例超过15%时,V_4C_3 细小密集地分布在铁素体与贝氏体之间的边界区域内,并朝晶粒中心明显粗化,而且,在铁素体和贝氏体之间的边界常出现粗大合金碳化物,影响高温性能。因此,铁素体含量应尽量小且不大于15%。

大量研究指出,珠光体基 CrMoV 钢淬火后,获得上贝氏体组织时具有最高的蠕变极限与持久强度。各种组织的高温性能,依上贝氏体→上贝氏体+下贝氏体→下贝氏体→马氏体的顺序而下降。

对 Cr1MoV 钢制高中压转子,淬火后得到上贝氏体组织,回火后有少量粗的 M_3C 及 $M_{23}C_6$ 型碳化物及大量细的均匀分布的 VC 组织时,蠕变极限与持久强度最高。

显然,对高中压转子除要求有高的抗蠕变性能外,还要求有足够的断裂韧性。贝氏体组织本质上比铁素体－贝氏体混合组织有较高的韧性。值得指出的是，如果碳含量低于 0.2%，蠕变强度和韧性就急剧降低，这与基体中的渗碳体沉淀不足有关。

3. 汽轮机高中压转子用钢及其合金化原理

钢中加入适量的合金元素，可提高其热强性、淬透性及韧性。

合金元素的加入应使钢一方面获得良好的固溶强化效果，同时增加原子结合力及静畸变，增加固溶体的热强性。这些元素的共同特点是熔点高，与 α－Fe 有同样的点阵类型，点阵常数都比 α－Fe 大，溶入后使固溶体点阵常数增大，引起静畸变。另一特点是这些元素在周期表中都位于铁的左侧，外层电子均未被填满，与铁交换电子的倾向很大，因而可以提高 α 固溶体的原子结合强度（但钒能减弱 α 固溶体的原子结合力）。

钼、铬、锰、硅都可提高铁素体的热强性，其中钼最强烈。铬也可提高热强性，但在含量小于 1% 时效果较显著，大于 1% 时影响减小，钼还可减小回火脆性。钼、铬还可降低碳化物聚集和石墨化能力。试验表明，在同一个试验温度下，合金元素的加入量有一最佳浓度，而加入少量的多元合金元素比加入同量的一种合金可更显著地提高热强性；但这些元素又同时是碳化物形成元素，要使它们溶入固溶体，必须同时加入强碳化物形成元素，如钒、钛、铌，在生成钒、钛、铌碳化物的同时，可把钢中铬、钼、钨等强化固溶体的元素挤入固溶体。这些碳化物还有一定的沉淀强化的作用。它们的加入量以全部形成碳化物而没有多余量进入固溶体为宜，少了将有一部分钼、钨形成碳化物，过多又可能形成金属间化合物。铬、硅可提高钢在 600℃ 时的抗气体腐蚀能力。

值得指出的是，如果碳含量低于 0.2%，蠕变强度和韧性会急剧降低，这与基体中的渗碳体沉淀不足有关。

30Cr2MoV 钢中的铬含量低时，常出现较大量的铁素体，且碳化物沿晶界呈网状分布，显著降低冲击韧性，因此，以将铬含量控制在中上限为好。随着工作温度的提高，一般选用从 CrMo 钢、Cr1MoV 钢直至 12% Cr 类型的高合金钢。目前，蒸汽温度在 550℃ 以下工作的高中压转子用珠光体基的 CrMo 或 CrMoV 钢制造。

为保证转子锻件心部和中间有满意的蠕变和持久性能，最佳成分的转子必须满足如下要求：

（1）采用的热处理必须保证整个锻件的组织以上贝氏体为主；

（2）必须控制锻件的成分，使钢中碳化物形成元素之间有最好的平衡，以保证钒碳化物最合适的分布。

对于已定的碳含量范围，可以调整锰和镍的含量，满足第一个要求，使转子的组织成为：边缘是下贝氏体至上贝氏体，心部是上贝氏体为主的组织。

对锰和镍，二者的上限大约是 0.75%，如果两种元素总量超过 1.5%，或者分别超过 1%，在工作温度下将引起钒碳化物的迅速粗化。

4. 汽轮机高中压转子的预备热处理

锻后的预备热处理是为性能热处理和超声波探伤作组织准备的。高中压转子要求有适宜的晶粒度。因为在高温下晶界的强度较低，原子扩散迅速，有利于蠕变的进行，因此，粗晶粒的蠕变速度比细晶粒低些，高温持久试验时断裂时间较长，高温性能好。但晶粒不宜过分粗化，否则会影响高温塑性和韧性。对高中压转子，均匀的 2 级晶粒度比较适宜。

高中压转子用钢的预备热处理一般为 1~2 次高温正火（或退火），2~3 次较低温度过冷，加随后的回火。由于钢中含有较多的钒、铬、钼，钒的碳化物是难溶碳化物，只有在高温下才能完全溶解，锻后形成的粗大碳化物充分溶解，并在随后的冷却中弥散析出细小的 VC，才能得到细化并均匀化的组织和晶粒度，因此，其第一次正火（或退火）的温度都较高。第二次正火的温度低些，以获得细小的晶粒。正火（或退火）后得到珠光体组织，避免表面生成贝氏体组织，有利于细化晶粒。因此，往往以退火代替正火，以便使表面也得到珠光体组织。

不同加热温度试验结果表明，1030～1050℃细化效果较好，但高中压转子并不要求很细的晶粒度，适当粗而均匀的晶粒对高温性能是有好处的。再考虑到碳化物的溶解，正火（或退火）温度选用1030℃较适宜。

30Cr2MoV钢预备热处理工艺见图10－14，30Cr1MoV钢预备热处理工艺见图10－15。

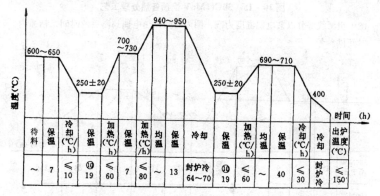

图10－14 30Cr2MoV钢预备热处理工艺

图中粗黑线部分以敷电偶温度为准，圈内时间为热电偶到温后的时间，括弧内时间供参考。

5. 汽轮机高中压转子的最终热处理

淬火后获得上贝氏体是编制高中压转子热处理工艺的重要依据。热处理工艺见图10－16。

淬火采用油冷和鼓风冷（大风量）两种冷却方式，都可以满足力学性能要求。油冷除满足高温性能外，还可获得较好的塑性和韧性。

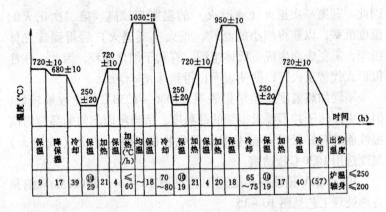

图 10-15 30Cr1MoV 钢预备热处理工艺

图中粗黑线部分以敷电偶温度为准，圈内时间为热电偶到温后的时间，括弧内时间供参考。

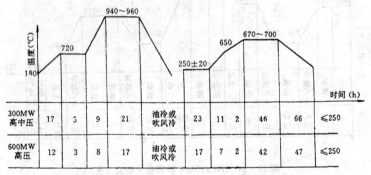

图 10-16 300、600MW 高中压转子性能热处理工艺

6. 消除应力处理

为了消除机械加工应力，转子打中心孔后，外圆和内孔加工后均留有很少的加工余量，以进炉作消除应力处理。为了不改变力学性能，消除应力处理的加热温度比性能回火温度低 40～55℃。为了保持高温长期工作的组织稳定性，消除应力处理温度一般高于使用温度 100℃ 左右，对 30Cr2MoV 和 30Cr1Mo1V 钢，不低于 620℃，对 34CrMo 和 34CrMo1A 不低于 550℃。

四、水轮机大轴及镜板的热处理

1. 水轮机大轴（主轴）用钢及热处理

大轴转速低，工作应力低，但工件尺寸及重量大，一般采用优质碳素钢和低合金钢制作，除保证一定的力学性能，还应具有良好的焊接性能。大轴（主轴）用钢的化学成分见表 10-35，其力学性能见表 10-36。

表 10-35　大轴（主轴）用钢化学成分

钢号	化学成分（%）							
	C	Si	Mn	P	S	Mo	Nb	Cu
35A	0.32 ~ 0.40	0.17 ~ 0.37	0.50 ~ 0.80	≤0.030	≤0.030	—	—	≤0.20
45A	0.42 ~ 0.50	0.17 ~ 0.37	0.50 ~ 0.80	≤0.030	≤0.030	—	—	≤0.20
20SiMn	0.16 ~ 0.22	0.60 ~ 0.80	1.00 ~ 1.30	≤0.030	≤0.030	—	—	≤0.20
18MnMoNb	0.16 ~ 0.22	0.20 ~ 0.40	1.20 ~ 1.50	≤0.030	≤0.030	0.45 ~ 0.60	0.020 ~ 0.045	≤0.20

表 10-36　大轴（主轴）用钢力学性能

级别	σ_s（MPa）		σ_b（MPa）		δ_5（%）		ψ（%）		α_{KV}（J）		推荐用钢
	轴头	法兰	轴头	法兰	轴头	法兰	轴头	法兰	轴头	法兰	
I	225	225	450	450	16	14	30	22	31	24	35A
II	255	255	470	470	16	14	30	22	31	24	45A 20SiMn
III	315	315	510	510	16	14	30	22	39	24	18MnMoNb

水轮机大轴一般采用正回火处理。锻后正回火后的力学性能若不合格，可在粗加工后增加正回火，以满足力学性能要求。

水轮机大轴用电渣焊的方法联结时，焊后需重新进行正回火处理，其回火温度与焊前单件正回火时相同。

2. 镜板用钢及其热处理

镜板用钢的化学成分见表 10 – 37。

表 10 – 37　镜板用钢化学成分

钢号	化学成分（%）					
	C	Si	Mn	P	S	Cr
45A	0.42 ~ 0.50	0.17 ~ 0.37	0.50 ~ 0.80	≤0.025	≤0.025	—
50A	0.47 ~ 0.55	0.17 ~ 0.37	0.50 ~ 0.80	≤0.025	≤0.025	—
55A	0.52 ~ 0.60	0.17 ~ 0.37	0.50 ~ 0.80	≤0.025	≤0.025	—
40CrA	0.37 ~ 0.44	0.17 ~ 0.37	0.50 ~ 0.80	≤0.025	≤0.025	0.80 ~ 1.10

镜板要求检查硬度和硬度均匀性。硬度值为 190 ~ 240HB。整个镜板表面任何两点间硬度差不大于 20HB。镜板一般采用正火＋回火或调质处理。

五、叶轮的热处理

在汽轮机运转中，蒸汽喷射到叶片上，产生的转动力矩经叶轮传到主轴，高速运转下的叶轮圆周线速度很大，产生很大的切向和径向应力。此外，叶轮还承受振动应力，内外轮缘温度梯度造成的热应力，以及叶轮与主轴热压配合所产生的压紧应力。高转速、大功率机组的叶轮还必须考虑其高温性能。叶轮的力学性能要求很高，冶炼和锻造质量要求严格，钢锭力求纯净，锻件组织与性能力求均匀。为了保证钢的质量，现已多采用电渣重熔钢锭锻造大型高强度的锻件。

1. 叶轮用钢及技术要求

汽轮机工作参数变化很大，汽轮机叶轮的尺寸变化大小不一，对叶轮的技术要求等级也有所不同。汽轮机叶轮常用钢种及化学成分见表 10-38，汽轮机叶轮的力学性能见表 10-39。

表 10-38 叶轮常用钢种及化学成分

钢种	化学成分（%）									
	C	Mn	Si	P	S	Cr	Ni	Mo	V	Cu
34CrMo1	0.30 ~ 0.38	0.40 ~ 0.70	0.17 ~ 0.37	≤0.02	≤0.02	0.70 ~ 1.20	≤0.40	0.40 ~ 0.55	—	≤0.20
24CrMoV	0.20 ~ 0.28	0.30 ~ 0.60	0.17 ~ 0.37	≤0.02	≤0.02	1.20 ~ 1.50	—	0.50 ~ 0.60	0.15 ~ 0.30	≤0.20
35CrMoV	0.30 ~ 0.40	0.40 ~ 0.70	0.17 ~ 0.37	≤0.02	≤0.02	1.00 ~ 1.30	≤0.30	0.20 ~ 0.30	0.10 ~ 0.20	≤0.20
34CrNi3Mo	0.30 ~ 0.40	0.50 ~ 0.80	0.17 ~ 0.37	≤0.02	≤0.02	0.70 ~ 1.10	2.75 ~ 3.25	0.25 ~ 0.40	—	≤0.20
25CrNiMoV	0.20 ~ 0.28	≤0.70	0.17 ~ 0.37	≤0.02	≤0.02	1.00 ~ 1.50	1.00 ~ 1.50	0.25 ~ 0.45	0.07 ~ 0.15	≤0.20
30Cr2Ni4MoV	≤0.35	0.20 ~ 0.40	0.17 ~ 0.37	≤0.02	≤0.02	1.50 ~ 2.00	3.25 ~ 3.75	0.30 ~ 0.60	0.07 ~ 0.15	≤0.20

表 10-39 叶轮的力学性能

项目	锻件强度级别							
	440	490	540	590	640	690	730	760
$\sigma_{0.2}$（MPa）	440	≥490	≥540	≥590	≥640	≥690	≥730	≥760
σ_b（MPa）	590	≥640	≥690	≥720	≥760	≥760~900	≥850~970	≥870~970
$\delta_5(\delta_4)$（%）	≥18	≥17	≥16	≥16	≥15	≥14	≥13(≥16)	≥16
ψ（%）	≥40	≥40	≥40	≥40	≥35	≥35	≥35（45）	≥45
A_{KU}:(J)(A_{KV})	≥39	≥39	≥39	≥39	≥39	≥39	≥39（41）	≥A_{KV}41
$FATT_{50}$（℃）	≤40	≤40	≤40	≤40	≤40	≤20	≤20（13）	≤13
推荐钢号	24CrMoV 35CrMoV 34CrMo1		34CrMo1 25CrNiMoV 35CrMoV		25CrNi MoV	34CrNi3Mo	34CrNi3Mo (30Cr2Ni4MoV)	30Cr2 Ni4MoV

2. 叶轮的热处理

（1）锻后热处理属于锻造后的热处理，主要是扩散去氢，在这里不予研究。

（2）叶轮调质热处理工艺，一般都采用油淬或水淬油冷的冷却方法，有的也可完全采用水淬。例如 26Cr2Ni4MoV 钢叶轮就可以采取完全水淬的冷却方法。轮毂厚度较大，性能要求较高的叶轮，调质淬火前增加一次正火和回火工序，以改善组织。

下面是采用不同淬火冷却方式的叶轮调质热处理工艺及其力学性能示例。

①水淬油冷。

（a）某厂制造的 34CrNi3Mo 叶轮。

技术条件为：$\sigma_b \geqslant 850 \sim 970N/mm^2$，$\sigma_{0.2} \geqslant 730N/mm^2$，$\delta_5 \geqslant 13\%$，$\psi \geqslant 35\%$，$A_{KV} > 39J$，HB260 ~ 290（参考），晶粒度 ≥ 4 级，工艺曲线见图 10 - 17，力学性能见表 10 - 40。

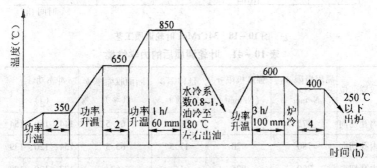

图 10 - 17 34CrNi3Mo 叶轮调质工艺

表 10 - 40 34CrNi3Mo 叶轮调质后的力学性能

取样部位	强度极限 σ_b （N/mm²）	屈服极限 $\sigma_{0.2}$ （N/mm²）	断面收缩率 ψ （%）	延伸率 δ （%）	冲击功 A_{KU} （J）
内孔切向	920	800	65	21	124，121，119
内孔切向	905	775	62.5	22	115，114，120
内孔切向	920	795	58	19.5	105，113，126
内孔切向	920	785	61.5	20	130，138，134
内孔切向	945	805	57	19.5	113，114，107

（b）34CrMo1 叶轮调质。

技术要求：$\sigma_b \geqslant 720N/mm^2$，$\sigma_{0.2} \geqslant 590N/mm^2$，$\delta_5 \geqslant 16\%$，$\psi > 40\%$，$A_{KV} \geqslant 39J$，晶粒度 ≥ 4 级，HB220 ~ 250（参考）。工艺曲线见图 10 - 18，力学性能见表 10 - 41。

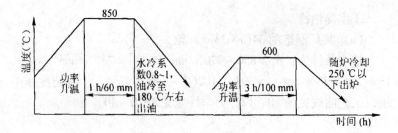

图 10-18 34CrMo1 叶轮调质工艺

表 10-41 叶轮调质后的力学性能

取样部位	屈服极限 $\sigma_{0.2}$ (N/mm²)	强度极限 σ_b (N/mm²)	延伸率 δ (%)	断面收缩率 ψ (%)	冲击功 A_{KU} (J)
内孔切向	775	905	20.5	67.5	144, 160, 154
内孔切向	780	920	17.5	63.5	154, 120, 139
内孔切向	790	875	16	62	137, 130, 108
内孔切向	725	940	16	58	106, 130, 107
内孔切向	790	955	17	60.5	153, 152, 159

②油冷。

（a）35CrMoV 叶轮调质。

技术要求：$\sigma_b \geqslant 780\text{N/mm}^2$，$\sigma_s \geqslant 600\text{N/mm}^2$，$\delta_5 \geqslant 14\%$，$\psi \geqslant 35\%$，$\alpha_k \geqslant 50\text{J/cm}^2$，冷弯角 $\geqslant 120°$，HB240 ~ 280（参考）。工艺曲线见图 10-19，力学性能见表 10-42。

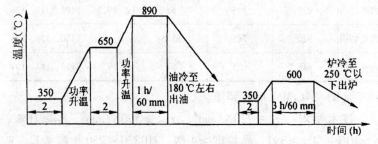

图 10-19 35CrMoV 叶轮调质工艺

表 10 - 42　叶轮调质后的力学性能

取样部位	屈服极限 σ_s （N/mm²）	强度极限 σ_b （N/mm²）	延伸率 δ （%）	断面收缩率 ψ （%）	冲击值 α_k （J/cm²）	冷弯角 120°	硬度 （HB）
内孔切向	740	880	17	50.5	58，78	合格	272
内孔切向	760	870	16	59.5	90，125	合格	269
内孔切向	790	900	17	51	72，75	合格	269
内孔切向	760	860	17.5	58	68，70	合格	263
内孔切向	710	850	16	54	58，76	合格	263
内孔切向	650	780	18.5	61.5	75，72	合格	245

（b）34CrMoA 叶轮调质。

技术要求：$\sigma_b \geqslant 670 N/mm^2$，$\sigma_s \geqslant 500 N/mm^2$，$\delta_5 \geqslant 15\%$，$\psi \geqslant 35\%$，$\alpha_k \geqslant 50 J/cm^2$，冷弯角 $\geqslant 150°$，HB210 ~ 250（参考）。工艺曲线见图 10 - 20，力学性能见表 10 - 43。

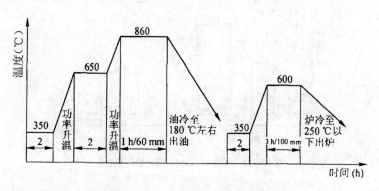

图 10 - 20　34CrMoA 叶轮调质工艺

表 10 - 43　调质后的力学性能

取样部位	屈服极限 σ_s (N/mm²)	强度极限 σ_b (N/mm²)	延伸率 δ (%)	断面收缩率 ψ (%)	冲击值 α_k (J/cm²)	硬度 (HB)
内孔切向	690	850	16.5	51	61，54	237
内孔切向	650	800	18.5	55	60，65	237
内孔切向	630	800	18	51	71，72	232
内孔切向	660	840	18	54	66，50	239

③水冷。

采取水冷的热处理工艺，必须建立在冶金质量良好的基础上。26Cr2Ni4MoV 钢叶轮就可以采用水冷。

技术要求：$\sigma_b \geqslant 804 \text{N/mm}^2$，$\sigma_s \geqslant 686 \sim 834 \text{N/mm}^2$，$\delta_5 \geqslant 14\%$，$\psi \geqslant 35\%$，$\alpha_k \geqslant 49 \text{J/cm}^2$，晶粒度 $\geqslant 4$ 级，HB240 ~ 270（参考）。工艺曲线见图 10 - 21，力学性能见表 10 - 44。

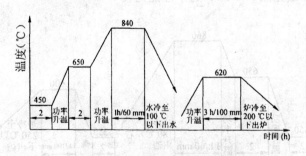

图 10 - 21　26Cr2Ni4MoV 钢叶轮调质工艺

表 10 - 44　叶轮调质后的力学性能

取样部位	屈服极限 $\sigma_{0.2}$ (N/mm^2)	强度极限 σ_b (N/mm^2)	延伸率 δ (%)	断面收缩率 ψ (%)	冲击值 α_k (J/cm^2)	残余应力 $\sigma_{残}$ (N/mm^2)	硬度 (HB)
内孔切向	812	912	20	64	230，232	16.9	266
内孔切向	767	871	22	70	270，275	16.9	255
内孔切向	783	887	21.5	72	257，279	16.9	255

3．叶轮在热处理后的检验

（1）硬度检验。叶轮在性能热处理后应检验硬度的均匀性，硬度的绝对值供参考。硬度的均匀性要求为：在轮缘和轮毂的半径方向上，每隔 90°各测一点（共 8 个点），轮缘和轮毂间任意两点的硬度差不得超过 40HBS，轮缘各点间和轮毂各点间的硬度差不得超过 30HBS。

（2）力学性能检验。

①力学性能检验应在最终热处理后进行。

②取样部位和数量。锻件的孔径大于或等于 250mm 时，应在轮孔的内壁切取试样，轮孔直径小于 250mm 时，在轮毂端部外圆上切取试样。每套试样包括 1 个拉伸试样和 3 个室温冲击试样及 3 个 FATT$_{50}$试样。

③复试。如果力学性能检验中某一试验结果不合格，可以在叶轮上与原试样相邻部位切取 2 个试样进行复试，若 2 个试样的复试结果以及初试复试 3 个试样结果的平均值均满足规定的要求，可判该项检验结果合格。

4．重新热处理

如果叶轮力学性能复试仍不合格，允许重新热处理，重新热处理后，应重新取样，进行力学性能测试，重新热处理次数不得超过两次。

参考文献

［1］沈宁福．新编金属材料手册［M］．北京：科学出版社，2003.

［2］姜敏凤．金属材料及热处理知识［M］．北京：机械工业出版社，2005.

［3］叶卫平，张覃轶．热处理实用数据速查手册［M］．北京：机械工业出版社，2005.

［4］章守华．合金钢［M］．北京：冶金工业出版社，1981.

［5］中国机械工程学会热处理专业学会《热处理手册》编委会．热处理手册：第1卷［M］．2版．北京：机械工业出版社，1991.

［6］中国机械工程学会热处理专业学会《热处理手册》编委会．热处理手册：第2卷［M］．2版．北京：机械工业出版社，1991.

［7］李春胜，黄德彬．金属材料手册［M］．北京：化学工业出版社，2005.

［8］曾正明．实用钢铁材料便查手册［M］．北京：中国电力出版社，2005.

［9］束德林．金属力学性能［M］．北京：机械工业出版社，1999.

［10］《金属机械性能》编写组．金属机械性能［M］．北京：机械工业出版社，1982.

［11］樊东黎．热处理技术手册［M］．北京：机械工业出版社，2000.

［12］热处理手册编委会．热处理手册：第一分册［M］．北京：机械工业出版社，1984.

［13］安继儒．中外常用金属材料手册［M］．西安：西安交通大学出版社，1990.

［14］《热处理手册》编委会．热处理手册：第二分册［M］．北京：机械工业出版社，1978.

［15］林约利，程之苏．简明金属热处理工手册［M］．上海：上海科学技

术出版社，1987.

[16] 中国机械工程学会热处理分会．热处理工程师手册［M］．北京：机械工业出版社，1999.

[17] 徐天祥，樊新民．热处理工实用技术手册［M］．南京：江苏科学技术出版社，2001.

[18] 崔忠圻，刘北兴．金属学与热处理原理［M］．哈尔滨：哈尔滨工业大学出版社，2004.

[19] 刘世锋，徐增耀．金属热处理工实用技术［M］．沈阳：辽宁科学技术出版社，2004.

[20] 李泉华．热处理实用技术［M］．北京：机械工业出版社，2003.

[21]《机械工业技师考评培训教材》编审委员会．热处理工技师培训教材［M］．北京：机械工业出版社，2001.

[22] 齐齐哈尔第一机床厂，齐数控装备股份有限公司热处理厂．典型机械零件热处理［M］．北京：兵器工业出版社，2005.

[23] 康大韬，叶国斌．大型锻件材料及热处理［M］．北京：龙门书局，1998.

[24] 董世柱，唐殿福．热处理工实际操作手册［M］．沈阳：辽宁科学技术出版社，2006.

[25] 孙希泰．材料表面强化技术［M］．北京：化学工业出版社，2005.